최신

식품위생학

최신 식품위생학

고종호 · 김은주 · 서영호 · 홍재훈

보문각

• 저자소개

고종호(한국폴리텍대학교)

김은주(협성대학교)

서영호(원광보건대학교)

홍재훈(건양대학교)

-저자명은 가나다 순입니다.

최신
식품위생학

초판발행 2022년 1월 12일
초판인쇄 2022년 1월 10일

지은이 고종호·김은주·서영호·홍재훈
펴낸이 이호동
발행처 **보문각**
블로그 http://bomungak.blog.me
e-mail bomungak@naver.com
주소 서울특별시 서초구 바우뫼로7길 8
등록번호 302-2003-00085
전화 02) 468-0457
팩스 02) 468-0458

값 27,000원

ISBN 978-89-6220-425-4 93570

머리말

국민소득 수준과 삶의 질의 향상과 더불어 웰빙시대를 맞아 건전하고 안전한 식품에 대한 소비자의 기대 수준이 날로 높아지고 있다. 광우병에 의한 쇠고기 수입 파동, 병원성 대장균 O157:H7에 의한 집단 식중독 사건, 불량 만두 파동사건, 김치에서의 기생충 알 검출, 집단급식에 의한 짐단 식중독 사건, 유전자 조작에 의한 생산 농산물 등 빈발하고 있는 식품 위해요인의 증가로 인한 식품위생과 안전에 대한 위험이 고조되고 있다. 특히 WTO체제 출범 이후 농산물을 포함한 식품의 국제교역 증가와 함께 수입식품의 유입이 급증되고 있어 식품의 안전성 확보가 무엇보다 시급한 국가적 문제로 부상되고 있다.

식품의 생산에서 제조, 저장, 유통단계를 거쳐 소비될 때까지의 모든 단계에서 식품의 안전성, 건전성 및 완전성을 확보하기 위한 식품위생과 안전의 중요성은 아무리 강조하여도 지나침이 없다. 최근 국내에서는 축산물위생관리법을 포함하여 식품위생법과 건강기능식품법에 의한 법률적인 식품위생관리 강화 방침에 따라서 HACCP이나 GMP 지정 식품산업체가 해마다 증가하고 있는 것은 소비자의 위생과 안전적인 측면에서 바람직한 일이 아닐 수 없다.

이 책은 지속적으로 강화되고 있는 식품위생과 안전을 최대한 고려하여 식품위 생행정, 제반 식중독, 식품과 감염병, 기생충과 위생동물, 방사선 조사식품과 유전자 재조합식품, 식품안전관리인증기준제도, 식품시설의 위생관리 등을 중심으로 이론과 실제를 연계하면서 현실감 있게 작성하였다.

본 교재는 전문분야의 여러 교수들이 대학에서 다년간 직접 강의한 주요내용과 산업 현장에서 경험한 부분들을 중심으로 기초 이론에서 전문적 지식에 이르기까지 습득할 수 있도록 구성하였고, 식품공학, 식품가공학, 식품영양학, 보건위생학, 식품위생학, 식품조리학,

환경위생학, 식품과학 및 식품경제학을 전공하는 학생들에게 교재로 사용하기에 적합하게 편성하였다. 또한 식품제조산업, 외식산업, 식품유통산업, 식자재 유통산업 분야 및 관련 산업에 종사하시는 분들의 지침서로, 보건직 및 식품직 공무원, 식품(산업)기사, 위생사, 조리사 자격시험을 준비하는 분들을 위한 필독서가 되길 바라며, 충실한 내용을 담은 전문서가 되도록 부족한 점은 지속적으로 보완해 나갈 것을 다짐합니다.

끝으로 이 책의 출판에 힘써주신 보문각 대표님과 편집부 관계자 여러분들에게 깊은 감사를 드립니다.

저자 일동

Contents

차 례

제1장 식품위생 개요

1. 식품위생의 정의

세계보건기구(WHO)의 환경위생전문위원회에서는 "식품위생이란 식품의 생육으로부터 생산 또는 제조를 거쳐 최종 소비에 이르기까지의 모든 단계에 있어서 식품의 안전성, 건전성 및 완전성을 유지하는데 필요로 하는 모든 수단을 의미한다."라고 정의하고 있다. 그 원문을 소개하면 다음과 같다.

"Food hygiene means all measures necessary for ensuring the safety, wholesomeness, and soundness of food at all stages from its growth, production or manufacture until its final consumption."

우리나라 식품위생법(1962. 1. 20 공포) 제2조에는 "식품위생이란 식품, 식품첨가물, 기구 또는 용기 · 포장을 대상으로 하는 음식에 관한 위생을 말한다."라고 정의하고 있으며, 그 제정 목적을 제1조에 "이 법은 식품으로 인하여 생기는 위생상의 위해(危害)를 방지하고 식품영양의 질적 향상을 도모하며 식품에 관한 올바른 정보를 제공하여 국민보건의 증진에 이바지함을 목적으로 한다"고 규정하고 있다.

식품의 변질, 유해물질의 함유, 병원 미생물의 오염 및 이물의 혼입을 방지하고 식기, 기구류, 용기 및 포장 등에서 유해물질 등이 식품에 이행 되지 못하도록 그 제법과 취급에 주의할 뿐 아니라, 위험성을 가지고 있는 식품, 기구 및 용기 등이 시장에서 유통되지 못하도록 감시, 관리하는데 있다는 뜻이다.

그럼으로 식품위생학은 식품으로 인하여 사람의 건강을 위협할 수 있는 모든 요인을 분석하여 그 원인을 규명하고 체계적으로 안전한 식생활이 이루어지도록 하기 위한 예방적 차원의 학문이라 할 수 있다.

식품위생을 영어로는 food hygiene이나 food sanitation 등으로 표기하고 있는데 WHO에서는 전자를 사용하고 있다. Food hygiene은 식품의 섭취로 인하여 사람의 건강에 위협을 주는 문제에 초점을 두며 Food sanitation은 식품과 관련된 모든 설비, 기기, 기구 및 시설 등 식품과 관련된 전반적 사항에 대한 위생적 관리에 비중을 두는 표현이다.

2. 식품위생의 중요성

WHO는 "예방 가능한 식인성 질환(Foodborne disease/illness)으로 인해 매일 수백만의 사람들이 병들고 있으며 수천명의 사람들이 죽어가고 있다"고 경고하고 있다. 이와같은 식인성 질환의 발생은 식품위생 관리의 부실에서 대부분 기인한다.

식품의 생산, 제조 단계에서부터 최종 소비자가 섭취하기까지의 모든 과정에서 위생상의 안전성을 확보하는데는 식품제조 업자들의 정직한 책임의식이 가장 중요한 요소이다. 그러나 국가나 지방 자치단체도 철저한 식품위생 관리체계를 갖추고 식품위생법에 따라 상시 감시하고 지도해 가는 제도적 접근 또한 매우 중요하다.

식품위생은 국민들의 건강과 생명 현상에 심대한 영향을 미칠수 있기 때문에 철저하게 지켜져야 하고 특히 식품의 제조와 유통과정의 위생적 관리는 많은 식인성 질환을 예방하는데 결정적인 역할을 할 수 있다.

우리나라는 식품안전성 확보를 위하여 위하여 1995년 12월 29일 식품위생법 제32조에 식품위해요소중점관리기준(HACCP system, The Hazard Analysis and Critical Control Point System)에 대한 조항을 신설하였다.

이 조항은 현재 식품위생법 제 48조로 개정되었고, 제1항은 "식품의약품안전처장은 식품의 원료관리 및 제조 · 가공 · 조리 · 소분 · 유통의 모든 과정에서 위해한 물질이 식품에 섞이거나 식품이 오염되는 것을 방지하기 위하여 각 과정의 위해요소를 확인 · 평가하여 중점적으로 관리하는 기준(이하 "식품안전관리인증기준"이라 한다)을 식품별로 정하여 고시할 수 있다."라고 규정하고 있다.

제 2항에는 "총리령으로 정하는 식품을 제조 · 가공 · 조리 · 소분 · 유통하는 영업자는 제1항에 따라 식품의약품안전처장이 식품별로 고시한 식품안전관리인증기준을 지켜야 한다."라고 되어 있다. 이는 식품의 안전성 확보를 위한 위생관리에 매우 중요한 진전이다.

식품위생은 인류 건강은 물론 생존의 문제에까지 영향을 미칠수 있는 극히 중요한 분야로 이를 교육하고 연구하는 식품위생학은 그 중요성을 아무리 강조해도 지나치지 않는다.

3. 식품과 건강장해

유해 미생물, 유해화학물질 등이 오염된 식품을 잘못 섭취할 경우 식인성 병해(食因性 病害, Foodborne illness)가 발생할 수 있다. 식인성 병해의 발생은 식품 소비자의 기호나 식생활 양상과 상관성이 있으며 식생활의 양상은 지역적, 시대적, 경제적 및 사회적 여건에 따라 좌우된다.

위생관리 체계가 미흡한 저개발국이나 개발도상국에 있어서는 식품위생상의 위해가 국민건강 장해의 주요한 요인이 되고 있다.

WHO는 인류의 건강상 위해를 예방하기 위하여 보다 안전한 식품을 확보하기 위해서는 다음과 같은 다섯 가지 주요 핵심 수칙(Five keys to safer food)을 지키도록 식품위생 메시지를 작성하여 공포하였다.

다섯 개의 주요 핵심수칙

- 청결의 유지(Keep clean)
- 날 것과 익은 것을 분리(Separate raw and cooked)
- 철저한 가열조리(Cook throughly)
- 안전한 온도에 식품저장(Keep food at safe temperatures)
- 안전한 물과 원재료의 사용(Use safe water and raw materials)

〈표 1-1〉 식인성 병해의 원인과 건강장해

생성요인	원인의 종류	건강장해
내인성	[식품 중의 성분] 1) 동물성 자연독 2) 식물성 자연독 3) 식이성 allergen 4) 식물 중의 변이원성 물질	 •식중독 •식중독 •알레르기성 식중독 및 아토피성 피부염 •발암의 위험
외인성	[생물적인 것] 1) 식중독균 (감염형, 독소형 및 복합형) 2) 경구 감염병균 3) 곰팡이 독 4) 기생충 [인위적인 것] 1. 의도적 첨가물 1) 불허용 식품첨가물 2) 유해화학물질 2. 비의도적 첨가물 1) 잔류 농약 2) 환경오염물질 3) 제조, 가공 및 포장 혼입, 용출물	 •세균성 식중독 •소화기계 감염병 •식중독, 간장장해, 신장장해, 신경독 등 •기생충증 •식중독, 만성장해 •식중독, 만성장해 •식중독, 농약중독, 만성장기장해(발암 등) •공해질환(Itai-Itai병 및 Minamata병 등) •식중독, 만성장해
유인성	[물리적 생성물] 1) 유지 변패물(과산화물) [화학적 생성물] 1) 조리과정의 가열분해물(Trp-P-1 등) [생물학적 생성물] 1) 생체내 반응생성물(N-nitrosamine)	•식중독, 발암의 위험 •발암의 위험 •발암의 위험

식인성 병해란 식품 섭취를 통해서 인체에 들어온 물질들에 의해서 야기되는 감염성이 있거나 독성을 나타내는 질환으로 WHO에서는 정의하고 있다.

식품에 의해서 야기되는 건강장해는 1) 콜레라, 이질, 장티푸스 등과 같은 경구감염병 2) 결핵, 탄저병, 브루셀라증(살모넬라증) 등 인축공통감염병 3) 회충, 요충, 무구조충, 폐디스토마, 간디스토마 등에 의한 기생충 4) 식중독(세균성 식중독, 자연독 식중독,

화학물질 식중독, 기타 요인에 의한 식중독)으로 크게 분류할 수 있다.

식인성 병해를 그 생성 요인에 따라 분류하면 내인성(內因性), 외인성(外因性) 및 유인성(誘因性) 병해의 세 종류로 나눌 수 있다. 식인성 병해의 원인물질과 건강장해를 다음 〈표 1-1〉에 기술하였다.

내인성이란 식품 원재료의 본래 성분이 유해, 유독 성분이어서 병해 발생의 요인이 되는 것이고, 외인성이란 식품의 생산, 생육, 제조, 가공, 저장, 유통 및 소비 등의 과정에서 외부로부터 유해, 유독물질이 혼입되거나 오염되어 병해를 일으키는 경우이다.

유인성이란 식품이 제조, 가공, 저장 및 유통되는 과정에서 물리적, 화학적 및 생물학적 요인들에 의해서 식품 중에 유해 물질이 생성되어 병해를 일으키는 경우이다.

종래에는 식인성 병해의 경우 주로 급성적인 식중독이 문제시 되어 왔지만 최근에는 아급성 또는 만성적인 건강장해가 증가하는 경향을 나타내고 있다. 이는 환경오염물질도 다양해졌고 오염의 범주도 광범위해져서 식품이 생산에서 소비자의 섭취에 이르는 동안 오염될 수 있는 기회와 가능성이 크게 증가하였기 때문이다.

4. 식중독의 정의 및 분류

4.1. 식중독의 정의

원래 체내에는 존재하지 않는 물질이 체내에 들어가 생체가 그 물질에 의해서 기능장해를 일으키는 경우를 중독이라 하고 식품을 매개로 일어나는 중독, 즉 음식물과 함께 유해한 물질이 경구적으로 섭취되어 일어나는 중독을 식중독이라 한다.

식중독은 사실상 단일 질환명은 아니다. 어떤 미생물 혹은 화학물질에 오염된 음식물을 먹은 후 단시간 내에 배가 아프면서 구토, 설사 등을 주 증상으로 하는 질환을 묶어서 식중독이라 한다.

식중독을 식품위생법 제2조 제14호에는 "식품 섭취로 인하여 인체에 유해한 미생물 또는 유독물질에 의하여 발생하였거나 발생한 것으로 판단되는 감염성 또는 독소형 질환"으로 정의하고 있으며 WHO에서는 "식품 또는 물의 섭취에 의해 발생되었거나 발생된 것으로 생각되는 감염성 또는 독소형 질환"으로 정의하고 있다.

집단식중독은 "역학적 조사결과에 의하여 식품 또는 물이 질병의 원인으로 확인된 경우로서 동일한 식품이나 동일한 공급원의 물을 섭취한 경우 2인 이상의 사람이 유사한 질병을 경험한 사건"으로 정의하고 있다.

식중독(Food poisoning)은 주로 미생물, 미생물의 독소, 동식물의 자연독 및 화학물질등에 의해 일어난다. 식중독은 원인 물질에 따라 세균성 식중독, 자연독 식중독, 화학물질 식중독 등으로 분류된다.

기생충에 의해 나타나는 병해는 기생충증으로 별도 구분하고 식중독에 포함시키지 않고, 세균 중에서도 콜레라균, 이질균, 티푸스균 등에 의한 병해는 식중독으로 취급하지 않고 감염병으로 구분한다. 독물(毒物)과 이물(異物)을 잘못 먹어서 생기는 장해도 식중독에는 포함시키지 않는다.

4.2. 식중독의 분류

식중독의 종류는 식중독을 일으키는 원인 물질에 따라 1) 세균성 식중독 2) 자연독 식중독 3) 화학물질 식중독으로 대별한다〈표 1-2〉.

〈표 1-2〉 식중독의 종류와 발병원인

<table>
<tr><th>종 류</th><th>구 분</th><th>발병 원인</th></tr>
<tr><td rowspan="5">세균성 식중독</td><td>감염형(세균 그자체에 의한 것)</td><td>Salmonella균, 장염비브리오균, 병원성대장균, Campylobacter jejuni 등</td></tr>
<tr><td>식품내 독소형</td><td>포도상구균, Botulinus균</td></tr>
<tr><td>생체내 독소형</td><td>Perfringens균, 독소원성 대장균</td></tr>
<tr><td>알레르기성</td><td>Proteus균</td></tr>
<tr><td>바이러스성</td><td>Norovirus, Rotavirus</td></tr>
<tr><td rowspan="3">자연독 식중독</td><td>식물성 자연독</td><td>독버섯, 감자눈(Solanine), 독미나리</td></tr>
<tr><td>동물성 자연독</td><td>복어, 독조개, 독꼬치</td></tr>
<tr><td>곰팡이독</td><td>Mycotoxin(aflatoxin, citrinin, patulin 등)을 생산하는 곰팡이류</td></tr>
<tr><td rowspan="2">화학물질 식중독</td><td>의도적 첨가</td><td>식품첨가물, 식품용기, 포장재료</td></tr>
<tr><td>비의도적 오염</td><td>잔류농약, 중금속, 합성세제, 기타 유해화학물질</td></tr>
</table>

세균성 식중독은 감염형태에 따라 감염형, 독소형, 알레르기형, 바이러스형으로 분류된다. 독소형은 다시 식품내 독소형과 생체내 독소형으로 세분하고 있다.

또한 자연독에 의한 식중독도 동물성 자연독 식중독과 식물성 자연독 식중독으로 분류하고 있다.

1) 세균성 식중독

감염형 세균성 식중독은 식품에 함유되어 있는 원인균이 경구로 섭취된 후 장관 내에서 증식하여 급성위장염 증상을 일으킨다.

그러나 독소형 세균성 식중독은 원인균의 증식에 의해 식품 중에 산생, 축적된 독소에 의해 일어나는 식중독이다. 그렇지만, 지금까지 감염형으로 알려져 있는 장염비브리오도 그 병원성은 독소라는 점이 밝혀지는 등 감염형과 독소형의 구별에 혼선이 있기도 하였다.

그래서 포도상구균, 보툴리누스균 같이 식품 중(생체외)에서 독소를 생산하여 그 독소를 섭취함으로써 발생하는 식중독을 독소형 식중독 또는 식품내 독소형 식중독이라 하고 퍼프린젠스균이나 병원성 대장균과 같이 사람의 장관 내에서 증식하면서 독소(장관내 독소)를 생산함으로써 병해를 유발하는 경우 이를 생체내 독소형 식중독이라고 한다.

식중독 발생의 메카니즘과 특징을 파악하고 있으면 식품취급의 부주의로 인해 발생할 수 있는 식중독을 예방하는데 도움이 될 수 있으며 식중독 원인균과 원인식을 신속히 추정하는 데에도 감염형과 독소형의 특징을 파악하고 있는 것은 매우 중요하다.

우리 주변에서 주로 많이 발생하는 세균성 식중독은 아래와 같고 〈표 1-3〉에는 세균성 식중독의 특징들을 제시하였다.

(1) 감염형 세균성 식중독

원인균이 장내에서 증식하는 데는 시간이 필요하므로 독소형에 비하여 원인식을 섭취한 후 발병하는 데까지 걸리는 시간인 잠복기가 긴 경우가 많다. 균을 살아 있는 상태(생균)로 섭식하여 감염을 일으키기 때문에 먹기 직전에 가열 · 조리하여 살균하는 것은 감염형 식중독을 예방하는데 매우 유용한 방법이다.

주요 감염형 식중독의 종류

① 살모넬라균 식중독
② 장염비브리오균 식중독
③ 병원성대장균 식중독
④ 여시니아균 식중독
⑤ 캄필로박터균 식중독
⑥ 리스테리아균 식중독

(2) 식품내 독소형 세균성 식중독

독소 섭취형 식중독으로 표현하는 경우도 있다. 식품 중에서 원인균이 증식하면서 생산한 독소(균체외독소)가 식품 중에 축적된 상태로 섭취함으로써 발생하는 식중독이라 잠복기가 짧다.

이 경우는 섭취할 때 균이 사멸하여도 독소의 활성은 소실되지 않기 때문에 식중독을 일으키게 된다. 따라서 생산된 독소에 따라서는 가열조리도 효과가 없는 경우도 있다. 잠복기는 1~6시간 정도로 짧고 구토, 설사 등의 증상이 갑자기 발생하며 설사는 대개 수양성인 점이 특징이다. 주로 포도상구균에 의한 것이 대표적인데 얼마 전 우리나라에서는 처음으로 일가족 세 명이 진공 포장된 소시지를 먹은 후 보툴리누스 식중독이 발생해서 화제가 된 적이 있다.

주요 독소형 식중독의 종류

① 포도상구균 식중독
② 보툴리누스균 식중독
③ 세레우스균(구토형) 식중독

(3) 생체내 독소형 세균성 식중독

독소생산형 식중독이라고도 한다. 생체내에서 독소가 생산되기 때문에 감염형과 마찬가지로 생체내에서 균이 증식하면서 독소를 생산하는 데는 시간이 필요하다. 그리고 원인균을 사멸시키는 데는 가열조리도 유효한 방법으로 이용된다. 잠복기가 8~16시간으로 다소 길고 증상은 구토보다는 수양성 설사가 더 심한 것이 특징이다. 장독소형 대장균이 대표적인 예이다.

주요 생체내 독소형 식중독의 종류

① 퍼프린젠스균 식중독

② 세레우스균(설사형) 식중독

③ 장독소형 대장균 식중독

(4) 감염 독소형 식중독

혼합형 식중독이라고 표현하기도 한다. 혼합형 식중독은 위에서 말한 감염과 독소와 관련된 두 가지 기전이 혼합되어 발생하는 식중독이다. 이는 체내에 침범한 세균이 장독소를 생산함과 동시에 직접 장점막을 침범할 수도 있는 식중독으로 잠복기도 다양하고 증상 또한 변이가 많다.

어린이에게 많이 감염되는 여시니아균과 해산물에 의한 장염비브리오균(*Vibrio parahaemoliticus*)가 대표적인 예이다.

(5) 알레르기성 식중독

대표적인 예가 고등어 식중독이다. 고등어, 꽁치, 참치 등에 다량 함유되어 있는 히스티딘에 *Proteus morganii*와 같은 세균들이 작용하여 히스타민(Histamine), 사우린(Saurine) 등의 물질을 생산하고 이들에 의해 알레르기형 식중독을 일으킨다.

〈표 1-3〉 식중독의 종류와 발병원인

종 류	특 징	대표적인 균의 종류와 잠복기
감염형	잠복기가 길다. 가열조리를 하면 예방 가능	장염비브리오균(8~20시간), *Salmonella*균(6~48시간), *Campylobacter*균(3~5일), 병원성대장균(6~72시간), *Yersinia*균(1~7일)
독소형	잠복기가 짧다. 균이 체외독소를 생산한다. 독소가 내열성이 있으면 가열 조리효과가 없거나 약하다.	포도상구균(0.5~6시간), *Botulinus*균(12~36시간), *Bacillus cereus*[구토형](0.5~5시간), *Perfringens*균(8~20시간), *Bacillus cereus*[설사형](8~16시간), 독소원성대장균(12~72시간)

2) 바이러스성 식중독

노로바이러스(Norovirus 또는 Norwalkvirus라고 함) 식중독이 대표적인 예로 미국 오하이오주 Norwalk 지역에서 집단적으로 발병된 이후 붙여진 이름이다. 노로바이러스는 위장염 질환을 유발하기 때문에 위장독감(Stomach flu)이라고도 불리어진다.

3) 자연독 식중독

복어와 독버섯 등과 같이 동식물이 본래 가지고 있거나 유해곰팡이 등이 생산하는 유해성분을 섭취함으로써 발생하는 식중독을 자연독 식중독이라 한다. 일반적으로 자연독 식중독은 세균성 식중독에 비해 치사율이 높다.

자연독 식중독의 종류

① 식물성 자연독 식중독

② 동물성 자연독 식중독

③ 곰팡이 생산독 식중독

4) 화학물질 식중독

식품의 생산으로부터 소비자가 섭취하는 최종단계에 이르는 과정 중에서 의도적으로 첨가하였거나 과실로 식품에 혼입된 화학물질에 의해 발생되는 식중독을 말한다.

5. 식중독의 예방

식중독의 발생 비율은 국민들의 문화수준에 비례한다. 식중독 발생 기전에 대한 정확한 이해와 위생관리 체계의 확립을 위해 국민과 국가가 적극적인 노력을 다함으로써 보다 안전하고 선진적인 식생활 환경을 이루어 나가야 한다.

식품의약품안전처에서는 식중독 예방을 위해 식품위생 관리원칙을 작성, 제시하였고 일본의 후생노동성은 HACCP의 개념을 도입하여「가정에서 할 수 있는 식중독 예방의 6가지 포인트」를 작성하여 발표하였다.

5.1. 식중독 예방을 위한 위생관리 원칙

식중독을 예방하기 위하여 일반적으로 지켜야 할 식품위생 관리 원칙을 다음과 같이 제시하고 있다.

1) 안전한 식품 선택

신선식품의 섭취가 좋으나, 생 · 과채류는 위해미생물 등에 의한 오염도 있을 수 있기 때문에 적절한 방법으로 살균되거나 청결히 세척된 제품을 선택한다.

육류 · 생선 : 육류나 생선을 다루고 난 후 손을 깨끗이 씻고, 사용한 도마나 칼은 세제로 깨끗이 씻은 다음에 열탕소독을 한다.

생 · 과채류 : 채소의 뿌리에 부착된 흙은 흐르는 물로 깨끗이 씻어낸다.

날 달걀 : 달걀껍질은 살모넬라균으로 오염된 경우가 많으므로 금이 갔거나 깨진 달걀은 사용하지 않도록 한다.

2) 적절한 방법으로 가열 · 조리

식중독 등을 유발하는 위해미생물을 사멸시키기 위해서는 철저히 가열하여야 한다. 고기는 중심부가 75℃ 이상에서 익혀야 하고 뼈에 붙은 고기도 잘 익도록 해야 하며, 냉동한 고기는 해동한 직후에 조리하여야 한다.

3) 조리한 식품은 신속히 섭취

조리한 식품을 실온에 방치하면 위해미생물이 증식할 수 있으므로 조리한 음식은 가능한 신속히 섭취한다. 냉동식품은 필요한 양만큼 해동하며 냉동과 해동을 반복하지 않는다.

4) 조리식품을 저장 · 보관할 때에는 주의

- 조리식품을 4~5시간 이상 보관할 경우에는 반드시 60℃ 이상이나 10℃ 이하에서 저장하여야 한다. 특히 먹다 남은 유아식은 보관하지 말고 버린다. 조리식품의 내부 온도는 냉각속도가 느리기 때문에 위해미생물이 증식될 수 있다. 따라서 많은 양의 조리식품을 한꺼번에 냉장고에 보관하지 않아야 한다.

조리식품의 저장 · 보관 온도

온도	식품
7~10℃	과실류
4~7℃	채소류 · 알 · 조리식품
3~4℃	우유 · 유제품
1~3℃	식육
0~3℃	어패류 · 닭고기
-15℃	냉동식품(냉동식육 포함)

- 구입한 식품은 식품별로 비닐봉지 등에 담아서 보관하여 서로 접촉하지 않도록 한다. 특히 육류나 생선은 1회분씩 나누어 비닐봉지 두겹으로 싸서 즙이 다른 식품을 오염시키지 않게 한다.
- 사용 중인 조미료와 건어물은 냉암소에 보관한다. 달걀은 냉장고 안쪽에 보관한다. 냉장고의 문 쪽에 달걀을 보관하도록 되어 있으나 냉장고문의 개폐에 의해 달걀에 금이 가거나 깨지며 내부가 오염될 우려가 있다.
- 조리한 음식물을 4~5시간 보관할 때는 60℃ 이상이나 10℃ 이하에서 보관한다.
- 저온보관이 필요한 음식물은 즉시 냉장 또는 냉동한다. 냉장온도는 10℃ 이하, 냉동온도는 -18℃ 이하를 유지하는 것이 좋다. 남은 이유식은 반드시 폐기한다.

5) 저장하였던 조리식품을 섭취할 경우 재가열

냉장보관 중에도 위해미생물의 증식이 가능하므로 이를 섭취할 경우 70℃ 이상의 온도에서 3분 이상 재가열하여 먹는다.

6) 조리한 식품과 조리하지 않은 식품의 교차오염 방지

가열조리한 식품과 날 식품이 접촉하면 조리한 식품이 오염될 수 있으므로 서로 섞이지 않도록 한다. 날 음식과 조리된 식품이 섞이지 않도록 한다(식육이나 어패류 등은 비닐봉지나 용기에 넣어 냉장고에 보관).

7) 손은 철저히 씻음

손을 통한 위해미생물의 오염이 빈번하므로 조리 전과 다른 용무를 본 후에는 반드시 손을 씻어야 한다.

8) 조리대는 항상 청결

부엌의 조리대를 항상 청결하게 유지하여 위해미생물이 음식에 오염되지 않도록 하여야 하며, 행주 · 도마 등 조리기구는 매일 살균 · 소독 · 건조한다. 생선을 손질할 때는 아가미 · 내장 등을 제거한 뒤 흐르는 수돗물에 깨끗이 씻어 끓여 먹고 칼 · 도마도 잘 소독한다.

9) 쥐 및 곤충 등이 접근하지 못하도록 음식보관에 유의

곤충, 쥐, 기타 동물 등을 통해 위해미생물이 식품에 오염될 수도 있으므로 동물의 접근을 막을 수 있도록 주의하여 보관하여야 한다.

10) 깨끗한 물로 조리

깨끗한 물로 세척하거나 조리를 하여야 하며 의심이 날 경우 물을 끓여 사용하여야 하고, 유아식을 만들 때에는 특히 주의한다.

6.2. 가정에서의 식중독 예방대책

가정에서의 식중독을 예방하기 위해서 일본의 후생노동성은 HACCP의 개념을 도입한「가정에서 할 수 있는 식중독 예방의 6가지 포인트」를 발표하였다. 특히 식중독 발생의 대부분을 차지하는 세균성 식중독 예방의 3원칙은 식중독균을「묻히지 않는다, 증식시키지 않는다, 없앤다」이다.

아래 기술한 6가지 포인트는 이 3원칙을 근거로 이루어졌음으로 이들 포인트를 잘 이행하면 가정에서 식중독 발생을 예방할 수 있다.

가정에서 할 수 있는 식중독 예방 포인트 6가지

- 포인트 1. 식품의 구입

- 포인트 2. 가정에서의 보존
- 포인트 3. 요리 준비
- 포인트 4. 조리
- 포인트 5. 식사
- 포인트 6. 남은 식품

포인트 1 : 식품의 구입

1) 육류, 어류, 채소 등의 생식품은 신선한 것을 구입한다.
2) 표시가 있는 식품은 유통기한 등을 확인하고 구입한다.
3) 구입한 식품은 육류나 생선 등의 수분은 새지 않도록 비닐봉지 등에 각각 나누어 포장하여 가지고 간다.
4) 특히 식품 등과 같은 냉장이나 냉동 등의 온도관리가 필요한 식품의 구입은 마지막으로 구입하여 바로 집으로 가져가도록 한다.

포인트 2 : 가정에서의 보존

1) 냉장이나 냉동이 필요한 식품은 가져오자마자 냉장실이나 냉동실에 넣도록 한다.
2) 냉장실이나 냉동실에 너무 많이 넣어두지 않도록 한다. 기준은 70% 정도이다.
3) 냉장실은 10℃ 이하, 냉동실은 -15℃ 이하를 유지하도록 한다. 온도계를 사용하여 온도를 측정하면 보다 더 냉장고를 잘 관리할 수 있다. 세균이 많은 것은 10℃에서 증식이 천천히 이루어지고 -15℃에서는 증식이 정지된다. 그러나 세균이 죽은 것은 아니다. 빨리 사용하도록 한다.
4) 육류나 어류 등은 비닐봉지나 용기에 넣고 냉장고 중앙의 다른 식품에 육류 등의 수분이 닿지 않도록 한다
5) 식품을 싱크대 밑에 보존하는 경우는 수분이 새지 않도록 주위한다. 또한 직접 바닥에 닿지 않도록 한다.

포인트 3 : 요리 준비

1) 부엌을 둘러본다. 쓰레기는 버려져 있지 않는가? 수건이나 행주는 청결한 것으로

교환되어 있는가? 비누는 준비되어 있는가? 조리대 위에는 정리되어 넓게 사용할 수 있도록 되어 있는가? 다시 한번 체크해 본다.

2) 우물을 사용하고 있는 가정에서는 수질에 충분한 주의를 하여야 한다.
3) 손을 씻도록 한다.
4) 어류, 육류, 계란을 취급한 후에는 손을 씻도록 한다. 도중에 동물을 만지거나 화장실에 갔다 왔거나 아기 귀저기를 교환한 후는 손을 씻는 것을 잊지 않도록 한다.
5) 육류, 어류 등의 수분이 과일이나 샐러드 등 생으로 먹는 음식이나 조리한 식품에 접촉하지 않도록 한다. 생육류나 생어류를 자른 후 씻지 않고 그 칼이나 도마로 과일이나 채소 등 생으로 먹는 식품이나 조리를 끝낸 식품을 자르거나 해서는 안 된다. 깨끗이 씻은 후 뜨거운 물에 넣은 후에 사용하는 것이 중요하다. 칼이나 도마는 육류용, 어류용, 채소용을 각각 준비하여 사용하는 것이 안전하다.
6) 랩으로 포장되어 있거나 조리할 수 있도록 손질된 채소도 씻도록 한다. 냉동식품 등 동결되어 있는 식품은 조리대에 방치한 채로 해동하지 않도록 한다. 실온에서 해동하면 식중독균이 증식하는 경우도 있다.
7) 해동은 냉장고의 중앙이나 전자렌지에서 하도록 한다. 또한 물을 사용하여 해동하는 경우에는 밀폐용기에 넣어 흐르는 물로 한다.
8) 요리에 사용할 분량만 해동하고, 해동이 끝나면 바로 조리한다. 해동된 식품을 사용하지 않는다하여 냉동과 해동을 반복하는 것은 위험하다. 냉동이나 해동을 반복하면 식중독균이 증식하는 경우도 있다.
9) 칼, 식기, 도마, 행주, 수세미, 스폰지 등은 사용 후 바로 세정하거나 흐르는 물에잘 씻도록 한다. 행주에 얼룩이 많으면 청결한 것으로 교체한다. 표백제에 하루밤 담아두는 것도 소독효과가 있다. 수세미나 스폰지는 삶는 것이 좋다.

포인트 4 : 조리

1) 조리를 시작하기 전에 한번 더 부엌을 살펴본다. 요리준비로 부엌이 더러워져 있지는 않는가? 수건이나 행주는 건조된 청결한 것으로 교환한다. 그리고 손을 씻도록 한다.

2) 가열하여 조리하는 식품은 충분히 가열한다. 가열을 충분히 하면 식중독균이 있어도 살균될 수 있다. 기준은 중심부의 온도가 75℃에서 1분 이상 가열한다.
3) 조리를 도중에 그만 두고 그대로 실온에 방치하면 세균이 식품에 옮겨져서 증식을 한다. 도중에 그만둘 때는 냉장고에 넣어둔다. 다시 조리를 할 때는 충분히 가열한다.

   전자렌지를 사용하는 경우는 전자렌지용의 용기나 뚜껑을 사용하여 조리시간을 염두에 두고 사용하며, 열이 잘 전달되지 않는 음식은 때때로 저어 주는 것도 필요하다.

포인트 5 : 식사

1) 식탁에 앉기 전에 손을 씻는다.
2) 청결한 손으로, 청결한 기구를 사용하여 청결한 식기에 담는다.
3) 따뜻하게 먹는 요리는 항상 따뜻하게, 차게 먹는 요리는 항상 차게 해 둔다. 기준은 따뜻한 요리는 65℃ 이상, 차게 먹는 요리는 10℃ 이하이다.
4) 조리 전의 식품이나 조리 후 식품은 실온에 장시간 두지 않도록 한다. (예 병원성 대장균 O157:H7은 실온에서도 15~20분 만에 2배로 증식한다).

포인트 6 : 남은 음식

1) 남은 식품을 취급하기 전에 손을 씻도록 한다.
2) 남은 식품은 깨끗한 용기나 접시를 사용하여 보존한다.
3) 남은 식품은 빨리 식도록 얇은 용기에 조금씩 나누어 보존한다.
4) 시간이 오래 지난 식품은 과감히 버리도록 한다.
5) 남은 식품을 따뜻하게 할 때도 충분히 가열하도록 한다. 기준은 75℃ 이상으로 한다.
6) 조금이라도 이상이 있으면 먹지 말고 버린다. 맛을 보지 말자.

제2장 식품위생행정과 법

1. 식품위생행정

1.1. 식품위생행정의 개요

식품위생행정을 광의로 해석하면 보건복지부, 식품의약품안전처, 농림축산식품부, 해양수산부, 국세청 등이 식품과 관련된 여러 법령에 근거하여 펼치는 행정이라고 할 수 있으며 통상적으로는 식품위생법에 그 기초를 두고 있는 국무총리실 산하 식품의약품안전처의 행정을 말한다.

이러한 일을 수행하는데 관련되는 식품위생관리제도에는 아래와 같은 구체적인 시책을 시행하고 있다.

① 식품, 식품첨가물, 기구 및 용기 · 포장의 성분 규격과 제조 · 사용 등의 기준 설정

② 제품검사제도의 실시

③ 식품첨가물로 사용되는 화학적 합성품의 지정표시제도 실시

④ 식품위생감시의 실시

⑤ 식중독의 예방과 발생시의 조치

⑥ 식품종사자들에 대한 건강진단 및 위생교육

⑦ 식품 취급시설 기준의 제정 및 영업의 허가제도 실시

⑧ 수입식품 관리제도의 실시

⑨ 유해식품을 제조 · 유통업자 책임하에 자진회수, 폐기하는 식품회수제도(recall) 실시

⑩ 식품안전관리인증기준(HACCP) 실시

⑪ 농 · 축 · 수산물에 대한 잔류농약 및 항균성 물질의 잔류기준 설정

⑫ 조리사와 영양사 제도의 실시

1.2. 식품위생 대상 및 법령

식품위생관련법령을 보면 목적이나 대상 등에 따라 농림축산식품부 및 해양수산부는 농약관리법, 농수산물품질관리법, 인삼산업법과 한국농수산식품유통공사법, 기획재정부에서는 주세법, 공정거래위원회에서는 소비자기본법, 교육부에서는 학교급식법, 환경부에서는 먹는물관리법을 관장하며 이러한 품목들을 완제품으로 시중에 유통되는 것과 이 품목 외의 식품, 식품첨가물, 기구 · 용기 · 포장 등은 식품의약품안전처에서 관장한다〈그림 2-1〉.

1) 축산물위생관리법

가축의 도살 · 처리와 축산물의 가공 · 유통 및 검사에 관하여 필요한 사항을 정함으로써 축산물의 위생적인 관리와 그 품질의 향상을 도모하여 축산업의 건전한 발전과 공중위생의 향상에 이바지함을 목적으로 하고 있다.

2) 농수산물품질관리법

농수산물에 대하여 국가의 검사를 실시함으로써 농산물의 품질향상과 개선을 촉구하여 원활한 거래와 소비의 합리화를 기하여 국민경제 발전에 기여하는데 그 목적을 두고 있다.

3) 주세법

주세 부과를 목적으로 한 법률로써, 주류라 함은 주세법상 주정(희석하여 음료로 할 수 있는 것)과 알코올분 1도 이상의 음료(약사법의 규정에 의한 의약품으로서 알코올분 1도 미만의 음료는 제외)를 말한다.

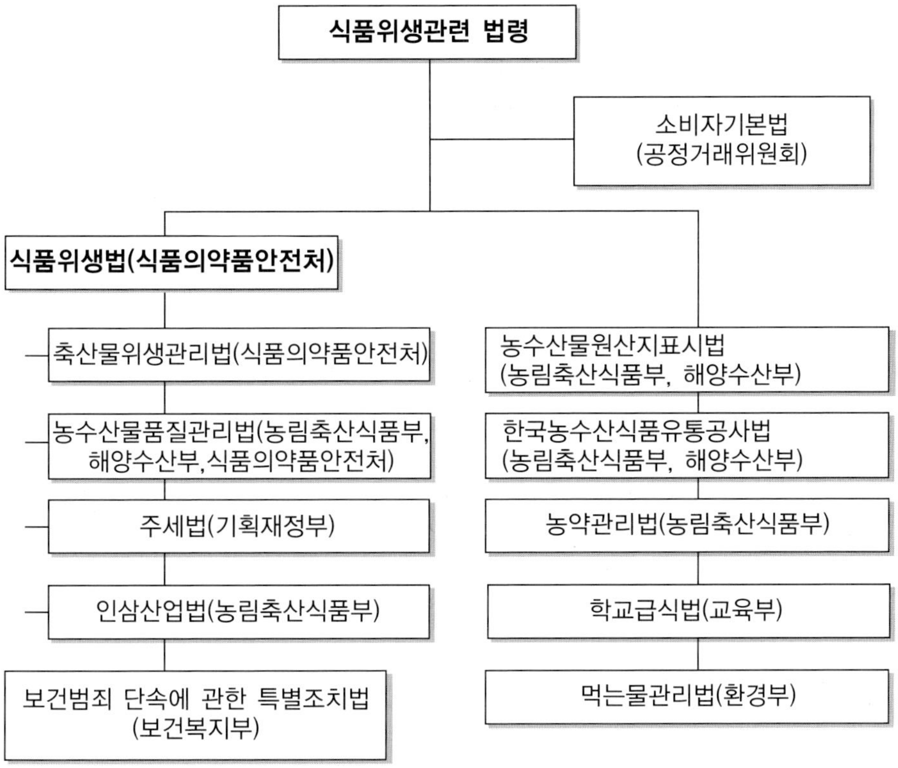

〈그림 2-1〉 **식품위생 관련 기구 및 조직**

4) 인삼산업법

인삼 및 인삼류의 경작, 제조, 검사 등 인삼산업의 발전을 도모하고 인삼을 특산물로 보호 · 육성하고 인삼산업의 건전한 발전에 이바지함을 목적으로 한다.

5) 보건범죄 단속에 관한 특별조치법

부정식품 및 첨가물, 부정의약품 및 화장품, 부정독물 및 독극물의 제조나 무면허 의료행위 등의 범죄에 대하여 가중처벌 등을 행함으로써 국민보건의 향상에 기여함을 목적으로 하고 있다.

6) 농약관리법

농약의 품질향상, 유통의 원활 및 적정한 사용을 도모함으로써 농업생산의 안정과 생활환경 보전에 기여함을 목적으로 한다.

7) 학교급식

학교급식을 통해 학생들의 심신의 건전한 발달을 도모하고 나아가서 국민 식생활의 개선에 기여함을 목적으로 하고 있다.

8) 먹는물관리법

먹는물에 대한 합리적인 수질관리 및 위생관리를 도모함으로써 먹는물로 인한 국민 건강상의 위해를 방지하고 생활환경의 개선에 이바지함을 목적으로 한다.

1.3. 식품위생행정기구

1) 식품의약품안전처

(1) 식품안전정책국

식품안전정책과

1. 식품, 건강기능식품, 식품첨가물, 기구 또는 용기 · 포장(이하 "식품등"이라 한다)의 위생 · 안전관리 정책 수립 및 제도개선 총괄 조정
2. 「식품위생법」 및 「식품안전기본법」의 개정 및 운영에 관한 사항
3. 식품등[축산물 및 건강기능식품과 해외로부터 국내로 수입되는 식품등(이하 "수입식품등" 이라 한다)은 제외한다]의 영업 허가 · 신고 및 등록 관련 업무의 총괄
4. 식품등(축산물, 건강기능식품 및 수입식품등은 제외한다)과 관련한 법인 · 단체의 관리
5. 식품등 기준 · 규격의 총괄 조정
6. 식품등(농축수산물 및 수입식품등은 제외한다)의 사건 · 사고 대응 업무 총괄
7. 식품안전정책위원회 사무에 관한 사항

8. 식품위생심의위원회의 운영
9. 「식품위생법」에 따른 자가품질검사 제도의 운영
10. 식품진흥기금 운영
11. 국제식품규격위원회(CODEX) 등 식품안전관련 국제협력 업무 총괄
12. 식품등(농축수산물 및 수입식품등은 제외한다)의 위생 · 안전 관련 국제협력 업무
13. 관계 부처 및 기관 업무 협의의 조정 총괄
14. 식품 위생 및 안전 관련 공무원 교육
15. 식품등의 생산실적 등 통계관리
16. 식품안전정보원의 지원 및 지도 · 감독
17. 그 밖에 국내 다른 과의 주관에 속하지 아니하는 사항

식품관리총괄과

1. 식품등(농축수산물, 건강기능식품 및 수입식품등은 제외한다. 이하 이 항에서 같다) 관련 영업의 지도 · 단속 등에 관한 종합계획의 수립
2. 식품등의 수거 및 검사계획 수립 · 관리
3. 부정 · 불량 식품등의 단속 및 단속업무의 총괄 · 조정
4. 식품등에 관한 감시업무의 총괄 · 조정
5. 식품등의 허위표시 및 과대광고 단속의 지도 · 감독 및 조정
6. 부적합 식품등 긴급통보 운영 · 관리
7. 위해 식품등의 회수 · 관리 총괄
8. 식품등의 사건 · 사고 대응
9. 식품등에 대한 신고포상금제도의 운영
10. 식품안전소비자신고센터 운영 및 관리
11. 식품등의 이물보고에 관한 제도 운영 및 이물 등에 대한 조사 · 관리
12. 식품등의 지도 · 단속, 위반현황, 행정처분, 수거 · 검사결과 등에 관한 통계 관리
13. 전국합동단속 계획수립 및 시행
14. 식품등에 대한 시정명령 등 행정제재 총괄
15. 식품등 검사명령 제도 운영

16. 식품의약품안전처 소속 식품위생감시원의 임면 및 교육
17. 소비자식품위생감시원 제도의 운영 총괄
18. 인터넷 식품 판매 사이트 모니터링제도 운영 및 사후관리 총괄
19. 국제회의 및 국제행사 등에 제공되는 식음료 안전관리 지원

식품안전인증과

1. 「식품위생법」 및 「축산물 위생관리법」에 따른 안전관리인증기준(HACCP)에 관한 종합계획의 수립 및 조정
2. 「식품위생법」 및 「축산물 위생관리법」에 따른 안전관리인증기준 관련 법령, 고시의 제정 · 개정 및 제도개선
3. 「식품위생법」 및 「축산물 위생관리법」에 따른 안전관리인증기준 제도에 관한 대국민 홍보 및 정보교류
4. 「식품위생법」 및 「축산물 위생관리법」에 따른 안전관리인증기준 적용 해설서의 개발 및 보급
5. 「식품위생법」 및 「축산물 위생관리법」에 따른 안전관리인증기준 적용업소 지정 및 사후관리의 총괄 · 조정
6. 「식품위생법」 및 「축산물 위생관리법」에 따른 안전관리인증기준 제도의 활성화를 위한 재정 및 기술 지원
7. 「식품위생법」 및 「축산물 위생관리법」에 따른 안전관리인증기준 지원기구 운영 및 관리
8. 「식품위생법」 및 「축산물 위생관리법」에 따른 안전관리인증기준 교육훈련기관의 지정 · 관리, 안전관리인증기준 지도관 교육 · 훈련
9. 식품등(농수산물 및 수입식품등은 제외한다) 이력추적제도 운영
10. 「식품위생법」에 따른 제조 · 가공업소 중 우수업소 지정제도의 운영
11. 소비자의 요청에 따른 위생검사 제도 및 소비자 위생점검 참여 제도 운영
12. 식품등의 제품별 위해요소 분석 및 안전관리 대안 검토
13. 식품등(축산물, 건강기능식품 및 수입식품등은 제외한다) 영업자 식품위생교육 관리

건강기능식품정책과

1. 건강기능식품(해외에서 국내로 수입되는 건강기능식품은 제외한다. 이하 이 항에서 같다)에 관한 정책 개발 및 제도개선, 안전관리 종합계획의 수립 및 총괄
2. 「건강기능식품에 관한 법률」의 개정 및 운영
3. 건강기능식품 영업허가 · 신고 관련 업무 총괄
4. 건강기능식품 관련 교육 및 홍보
5. 건강기능식품의 안전성 확보 및 품질관리에 관한 교육
6. 건강기능식품 관련 법인의 관리
7. 우수건강기능식품 제조 및 품질관리기준(이하 "우수건강기능식품제조기준"이라 한다)에 관한 종합계획의 수립 및 조정
8. 우수건강기능식품제조기준의 제정 · 개정 및 제도개선
9. 우수건강기능식품제조기준 제도에 관한 대국민 홍보 및 정보교류
10. 우수건강기능식품제조기준 적용 해설서의 개발 및 보급
11. 우수건강기능식품제조기준 적용업소의 지정 및 사후관리의 총괄 · 조정
12. 우수건강기능식품제조기준 제도의 활성화를 위한 재정 및 기술 지원
13. 우수건강기능식품제조기준 지도관 교육훈련
14. 건강기능식품 생산실적, 인정, 지도 · 단속, 위반현황, 행정처분, 수거 · 검사결과 등에 관한 통계 관리
15. 건강기능식품 부작용 정보의 수집 및 관리 총괄
16. 건강기능식품심의위원회의 운영
17. 건강기능식품 관련 영업의 지도 · 단속 등에 관한 종합계획의 수립
18. 건강기능식품의 수거 및 검사계획의 수립 · 관리
19. 부정 · 불량 건강기능식품의 단속 및 단속업무의 총괄 · 조정
20. 건강기능식품의 허위표시 및 과대광고 단속의 지도 · 감독 및 조정
21. 부적합 건강기능식품 긴급통보 제도의 운영 · 관리
22. 위해 건강기능식품의 회수 및 관리 총괄
23. 건강기능식품의 사건 · 사고 대응

24. 건강기능식품에 대한 신고포상금제도의 운영
25. 건강기능식품에 대한 시정명령 등 행정제재 총괄
26. 인터넷 건강기능식품 판매 사이트 모니터링제도 운영 및 사후관리 총괄
27. 건강기능식품 검사명령 제도 운영

식품표시광고정책과

1. 식품등의 표시 · 광고 정책 수립 및 제도개선 총괄
2. 「식품 등의 표시 · 광고에 관한 법률」의 개정 및 운영
3. 식품등의 표시기준 운영
4. 식품등의 영양표시 및 나트륨 함량 비교표시 기준 운영
5. 소 · 돼지 식육의 표시방법 및 부위 구분기준 운영
6. 어린이기호식품 등의 영양성분과 고카페인 함유식품 표시기준 및 알레르기 유발 식품 표시기준 운영
7. 유전자변형식품등의 표시기준 운영
8. 식품등의 부당 표시 · 광고 기준 운영
9. 식품등의 표시 · 광고 실증제도 운영
10. 식품등의 자율심의제도 운영
11. 자율심의 기구 등록 및 관리
12. 식품등의 표시 · 광고 정책자문위원회 운영
13. 식품등의 표시 · 광고에 관한 교육 및 홍보

(2) 식품기준기획관

식품기준과

1. 식품의 기준 · 규격(「축산물위생관리법」 제4조제2항제1호 및 제2호에 따른 축산물의 가공기준 및 성분규격을 제외한다. 이하 제2호 및 제5호에서 같다)등을 개선하기 위한 종합계획의 수립 · 시행
2. 식품의 기준 · 규격 및 시험 방법의 제정 · 개정
3. 식품(축산물은 제외한다) 원료 및 식품(축산물 및 주류는 제외한다) 유형 분류

4. 식품의 권장규격 설정
5. 식품의 기준 · 규격에 대한 교육 · 홍보 및 기술 지원
6. 방사선조사(照射) 식품의 품목 인정 및 운영
7. 식품 중 방사능 등 안전관리 기준 재평가
8. 유통기한 설정기준(축산물은 제외한다)의 제정 · 개정
9. 식품등에 관한 국제기준과의 조화 총괄 · 조정
10. 식품에 대한 국제기구 및 선진국의 기준 · 규격에 관한 신규 정보의 탐색 및 비교 · 검토 총괄
11. 식품공전의 편찬
12. 실험실정보관리시스템(LIMS)의 식품등(수산물 및 축산물은 제외한다)의 기준 · 규격 항목 관리
13. 생산단계 농산물의 유해물질 잔류기준에 관한 사항
14. 그 밖에 식품기준기획관 내 다른 과의 주관에 속하지 아니하는 사항

유해물질기준과

1. 식품등의 유해물질 기준、규격 등을 개선하기 위한 종합계획의 수립、시행
2. 생산단계 농산물의 유해물질 잔류기준에 관한 사항
3. 식품등의 제조가공단계 오염물질기준 및 시험방법의 제정、개정에 관한 사항
4. 축산물 등의 동물용의약품 잔류허용기준 및 시험방법의 제정、개정
5. 원유 위생등급에 관한 고시의 제정、개정
6. 실험실정보관리시스템(LIMS)의 식품등 기준、규격 항목관리
7. 방사선조사 식품의 품목 인정 및 운영
8. 식품 중 방사능 등 안전관리 기준 재평가

첨가물기준과

1. 식품첨가물, 기구 · 용기 · 포장(이하 "기구등"이라 한다) 및 기구등의 살균 · 소독제에 관한 기준 · 규격 설정과 운영 등에 관한 종합계획의 수립 · 시행
2. 식품첨가물, 기구등 및 기구등의 살균 · 소독제에 관한 기준 · 규격의 설정 및 운영

3. 천연첨가물, 기구등 및 기구등의 살균 · 소독제에 관한 한시적 기준 · 규격 인정
4. 합성첨가물 및 천연첨가물의 사용대상식품, 사용량, 용도 등의 분류
5. 기구등의 살균 · 소독제 사용대상 용도별 분류
6. 식품첨가물, 기구등 및 기구등의 살균 · 소독제에 관한 재평가 계획 수립
7. 식품첨가물, 기구등 및 기구등의 살균 · 소독제에 관한 표시 사항에 관한 기술 지원
8. 식품첨가물 공전, 기구 및 용기 · 포장 공전의 편찬
9. 원료에서 유래되는 식품첨가물의 인정 및 정보 관리
10. 식품첨가물, 기구등에 대한 국제기구 및 선진국의 기준 · 규격에 관한 신규 정보의 탐색 및 비교 · 검토 총괄

8. 식품첨가물공전의 편찬

처본부

평가원

지방청

〈그림 2-2〉 식품의약품안전처 기구 조직도

1.4. 국제식품규격위원회(CODEX)

1) 기능

국제식품규격위원회(Codex Alimentarius Commission, http://www.fao.org/fao-who-codexalimentarius/en/) 는 국가별 식품에 대한 규격을 국제적으로 조화시키기 위해 세계식량기구(Food and Agriculture Organization, FAO)와 세계보건기구(World Health Organization, WHO)가 지원하여 1961년 발족하였다.

그 후 국제간의 거래와 인간의 교류가 활발해지면서 각국의 독자적인 규격이나 규정을 대신하여 식품규격 통일화가 무엇보다 필요하였다.

즉, WHO 협정 중 "위생 및 식물위생조치의 적용에 대한 협정(Agreement on the Application of Sanitary and Phytosanitary Measures, SPS agreement)" 및 "무역상 기술 장벽에 관한 협정(Agreement on Technical Barriers to Trade, TBT agreement)"에서 모두 식품 규격의 국제적 조화를 도모하였고 이를 통하여 식품안전성과 관련 사안에 대한 세계적 인식을 높은 수준으로 끌어올렸으며 식품관련 규격 개발을 위한 가장 중요하고 유일한 국제적 기준으로 발돋움하였다.

그 결과, CODEX 국제식품규격은 소비자, 식품제조업자 및 가공업자, 국가식품관리기관, 국제식품무역을 위한 독창적이고 세계적인 기준이 되고 있다.

1993년 말에 국제무역협정(우루과이 협정)이 체결되어 식량을 의무적으로 일정량 수입하게 되면서 CODEX는 강제적인 성격을 띠게 되었다. 우리나라는 1970년 5월에 가입하였으며 회원국수는 현재 188개국에 이르고 있다.

2) 조직

CODEX의 조직은 크게 CODEX 위원회, 집행이사회 및 그 하부조직〈그림 2-3〉 으로 구성되어 있다.

(1) CODEX 위원회

CODEX 위원회는 의장 1명과 부의장 3명의 임원이 있으며, CODEX 총회는 1년 또는 2년에 한번씩 개최되고 있다.

(2) 집행이사회

자문, 권고, 성격의 기관으로서 총회와 총회 사이에 CODEX 위원회의 기본방향 및 작업계획을 제시하거나 총회에서 인정한 사업의 집행을 담당하며 회의는 매년 개최된다.

(3) CODEX 하부조직

① CODEX 일반과제 분과위원회

총 10개의 분과가 있으며, 연간 1~2회 모임을 갖고 관련 기준 · 규격 또는 지침 등의 설정작업이나 권고사항을 결정하며 이를 총회에 제출한다.

② CODEX 식품별 분과위원회

각 식품별로 기준 · 규격을 설정하기 위해 총 11개의 분과로 구성되어 있으며 이 중 4개 분과가 활동 중에 있고 나머지 분과를 휴회중이나 필요시 활동을 재개할 수 있다.

③ 임시특별 조직위원회

일정 기간동안 특별사안에 대하여 한시적으로 운용되는 조직위원회는 5개의 분과가 있었는데, 이 중 4개 분과가 종료되었고 나머지 1개의 분과만 활동중에 있다. 그 중 항생제내성을 우리나라에서 담당하고 있다.

〈그림 2-3〉 국제식품규격위원회의 조직

2. 식품위생법규

2.1. 목적

우리나라 식품위생법 제1장 제1조에서 식품위생의 목적은 식품으로 인한 위생상의 위해를 방지하고 식품영양의 질적 향상을 도모하며 식품에 관한 올바른 정보를 제공하여 국민보건의 증진에 이바지함을 말한다.

식품위생법에서의 식품이라 함은 '모든 음식물을 말하며 의약으로서 섭취하는 것은 제외한다.'고 정의하였다. 식품위생의 대상 범위도 식품제조 · 가공, 조리 및 섭취 라는 행위 자체에 직 · 간접적으로 영향을 끼치는 식기 또는 기타 기구, 용기, 포장 등에 기인하는 것도 포함된다.

위생상의 위해 방지는 주로 중독현상과 감염병의 발생 또는 이물의 혼입으로 위장 또는 치아의 장해 등 물리 · 화학적인 모든 사고 및 더 나아가 결과적으로 사망에 이르는 것을 막기 위해 이의 예방적 고지로 청구하고 사고의 발생을 미연에 방지하기 위한 것이다. 만일 사고가 발생하였을 때는 적절한 조취를 취하여 식중독 등의 만연을 방지하여 인간의 건강을 증진함에 있다.

2.2. 식품위생법

- 제정 1962. 1. 20 법률 1007호, 일부개정 2021.7.27 법률 제18363호

'음식물 기타 물품취제규칙'에 관한 건(1990년, 법률 제 15호) 등 식품위생 관계 9개의 법령은 1962년 1월 20일 식품위생법(법률 제 1007호)이 최초로 제정 공포되면서 수차례의 개정을 거쳐 오늘에 이르고 있다.

현행 식품위생법은 총 13장, 총 102조, 부칙으로 구성되어 있으며 식품위생법의 세부적인 내용은 식품위생법 시행령 및 동법 시행규칙에 각각 구체적으로 규정되어 있다〈표 2-1〉.

부속 법령으로는 식품위생법 시행령(1962년 6월 12일 제정), 식품위생법 시행규칙(1962년 10월 10일 제정) 등이 있고, 이외에도 식품 등의 규격 및 기준(1967년 12월 23일 제정), 식품첨가물의 규격 및 기준(1966년 3월 23일 제정), 식품안전관리인증기준

(1996년 12월 5일 제정), 위생분야 종사자 등의 건강진단 규칙(1984년 9월 8일 제정), 식품 등의 표시기준(1995년 12월 1일 제정), 식품 등의 회수 및 공표에 관한 규칙(1996년 12월 26일 제정) 등이 있다.

2.3. 식품위생법 시행령

- 제정 1962. 6. 12 각령 811호, 일부개정 2021.6.22 대통령령 제31823호

대통령령인 식품위생법 시행령은 식품위생법에서 위임받은 사항과 식품위생법을 시행하는데 필요한 구체적 사항을 규정하며, 식품위생법시행령의 개정은 입법예고를 한 후 공청회, 관계부처협의, 관계장관회의, 국무회의를 거쳐 공포한다.

1962년 6월 12일(각령 제811호) 제정 공포된 이후 식품위생법의 개정에 따라 관련 규정이 개정 및 보완되었으며 2021년 6월 22일 (대통령령 제31823호) 타법개정 공포되어 전문 67조로 구성되었다.

2.4. 식품위생법 시행규칙

- 제정 1962. 10. 10 보건사회부령 91호, 일부개정 2021.6.30 총리령 제1715호

총리령인 식품위생법시행규칙은 식품위생법이나 식품위생법 시행령에서 위임받은 사항과 구체적 집행에 관한 사항을 규정하여, 식품위생법 시행규칙의 개정은 입법예고를 한 후 공청회, 관계부처협의회를 거친다. 1962년 10월 10일(보건복지부령 제 91호) 개정 공포되었고, 식품위생법 및 식품위생법 시행령의 개정에 따라 관련규정 개정 및 보완되었으며 2021년 6월 30일(총리령 제1715호) 일부개정 공포되어 전문 101조로 되어 있다.

2.5. 식품위생법의 구성

〈표 2-1〉 식품위생법의 구성과 장별 내용

구 분	구 성	주 요 내 용
제1장	총칙	법의 목적과 용어의 정의, 식품 등의 취급에 대한 규정
제2장	식품과 식품첨가물	위해식품 등의 판매 등 금지, 기준과 규격
제3장	기구와 용기·포장	유해하거나 유독한 기구와 용기 등의 판매·사용금지, 기준과 규격
제4장	표시	판매를 목적으로 하는 식품, 첨가물 및 기구와 용기, 포장 등의 표시
제5장	식품 등의 공전	표시기준, 허위표시 식품 등의 공전을 작성·보급에 대한 규정
제6장	검사 등	제품검사(표시), 수입식품 등의 신고, 검체 수거, 식품위생검사 기관 지정, 자가품질검사 의무, 식품위생감시원에 대한 규정
제7장	영업	영업 허가, 시설기준, 영업자와 종사자의 위생교육·준수사항, 식품접객업소의 위생등급, 품질관리 등에 대한 규정
제8장	조리사 등	이들의 배치의무, 자격요건, 면허관리, 보수교육, 결격사유에 관한 규정
제9장	식품위생심의위원회	식품의약품안전처장의 자문기관인 식품위생심의위원회 설치와 운영
제10장	식품위생단체 등	동업자조합, 식품산업협회, 식품안전정보원, 한국식품안전관리인증원의 설립, 관리
제11장	시정명령과 허가취소 등 행정제재	시정명령, 폐기처분, 면허취소, 과징금, 청문에 관한 규정
제12장	보칙	국가보조, 식중독 조사보고, 집단급식소 설치운영, 진흥기금 설치, 식품위생법의 위임규정
제13장	벌칙	식품위생법상의 각 조항별 위반사항에 대한 벌칙과 과태료 규정

2.6. 식품위생법의 주요 내용

1) 용어의 정의

① 식품 - 모든 음식물(의약으로 섭취하는 것은 제외한다)을 말한다.

② 식품첨가물 - 식품을 제조 · 가공 · 조리 또는 보존하는 과정에서 감미(甘味), 착색(着色), 표백(漂白) 또는 산화방지 등을 목적으로 식품에 사용되는 물질을 말한다. 이 경우 기구(器具) · 용기 · 포장을 살균 · 소독하는 데에 사용되어 간접적으로 식

품으로 옮아갈 수 있는 물질을 포함한다.

③ 화학적 합성품 - 화학적 수단으로 원소(元素) 또는 화합물에 분해 반응 외의 화학 반응을 일으켜서 얻은 물질을 말한다.

④ 기구 - 음식을 먹을 때 사용하거나 담는 것, 식품 또는 식품첨가물을 채취 · 제조 · 가공 · 조리 · 저장 · 소분 · 운반 · 진열할 때 사용하는 것으로 식품 또는 식품첨가물에 직접 닿는 기계 · 기구나 그 밖의 물건(농업과 수산업에서 식품을 채취하는 데에 쓰는 기계 · 기구나 그 밖의 물건은 제외한다)을 말한다.

⑤ 용기 · 포장 - 식품 또는 식품첨가물을 넣거나 싸는 것으로서 식품 또는 식품첨가물을 주고받을 때 함께 건네는 물품을 말한다.

⑥ 위해 - 식품, 식품첨가물, 기구 또는 용기 · 포장에 존재하는 위험요소로서 인체의 건강을 해치거나 해칠 우려가 있는 것을 말한다.

⑦ 표시 - 식품, 식품첨가물, 기구 또는 용기 · 포장에 적는 문자, 숫자 또는 도형을 말한다.

⑧ 영양표시 - 식품에 들어있는 영양소의 양(量) 등 영양에 관한 정보를 표시하는 것을 말한다.

⑨ 영업 - 식품 또는 식품첨가물을 채취 · 제조 · 가공 · 조리 · 저장 · 소분 · 운반 또는 판매하거나 기구 또는 용기 · 포장을 제조 · 운반 · 판매하는 업(농업과 수산업에 속하는 식품 채취업은 제외한다)을 말한다.

⑩ 영업자 - 영업허가를 받은 자나 영업신고를 한 자 또는 영업등록을 한 자를 말한다.

⑪ 식품위생 - 식품, 식품첨가물, 기구 또는 용기 · 포장을 대상으로 하는 음식에 관한 위생을 말한다.

⑫ 집단급식소 - 영리를 목적으로 하지 아니하면서 특정 다수인에게 계속하여 음식물을 공급하는 기숙사 · 학교 · 병원, 일부의 사회복지시설 · 산업체, 국가 · 지방자치단체 · 공공기관 및 기타 후생기관 등의 급식시설로서 대통령령으로 정하는 시설을 말한다.

⑬ 식품이력추적관리 - 식품을 제조 · 가공단계부터 판매단계까지 각 단계별로 정보를 기록 · 관리하여 그 식품의 안전성 등에 문제가 발생할 경우 그 식품을 추적하

여 원인을 규명하고 필요한 조치를 할 수 있도록 관리하는 것을 말한다.

⑭ 식중독 - 식품 섭취로 인하여 인체에 유해한 미생물 또는 유독물질에 의하여 발생하였거나 발생한 것으로 판단되는 감염성 질환 또는 독소형 질환을 말한다.

⑮ 집단급식소에서의 식단 - 급식대상 집단의 영양섭취기준에 따라 음식명, 식재료, 영양성분, 조리방법, 조리인력 등을 고려하여 작성한 급식계획서를 말한다.

2) 위해식품의 판매금지

① 부패 · 변질 · 미숙한 식품, 유독 · 유해물질에 오염된 식품, 병원 미생물에 오염식품

② 인체의 건강을 해할 우려가 있는 식품

③ 영업허가를 받아야 하는 경우 또는 신고를 하여야 하는 경우에 허가를 받지 아니하거나 신고를 하지 아니한 자가 제조 · 가공 · 소분한 것

④ 유전자 재조합 식품의 안전성 평가 대상에 해당하는 농 · 축 · 수산물 등으로서 안전성 평가를 받지 아니하거나 안전성 평가 결과 식용으로 부적합하다고 인정되는 것

⑤ 수입이 금지된 식품이거나 안전성 평가 결과 식용으로 부적합하다고 인정된 것

⑥ 축산물 가공처리법 시행규칙에 의해 도축이 금지되는 가축감염병과 리스테리아, 살모넬라, 파스튜렐라, 구간낭충, 선모충에 감염되었거나 그로 인해 죽은 동물은 식품으로 판매할 수 없다.

3) 식품 등의 기준과 규격

식품이나 첨가물 그리고 기구 및 용기 · 포장의 제조 · 가공 · 사용 · 조리 및 보전의 방법에 관한 규정이 기준이며, 이들 성분에 관한 규정을 규격이라 한다.

식품의약품안전처장은 식품, 첨가물, 기구, 용기, 포장에 대해 기준 및 규격을 정할 수 있으며 규격 및 기준이 정해진 식품 등은 그 기준과 규격에 맞지 않으면 판매를 할 수 없다. 다만, 수출을 목적으로 하는 경우에는 수입업자가 요구하는 기준과 규격에 의한다. 한시적으로 기준 및 규격을 인정하는 제도가 도입되어 있다.

4) 수입식품 신고

판매를 목적으로 하거나 영업상 사용하는 식품 등을 수입하고자 하는 경우에는 식품의약품안전처장에게 신고를 하여야 하며, 식품의약품안전처장은 신고된 식품에 대해 통관절차 완료 전에 관계공무원 또는 관계검사기관으로 하여금 필요한 검사를 하게 할 수 있다.

위해식품, 병육, 비위생적인 것, 기준 · 규격에 맞지 않는 것 등은 수입을 금지한다.

5) 식품 및 식품 첨가물 공전

식품의약품안전처장은 제7조 제1항의 규정에 의하여 정하여진 식품 · 식품첨가물의 기준 · 규격, 제9조 제1항의 규정에 의하여 정하여진 기구 및 용기 · 포장의 기준 · 규격과 제10조 제1항의 규정에 의하여 정하여진 식품 등의 표시기준을 수록한 공전을 작성, 보급하게 되어 있다. 이는 식품 등의 기준, 규격 내용을 국민들에게 널리 알리기 위함이다.

6) 표시 및 광고

식품의약품안전처장은 판매를 목적으로 하는 식품, 식품첨가물, 기구, 용기 · 포장의 표시기준과 유전자재조합 식품 및 식품첨가물의 표시기준을 고시할 수 있으며 표시기준에 맞는 표시가 없으면 영업상 판매를 할 수 없다. 또한 허위표시나 과대광고, 과대포장을 할 수 없다.

7) 조리사 및 영양사

(1) 대통령령이 정하는 식품접객영업자와 집단급식소의 운영자는 조리사를 두어야 한다. 다만, 식품접객영업자 또는 집단급식소의 운영자 자신이 조리사가 직접 음식물을 조리하는 경우에는 그러하지 아니하다. 조리사를 두어야 하는 자는 다음에 해당하는 식품접객영업자 및 집단급식소 운영자로 한다.

① 법 제21조 제8호의 식품접객업 중 복어를 조리 · 판매하는 영업을 하는 자

② 다음의 집단급식소 운영자 (식품위생법 시행령 제36조 제1항 제2호)

- 국가 및 지방자치단체

- 학교, 병원 및 사회복지시설
- 공기업 중 보건복지부장관이 지정하여 고시하는 기관
- 지방공사 및 지방공단
- 특별법에 따라 설립된 법인

③ 다음의 어느 하나에 해당하는 자가 두는 영양사가 조리사 면허를 받은 경우에는 조리사를 따로 두지 아니할 수 있다.

- 복어를 조리 · 판매하는 영업자
- 법 제37조에 따라 영양사를 두어야 하는 집단급식소를 설치 · 운영하는 자

(2) 대통령령으로 정하는 집단급식소 운영자는 영양사를 두어야 한다. 다만, 집단급식소 운영자자신이 영양사로서 직접 영양 지도를 하는 경우에는 영양사를 두지 아니하여도 된다.

① 법 제52조에 따라 영양사를 두어야 하는 집단급식소는 식품위생법 시행령 제36조 제1항 제2호 각 목의 운영자가 설립 · 운영하는 집단급식소로 한다.

② 집단급식소에 두는 조리사가 영양사 면허를 받은 자인 경우에는 영양사를 따로 두지 아니할 수 있다.

식품의약품안전처장은 필요한 경우 조리사와 영양사에게 교육을 받을 것을 명할 수 있다. 다만, 집단급식소에 종사하는 조리사와 영양사는 2년마다 교육을 받아야 한다.

8) 식품위생감시

제22조 제1항의 의한 관계 공무원의 직무와 그 밖에 식품위생에 관한 지도 등을 하기 위하여 식품의약품안전처, 특별시 · 광역시 · 도 · 특별자치도는 시 · 군 · 구에 식품위생감시원을 둔다. 식품위생감시원의 직무는 아래와 같다.

① 식품등의 위생적인 취급에 관한 기준의 이행 지도
② 수입 · 판매 또는 사용 등이 금지된 식품등의 취급 여부에 관한 단속
③ 표시기준 또는 과대광고 금지의 위반 여부에 관한 단속
④ 출입 · 검사 및 검사에 필요한 식품등의 수거
⑤ 시설기준의 적합 여부의 확인 · 검사

⑥ 영업자 및 종업원의 건강진단 및 위생교육의 이행 여부의 확인 · 지도

⑦ 조리사 및 영양사의 법령 준수사항 이행 여부의 확인 · 지도

⑧ 행정처분의 이행 여부 확인

⑨ 식품등의 압류 · 폐기 등

⑩ 영업소의 폐쇄를 위한 간판 제거 등의 조치

⑪ 그 밖에 영업자의 법령 이행 여부에 관한 확인 · 지도

9) 식품위생심의위원회

① 식중독 방지

② 농약 · 중금속 등 유해물질의 잔류허용기준

③ 식품 등의 기준과 규격

④ 기타 식품위생에 관한 중요사항 등을 조사 · 심의하기 위하여 식품위생심의위원회를 둔다. 심의 위원회는 위원장 1인과 부위원장 2인을 포함하여 100인 이내로 구성하여 식품의약품안전처장의 자문에 응한다.

10) 식품위생단체

① 영업자는 영업의 발전과 국민보건 향상을 위하여 대통령령으로 정하는 영업 또는 식품의 종류별로 동업자조합을 설립할 수 있으며, 조합은 법인으로 한다. 조합은 자율지도원을 둘 수 있다.

② 식품산업의 발전과 식품위생의 향상을 위하여 한국식품산업협회를 설립한다. 협회는 식품산업에 관한 조사 · 연구, 식품과 그 원재료에 대한 시험 · 검사 업무, 식품위생과 관련한 교육, 영업시설 개선에 관한 지도, 회원을 위한 경영지도, 식품안전과 식품산업 진흥 및 지원 · 육성에 관한 사업, 규정된 사업의 부대사업을 한다.

11) 행정제재 및 벌칙

시정명령, 폐기처분, 회수 및 공표 명령, 시설의 개수 명령, 품목제조정지, 영업허가 등의 취소, 폐쇄조치, 면허취소, 과징금 처분 등의 행정처분과 과태료 및 징역 또는 벌금의 벌칙 등에 대한 내용이다.

12) 식중독 조사 및 보고

① 식중독 환자 또는 그 의심이 있는 자를 진단하였거나 사체를 검안한 의사, 한의사

② 집단급식소에서 제공된 식품 등으로 인하여 식중독 환자 또는 그 의심이 있는 자를 발견한 집단급식소의 설치 · 운영자

①, ②에 해당하는 자는 지체 없이 관할 시장(「제주특별자치도 설치 및 국제자유도시 조성을 위한 특별법」에 따른 행정시장을 포함) · 군수 · 구청장에게 보고하고, 시장 · 군수 · 구청장은 보고를 받은 때에는 지체 없이 그 사실을 식품의약품안전처장 및 시 · 도지사에게 보고하고, 대통령령으로 정하는 바에 따라 원인을 조사하여 그 결과를 보고하여야 한다. 또한 의사나 한의사는 대통령령으로 정하는 바에 따라 식중독 환자나 식중독이 의심되는 자의 혈액 또는 배설물을 보관하는 데에 필요한 조치를 하여야 한다.

13) 회수 및 공표

식품의약품안전처장, 시 · 도지사, 시군구청장은 식품위생상의 위해가 발생하였거나 발생할 우려가 있다고 인정되는 때에는 영업자에 대하여 유통 중인 당해 식품 등을 회수 · 폐기하게 할 수 있으며, 식품위생상의 위해가 발생하였다고 인정하는 때에는 영업자에 대하여 그 사실의 공표를 명할 수 있다.

14) 기타 고시

① 식품 등의 표시기준

② 수입식품 등 검사지침

③ 식품영업허가제한기준

④ 유전자 재조합식품 등의 표시기준 등이 있어서 세부사항을 규정하고 있다.

3. 현재 강화되고 있는 식품위생 법칙 및 관리제도

3.1. HACCP(식품안전관리인증기준제도)

1) 정의 및 개요

Hazard Analysis Critical and Control Point의 약자로 식품위생법 제48조(식품안전관리인증기준)에 근거하여 식품의 안전성 확보를 위하여 사전에 특정 위해요소를 알아내고 이를 위해요소의 방지 및 관리기법을 마련하기 위한 제도이다.

위해요소 분석이란 "어떤 위해를 미리 예측하여 그 위해요인을 사전에 파악하는 것"을 의미하며, 중요관리점이란 "반드시 필수적으로 관리하여야 할 항목"이란 뜻을 내포하고 있다. 즉 HACCP는 위해 방지를 위한 사전 예방적 식품안전관리체계를 말한다.

결론적으로 HACCP란 식품의 원료 및 재료 단계부터 제조, 가공, 보존, 유통, 조리를 거쳐 최종소비자가 섭취하기 전까지의 각 단계에서 발생할 우려가 있는 위해요소를 규명하고, 이를 중점적으로 관리하기 위한 중요관리점을 결정하여 자율적이며 체계적이고 효율적인 관리로 식품의 안전성을 확보하기 위한 과학적인 위생관리체계라고 할 수 있다.

HACCP는 전 세계적으로 가장 효과적으로 효율적인 식품안전관리체계로 인정받고 있으며, 미국, 일본, 유럽연합, 국제기구(Codex, WHO, FAO) 등에서도 모든 식품에 HACCP를 적용할 것을 적극 권장하고 있다.

2) HACCP의 구성 요건

HACCP는 식품을 위생적으로 생산할 수 있는 시설, 설비 즉 GMP(우수제조기준 : Good Manufacturing Practices) 여건 하에서 SSOP(표준위생관리기준 : Sanitation Standard Operation Procedure)를 준수하였을 때 효과적으로 작동한다. 왜냐하면, HACCP 시스템은 기본적인 위생관리가 효과적으로 수행된다는 전제 조건 하에 중점적으로 관리하여야 할 점을 파악하여 집중 관리하는 시스템이기 때문이다.

선행요건프로그램(GMP, SSOP)의 조건을 충족하지 못하는 사업자의 경우 과학적 ·

기술적으로 복잡한 안전성 관련 사항을 취급하는 HACCP 관리 계획을 수행하기 어렵다. 즉, 적절한 선행요건을 운영하지 못하게 되면 위해요소 분석에 많은 어려움이 있고, 중요관리점을 너무 많거나 적게 설정할 우려가 있다.

3.2. 제조물 책임법(PL법 : Product Liability Act)

1) 정의

우리나라의 제조물책임법은 제조물의 결함으로 인한 생명, 신체 또는 재산상의 손해에 대하여 제조업자 등이 무과실책임의 원칙에 따라 손해배상책임을 지도록 함으로써 피해자 보호를 도모하고 국민생활의 안전과 국민경제의 건전한 발전에 기여하며 제품의 안전에 대한 의식을 제고하여 우리 기업들의 경쟁력 향상을 도모하려는 것이다.

2) PL법에 저촉되는 결함의 종류 및 판단기준

① 제조상의 결함

제조업자의 제조물에 대한 제조 · 가공상의 주의의무의 이행여부에 불구하고 제조물이 원래 의도한 설계와 다르게 제조 · 가공됨으로써 안전하지 못하게 된 경우를 말한다. 설계도면대로 제품이 생산되지 아니한 경우를 말하며 제조과정에 이물질이 혼입된 식품이나 자동차에 부속품이 빠져있는 경우에 제조상의 결함에 해당하게 된다.

② 설계상의 결함

제조업자가 합리적인 대체설계를 채용하였더라면 피해나 위험을 줄이거나 피할 수 있었음에도 대체설계를 채용하지 아니하여 당해 제조물이 안전하지 못하게 된 경우를 말한다.

설계도면대로 제품이 생산되었지만 설계 자체가 안전설계가 되지 아니한 경우를 말하며 예컨대 녹즙기에 어린이들의 손가락이 잘려나간 경우처럼 설계 자체에서 안전성이 결여된 것이다.

③ 표시상의 결함

제조업자가 합리적인 설명 · 지시 · 경고 기타의 표시를 하였더라면 당해 제조물에 의하여 발생될 수 있는 피해나 위험을 줄이거나 피할 수 있었음에도 이를 하지 아니한 경우를 말한다.

제조상의 결함과 설계상의 결함이 제조물 자체의 결함이라고 한다면 표시상의 결함은 제조물 자체에 존재하는 결함이 아니라고 할 수 있다. 제품을 사용하는 데 있어서 올바로 사용할 수 있도록 하는 설명이나 지시 또는 제조물에 있는 위험성에 대하여 경고를 하지 아니하여 피해가 발생하였을 경우에는 표시상의 결함이 된다. 이를 지시 · 경고상의 결함이라고도 한다.

④ 기타 유형의 결함

본 법에서는 이상과 같은 세 가지 유형의 결함 이외에 「기타 통상적으로 기대할 수 있는 안전성이 결여되어 있는 것을 말한다.」라고 정의를 하여 포괄적으로 결함의 가능성을 염두에 두고 있다.

외국의 입법례를 보면 결함의 유무에 대한 고려사항을 명확히 하여 소비자와 기업 쌍방의 예측가능성이나 투명성을 높이고 제품의 안전성 향상에 유용하도록 하기 위해 결함판단에 있어서의 고려사항을 예시하고 있다.

일본의 제조물책임법에서는 결함개념의 명확화와 쟁점의 확산(입증부담의 증가) 방지에 의한 피해자구제의 원활한 조정 등을 고려하여, ① 당해 제조물의 성질, 사용방법 등에 대한 설명, 지시 · 경고 기타의 표시, ② 합리적으로 예상할 수 있는 당해 제조물의 사용, ③ 제조자 등이 당해 제조물을 유통시킨 시기의 3가지 요소를 예시하고 있다.

3) HACCP와 PL 대책

PL법상으로 본다면 기업 측의 과실 책임이 없다 하더라도 제품에 결함이 있는 경우에는 손해배상이나 기타의 책임추궁을 피할 수 없다. 따라서 효과적인 PL대책은 결함이 있는 상품을 시장에 유통시키지 않는 것이다.

즉, 모든 위해 발생 가능성을 가상하여 위해의 원인이 될 수 있는 포인트를 중요 관리점으로 설정하고 원재료의 생산과 제조에서부터 소비자에 이르기까지의 모든 공정을 관리하는 HACCP기법의 도입은 지금까지의 샘플링 등의 검사방법과 비교하여 대단히 효과적인 PL대책이라 할 수 있다.

그렇다고 모든 PL대책을 HACCP로만 해결할 수는 없다. PL대책에는 사전대책과 사후대책이 있다. 즉, 사전대책 중 제품안전대책에 해당하는 것이 HACCP 시스템의 구축이라 할 수 있다. 그리고 품질보증대책에 해당하는 것이 ISO9000시리즈이다. 또한 사후대책으로서 소송대책을 생각할 수 있다. 이것이나 생산물오염보험 등의 가입으로 피해자 구제대책의 일환이 된다.

3.3. 식품의 자진회수 제도(Recall 제도)

1) 정의

식품의 자진회수제도란 식품위생법 45조에 의거하여 판매를 목적으로 식품 등을 제조 · 가공 · 소분 또는 수입한 영업자 또는 판매한 영업자는 당해 식품 등으로 인하여 위생상의 위해가 발생하였거나 발생할 우려가 있다고 인정하는 때에 유통 중인 당해 식품을 회수하도록 노력하여야 하는 제도로서 식품 등에 병원성미생물, 유독 · 유해물질이 들어있거나 묻어있어 인체 건강에 악영향을 주거나 죽음에 이르게 할 가능성이 있는 "긴급상황"과 식품 등의 소비나 사용으로 건강에 위해 가능성이 있어 회수하는 상황인 "일반상황"으로 분류된다.

2) 공표 방법

식품 등의 자진회수를 하고자 하는 영업자는 지체없이 다음의 사항이 포함된 2개 이상의 회수광고를 중앙일간지 1면 내지 5면 사이에 게재하여야 한다.

- 제품명, 식품 등 제조 · 가공업소의 명칭 또는 상호
- 회수사유
- 제조일자, 유통기한
- 회수방법
- 회수기간
- 회수영업자의 명칭

- 회수 영업자의 주소, 연락처 및 기타

3) 회수명령(Recall)과 제조물책임법(PL)의 차이점

PL(Product Liability)법은 제조물책임법이라는 용어로서 제조업자가 제품을 생산하여 출하시킨 뒤 유통 중이나 사용 중에 발생하는 문제를 책임지는 제도를 말한다.

Recall은 제품에 문제가 있을 때 그 제품을 생산한 제조업체나 그 제품을 유통시킨 유통업자가 자발적으로 또는 식품의약품안전처장, 시 · 도지사, 시장 · 군수 · 구청장의 회수명령에 의해서 이루어지는 일종의 자발적 제도로써 시장에 유통중인 제품을 신속하게 회수함으로써 사전에 소비자의 피해를 최소화하려는 신뢰성 있는 제도이다.

3.4. 영업 등의 허가제도

1) 정의

식품위생법 제 37조에 근거를 둔 영업 등의 허가 제도는 식품이나 식품첨가물을 채취, 수입, 가공, 조리, 저장, 운반, 판매 또는 기구 및 용기 · 포장을 제조, 수입, 판매 등의 행위를 통하여 이익을 추구하는 일체의 행위를 말한다.

2) 영업의 종류

8가지로 식품제조 · 가공업, 즉석판매제조 · 가공업, 식품첨가물제조업, 식품운반법, 식품소분판매업, 식품보존업, 용기 · 포장류제조업, 식품접객업이 있다.

3) 영업허가 등은 관청별로 허가, 신고, 등록에 따른 영업

영업은 종류별 또는 영업소별로 식품의약품안전처장 또는 특별도지사,시장.군수.구청장 등에 따라서 허가, 신고, 등록 등을 하여야한다.

영업의 허가 · 신고는 규정된 서류를 구비하여 시 · 군 · 구의 해당처리부서로 접수하면 담당계에서 서류를 검토하고, 시설조사를 한 결과 영업활동에 타당하다고 판단되면 영업허가(신고)에 대한 사항을 기안 · 결재하여 민원인에게 영업허가(신고)증을 교부한다.

제3장 세균성 및 바이러스성 식중독

1. 세균성 식중독

1.1. 세균성 식중독의 특징

1) 세균성 식중독의 정의와 역사

식중독은 넓은 의미로 볼 때 음식물을 섭취함으로써 일어나는 급성 위장염을 주된 증상으로 하는 건강장해라고 말할 수 있다. 좁은 의미로는 살아 있는 병원성 미생물(병원성 세균, 바이러스, 곰팡이, 원생동물 등)이나 그것이 생산한 독소 또는 유독 · 유해한 물질(각종 유해 화학물질, 유해 금속, 유해 첨가물, 농약 등)을 함유하는 음식물을 섭취하여 일으키는 설사, 복통 등의 급성 위장염 증상을 나타내는 질병을 의미한다.

식중독의 범주에는 영양섭취불량에 의한 질병, 장티푸스, 이질, 콜레라와 같은 급성 감염병, 기생충증 및 외과적 질환은 포함하지 않는다.

우리나라 식품위생법 제2조 제14호에 따르면 식중독은 '식품 섭취로 인하여 인체에 유해한 미생물 또는 유독물질에 의하여 발생하였거나 발생한 것으로 판단되는 감염성 또는 독소형 질환'이라고 정의하고 있다.

한편 세계보건기구(WHO)는 식중독을 '식품 또는 물의 섭취에 의해 발생되었거나 발생된 것으로 생각되는 감염성 또는 독소형 질환'으로 정의하고 있으며 일본의 경우 식중독의 법적 정의는 규정되어 있지 않으나 일반적인 개념인 음식물로 인한 건강상의 피해 전반을 식중독의 범주로 해석하고 있다.

식중독이란 근래에는 식중독과 경구감염병(세균성 이질, 장티푸스, 콜레라 등)을 명확히 구분하지 않고 식품을 매개로 하여 일어나는 병을 총칭하여 '식품매개감염증'으로 분류하기도 한다.

식중독은 인류의 역사와 함께 예부터 존재한 질병임에 틀림없으나 과학적으로 문제 삼아 조사연구가 진행된 것은 19세기 후반부터이다. 19세기 후반에 있어서 식중독은 식품 중에 존재하는 단백분해산물인 유독 amine, 즉 ptomaine에 의해 일어난다는 ptomaine설을 생각했던 때가 있었으며, 20세기 초까지는 이 학설이 지배적이었다. 그러나 그 후 세균학이 점차로 진보됨에 따라 식중독의 원인으로서 보튤리누스균, 살모넬라균 등의 병원균이 증명되었으며, 더욱이 황색포도상구균에 의한 식중독이 실험적으로 증명됨에 따라 ptomaine설은 점차로 자취를 감추게 되었다.

많은 경험과 실험의 결과 현재 밝혀져 있는 식중독의 확실한 원인균으로는 살모넬라균, 장염 비브리오균, 병원성 대장균, 퍼프린젠스균, 황색포도상구균, 보툴리누스균 등이 열거되고 있다.

식품 중에 특정의 세균이 증식한 후 이 식품을 경구적으로 섭취함으로써 설사, 복통, 구토, 발열 등의 급성위장염을 주 증상으로 하는 중독을 일으킬 때 이를 세균성 식중독(bacterial food poisoning)이라고 하는데, 식품에서 오염된 원인균 또는 균이 생성한 독소에 의해 발생된다.

우리나라에서는 세균성 식중독의 발생률이 화학성 식중독보다 높고 여름철에 많이 발생하는데, 이는 여름이 기온과 습도가 높아 세균 증식에 적합한 계절이기 때문이다. 치명률은 낮지만 세균성 식중독이 많이 발생한다는 것은 위생적인 관리가 제대로 되지 않고 있다는 증거가 된다.

세균성 식중독의 특징은 경구감염병에 비해 원인 세균이 식품에서 다량 증식하므로 식품 중에 균수가 많고 잠복기가 짧다. 그리고 2차 감염이 되지 않는 종말 감염으로 항체가 형성되지 않아 면역성도 없다.

해마다 많은 식중독이 발생하고 있으며 그 가운데, 병인물질이 판명된 것의 85~90%는 세균에 의한 것이다. 아직까지 식중독 사건의 15~20%는 병인물질이 불분명하지만 그들 역시 역학적으로 볼 때 대부분 세균에 기인하는 것으로 생각되므로 식중독에 있어서 세균이 차지하는 비중은 대단히 크다.

2) 세균성 식중독의 분류 및 특징

(1) 분류

미생물의 증식에 의하여 발생하는 세균성 식중독은 일반적으로 감염형, 독소형, 생체 내 독소형으로 분류한다.

- 세균성 식중독
  - 감염형 : 생균의 경구적인 섭취에 의한것
    - 살모넬라균
    - 장염 비브리오균
    - 병원성 대장균
    - 캠필로박터균
    - 여시니아균
    - 리스테리아균
  - 독소형 : 식품 중에 증식한 세균이 생산한 독소에 의한것
    - 포도상구균
    - 보툴리누스균
    - 세레우스균(구토형)
  - 생체 내 독소형 : 장관 내에서 증식한 세균이 생산한 독소에 의한 것
    - 퍼프린젠스균
    - 세레우스균(설사형)
    - 에어로모나스균

① 감염형

식품 중에 세균이 증식한 상태에서 그 생균을 대량 경구적으로 섭취 시 이것이 장관 내에 정착, 증식해서 복통, 설사, 구토, 발열 등의 증상을 일으키는 식중독으로 살모넬라균(*Salmonella*), 장염 비브리오균(*Vibrio parahaemolyticus*), 병원성 대장균(pathogenic *Escherichia coli*), 캠필로박터균(*Campylobacter jejuni*), 여시니아균(*Yersinia enterocolitica*), 리스테리아균(*Listeria monocytogenes*)에 의한 식중독이 여기에 속한다.

② 독소형

식품 중에 세균이 증식하면서 독소를 생산하고, 그 독소를 식품과 함께 경구적으로 섭취함으로써 발생하는 식중독으로 황색포도상구균(*Staphylococcus aureus*), 보툴리누스균(*Clostridium botulinum*)에 의한 식중독이 있다. 독소형 식중독은 원인균이 이미 사멸해 있어도 독소가 잔존해 있다면 식중독이 일어나는 것이 특징이다.

③ 생체 내 독소형

식품과 함께 섭취된 세균이 장관 내에서 증식 또는 장관 내에서 포자를 형성할 때에 독소를 생산(장관 내 독소)하여, 그 독소에 의해서 일어나는 식중독으로 독소원성 대장균, 퍼프린젠스균(A형), 에어로모나스균, 세레우스균(설사형), NAG 비브리오균 등이 있으며 이들에 의한 식중독은 감염형과 독소형의 중간 형태를 취한다고 생각되어 중간형 또는 생체 내 독소형으로 분류한다.

〈표 3-1〉 감염형 식중독과 독소형 식중독의 비교

구 분	감염형 식중독	독소형 식중독
발증기구	식품과 함께 섭취된 다량의 균이 소화관 점막에 작용하여 발생한다.	세균이 증식할 때 생성된 균체외 독소가 소화관에 작용하여 발생한다.
잠복기	비교적 길다.	비교적 짧다.
균의 생사와 발병과의 관계	세균은 사멸시키면 식중독은 발생하지 않는다.	세균을 사멸시켜도 독소가 파괴되지 않아 식중독이 발생할 수 있다.
섭취전 가열 살균에 의한 예방효과	감염형 식중독균은 대부분 열에 약하기 때문에 섭취 전에 가열하면 예방 효과가 크다.	황색포도상구균이 생성한 독소는 열에 대한 저항성이 매우 강하므로 식품에서 일단 생성된 독소는 가열로 예방할 수 없지만 보툴리누스균이 생성한 독소는 이열성 이어서 가열하면 예방할 수 있다.
냉장보존	균의 증식을 억제하면 식중독은 발생하지 않기 때문에 식품을 냉장 보관하면 예방할 수 있다.	황색포도상구균에 의한 식중독은 예방할 수 있으나 보툴리누스균에 의한 식중독은 효과가 없다.
공통적인 증상	설사, 복통, 메스꺼움, 구토	

감염형이나 독소형과는 별도로 장 내에서 증식한 세균이 생산하는 독소에 의해 일어나는 것으로 퍼프린젠스균(*Clostridium perfringens*), 세레우스균(*Bacillus cereus*), 에어로모나스균(*Aeromonas hydrophilia, A. sobria*) 등이 포함된다.

생체 내 독소형 식중독은 식중독균이 식품 중에서 독소를 생산할지라도 위를 통과할 때에 위의 효소나 산에 의해 독성을 잃기 때문에, 이러한 세균에 의해 식중독이 일어나기 위해서는 발병량의 생균이 우선 식품을 통해서 섭취된 후 장관 내에서 독소를 생산해야 된다.

감염형 식중독과 독소형 식중독의 특징을 〈표 3-1〉에 비교하여 나타내었다.

(2) 특징

① 발생 특성

식중독 사건 중 원인물질이 밝혀진 것의 약 80%는 세균에 의한 것이고, 또한 원인불명인 것도 역학적으로 대부분 세균에 의한 것으로 추정되고 있기 때문에 식중독에 있어서 세균이 차지하는 비중은 매우 높다.

〈표 3-2〉 세균성 식중독과 소화기계 감염병과의 차이점

구 분	세균성 식중독	소화기계 감염병
균 량	식품 중에 일정량 이상의 식중독 원인물질(균량이나 독소)을 섭취함으로써 발병할 수 있다.	식품은 단순히 병원균의 운반체로서 존재하므로 미량의 병원균이 체내에 침입되어도 발병할 수 있다.
2차 감염	원인식품의 섭취로 발병하기 때문에 2차 감염은 일어나지 않는다.	사람에서 사람으로 직·간접으로 감염력을 가지고 있기 때문에 2차 감염이 발생할 수 있다.
면 역	식중독균은 생체 내에서 항체를 생성하지 못하므로 면역체가 형성되지 않는다.	병원체에 의한 질병이환 후 해당되는 항체에 의해 면역체가 형성된다
음료수와의 관계	비교적 관계가 적다.	흔히 일어난다.
잠복기	식품에서 증식된 균의 양 및 독소에 의해서 발생되므로 비교적 잠복기가 짧다.	병원체의 종류에 따라 다소의 차이는 있으나 식중독균에 비하여 비교적 잠복기가 길다.

미생물에 의한 질병은 병원체의 독력(virulence)과 숙주의 감수성 등의 상호관계에 따라 발생여부가 변화되지만, 식중독의 경우에는 독력이 약한 세균이 식품 중에서 증식하여 그 생균을 대량으로 한꺼번에 섭취하거나(감염형 식중독) 또는 이들이 생산하는 독소(독소형 식중독)에 의해 발생한다.

세균성 식중독과 경구 감염병에 있어서 발생 양식의 차이는 독력의 차이에 의한 것으

로 경구 감염병은 독력이 강하여 미량의 세균에 의해서도 발병하지만 식중독균은 독력이 약하여 대량의 생균을 동시에 섭취해야지만 비로소 발병한다〈표 3-2〉.

식중독 발생에 필요한 생균수는 균의 종류에 따라 다르나 보통 100만~1억 마리 이상 필요하다고 알려져 있기 때문에, 식중독은 일단 식품 중에 증식한 대량의 생균을 식품과 함께 섭취하거나 또는 증식할 때 만들어진 병독소에 의해 발병한다. 그러므로 식중독의 경우에는 경구 감염병과 같이 사람에서 사람으로의 2차 감염은 일어나지 않으나 발생시설 관계로 환자수가 비교적 많고 집단적으로 발생하기 쉽다.

② 발생 통계

도시화, 산업화 등에 따라 식품의 원재료 및 가공식품이 유해물질에 오염될 가능성이 높아지고 있으며 농약, 항생물질, 성장호르몬 등 다양한 화학물질의 사용이 증가하고 있다. 특히 각종 식중독 사고도 빈번히 일어나고 있어 식품 안전성에 대한 소비자들의 우려도 점차 커지고 있는 실정이다.

〈표 3-3〉 우리나라 연도별 식중독 발생 현황

연 도	발생건수(건)	환자수(명)
2007	510	9,686
2008	354	7,487
2009	228	5,999
2010	271	7,218
2011	249	7,105
2012	266	6,058
2013	235	4,958
2014	349	7,466
2015	265	5,981
2016	135	7,909
2017	165	10,388
2018	109	5,711
2019	259	10,833
총 계	4,176	90,348

식품의약품안전처

국민 소득의 증대, 핵가족화, 맞벌이 가정의 증가 추세에 따라 국민의 식생활도 점차 변하여 즉석식품 및 편의식의 소비가 늘어나고 외식 문화가 발달하여 식품접객업소의 수가 증가되고 있다.

식품의약품안전처에서 발표한 우리나라의 연도별 식중독 발생 현황에 따르면 식중독 발생 건수는 서서히 증가하고 있으며 식중독 사건의 대형화 추세를 쉽게 알 수 있다〈표 3-3〉.

2015년에는 식중독 발생건수는 265건으로 감소하는 반면 환자수는 5,981명에 달하는 것으로 집계되었다. 이후 식중독 대란이던 2017년과 2019년에는 식중독 발생 건수 및 발생환자수가 눈에 띄게 증가하였다.

〈표 3-4〉에는 월별 식중독 발생 현황을 나타내었다. 특이할 만한 사항은 5~9월에 식중독 발생건수가 많다. 이는 일본의 월별 현상과도 차이를 보인다. 즉, 일본은 하절기인 7~9월의 식중독 발생이 단연 많은데 우리나라는 5월과 6월에도 발생이 많은편이다.

이는 지구 온난화에 따라 환절기라 할 수 있는 4~6월의 온도는 높아진 반면 식중독 관리에 관한 경각심은 하절기에 비해 크지 않아 상대적으로 다발하고 있는 것으로 보인다. 특히 해를 거듭할수록 5월과 6월의 발생 건수와 환자수가 증가하고 있다. 또한 1~3월이 상대적으로 적기는 하지만 1년 내내 식중독이 발생하고 있음을 알 수 있다.

연도별, 섭취 장소별 식중독 발생현황을 보면 〈표 3-5〉에 나타낸 바와 같이 가정집의 경우 2016년부터 식중독 발생현상이 예년과 유사한 수준을 보이고 있다. 2020년 학교 외집단급식소의 경우 급식인원이 감소한 학교와 달리 이용자 변화가 없어 예년과 유사한 수준을 보이고 있는 반면, 학교의 경우 2016년부터 식중독 발생상황이 서서히 감소하다, 2020년에는 코로나19로 출석일수가 줄면서 개학과 하절기에 집중된 식중독이 크게 감소했다. 음식점은 2018년까지 예년과 비슷하다가 2020년에는 코로나19의 영향으로 대폭감소한다. 이유 역시 음식점 이용자 수가 감소, 위생수준 상향, 음식점 등급제 지정확대의 영향으로 줄어든 영향이 있는 것으로 보인다. 일반음식점, 휴게음식점 등 식품접객업소와 초 · 중 · 고등학교의 급식 식당 및 집단 급식소의 위생 · 안전관리는 국민의 안전한 식생활을 보장하기 위해서 가장 우선되어야 하는 부분이다.

〈표 3-4〉 우리나라 연도별 월별 식중독 발생 현황

연도 월	2016년		2017년		2018년		2019년		2020년	
	건수	환자수	건수	환자수	건수	환자수	건수	환자수	건수	환자수
계	399	7,162	336	5,649	363	11,504	286	4,075	178	2,747
1월	14	98	20	121	17	125	21	216	28	228
2월	9	51	18	89	15	194	16	109	8	67
3월	25	358	16	146	37	816	19	504	3	117
4월	39	554	26	409	25	444	31	543	8	112
5월	43	673	40	605	31	853	35	438	4	16
6월	36	761	44	916	28	732	37	532	17	453
7월	22	280	46	429	35	630	28	550	30	603
8월	62	2,388	46	1,555	36	1,536	25	333	19	239
9월	39	425	31	745	56	5,239	22	136	16	168
10월	41	731	16	332	45	608	16	227	12	196
11월	37	446	17	179	23	185	18	236	16	385
12월	32	397	16	123	15	142	18	251	17	163

식품의약품안전처

〈표 3-5〉 우리나라 섭취 장소별 식중독 발생 현황

연도 장소	2016년		2017년		2018년		2019년		2020년	
	건수	환자수	건수	환자수	건수	환자수	건수	환자수	건수	환자수
계	399	7162	336	5649	363	11504	286	4075	178	2747
학교	36	3,039	27	2,153	44	3,136	24	1,214	16	448
학교외 집단급식	32	904	23	426	38	1,875	29	620	33	1,086
음식점	251	2,120	222	1,994	202	2,323	175	1,409	103	827
가정집	3	16	2	6	3	10	3	7	2	5
기 타	73	974	52	776	67	4094	48	764	24	381
불 명	4	109	10	294	9	66	7	61	0	0

식품의약품안전처

〈표 3-6〉 우리나라 원인물질별 식중독 발생 현황

연도		2015년		2016년		2017년		2018년		2019년	
		건수	환자수	건수	환자수	건수	환자수	건수	환자수	건수	환자수
총계		330	5,981	399	7,162	336	5,649	363	11,504	286	4,075
세균	소 계	111	3,816	127	4,726	100	3,715	132	8,722	80	1,833
	병원성대장균	39	2,138	57	2,754	47	2,383	51	2,715	25	497
	살모넬라균	13	202	21	354	20	662	19	3,516	18	575
	장염비브리오균	5	25	22	251	9	354	11	213	5	25
	캠필로박터제주니	22	805	15	831	6	101	14	453	12	312
	황색포도상구균	11	191	1	4	0	0	3	52	4	56
	클로스트리디움 퍼프린젠스	15	394	8	449	7	69	14	679	10	251
	바실러스 세레우스	6	22	3	26	10	73	15	242	5	75
	기타 세균	0	0	0	0	1	26	5	801	1	17
바이러스	소 계	60	1,005	55	1,187	48	1,020	59	1,447	54	1,334
	노로바이러스	58	996	55	1187	46	968	57	1319	46	1104
	기타 바이러스	2	9	0	0	2	52	2	128	8	230
자연독		0	0	1	6	2	21	1	4	2	10
화학물질		0	0	0	0	0	0	0	0	0	0
불 명		144	1085	177	1088	147	763	134	1153	102	615

식품의약품안전처

또한 2015년부터 2019년까지 발생한 원인균별 식중독 발생현황을 〈표 3-6〉에 나타내었다. 2019년도 환자 수를 보면 살모넬라에 의한 식중독 환자수가 575명으로 전체 식중독 환자수의 31.4%를 차지하여 우리나라 식중독의 주원인균으로 나타났으며 그 외에 병원성 대장균, 캠필로박터제주니, 클로스트리디움 퍼프린젠스에 의한 식중독이 전체 발생 환자수의 57.8%를 차지하는 것으로 분석되었다.

최근에는 바이러스에 의한 식중독이 증가하여 2019년도에는 환자수가 1,334명으로 전체 식중독 환자의 32.7%를 차지하였으며 이 중에서 노로바이러스에 의한 식중독이 대부분이었다.

한편 백화점과 재래시장으로 양분되었던 유통업계에 할인점, 편의점, TV홈쇼핑, 인터넷 쇼핑몰의 등장으로 식품유통체계도 매우 다양화되고 있고, 소비자들의 구매양식도 변하여 한꺼번에 다량의 식품을 구입하여 집안에 보관하는 경우가 늘어나 식품위생 안전에 대한 올바른 소비자 교육이 절실한 상태이다.

식중독 환자의 발생 역시 주로 여름철에 집중적으로 발생되었던 것이 2001년 12월 이질에 의한 대형 식중독 사고와 같이 겨울철에도 일어나고 있어 식품의 위생관리에 있어서는 계절의 구분이 없어지고 있음을 알 수 있다.

〈표 3-7〉 주요 세균성 식중독의 분류, 잠복기 및 주요 증상

구분	식중독명	원인균	발증균량 (발증독소량)	잠복기 (보통)	주요 증상	치사율 (%)
감염형	살모넬라균	*Salmonella enteritidis* *S. typhimurium*	10^5~10^7 세포/g	6~48시간 (12~24시간)	설사, 복통, 발열,두통 구토, 구역질	0.7
	장염 비브리오균	*Vibrio parahaemolyticus*	10^4 ~10^7	8~24시간 (15~20시간)	실사, 복통, 구역질,구토 발열	0.4
	병원성 대장균	*Escherichia coli*	〉10^7 세포/g	6~72시간 (10~15시간)	복통, 설사 발열, 구토	-
	여시니아균	*Yersinia enterocolitica*	수개 세포	1~5일	설사, 구토, 발열, 복통	
	캠필로박터균	*Campylobacter jejuni*	10^6 세포/g	2~7일	설사, 복통, 발열, 두통	0.001
	리스테리아균	*Listeria monocytogenes*	수개 세포	수일~수주	패혈증, 뇌척수막, 자연유산, 사산	20~30
독소형	황색포도상구균	*Staphylococcus aureus*	10^6~10^7 세포/g(1μg)	1~6시간 (3시간)	구역질, 구토, 설사, 복통	0.02
	보툴리늄균	*Clostridium botulinum*	(1ng)	12~36시간 (18~36시간)	복시, 연하곤란, 호흡곤란, 구토, 경련	50
	세레우스균 (구토형)	*Bacillus cereus*	10^6~10^7 세포/g	1~6시간 (3시간)	구역질, 구토, 복통	-
생체내 독소형	퍼프린젠스균	*Clostridium perfringens*	10^8~10^9 세포/g	6~22시간 (12시간)	복통, 설사	〈0.1
	세레우스균 (설사형)	*Bacillus cereus*	10^7~10^8 세포/g	8~16시간 (12시간)	복통, 설사	-

③ 잠복기와 증상

주요 세균에 의한 식중독의 잠복기 및 증상에 대해서 일괄하여 〈표 3-7〉에 나타내었다. 일반적으로 감염형 식중독의 경우는 비교적 긴 잠복기 뒤에 두통, 구역질, 구토, 복통, 설사 등의 증상이 일어나며, 주요 증상은 보통 2~3일에 잘 나타나고 1주일 이내에 회복된다. 독소형의 경우는 일반적으로 감염형에 비해 잠복기가 짧고 발열이 거의 없으며, 다른 증상은 감염형과 거의 같다.

식중독 증상은 일반적인 증상과 특수 증상으로 나눌 수 있는데, 일반적 증상을 보면 원인이 되는 식품을 먹으면 곧 발생하거나 몇 시간에서 하루 안에 발병하며 갑자기 메스꺼움, 구토, 격심한 복통과 설사가 온다. 열은 있을 때도 있고 없을 때도 있다. 이어 온몸이 몹시 나른하고 식은땀을 흘리며 창백한 얼굴로 데굴데굴 뒹굴면서 괴로워한다.

또는 축 늘어져 맥이 약해지고 의식이 몽롱해진다. 또한 경련을 일으키거나 수족이 마비되어 움직일 수 없게 되기도 한다. 특수증상을 보면 감염형 식중독에서는 원인 식품을 먹고 나서 수 시간 내지 수십 시간 후에 급성 위장염 증상(복통, 메스꺼움, 구토, 설사)이 있고 열이 난다.

심한 경우에는 사망하는 수도 있다. 한편 독소형 식중독은 현기증이 나고 물건이 두 개로 보이며 호흡 곤란 등의 증상이 있다.

1.2. 주요 감염형 식중독균

1) 살모넬라 식중독(*Salmonella food poisoning*)

살모넬라 식중독은 *Salmonella*에 속하는 특정의 균종이 오염, 증식된 식품을 섭취하여 일어나는 감염형 식중독이다. 감염형 식중독 중 세계적으로 가장 보편적인 것으로 알려져 있으며 특히 유럽에서는 가장 많이 발생하는 것으로 알려져 있다.

*Salmonella*균은 1885년 Salmon과 Smith에 의해서 돼지콜레라에 걸린 돼지로부터 최초로 분리되었고, 1888년 Frankhausen에서 병사한 송아지 고기를 섭취하여 57명의 위장염 환자가 발생하였는데 Gartner는 사망자와 우육에서 균을 분리하여 *Bacillus enteritidis*라 하였다. 이것이 오늘날 *Salmonella enteritidis*로서 살모넬라 식중독

(Salmonellosis)에 대한 최초의 보고이다.

1890년에 Lignieres의 제안에 따라 이들 세균의 명칭을 발견자 Salmon의 이름과 관련지어 *Salmonella*라고 부르게 되었다. *Salmonella*는 생물학적, 혈청학적으로 성질이 비슷한 균군의 총칭으로 *Salmonella*속이라고 불리며 약 2,000여 종의 균형이 보고되었으나 사람에게 병원성을 갖는 것은 그 일부에 지나지 않는다.

1898년 벨기에의 de Nobele는 *Salmonella typhimurium*에 의한 식중독을 보고하였으며, 영국에서는 Durham에 의하여 보고되었다.

1936년 일본에서는 *S. enteritidis*로 오염된 떡으로 인하여 2,201명의 환자 중 44명의 사망자를 낸 큰 식중독사건이 발생하였다. *Salmonella*에 의한 감염증에는 두 가지가 있다. 첫째는 티푸스성 질환으로서 *S. typhi, S. paratyphi* A, B에 의한 감염병인 장티푸스, 파라티푸스를 일으키는 것이며, 둘째로는 *Salmonella*에 의하여 급성 위장염을 일으키는 감염형 식중독이 있다. 그리고 이들 두 형이 명확하게 구별되지 않는 혼합형이 있다.

(1) 원인균

역사적으로 가장 오래된 식중독으로 기록되어 있는 살모넬라 식중독의 원인균인 *Salmonella*는 분류학적으로는 장내세균과(Enterobacteriaceae)에 속하는 그람음성, 주모성 편모를 가지는 간균으로 포도당을 발효하고, cytochrome oxidase 음성을 나타내며, 협막과 포자를 형성하지 않는 호기성 또는 통성 혐기성균이다.

보통 한천배지에서 잘 자라고 24~28시간 정도에서 지름 2~3㎛의 대장균과 유사한 집락을 형성한다. 크기는 0.5~0.8×3~4㎛ 정도이고, 생육 최적온도는 25~37℃이며 43℃까지 생육 증식하지만 10℃ 이하에서는 거의 생육하지 않는다.

열에는 약해서 60℃에서 20분이면 사멸한다. 대표적 장내세균인 대장균과의 구별에는 살모넬라가 유당을 분해하지 못하고 인돌(indole)을 생성하지 못하며 황화수소를 생산하는 성질이 이용된다.

*Salmonella*는 Kauffmann-White의 항원분석표에 기초한 혈청형별로 분류되어 있으며, 현재 50종류 이상의 O군과 약 80종류의 H항원의 조합에 의하여 2,000종 이상의 혈청형으로 분류되어 있다. 그 가운데 병원성을 갖고 있는 것은 일부에 한정되며 2가

지의 질병을 일으킨다.

그 중 하나는 티푸스성 질환으로, 티푸스균(*Salmonella typhi*), 파라티푸스 A 및 B(*Samonella paratyphi* A & B) 등이 이에 속한다.

이들은 경구 감염병으로 취급되어 식중독균 중에는 들어가지 않는다. 또 하나는 감염형 식중독을 일으키는 것으로 현재까지 식중독 원인균이 된 *Salmonella*는 40~50여 종이 알려져 있으며, 대표적인 것은 *S. enteritidis*(장염균), *S. typhimurium*(쥐티푸스균), *S. chloraesuis*(돼지콜레라균), *S. derby, S. thompson, S. heidelberg, S. senftenberg, S. infantis, S. newington, S. montevideo, S. blockley, S. scharzengrund* 등이 있다.

우리나라와 일본의 식중독 사례로 10여 년전까지는 *S. enteritidis*에 의한 것이 압도적으로 많았으나, 최근에는 구미에서 옛날부터 많은 *S. typhimurium*에 의한 것이 앞서게 되었다. 이는 육류, 계란, 사료 등의 수입이 활발히 되었기 때문으로 보인다.

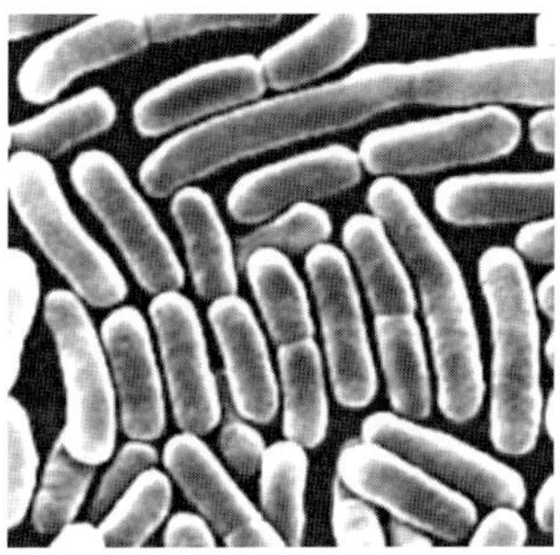

〈그림 3-1〉 *Salmonella typhi*의 **현미경 사진**(x3,200)

(2) 원인식품

Salmonella 감염의 유행을 조사해서 추적된 원인식품들은 육류와 그 가공품이 제일 많으며, 부적합하게 요리된 닭고기나 달걀과 그 가공품, 날소시지, 가열되지 않은 우유와 유제품, 감염된 요리사나 쥐의 분변으로 오염된 음식물 등도 원인식품으로 작용한다. 또 오염된 그릇이나 도마에서 가공된 식품들이 원인이 된 적도 있다.

*Salmonella*에 오염된 알이나 식육으로부터 2차적으로 오염된 식품류에서도 식중독 발생을 자주 볼 수 있다. 그러나 감염원이 광범위하므로 원인식품을 어느 특정식품에 국

한시키는 것은 곤란하고 그 종류가 대단히 많은 편이다.

이 균은 다양한 음식물에서 증식할 수 있는데 특히 우유에서는 쉽게 감염량을 초과하는 수만큼 증식한다.

국가별로는 원인식품에 다소의 차이는 있으나 이는 식습관의 차이에 의한 것으로 특정 식품이 원인이 된다고 단정할 수는 없다. 서구에서는 식육제품, 유제품, 달걀 등과 그 가공품이 많고 일본과 우리나라는 어패류와 그 가공품, 도시락, 튀김 등 동물성 단백질 식품을 중심으로 원인식이 되고 있으나 식물성 식품도 원인식이 될 수 있다.

(3) 감염경로

*Salmonella*는 사람, 가축, 쥐, 곤충류, 파충류, 양서류 등의 장내에서 서식하고 있는 것이 많아서 그 분변과 함께 자연계에 방출되고 또 비교적 오래 생존하기 때문에 우리 주변에 흔히 볼 수 있는 쥐, 파리, 바퀴 등도 보균하는 경우가 많다. 따라서 이들의 동물이 식품의 오염원이 된다. 또한 사람도 보균자가 될 수 있기 때문에 오염원은 그 범위가 대단히 광범위하다고 볼 수 있다.

특히 가축 및 가금류 중 가장 높은 보균동물은 닭, 돼지, 소의 순이며 가축 보균의 원인은 먹이이다. 이들 감염원으로부터 대부분의 경우 식품을 매개로 해서 사람에게 감염된다.

즉, *Salmonella*에 이환되거나 보균 상태에 있는 동물의 육 · 유 · 란 및 그 가공품을 섭취했을 때 감염되는 1차 감염과, 보균동물이나 보균자의 분변 및 기타 오염된 식품을 섭취했을 때 감염되는 2차 감염이 있다.

특히 식품 중에서 식육은 도축장에서의 오염과 유통과정이나 식육처리기의 2차 오염에 의해 식육의 20~30% 이상이 *Salmonella*에 오염되어 있는 것으로 보고되어 있다.

도축장의 기계에 의한 탈모 시에도 비산한다. 탈모기의 일상관리에서는 75%, 각별히 세척을 실시하여도 57%, 특별 관리에서도 18%가 오염되었다는 보고가 있다.

내장제거, 해체 시에도 오염은 확대된다. 유럽과 미국에서도 돼지고기의 오염은 35%에 달하는 것으로 보고되어 있다.

계란의 오염 원인은 닭의 난소, 난관에 *Salmonella*가 감염되는 경우인데 실제로는 병아리 백리균과 같이 숙주의 특이성을 갖는 혈청형 이외에서는 드물고, 닭의 분변, 바닥 등에서 *Salmonella*가 껍질에 묻어서 내부로 침입하는 경우가 일반적이다.

신선한 계란이라도 계란을 냉각하면 기공으로 침입하는 것이 각 혈청형에서 관찰되었으며 이러한 달걀을 이용하여 마요네즈, 샐러드, 건조란을 만들 경우에 오염되는 예가 많다.

병원 내에서 일어나는 살모넬라증 유행은 특히 오래 끄는 경향이 있는데 이들은 흔히 오염된 음식으로 시작되어 오염된 기구와 직원의 손을 통해 사람과 사람으로의 전파가 계속되기 때문이다.

(4) 임상 증상

살모넬라 식중독의 잠복기는 섭취균량, 혈청형 및 환자의 감수성에 따라 다르지만 다량의 균(보통 10^6이상의 균량)을 섭취하면 일반적으로 6~48시간이고, 발병의 최대시점은 12~24시간(평균 20시간)이다. 발병률은 다른 식중독에 비하여 높아서 75% 정도이다.

중독의 주 증상은 고열을 동반한 급성위장염 증상을 나타내며, 일반적으로 전신권태, 두통, 식욕감소, 구역질, 구토, 복통, 설사 등의 여러 증상이 일어나지만 피부발진은 별로 없다.

설사는 1일 수회 정도의 수양성(水樣性)이고, 중증일 때는 혈변이나 점혈변을 배출하기도 하며, 때로는 급성충수염 또는 담석증으로 오진되는 것과 같은 심한 복통도 있다.

발열은 38~40℃가 24~48시간 지속하는 것이 보통이고, 때로는 40℃ 이상의 고열인 경우도 있는데 오한과 전율이 같이 오며, 보통 4~5일로 평열로 회복된다.

경증의 경우에는 복통, 설사는 1~2회이나, 중증의 경우에는 1일 수 회로부터 수십 회로 3~4일간 지속하고 대량이며 때로는 혈변도 있다. 대부분 5일 이내에 회복되지만 일주일 이상 증세가 지속되는 경우도 있으며 탈수현상을 나타내고 쇼크 증상, 허탈, 혼수상태를 거쳐 사망하는 경우도 있다.

두통도 흔히 나타나는 증상으로 관절통, 근육통, 현기증 등을 동반하는 경우도 있고, 중증에서는 뇌증상도 일어나 불안, 경련, 의식혼탁, 무욕상태, 혼수상태 등을 일으키며, 때로는 흥분상태로 된다.

구역질과 구토는 대부분 중독 초기에 나타나며, 구토물은 물과 같은 경우가 많고, 때로는 녹색 또는 쌀미음과 같은 경우도 있다.

또한 설사는 대부분 나타나는 증상으로서 흔히 발열(주증상) 후 복통이 있는 후에 일어나지만 간혹 설사가 없는 경우도 있다. 그리고 대변은 물과 같으며, 녹색을 띠고 고약한 냄새가 난다. 치명률은 0.3~1% 정도로 낮다.

소아 및 고령자의 위장염 증상은 일반 건강인에 비해 중증이다. 때로는 급성장염으로 시작되어 패혈증이나 농양, 관절염, 담낭염, 심낭염, 폐렴, 농피증, 신우신염 등을 초래하기도 한다.

(5) 진단 및 치료

*Salmonella*의 확인은 다음과 같이 증균배양, 분리배양, 확인시험 등 3단계를 거쳐 실시한다.

① 증균배양

검체 25g 또는 25mL를 취하여 Selenite F broth에 가한 후 35℃에서 24시간 증균배양한다.

② 분리배양

증균배양을 MacConkey 한천배지(흰색 집락) 또는 Desoxycholate Citrate 한천배지(노란색 집락에 가운데 검은색 반점)에 접종하여 35℃에서 24시간 배양한 후, 의심되는 집락은 확인시험을 실시한다.

③ 확인시험

가. 생화학적 확인 시험

분리 배양된 평판배지상의 집락을 보통 한천배지에 옮겨 35℃에서 18~24시간 배양한 후, TSI(triple sugar iron) 사면배지의 사면(slant)과 고층부에 접종하고 35℃에서 18~24시간 배양하여 생물학적 성상을 검사한다.

*Salmonella*는 유당, 설탕 비분해(사면부 적색), 가스 생성(균열확인) 양성인 균에 대하여 그람 음성임을 확인하고 urease 음성, lysine decarboxylase 양성 등의 특성을 확인한다.

나. 응집시험

Spicer-Edwards 등과 같은 H 혼합혈청과 O 혼합혈청을 사용하여 응집반응을 확인한다.

패혈증의 경우에는 급성기에 분변이나 혈액으로부터 SS배지 등을 사용하여 배양한다. 장염인 경우에는 급성기 후 수 일~수 주간에 걸쳐서 배양이 가능하다. 불현성 감염자의 경우, 3~10g의 분변을 증균배지에서 증균하지 않으면 균을 검출할 수 없다.

균 배설이 간헐적이기 때문에 주의가 요구된다. 합병증이 없다면 수액보충과 대증치료가 적절하다.

많은 항생제가 시험관내 검사에서 효과가 있어 보이지만, 실제 환자에게는 별 효과가 없다. 항생제는 보균자를 치료할 수 없고, 오히려 배균기간만 연장시킬 수 있다. 그러나 유아나 고령자, 허약자, HIV 감염자, 고열이 계속되는 사람, 합병증을 가진 중증 환자에게는 항생제를 투여한다.

Quinolone이 사용되지만, 소아에게는 쓰지 못한다. 이 밖에 ampicillin(100mg/kg/일, 4회/일), amoxicillin(80mg/kg/일, 4회/일), sulfamethoxazole/trimethoprim(480mg/kg/일, 2회/일)이나 chloramphenicol(30~50mg/kg/일, 4회/일)도 사용된다. 투여기간은 위장염형에는 7일간, 균혈증에는 1~2주일, 국소 감염증에는 2~4주이다.

환자의 격리는 필요하지 않다. 그러나 분변에 오염되지 않도록 주의한다. 특히, 분변-경구 감염자는 평소부터 그와 같은 상황에 있음을 시사하므로 타인에게 분변-경구 감염을 시킬 수 있다는 것을 인지하도록 해야 한다.

배설물은 신체물질 격리책에 준해 처리하고, 하수에 직접 흘려 보내도 좋다. 조리 종사자가 환자인 경우에도 위생이나 살모넬라 예방책이 불충분한 것을 의미하는 것이므로 조리 업무를 시작하기 전에 문제점을 조사할 필요가 있다.

또, 조리자가 업무에 복귀하려면 항생제 투여 종료 후 48시간 이상이 지난 다음 적어도 24시간 간격을 두고 연속 시행한 2회의 배양검사가 모두 음성임을 확인해야 된다.

환자와 접촉한 사람도 대변검사를 하는데, 특히 조리 종사자나 유아 또는 고령자 보호자는 검사가 필요하다.

(6) 예방법

식육 중 쇠고기와 돼지고기의 *Salmonella* 오염률이 5~10%, 닭고기는 10~30%로 알려지고 있으므로 식육의 생식을 금해야 한다.

식품으로 원인균의 혼입오염을 방지해야 한다. 저장, 조리, 보관 중에 우선 감염매개체인 쥐, 파리, 모기 등의 위생 해충으로부터 오염을 방지하기 위하여 조리장과 식품저장실 등에 방서, 방충시설을 철저히 한다. 또 생육 취급 등에 대한 지식을 높이고, 수지나 조리기구 등으로부터 식품으로의 2차 감염을 배제하도록 하며, 자기 스스로가 식중독의 매체가 되지 않도록 주의해야 한다.

*Salmonella*는 비교적 열에 약하여 62~65℃에서 20분간 가열로 사멸되므로 식품의 가열이 식중독 방지에 가장 효과적인 방법이다. 또한 식품 중의 균의 증식을 방지해야 한다. 비록 식품 중에 소수의 균이 존재한다 하여도 식중독을 일으킬 정도의 충분한 균수가 증식되지 않으면 식중독을 일으키는 일은 드물다.

그러므로 식중독을 유발하는 정도의 균의 증식 조건은 온도와 시간과 밀접한 관계에 있으므로, 조리 후 속히 소비하도록 하고 잔여식품은 적어도 10℃ 이하의 저온에서 보존한다.

식품유통 시 저온유통을 철저히 하여 *Salmonella*의 증식을 억제하는 것이 바람직한 수단이다. 균의 저온 생잔성이 높으므로 취식 전에 반드시 다시 가열한다. 실제로 자비 정도의 가열로 완전히 사멸시켜 취식토록 한다.

축산물의 위생검사 철저, 환자나 보균자의 식품취급 금지, 식품취급시설의 위생관리 등도 예방대책이 될 수 있다. 도살장, 식품가공공장, 정육점, 사료제조공장 등을 철저히 감독하며, 동물을 위한 먹이도 오염되지 않도록 배려한다.

보균자는 병원체를 배출하는 기간은 배변 후 손을 씻도록 하고 음식취급을 하지 않도록 조치한다. 계란은 유통 및 조리단계에서 적절하게 관리하며 3주 내에 섭취한다. 유통단계에서는 20℃ 이하에 보존하고, 냉장고는 8℃ 이하로 한다. 미국에서는 방사선 처리된 날계란 제품이 있다.

조리할 때에는 오염방지와 조리를 끝낸 요리의 재오염에 주의하며, 설사를 하고 있는 사람은 음식물 조리나 유아, 고령자의 간호를 하지 않는다. 조리시설, 유통시설, 시판점 등에 살모넬라 예방책 프로그램을 도입하여 적정운용에 대해 감시감독을 정기적으로 한다.

불현성 감염자도 식품을 다루는 일이나 유아, 고령자의 보호에 종사하지 않도록 하며 HIV 감염자로부터 격리한다. 한편 애완동물의 위험성에 대해서 교육하고, 특히 어린이가 병아리나 파충류, 양서류를 만지지 않도록 한다.

2) 장염 비브리오 식중독(*Vibrio food poisoning*)

장염 비브리오 식중독은 병원성 호염균인 장염 *Vibrio*균에 오염된 식품을 섭취하여 일어나는 감염형 식중독으로 병원성 호염성 식중독(halophilism)이라고도 부른다.

장염 *Vibrio*균은 1950년 일본 오사카에서 발생한 마른 멸치에 의한 식중독의 원인균으로서 Fusino(藤野) 등에 의하여 처음으로 분리되어 *Pasteurella parahaemolytica*로 명명된 세균이다. 이것은 1955년 일본 요코하마(橫濱) 국립병원에서 오이절임에 의해 120명의 환자가 발생한 식중독의 원인균으로서 다키가와(瀧川)가 분리하여 명명한 호염성 세균 *Pseudomonas enteritis*와 같은 것으로 판명되었다.

그 후에 이 균이 사카자키(坂岐)등에 의하여 분류학상으로 *Vibrio*에 속하는 것으로 밝혀져 *Vibrio parahaemolyticus*로 명명되었고, 1963년에 학명으로 확정되었다.

우리나라에서도 1967년 포항 근해의 어패류와 해수 등에서 발견된 이래 장염 *Vibrio*균에 관한 많은 연구 보고가 있다.

(1) 원인균

장염 비브리오 식중독 원인균은 *Vibrio parahaemolyticus*로 Vibrionaceae과에 속하는 해수 세균의 일종으로 3~5%의 식염농도에서 잘 발육하고, 10% 이상의 식염농도에서는 성장이 정지되는 세균으로, oxidase 양성, 그람 음성의 무포자 간균으로 통성 혐기성이다.

편모는 1개이지만 고체배지에서는 주모성 편모를 가진다. 크기는 직경이 0.5~0.8μm이고 길이가 1.4~2.6μm이며 약간 굽은 콤마형이다.

최적 수분활성은 식염이 있을 때 0.99이고 최소 0.94이다. 수분활성과 생육온도는 상관관계가 있으며, 최저 수분활성은 용질에 따라 다르다.

생육 최적온도는 37℃ 부근으로 비병원성 *Vibrio*의 25~30℃와는 극히 대조적이다. 이 균은 생육속도는 매우 빨라서 최적조건에서 10~12분에 한번씩 분열하므로 신선한 식품 중에서 적당한 염분만 있으면 2~3시간 만에 발증균량에 도달할 수 있다.

최저 생육온도는 5℃이지만 일반적으로 10℃ 이하에서는 균수가 감소된다. 열에는 매우 약하여 60℃에서 10분 정도면 사멸하게 되며 담수에서는 수 분 내에 사멸된다.

최적 pH는 7.5~8.6으로 특히 산성 조건에서는 번식이 나쁘고 pH 4.0 이하에서는 급속히 사멸하며 포도당은 발효하나 가스를 생성하지 않는 특징을 가지고 있다. 또한 DNA G+C mol% 비율은 38~51% 사이에 있으며 이는 57~60% 사이에 있는 *Aeromonas*와는 다르다.

식중독환자에서 분리된 비브리오균은 특정 조건하에서 사람과 토끼의 혈구에 대하여 용혈성, 즉 Kanagawa(神奈川) 현상을 나타낸다.

장염 비브리오균의 항원에는 O(균체항원), H(편모항원), K(협막항원) 의 3종류가 있으나, H 항원은 모든 장염 *Vibrio*에 공통이기 때문에 이 균의 혈청형은 O 및 K의 조합에 의하여 표시된다. 현재 장염 Vibrio는 12종의 O항원군과 64종의 K항원군으로 이루어지는 혈청형으로 되어 있어 식중독 발생 시에 환자와 원인식품 유래 균주의 혈청학적 조사에 응용되고 있다.

이 속이 일으키는 질병으로 장염 비브리오 식중독 외에 비브리오 콜레라(*Vibrio cholerae*), 비브리오 패혈증(*Vibrio vulnificus*) 등이 있다. 우리나라, 동남아시아 각 지역, 인도, 아메리카, 유럽에서도 분포하며, 여행자 설사의 원인균으로도 중요하다.

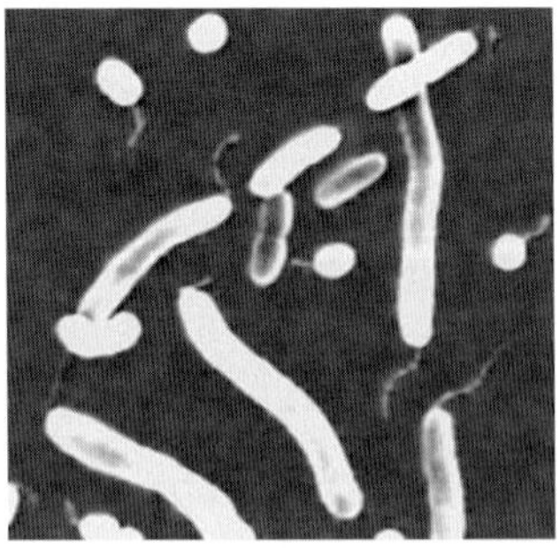

〈그림 3-2〉 *Vibrio parahaemolyticus*의 현미경 사진(x1,400)

(2) 원인식품

원인식품은 굴, 새우, 조개, 오징어, 낙지, 생선 등과 같은 해산어패류 및 그 가공품이 압도적으로 많다. 특히 생선회나 초밥 등이 주된 원인식이 된다. 그러나 이들 식품을 통한 교차 오염도 많으므로 어패류의 가공품, 외식업소의 도시락, 채소 샐러드 또는 가열 조리된 식품이라도 원인식품이 되는 경우가 상당히 있다. 2차 오염은 어패류에서 조리기구, 손가락 등을 통해 이루어지는 경우가 많다.

여름철에 발생하는 어패류에 의한 식중독의 대부분은 장염 *Vibrio*에 의한 것으로 식중독균으로 가장 중요한 위치를 차지하고 있다. 발생 시기는 5~11월에 걸쳐 발생되지만 그 대부분이 기온이 30℃가 넘는 7~9월 사이에 집중적으로 발생하는 것이 특징이며 겨울철에는 거의 볼 수 없다. 그것은 바닷물의 온도가 19℃ 이상이 되는 시기의 바닷물 중에서 증식이 아주 활발해지기 때문이라고 생각된다.

전체 식중독의 17%를 차지하며 살모넬라 식중독, 황색포도상구균 식중독과 더불어 우리나라에서 주로 발생하는 식중독이다.

(3) 감염경로

장염 *Vibrio*는 연안의 해수, 해안환경의 침전물, 플랑크톤 등에서 서식하며, 특히 육지로부터 오염되기 쉬운 해역에 많다.

겨울철에는 해수에서 검출되지 않으나 해수온도가 17℃ 이상으로 상승하게 되면 동물성 플랑크톤에 붙어 수온 상승과 함께 그곳에서 증식하여 해수로 나와 자유생활을 하거나 어패물 중에서 서식하는 것이 많이 발견된다.

따라서 장염 *Vibrio*로 오염된 해수가 감염원이 되어 어패류가 직접 오염되고, 이들로부터 조리대, 도마, 행주, 식칼 등을 거쳐서 간접적으로 다른 식품이 2차 오염된다. 즉, 충분히 요리되지 않거나 날 해산물, 해산물을 다루는 사람의 손이나 용기에 의해 오염된 음식물 또는 오염된 해수로 씻은 날음식 등을 먹을 때 전파된다.

또한 환자나 보균자의 분변이 감염원이 되어서 손을 거쳐 식품으로 오염되어 감염되는 수도 있다. 겨울철에 검출되는 것은 드물기는 하지만, 동남아시아나 인도로부터 수입되는 어패류에서 때때로 검출된다.

실온에서 오염된 음식물을 상당기간 보존하면 감염량 수준으로 증식한다. 산발적으로 혹은 집단적으로 발병하며 사람에서 사람으로의 감염은 없다.

(4) 임상 증상

이 식중독의 임상적 증상은 복통, 설사, 구토를 주 증상으로 하는 전형적인 급성위장염이다. 잠복기는 8~24시간으로 살모넬라균보다 짧고, 발병의 최대시점은 15~20시간이며 잠복기가 짧을수록, 증상은 심하게 나타난다.

복통은 위 또는 상복부에 심한 통증을 유발하는 수가 많다. 설사는 대부분 1일 몇 차례 정도이고 수양성이지만 심한 경우 1일 10회 이상이다.

대장염(조직이 침범되는 경우)이 생기면 때때로 이질 형태의 점액이나 혈액이 나오며, 고열과 백혈구 상승을 초래하는 환자도 있다. 구역실 또는 구토는 일부에서만 나타나고 1회 내지 수회로 끝난다. 복통, 설사에 이어 37~39℃의 발열을 나타내는 경우가 많다.

그러나 거의 열이 없는 상태로 경과하는 수도 있으며, 보통 2~3일 내에 회복되고 수일이 걸릴 때도 있다. 사망률은 극히 낮으나 노년자에게는 탈수에 의한 심쇠약사(心衰弱死)를 일으키는 경우도 있다. 간질환이 있는 사람과 위절제 수술을 받은 사람들은 특히 여름철에 생선회나 초밥 등의 날 어패류 섭취를 삼가야 한다.

이런 사람들이 식중독균이나 콜레라균에 감염되었을 경우 중증으로 되는 일이 많고, 드물게는 사망한 사례도 볼 수 있다. 또 장염 비브리오 유사균인 *V. vulnificus*에 의한 원발성 패혈증도 되기 쉽고 예후도 불량하여 사망률이 높다.

장염 *Vibrio* 중에서 환자로부터 분리된 균주는 특수한 혈액한천배지로 배양하면 발육한 균의 주변에 투명한 용혈환을 나타내는 데 반하여, 해수와 어패류에서 유래하는 균주의 대부분은 용혈성을 나타내지 않는다. 이와 같은 용혈현상을 가나가와 현상(Kanagawa phenomenon)이라고 한다.

이 현상을 유발하는 병원체는 내열성 용혈독을 생성하는데 이 독소는 분자량이 약 42,000, 등전점 pH 4.2인 단백질로서 pH 6.0, 100℃에서 10분의 가열로 활성을 잃지 않으며 사람이나 쥐의 장관세포를 파괴하고 점혈변을 야기하며 독소가 혈류 또는 림프관을 통해 심근세포에 이르면 수용체인 ganglioside와 결합하여 심근세포막의 전기저항을 낮추어 이온투과성을 높임으로 인해 심장박동이 멈추고 죽게 된다는 것이 밝혀졌다.

(5) 진단 및 치료

환자의 대변을 배양해서 장염 비브리오균(*V. parahaemolyticus*)을 분리하면 확진된다. 이 균은 일반배지에서는 발육이 잘 안되므로 배지의 식염농도를 3%로 하여 실시하며, 회복기의 환자나 보균자의 검사 및 물, 식품에서 균을 검출하고자 할때 증균배양을 실시하고 원인균의 분리배양은 TCBS 배지나 비브리오 한천배지를 이용한다.

① 증균배양

검체 25g 또는 25mL를 취하여 225mL의 펩톤수에 가한 후 35℃에서 18~24시간 증균배양한다.

② 분리배양

증균배양액을 TCBS 한천배지에 접종하여 35℃에서 18~24시간 배양한다. 배양결과 직경 2~4mm인 청록색의 설탕 비분해 집락에 대하여 확인시험을 한다.

③ 확인시험

분리배양된 평판배지상의 집락을 TSI 사면배지, LMI 배지, 보통한천배지에 각각 접종한 후 35℃에서 18~24시간 배양한다. 장염 Vibrio는 TSI 사면배지에서 사면부가 적색(유당, 설탕 비분해), 고층부는 황색(포도당 발효), 가스 비생성, 유당 및 자당 비분해(사면부가 적색), 황화수소 비생성(고층부가 흑색화되지 않음), LIM 배지에서는 lysine decarboxylase 양성, indole 생성, 운동성 양성, cytochrome oxidase 양성이다.

위 시험에서 장염 비브리오로 추정된 균은 0, 3, 8 및 10% NaCl을 가한 peptone수에 의한 내염성 시험, VP 시험, mannitol 이용시험, arginine 및 ornithine 분해시험, ONPG 시험을 실시한다. 장염 비브리오는 0% 및 10% NaCl을 가한 peptone수에서 생육 음성, 3, 8% NaCl를 가한 peptone수에서 생육 양성, VP 음성, mannitol에서 산생성 양성, ornithine 분해 양성, arginine 분해 음성, ONPG 시험 음성, 3% NaCl을 가한 nutrient broth, 42℃에서 생육 양성이다.

장염 비브리오균에 의한 급성 위장관염은 대부분의 경우에서는 증상이 심하지 않고 자가치유되므로 치료할 필요가 없다. 그러나 심한 경우에는 수분과 전해질을 공급하여야 하며 gentamycin, chloramphenicol, tetracycline 등의 항생제를 투여할 수 있으며 패혈증과 쇼크에 대한 일반적인 치료가 필요하다.

(6) 예방법

장염 비브리오 식중독의 예방은 음식물의 균수를 감염량 이하로 유지하는 것이 예방의 원칙으로 날 해산물의 냉장은 필수적이며 날생선이나 어패류 등의 해산물을 충분한 온도(60℃에서 15분 이상, 80℃에서 7~8분 이상)에서 요리한 후 먹어야 한다.

저온인 0~2℃에 보존하면 부착세균이 1~2일 만에 사멸되므로 냉동식품도 안전한 편이다. 또 민물에서는 저항성이 약하므로 잘 세척해도 어느 정도 도움이 된다.

환자의 배설물 및 배설물이 묻은 물건 등은 철저히 소독하여 이차적인 오염도 막아야 한다. 특히 바닷가 유람선의 요리장에서는 바닷물을 사용해서 요리하는 것을 피해야 하며, 이미 요리된 해산물이 요리되지 않은 해산물이나 바닷물에 폭로되지 않도록 하는 것이 중요하다. 이 균은 어체 표면이나 아가미에 부착되어 있고 육질 중에는 없기 때문에 수돗물로 충분히 씻어서 먹으면 어느 정도의 예방 효과는 있다.

3) 병원성 대장균 식중독(pathogenic *Escherichia coli* food poisoning)

대장균(*Escherichia coli*)은 사람이나 동물의 장관 내에 분포되어 서식하면서 정상적인 균총을 구성하는 세균으로 장(腸) 속에서는 병원성을 나타내지 않는 것이 보통이지만 장 이외의 부위에 들어가면 방광염, 신우염, 복막염, 패혈증 등을 일으키기도 한다. 1945년 Bray가 영국 런던병원에서 집단급식에 의한 유아 설사증의 집단발생 예를 보고한 이래, 유아뿐만 아니라 성인에게도 급성 위장염을 일으키는 특정 혈청형의 대장균이 발견되었다.

이를 계기로 이러한 대장균을 병원성 대장균이라 하여 일반 대장균과 구분하게 되었다. 같은 시기에 Kauffman 등은 유아설사증을 유발하는 대장균의 혈청형이 O항원형 55 또는 111에 해당함을 밝혔다.

한편 1971년 Sack 등은 콜레라성 설사 환자로부터 분리된 대장균이 독소성 enterotoxin을 생산하는 것을 확인하여, 이 군(group)의 대장균을 독소원성 대장균으로 명명했다.

이 균은 일반 대장균과는 달리 이질균과 같이 장관세포 내에 침입함으로써 설사증을 일으키는 대장균으로 알려져 있다.

병원성 대장균은 혈청학적으로 일반 대장균과 구별할 수 있으며 약 30종이 병원성 대장균으로 보고되었다. 최근에는 출혈성 대장염을 일으키는 vero 세포독소 생산성 대장균이 확인되었다.

현재 병원성 대장균은 그 발병 양식에 의해서 4가지 군으로 분류되고 있다. 그러나 요즘, 이들 4종류의 설사 기인성 대장균에 의한 식중독은 종래와 같이 모두 병원성 대장균 식중독(pathogenic *Escherichia coli* food poisoning)이라고 불리고 있다.

(1) 원인균

원인균은 병원성 대장균으로 장관 내에 상재하는 정상 대장균과는 달리 사람에게 병원성을 나타내는 외래성의 대장균이다.

대장균은 장내세균과(Enterobacteriaceae)에 속하는 일종의 대장균군(coliform bacteria)으로, 그람 음성의 무포자 간균으로 주모성 편모를 가지며 유당을 분해하여 가스(CO_2와 H_2)를 생성하는 호기성 내지 통성 혐기성균이다.

대장균이 가진 항원에는 균체(O), 협막(K) 및 편모(H) 항원 등 3종류로 분류되고 다시 혈청 항원에 따라 여러 종류로 나누어지는데 O항원이 170여 종, K항원이 103종, H항원이 75종 있는 것으로 알려져 있다.

대장균은 원칙적으로 사람에게는 무해하기 때문에 식품이나 물과 함께 섭취되어도 질병을 일으키지 않는다. 그러나 어떤 원인에 의하여 숙주의 국소 또는 전신 저항이 저하된 경우에는 장관의 조직에 침투해 감염증을 일으키며 전신저항이 저하된 환자에게는 혈액 중에 침투하여 패혈증을 일으키기도 한다.

병원성 대장균은 현재 병원기구에 따라 장관 병원성 대장균(enteropathogenic *E. coli*, EPEC), 장관 조직침입성 대장균(enteroinvasive *E. coli*, EIEC), 독소원성 대장균(enterotoxigenic *E. coli*, ETEC) 및 장관 출혈성 대장균(enterohemorrhagic *E. coli*, EHEC)으로 분류하고 있다.

① 장관 병원성 대장균(enteropathogenic *E. coli*, EPEC)

생물학적 성상으로는 보통의 대장균과 구별되지 않으나 특정의 O 및 K 혈청을 가진 대장균이 설사증의 원인이 된다. O 혈청형 26, 44, 55, 86, 111, 114, 119, 125, 126, 127, 128, 142 및 146이 알려져 있다.

유유아의 여름 설사증 환자로부터 분리된 것으로 유유아는 미량의 균에 의해서 발병하고 2차 감염이 된다. 현재 전 세계적으로 유아설사 원인균으로 알려져 있어 특히 유유아에 있어서는 감염병과 같은 예방대책이 필요하다.

장관 병원성 대장균은 대장 점막에서는 비침입성이며 그 발병기작은 현재는 불분명하나 특정 혈청형의 대장균이 설사원성을 갖고 있어서 이질균의 일종인 *Shigella dysenteriae*가 생산하는 것과 비슷한 Shiga-like toxin을 생산히는데, 이것이 설사증에 관여하는 것으로 추정되고 있다. 감염경로는 분변-경구감염이다. 감염은 오염된 식품 또는 유아용 유동식, 토양에서 올 수 있다.

② 장관 조직침입성 대장균(enteroinvasive *E. coli*, EIEC)

이질균처럼 대장 점막 상피세포에 침입, 증식하는 성질이 있어서 이질과 유사한 장염을 일으킨다. 대장 점막의 상피세포에 침입(invasion)해서 조직 내 감염을 일으키므로, 세포의 괴사, 박리에 의하여 궤양이 발생되므로 점혈변을 유발한다. 이 균은 사람을 고유숙주로 하여 미량감염을 일으키고 사람으로부터 사람에게로 감염된다.

따라서 감염병과 같은 대책이 필요하다. 또한 이 균은 가축이나 다른 동물에는 없고 자연계에서 분리되는 일도 없다. O 혈청형 28ac, 112ac, 124, 136, 143, 144, 152 및 162가 대표적인 균이다.

③ 독소원성 대장균(enterotoxigenic *E. coli*, ETEC)

이 균은 100℃에서 30분 가열에 견디는 내열성(heat stable toxin, ST)과 가열에 의해 실활되는 이열성(heat labile toxin, LT)의 enterotoxin 중 어느 하나 또는 2가지 모두를 생산하여 병원성을 나타낸다.

내열성 enterotoxin은 100℃에서 30분 가열에도 활성을 잃지 않으며, 분자량이 약 4,000의 단백질이다. 내열성 enterotoxin은 점막상피의 guanylate cyclase를 활성화하여 cyclic GMP를 증가시킴으로써 장관 내에 수분이 고이게 하는 것으로 생각된다. 이열성인 enterotoxin은 60℃에서 30분 가열로 활성을 잃으며 분자량이 28,000인 A와 약 11,500의 B, 2개의 소단위로 구성되어 있는 단백질이며 콜레라 enterotoxin과 매우 유사하다.

이열성 enterotoxin은 장점막과 상피세포의 adenylate cyclase를 자극하여 cyclic AMP를 증가시킴으로써 Na^+ 이온의 흡수를 저해하고 Cl^- 이온의 분비를 항진하여 장관 내에 다량의 수분을 분비하게 한다.

독소원성 대장균에 의해 설사를 일으키기 위해서는 경구적으로 장관 내에 도달한 균이 거기에 정착해서 증식할 필요가 있다. 이 균의 정착인자는 사람유래로는 CFA/I 및 CFA/II, 돼지 유래주는 K88항원, 소와 양 유래주는 K99항원이 알려져 있다.

이와 같은 정착인자가 없는 균주는 이열성 또는 내열성 enterotoxin을 생산하는 균이라 해도 장관 내에서 정착하지 않고 그냥 지나쳐 버리기 때문에 감염되지는 않는다. 감염은 소아, 성인에 관계없이 일반 식중독처럼 식품을 매개로 하며 물이 원인이 되는 수도 있다. 또 열대지방이나 아열대지방 여행자에게서 많이 발생되는데 산발적으로 발생하는 경우는 적고 집단발생이 많다.

O 혈청형 6, 8, 11, 15, 20, 25, 27, 78, 148 및 159 등이 독소를 만들지만, 혈청형과 독소생산과는 일치하지 않을 수도 있으므로 반드시 독소생산시험이 필요하다.

④ 장관 출혈성 대장균(enterohemorrhagic *E. coli*, EHEC)

1983년 Riley 등이 덜 익힌 햄버거가 발병 원인이 되었던 집단발생 환자로부터 분리하였는데 수양성 및 혈액성 설사를 주증상으로 하는 출혈성 대장염(hemorrhagic colitis)을 일으키는 대장균이다.

장관출혈성 대장균의 대표적인 균종은 1982년 미국에서 발생한 식중독의 원인식품인 햄버거에서 분리된 O157:H7이 있고 그 밖에 O17:H18, O26:H11, O11:H8 등이 있다. 특징적인 장점막 부착성을 가지며, 내산성으로 pH 2~4에서 생존 가능하다. 균 자체는 70℃에서 2분이면 죽는다.

이 균에 의한 감염은 혈변을 보이고 특징적인 출혈성 대장염에 이어서 용혈성 요독증 증후군을 병발하는 것이 많으며 사망하는 예도 있다. 이 균은 가축에 분포되어 있고 오염식품(주로 식육)을 거쳐 사람에게 감염되며, 이질균이 생산하는 Shiga-like toxin을 생산하여 발병에 관여하는 것으로 생각된다.

이들 독소는 독소원성 대장균이 생산하는 독소와 유사한 형태로서 장관 내에서 생산되며 식품 내에서는 생성되지 않는다. 그러므로 이 균은 독소원성 대장균과 같은 형태이고 식품 내에 어느 정도 증식한 생균을 섭식함으로써 발생하는 생체 내 독소형(중간형) 식중독균이다.

O157:H7이라는 명칭은 이 균의 균체에 있는 170여 종의 O항원 가운데 157번째로 발견되었고, H7은 대장균 편모의 단백질 항원인 H타입이 7번째로 발견되었기 때문에 명명되었다.

1977년 Konowalchuk 등은 *E. coli* 배양액이 Vero 세포에 독성을 나타내는 것을 발견하였고, O'Brien 등은 *Shigella dysenteriae* 1의 Shiga 독소의 항혈청으로 대장균의 배양액의 독성이 제거되는 것을 발견하였다.

이들 Vero 독소와 Shiga-like toxin(Stx)은 1983년 Karmali 등에 의해서 같은 독성 인자임이 확인되었다. 따라서 Verotoxigenic *E. coli*(VTEC)와 Shiga toxin-producing *E. coli*(STEC)는 같은 의미를 가지고 있으며 병원성 의미보다도 단순히 Shiga 독소를 생산하는 대장균을 의미한다.

Enterohemorrhagic *E. coli*(EHEC)는 출혈성 대장염, 용혈성 요독증후군, Shiga 독소의 생산, 장상피세포에 부착하여 변형된(attaching-and-effacing) 상처, 60-MDa 플라스미드 등을 유발하거나 가지고 있는 균주를 일컫는 것으로 STEC보다 넓은 임상적 의미를 담고 있다.

Shiga 독소는 면역학적으로 교차반응을 일으키지 않는 Stx 1과 Stx 2 두 종류가 있으며 장관 출혈성대장균은 이들 독소를 각각 또는 동시에 지니고 있는 경우가 있다. EHEC의 Stx은 *S. dysenteriae* 1의 Shiga 독소와 한 개의 아미노산 잔기에서 차이를 보이고 일부 균에서는 차이가 없기도 하다.

Stx 1과 Stx 2는 A와 B 소단위에서 각각 55%와 57%의 염기서열의 동질성을 가지고 있다. Stx 1은 변이가 없으나 Stx 2는 Stx2c, Stx2v, Stx2vhb, Stx2e 등의 변이가 있다.

Shiga 독소의 32 kDa인 A 소단위의 단일사슬은 28 kDa 펩타이드 (A1)와 4 kDa 펩타이드 (A2)로 분리되어 이황화 결합으로 연결되어있다. A2는 다섯 개의 7.7 kDa B 소단위와 연결되어 있다.

B 소단위는 진핵세포의 표면에 있는 glycolipid 수용체인 globotriaosylceramide(Gb3)에 부착한다. 이때 독소는 세포의 포획작용에 의하여 골지체로 이동하여 소포체로 이동한다.

A 소단위는 세포질 내로 이동하고 A1은 *N*-glycosidase 기능을 가지고 있어 60S ribosomal 소단위에서 28S rRNA의 아데닌 잔기를 제거한다. 결과적으로 세포는 단백질합성을 하지 못하게 되어 사멸하게 되는데, Gb3가 많이 분포하는 사람의 장 및 신장의 상피세포들이 많은 영향을 받게 된다.

Stx 1과 Stx 2의 유전자는 박테리오파아지가 지니고 있으며 이들 파아지가 염색체 상에 삽입되어 있는 lysogen 상태로 존재한다. Stx 1의 생산은 철의 존재나 낮은 온도하에서 저하되나 Stx 2는 이런 요소들에 의해 영향을 받지 않는다.

EHEC가 장에서 설사를 유발하는 기전은 아직 확실히 규명되지 않았지만, 독소가 설사를 유도하는 가능성 있는 기전은 Stx가 흡수성 융모 말단의 상피세포를 선택적으로 죽이는 반면 분비성 세포는 정상적으로 작동함에 따라 흡수와 분비의 균형이 분비 쪽으로 기울어 설사를 유발하는 것이다.

독소가 없는 EHEC는 장관 상피세포에 부착해 손상을 일으켜 비혈성 설사를 유발하기에 충분하고 혈성 설사와 출혈성 장염을 유발하기 위해서는 Stx의 존재가 필수적인 것으로 알려져 있다.

Stx는 비록 혈액에서 발견되지 않지만 장에서 생산되어 혈류로 이동하는 것으로 추측된다. 독소에 의한 장관 상피세포의 손상, lipopolysaccharide (LPS) 또는 염증관련 인자 등의 작용으로 독소가 혈류 속으로 이동하는 것으로 보인다.

이러한 가능성은 설사환자보다 혈성 설사환자가 용혈성 요독증후군으로 발전하는 경우가 더 많다는 사실로 지지를 받고 있다. Stx 투여 시 용혈성 요독증후군의 신장 조직병리학 특징을 나타내는 동물 모델은 아직 없지만, 동물 조직중 Stx의 수용체인 Gb3을 많이 지니고 있는 조직의 혈관 손상을 많이 받고 있다.

사람의 경우 이 수용체는 신장조직에 높은 농도로 분포하고 있다. Stx가 사람의 신장에 영향을 주는 작용으로서는 먼저 Stx가 사구체의 상피세포를 손상시켜 모세혈관을 좁아지게 하고 혈소판과 피브린이 작용하여 사구체의 미세관을 폐색시킨다.

사구체의 거름효과가 떨어지면서 급성신부전증이 유발되며, 폐색된 미세관을 통과하는 백혈구는 손상을 입어 용혈성 요독증후군의 특징 중의 하나인 혈액 내의 세포 조각을 양산하게 된다.

용혈성 요독증후군에 대한 Stx의 직접적인 독성효과 외에 사이토카인의 역할도 보고되고 있다. Tumor necrosis factor-α(TNF-α)와 IL-1β는 사람의 관상 상피세포에 대한 Stx의 독성효과를 증가시킨다.

이들 두 종류의 사이토카인과 TNF-β 및 세균의 LPS는 Gb3 수용체의 발현을 좀더 유도하여 독소가 세포에 달라붙는 것을 증가시킨다. 임상연구에서 용혈성 요독증후군 환자의 혈청과 요에서 IL-6가 증가함을 볼 수 있다. 독소 유전자 이외에도 EHEC에서 종종 발견되는 여러 유전자들이 있다.

장부착인자인 intimin(eae 유전자)은 enterophathogenic *E. coli*(EPEC)에서 설사를 유도하는 주요한 인자로 EHEC에서도 세균의 세포외막에 존재하여 장에 세균이 부착하여 서식하도록 돕는 역할을 한다.

이 유전자는 EHEC에서 높은 비율로 발견되나 EHEC의 모든 균에서 발견되는 것은 아니다. Intimin은 설사량을 증가시키나 용혈성 요독증후군과 혈성설사는 이 유전자를 지니지 않은 EHEC에서도 일어난다.

Enterohemolysin 생합성 유전자는 O157:H7 균주에서 일반적으로 발견되는 유전자이며 다른 혈청형에서도 나타난다. 요로감염 대장균에서 발견되기도 한다.

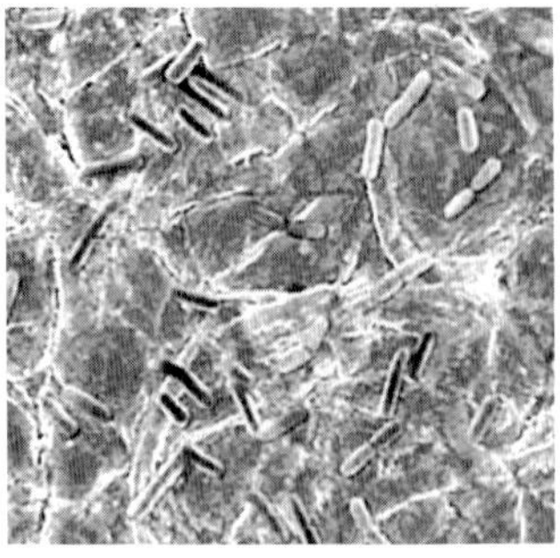

〈그림 3-3〉 *Escherichia coli* O157:H7의 현미경 사진(x800)

(2) 원인식품

이 균의 분포는 가축, 애완동물, 건강인, 자연환경 등 광범위하다. 그러므로 원인식품은 특별히 한정된 것이 없고 균에 오염되어 증식된 식품이면 식중독의 원인이 될 수 있다. 지금까지 보고된 식품은 햄, 치즈, 소시지, 고로케, 채소 샐러드, 스테이크, 분유, 도시락, 두부, 소의 간, 파이 등이다.

유아에서는 오염된 우유가 원인식품이 된다. 식중독의 발생은 계절에 관계없이 발생하지만 여름철에 약간 많은 편이다. 수질의 오염이나 식품의 오염으로부터 인체에 침입되며, 때로는 오염된 손으로부터 직접 입을 통하여 전파된다. 건강한 성인의 보균률은 균형에 따라 차이가 있으나 약 10% 정도라고 한다. 그러므로 보균자의 오염된 손으로 취급된 식품은 일단 식중독의 원인식품이 될 수 있다. 특히 유유아는 소수의 균에 의해서도 감염이 될 수 있으며, 육아시설에서는 시트, 우유, 공기 중의 먼지 등의 오염으로도 대유행을 일으킬 수 있다.

(3) 감염경로

장관 상재 대장균의 일종으로 널리 보균되어 있기 때문에 환자, 보균자, 동물의 배설물이 문제가 되며 무증상 감염자의 분변에 오염된 음식, 식수에 의해 감염된다. 출산 동안에 모성으로부터 아기에게 전파된다.

잠복기는 6~72시간이며, 감염자는 수 주간 감염이 가능하다. 영아 특히 미숙아와 영아불량아들이 감수성이 높다. 식품에 오염을 일으키게 하는 것은 주로 환자와 건강 보균자의 분변으로 특히 건강 보균자가 식품조리에 종사할 경우에 손을 통해 감염되는 경우가 많다.

병원성 대장균은 담수어, 하천수, 농경지 흙 등에서도 검출되는 점으로 보아서 자연계에도 널리 분포되어 있는 것으로 생각되며 이러한 것으로부터 식품이 1차 또는 2차로 오염된다.

오염된 호수, 풀장에서의 수영이나 염소 소독이 충분하지 않은 물을 마셔 수인성 전파가 일어날 수도 있다. 사람 간 전파도 쉽게 일어날 수 있는데, 특히 밀집된 환경에서 2차 감염이 잘 일어나므로 소아 집단 시설에서의 관리가 어려운 면이 있다.

병원성 대장균 중 EIEC는 이질균과 똑같이 사람을 고유숙주로 하며, 때로는 식품의 매개에 의해 대유행을 일으키는 수도 있지만 일반적으로는 사람에서 사람으로 감염된다. 따라서 이 유형의 균은 식육이나 동물에서는 원칙적으로 볼 수가 없다.

그에 비해 EPEC 및 ETEC는 식품을 통하여 감염될 뿐이지 신생아 및 유아를 제외하고는 사람에서 사람으로의 감염은 볼 수 없다. 특히 EPEC는 가축과 식품 중에서 분리되는 일이 가끔씩 있으므로 아마도 그 생태는 *Salmonella*와 비슷한 것으로 생각된다.

Stx를 생산하는 대장균은 다양한 동물 즉, 소, 양, 염소, 돼지, 고양이, 개, 닭 등의 대변에서 발견되며 이들 중 사람으로의 주된 감염원은 소이다. 여러 나라의 소에서 독소생성 대장균이 검출되는데 많게는 60%까지 발견되며 일반적으로 10~25%의 소에서 발견된다.

이들 대부분이 O157:H7 이외의 혈청형이다. *E. coli* O157:H7의 혈청형은 미국의 경우 목장의 소에서는 0.0~2.8%의 분리율을 보이고 있으며, 판매되는 쇠고기, 돼지고기, 닭고기, 양고기에서는 1.5~3.7%의 분리율을 보이고 있다.

반면 O157:H7 이외의 혈청형은 육류에서 5~23%로 O157:H7보다 비교적 높은 분리율을 보이고 있다. 특히 생선이나 어패류에서도 독소 생성 대장균이 발견되어 상점 내에서 오염되고 있음을 알 수 있다.

이들로부터 분리된 O157:H7 이외의 혈청형 모두가 사람에 병원성을 제공하는지는 아직 의문점이 남아있다. 도시에 살고 있던 사람이 축산농가를 방문하여 Stx 생산 *E. coli*에 의한 질병을 얻었으나 축산농가에 살고 있는 사람들은 질병에 걸리지 않은 사실과 사람의 혈청에서 *E. coli* O157 LPS와 항독소 항체가 도시 사람보다 축산농가 사람이 각각 3배와 6배가 높게 나타나 축산농가 사람들은 이들 균에 지속적으로 노출되어 면역성을 얻게 된 것으로 보인다.

EHEC는 음식, 물, 사람 등에 의해서 전파된다. 대부분의 경우는 쇠고기 유래의 오염식품의 섭취에 의해서 일어난다. 특히 덜 익힌 햄버거는 집단발생의 주요 원인 중의 하나다. 햄버거는 집단발생뿐만 아니라 산발적인 발생의 주요한 원인식품이다.

최근에는 마요네즈, 주스, 발효소시지 등도 발생과 연계되어 있는 것으로 알려졌으며 주스나 발효소시지에서 발견은 O157:H7이 낮은 pH에서도 생존할 수 있음을 보여주고 있다.

상추 같은 채소도 감염원이 되고 있는데 일본의 경우 9,000건의 EHEC 감염이 무순과 연관성이 있음을 확인하였다. 이러한 경우에서 볼 수 있듯이 과일이나 채소 등이 소 분변에 오염되어 감염원이 될 수 있다는 것은 적은 수의 감염균으로도 감염될 수 있음을 보여주고 있다.

이처럼 낮은 감염량은 수인성 감염의 가능성을 시사하며, 오염된 호수에서 수영하다 걸린 경우와 염소처리하지 않은 수도시설을 통한 감염된 사례에서도 볼 수 있다. EHEC는 *Shigella* 감염과 비슷한 100~200균으로도 감염을 일으킬 수 있다.

(4) 임상 증상

중독증상은 원인균에 따라 다르다. 임상적으로는 설사나 복통을 주증상으로 하는 위장염형(EPEC, ETEC), 이질과 같은 증상을 보이는 이질형(EIEC), 그리고 출혈성 대장염형(EHEC)의 3가지로 구분한다.

① 위장염형

EPEC 및 ETEC를 원인으로 하며 음식물을 통하여 경구적으로 감염된다. 통상 12~24시간의 잠복기간을 거쳐 발증한다. 주 증상은 설사와 복통이며 발열이나 구토를 수반하기도 한다. 설사는 수양성이고 혈액과 점액이 섞이기도 한다. 유아는 성인에 비해 증상이 심하다. 1~2일째부터 회복되기 시작하여 수일 내에 정상으로 된다.

EPEC는 소장에 감염되고 살모넬라증과 비슷하며 발열이 일어난다. 신생아에서 주로 발생한다. EPEC의 중요한 병원성 기전은 A/E(attaching and effacing) 병변을 초래하는 것으로 미세융모의 감소, 상피세포에 대한 세균의 외막단백(intimin)의 부착, 가교형성, 세균 부착부위에 대한 세포골격인자의 응축을 일으킨다. 이러한 미세융모의 감소는 영양분의 흡수 불량과 삼투성 설사를 유발시킨다.

② 이질형

EIEC를 경구적으로 섭취하여 감염되며 12~72시간의 잠복기간을 거쳐 발증한다. 증상은 이질과 유사하며 대장의 점막 상피세포 내로 침입하여 증식하고 점막을 괴사시켜 궤양을 형성하고 설사 외에 복통, 발열, 구토 등을 나타낸다. 심한 경우 변에 점액이나 혈액이 섞이며 이질처럼 적절한 치료가 요구된다.

③ 출혈성 대장염형

무증상에서부터 수양성 설사, 혈성설사, 출혈성 장염, 용혈성 요독증후군이나 혈전성 혈소판 감소성 자반증에서 사망에 이르기까지 매우 다양한 임상양상을 나타낼 수 있다. 장관 출혈성 대장균 감염증의 잠복기는 보통 3~4일이나 짧게는 1~2일에서 길게는 5~8일에 이를 수 있다. 출혈성 장염이 장관 출혈성 대장균 감염증의 가장 전형적인 임상양상으로 대부분 복통과 함께 수양성 설사를 보이며 미열이 짧은 기간 동안 동반되기도 한다. 수양성 설사는 2~3일 안에 혈성 설사로 바뀌고 복통이 심해지고 구토는 환자의 반 정도에서 나타난다.

이러한 증상은 4~10일간 지속되며 심한 경우에는 변이 거의 없는 온통 혈성 설사를 하기도 한다. 대부분의 환자는 특별한 후유증없이 회복되지만 10세 비만의 어린이와 노인의 약 10%에서 용혈성 요독증후군으로 진행한다.

용혈성 요독증후군은 용혈성 빈혈증, 혈소판 감소증, 신부전증을 특징으로 하는 질병으로 핍뇨, 무뇨증, 점상출혈, 자반, 장출혈 등의 출혈성 경향, 의식저하나 발작과 같은 신경증상 등을 동반하기도 한다.

대부분의 환자들은 치료에 의해 회복되지만 환아(患兒)의 경우 3~5%는 사망하며 12~30%에서는 신기능저하나 만성신부전, 고혈압, 중추신경계 손상 등의 심각한 후유증을 남긴다.

환자에서 용혈성 요독증후군으로의 진행을 예측할 수 있는 주요한 증상은 알려져 있지 않다. 단지, 혈성 설사, 발열, 백혈구 수의 증가 등을 보인 환자, 어린이와 노인, 지사제 투여 환자 등에서 용혈성 요독증후군의 빈도가 높다는 보고가 있다.

(5) 진단 및 치료

대장균 시험으로는 추정시험, 확정시험, 완전시험 및 최확수(MPN)법 등이 있고, *E. coli*의 증균배지로는 mEC broth가 사용되며, 선택배지로 Desoxycholate agar, MacConkey agar, EMB agar, Endo agar, BTB lactose agar 등이 사용된다.

E. coli O157:H7의 증균배지로는 novobiocin이 첨가된 mEC broth가 사용되며 선택배지로 Sorbitol MacConkey agar 와 Fluorocult O157:H7 agar가 사용된다.

EHEC균은 발병 초기에 가장 잘 분리된다. 설사 후 2일째에 채취된 검체에서 100%,

3~6일째는 91.7%, 6일 이상이 되었을 때는 33.3%의 균 분리율을 보이는데 용혈성 요독증후군 환자 검체의 2/3에서는 균이 검출되지 않는다.

이는 감염 후 용혈성 요독증후군으로 진행되어야 EHEC에 대한 검사를 진행하게 되어 균 분리가 어렵기 때문인 것으로 생각된다. 따라서 혈성 설사 또는 용혈성 요독증후군을 보이는 환자의 경우에는 검사실의 일상적인 업무로서 EHEC 검사를 시행할 것을 권장한다.

검체에서 분리된 대장균은 혈청형, 독소 유전자 검출 PCR, 독소생산능, 생화학검사 등을 통하여 장관 출혈성대장균으로 최종 진단된다. EHEC 중 O157:H7 혈청형 균은 sorbitol을 발효하지 못하여 sorbitol 발효능이 없는 것을 이용한 SMAC (sorbitol MacConkey Agar)를 사용한다.

무색 투명의 집락을 형성하며 sorbitol 발효 음성인 대장균을 항 O157 혈청으로 동정하며, 이어서 H형을 동정한다. 최근에는 분변을 검체로 해서 직접 ELISA법으로 O항원이나 독소를 검출하는 방법이 실용화되고 있다.

그밖에 라텍스 응고법이나 DNA probe법으로 독소 유전자를 검출하는 방법 등이 있다. 그 이외의 혈청형 균은 생화학적 성상으로 구분하기가 어려워 PCR, colony hybridization 등을 이용하여 분리한다.

채취된 검체를 TSB(tryptic soy broth, 40mg/L vancomycin)에 4시간 동안 증균 배양 후 배양액을 단계 희석하여 SMAC, McConkey와 TSA(40mg/L vancomycin)에 하룻밤 배양하고 TSB 배양액의 일부를 이용하여 독소 유전자 검출 PCR을 수행한다.

SMAC에서 자란 집락 중 무색 집락을 선별하여 O157 항혈청을 이용한 응집반응 검사를 실시한다. SMAC에서 O157 집락을 찾지 못하고 PCR에서 독소 유전자 양성을 보일 경우 TSA 배지의 집락에 colony hybridization을 실시한다.

이때 사용하는 탐침 DNA는 독소 유전자를 사용한다. 이런 과정을 통하여 분리된 균은 생화학 실험, 독소생성 시험, 혈청형 시험을 통하여 최종 판정한다. PCR에서 독소 유전자 양성을 보이나 균을 검출하지 못하는 경우가 종종 있다.

이런 경우는 PCR이 선택 배지나 colony hybridization보다 검출 감도가 높아 생길 수 있다. 그렇다고 PCR 결과만으로 EHEC를 판정할 수 없으므로 국립보건원에서는 대장균이 확인되고 분리된 균이 Shiga 독소를 생성할 때 EHEC 양성으로 판정한다.

그러나 병원 등의 임상실험실에서 독소 유전자 양성 PCR 결과를 얻었다면 필히 관할 보건소에 신고해야 한다.

EHEC 감염환자는 경구 혹은 정맥으로 전해질과 수분을 공급한다. EHEC 감염증에 대한 특별한 치료제는 아직까지 없으며 독소의 수용체인 Gb3의 화학 합성 유도체로 구성된 Synsorb-Pk에 대한 임상실험이 진행되고 있다.

심한 장병원성 영아설사의 경우 neomycin이나 cholistin을 5일간 투여한다. 심한 장침습성 대장균주에 대해서는 ampicillin을 투여한다.

심한 여행자 설사증은 bactrim (160/800mg)을 경구로 매일 2회씩 조기에 투여하면 효과적이다.

환자는 격리치료하며, 장내배설물 격리를 철저히 한다. 격리기간은 항생제 치료 종료 48시간 후부터 24시간 간격으로 2회 대변배양검사가 음성일 때까지 격리한다. 환자, 보균자의 배설물에 오염된 물품은 소독(크레졸 3%)한다. 감염된 사람과 접촉한 경우에는 적어도 2주일간 관찰해야 한다.

용혈성 요독증후군이 발생하는 경우 증상에 따른 보조적인 치료를 하게 된다. 신부전이 발생하는 경우는 혈액투석이나 복막투석을 시행하고 빈혈이 심한 경우에는 수혈을 한다. 고혈압이 발생하는 경우는 항고혈압제를 투여하고 경련과 같은 신경계 합병증이 나타나면 그에 대한 치료를 해준다. 적절한 수액과 전해질 공급이 필요하며 혈소판 수혈은 혈전생성을 촉진할 수 있으므로 가능한 피한다.

용혈성 요독증후군에 대해 혈장교환술은 효과가 있는 것으로 보고되고 있으며 이외에도 고용량의 스테로이드 투여, 면역글로불린 투여, 항혈소판제제 투여 등의 치료가 시행되고 있다.

(6) 예방법

EPEC 및 ETEC는 주변에 널리 분포되어 있고, 건강인의 보균율도 높은 편이다. 따라서 식품오염 가능성이 대단히 높다. 예방은 일반적인 감염형 식중독에 준하고, 특히 식품이나 음용수의 가열이 가장 확실한 방법이다.

주변환경의 청결, 분변에 의한 식품오염방지 등도 중요하다. 조리 · 가공 등 식품 취급 시에 환자나 보균자의 분변 등에서 식품이 오염되지 않도록 주의하여야 한다. 식품을 보존할 경우에는 냉장하여 세균의 증식을 방지하는 것이 중요하다.

이 균도 열에 약하므로 가열조리를 하면 안전하다. 특히 환자가 사용한 물건, 식기 등의 소독을 철저히 하여야 한다.

건강보균자나 환자의 분변의 위생처리를 철저히 함으로써 사람으로부터 사람, 분변으로부터 식품으로의 오염경로를 차단한다. 그리고 조리대와 주방의 환경을 청결히 하고 방충시설을 갖추어 곤충류의 침입을 막는다.

환자는 육아, 음식조리, 환자진료 등을 하지 않도록 해야 한다. 특히 설사하는 산모가 출산한 영아는 적어도 6일간 다른 신생아와 격리시켜야 한다. 가능하면 모유를 먹이며, 모유수유가 불가능한 경우에는 우유를 반드시 소독하여 무균적으로 준비하여 먹여야 한다. 특별한 예방법은 없고, 자주 손을 씻고 일반적인 무균처치에 중점을 둔다.

육류 제품은 충분히 익혀 섭취하고, 날 것으로 섭취하는 채소류는 염소 처리한 청결한 물로 잘 씻어 섭취한다. 철저한 개인 위생(손 씻기 등) 수칙의 준수가 필요하다. 주된 병원소인 소를 비롯한 가축 사육 목장에 대한 종합적 방역 감시와 도축장 및 육류 가공처리 과정에 대한 오염방지책을 수립하고 위험 식품에 대한 지속적 감시 체계가 마련되어야 한다.

장관 출혈성 대장균 감염증은 전세계적으로 증가하는 추세에 있으며 외식이나 단체급식의 증가, 대규모의 식품가공업 발달 및 유통의 증가는 집단발병의 위험성을 더욱 증가시키고 있다. 따라서 각국은 장관 출혈성 대장균 감염증을 조기에 발견하기 위한 감시체계를 운영하는 등 적극적인 대응을 하고 있다.

이러한 변화되는 환경에 따라 국내에서도 장관 출혈성 대장균 감염증이 2000년 제1군 법정감염병으로 새롭게 지정되었다.

장관 출혈성 대장균 감염증을 진단한 경우나 설사 후 용혈성 요독증후군 또는 혈전성 혈소판 감소증이 발생하는 등 임상적으로 장관 출혈성 대장균 감염증이 의심되는 경우, 진료한 의사는 즉시 관할지역 보건소에 신고하여야 한다. 국내에서도 장관 출혈성 대장균 감염증이 증가하는 추세로 이에 대한 보다 능동적인 감시체계 운영이 요구되고 있다.

4) 여시니아 식중독(*Yersinia food poisoning*)

*Yersinia enterocolitica*는 1939년 미국에서 소아의 위장염 증례에서 최초로 분리되었으며, 임상적으로도 이 균으로 인한 감염증이 확인된 것이 1960대 후반기로, 관절염, 위장염, 종말회장염과 패혈증이 밝혀졌다.

세계에서 최초로 이 균이 식중독과 관련되어 집단 설사증을 일으킨 사례는 1972년 일본의 정강 소학교에서 약 200여 명의 학생이 설사증, 충수염 등의 산발장염 환자 발생이었고, 1976년에도 미국에서 초등학교 학생 200여 명이 낙농회사 제품인 크림을 먹어 일어난 식중독 환자의 발생이다.

그 후 학교급식을 원인으로 한 대규모의 집단발생이 잇따라 보고된 것에서 1982년에 일본 후생성은 *Campylobacter jejuni/coli* 등과 함께 식중독 균으로 지정하였다.

*Yersinia*는 자연계에 널리 분포되어 있는 세균으로 수십 종이 있으나 병원성을 나타내는 것은 3종이며 이들 중 식품오염을 통하여 식중독을 일으키는 균은 *Yersinia enterocolitica*인데, 가축이나 야생동물의 장내세균으로 동물의 배설물에서 검출 되며 정상적인 사람의 대장에서 서식하는 균은 아니다. 특히 식중독을 일으키는 *Y. enterocolitica*의 주요 보균원은 돼지고기로 알려져 있다.

(1) 원인균

원인세균은 *Yersinia enterocolitica*로서 예전에는 *Pasteurella*속으로 분류되기도 하였으나 현재는 장내세균과에 편입되어 *Yersinia*속에 속한다.

그람 음성의 단간균으로 통성 혐기성이고 28~30℃에서 1~10개의 주모성 편모에 의한 운동성이 있으나 37℃에서는 편모를 잃어 운동성이 없어진다. 생육 최적온도가 25~30℃로 낮고 세대시간은 다른 장내세균의 2배 정도이며 최저 생육온도가 -1.3℃이기 때문에 4℃ 전후의 저온에서도 증식하는 저온성 식중독균이다.

또한 산소유무에 상관없이 생육가능하기 때문에 냉장 · 진공포장된 식품에서도 생육이 가능하다. 열에는 비교적 약하며 70℃에서 3분 가열에 의해 사멸한다. 사람에게 병원성이 있는 *Yersinia*는 *Yersinia pestis*(페스트균)와 *Y. pseudotuberculosis*(가성결핵균) 및 *Y. enterocolitica*의 병원주가 알려져 있다. *Y. enterocolitica*는 생물형과 혈청형으로 분류되며, 사람에 대하여 병원성을 갖는 것은 몇 가지 조합에 한한다〈표 3-8〉.

O항원은 34종으로 구분되며 3형, 9형이 가장 중요하지만 8형도 임상적인 문제를 일으킨다. 일부 항원은 *Brucella abortus*와 공통되는 항원이어서 혈청학적 진단은 오진될 가능성이 있다〈표 3-9〉.

일반적으로 식중독은 기온이 높은 초여름부터 초가을에 걸쳐 발생율이 증가하지만 *Yersinia*는 저온에서 발육하는 특성을 가지고 있기 때문에 초가을부터 겨울에도 발생할 수 있으므로 연중 항상 주의를 기울여야 한다.

〈표 3-8〉 *Yersinia enterocolitica* 생물형의 생화학적 동정표

특성	생 물 형						
	1	2	3	3A	3B	4	5
Lipase(Tween 80)	+	−	−	−	−	−	−
Indol	+	+	−	−	−	−	−
Esculin	+	−	−	−	−	−	−
Xylose	+	+	+	+	+	−	−
Voges-Proskauer	+	+	+	−	−	+	−
Ornithine	+	+	+	+	+	+	−
Salicin	+	−	−	−	−	−	−
Inositol	+	V	V	−	−	V	−
Sorbitol	+	+	+	+	+	+	−
DNase	−	−	−	−	−	+	−
Nitrate	+	+	+	+	+	+	−

〈표 3-9〉 사람에서 분리한 *Y. enterocolitica*와 *Y. pseudotuberculosis*의 혈청형

연도	*Y. enterocolitica*				*Y. pseudotuberculosis*			
	O:3	O:9	O:1b	O:2a	O:3	O:4b	O:5a	O:5b
1994	2	0	0	3	0	2	1	2
1995	2	1	1	18	2	6	10	2
1996	12	1	0	5	3	13	0	4
1997	2	1	1	0	0	9	4	2
총계	18	3	2	26	5	30	15	10

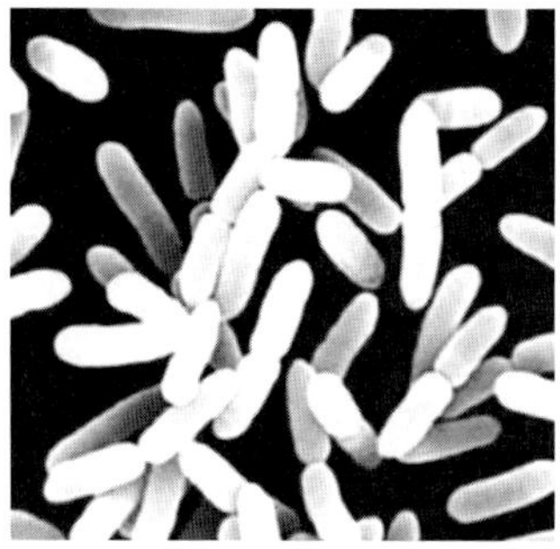

〈그림 3-4〉 *Yersinia enterocolitica*의 현미경 사진(x2,000)

(2) 원인식품

지금까지의 발생 예에서 원인식품이 밝혀진 경우는 극히 드물나. 그러나 *Salmonella*처럼 원인균에 오염된 식육이나 우유, 보균동물의 배설물에 의한 2차 오염식품, 음료수 등이 원인식품일 가능성이 높다.

주요 원인식품은 오염된 식품(특히 덜 익은 돼지고기) 및 살균하지 않은 우유 또는 끓이지 않은 물이나, 실제 식중독 발생식품은 초콜릿우유, 굴, 두부, 귤 등 특정 식품에 국한되지 않고 다양하게 보고되고 있으며, 때로는 감염된 동물과의 접촉으로도 감염을 일으킬 수 있다. 또한 식품가공 · 조리 취급자의 비위생적인 취급 또는 저장 중에도 *Yersinia*가 오염될 수 있다.

일본의 집단감염사례에서는 가공유(생물형 4, O:3균)로부터, 미국의 집단사례에서는 초콜릿밀크(생물형 1B, O:8균)와 가공유(생물형 1B, O:8균)로부터의 검출 보고가 있다.

우리나라에서는 집단발생보고가 없으며, 일본에서는 1972년에 최초의 집단발생이 보고된 이래, 지금까지 13건의 집단 식중독의 발생이 보고되고 있다. 대부분의 사례가 학교 등의 집단급식이 원인으로 발생하고 있고, 대규모의 것이 많다.

(3) 감염경로

주로 가축에 존재하는데 특히 돼지는 *Yersinia enterocolitica*를 높은 비율로 보균하고 있어, 소매점에 오염 돈육이 유통되어 돈육이 *Y. enterocolitica* 감염에 관계하고 있는 것으로 생각된다. 돼지의 장 내용물에서 검출률 및 균수의 최고치는 15% 및 약 10^6/g이며 시판돈육에서 검출되는 균수는 최고로 10^3/g이다.

도축장에서 해체처리 중 칼, 톱, 손장갑, 피박기, 바닥, 벽 등의 오염에 의하여 지육이 2차적으로 오염되어 시판돈육의 오염으로 발전하는 것으로 생각된다. 사람은 우연히 감염된다. 대변-입 경로의 전파인데, 감염된 사람이나 동물과의 접촉, 대변에 오염된 식수나 약수, 음식물의 섭취로 옮는다.

잠복기는 3~7일이고, 증상이 있는 동안 균을 배출한다. 치료받지 않은 경우 2~3개월간 균을 배출하기도 한다. 청년기와 노령군에서 심하다.

(4) 임상 증상

급성 수양성 설사(특히 유아에서), 소결장염, 충수염을 의심케 하는 급성 장간막 림프선염, 열, 두통, 인두염, 식욕부진, 구토, 결정성홍반, 관절염, 회장 말단염, 장간막 림프절염, 충수염, 홍채염, 표피궤양, 간비농양, 골수염, 패혈증 등 다양한 증상을 나타낸다. 장염이 가장 흔하고 전체의 2/3를 차지하며 39℃ 이상의 고열, 설사, 복통이 1~3주일간 계속되고 대변으로 혈액이나 점액이 나오지만 이보다는 백혈구가 자주 나온다.

장염에 걸리는 사람은 대개는 5세 미만의 어린이이고 산발적으로 생긴다. 잠복기간은 1~5일로 알려져 있으나 명확하지 않으며, 10일 이상인 경우도 있어서 식중독균 중에서 매우 긴 편이다.

임상증상은 혈청형에 의하여 다르며, O:3균에 의한 감염은 설사를 주체로 한 증상을 나타내고, O:8균에 의한 감염에서는 패혈증을 일으키는 일도 있다.

우리나라에서 주로 볼 수 있는 감염은 O:3균에 의하는 것으로, 증상은 설사, 복통을 주 증상으로 한 위장염으로 *Y. pseudotuberculosis* 감염에서 볼 수 있는 것과 같은 고열은 그다지 관찰되지 않는다. 북유럽에서는 연령이 높게 되면 관절염을 일으키는 것으로 보고되고 있으나, 우리나라에서 보고된 예는 적다.

(5) 진단 및 치료

전신적 감염일 때 혈액 배양을 하면 균이 발견된다. *Yersinia enterocolitica*의 증균배지는 PBS와 SBP가 사용되며, 선택 배지로는 CIN agar와 MacConkey agar가 사용된다.

항체는 발병 1~2주에 출현하여 3~4주에 가장 높다가 2~6개월에 점차 사라진다.

아미노글리코시드제제, bactrim, ampicillin, tetracycline에 감수성이 있다. 감염이나 장간막 림프절염은 항생제 없이도 자연 치유되는 질환이지만 패혈증은 항균요법이 필요하다. 환자는 격리할 필요는 없지만 장관배설물은 철저히 소독하고 이에 오염되지 않도록 관리한다.

(6) 예방법

설사를 하는 사람은 음식물 취급, 환자간호, 탁아 등에 종사하는 것을 금지시켜야 하며, 대변에서 균이 배설되지만 증상이 없는 사람은 용변 뒤 손씻는 것을 철저히 교육시키는 것이 중요하다. 수원(특히 간이상수도와 우물)을 사람과 동물의 분변으로부터 보호하고 상수처리를 철저히 해야 한다. 또한 병원환자의 장배설물을 위생적으로 처리해야 한다.

생육 최적온도가 다른 식중독 원인균보다 낮고 5℃ 이하에서 증식이 가능하므로 식품보존에 충분한 주의가 요망된다. 특히 이 균은 저연령층일수록 감수성이 높으므로 학교급식시설에서 주의해야 한다. 65℃ 이상의 가열로 쉽게 사멸되므로 식품의 가열이 식중독 방지에 효과적이다. 우유는 반드시 가열처리된 것을 섭취하여야 하며, 돼지고기는 완전히 익혀서 섭취하여야 한다.

*Yersinia*는 저온 조건에서도 생육이 가능하며, 물 중에서는 장기간(4℃의 물에서 18개월) 생존이 가능하므로 냉장보관 시에도 안심하지 말고 적당량 구매하여 가능한 빠른 시일 내에 소비하는 것이 좋다.

채소나 과일의 세척 시 사용하는 세척수는 먹는 물 관리법에서 정한 음용수 수질기준에 적합한 물을 사용하여야 하며, 필요한 경우 식품첨가물공전에 수재된 염소제제(차아염소산나트륨(락스), 고도표백분)를 사용하여 유효잔류염소농도 100ppm 용액에 5~10분간 또는 이와 동등한 효과가 있는 방법으로 살균한 후 흐르는 물로 충분히 헹구어야 한다.

*Yersinia*는 일반적으로 식육에 많이 오염되어 있으므로 식육의 육즙이 다른 식품에 스며들거나 떨어지는 일이 없도록 식육을 보관할 때는 용기나 포장비닐에 넣어 냉장 보

관하고, 식육 또는 씻지 않은 채소에 사용된 조리기구(도마, 칼, 행주 등) 등은 충분한 세척 · 살균 후에 사용하여야 하며 특히, 먹기 직전의 음식(김치, 샐러드 등)에 재사용하지 않아야 한다.

음식의 취급 전, 화장실을 다녀온 후 및 동물과 접촉한 후에는 반드시 비누로 손을 잘 씻어야 한다(흐르는 물 세척 → 비누세척 → 흐르는 물 세척 → 깨끗이 말림).

5) 캠필로박터 식중독(*Campylobacter* food poisoning)

*Campylobacter*에 의해 일어나는 감염형 식중독으로 주로 *Campylobacter jejuni*에 의한 것과 *Campylobacter coli*에 의한 것의 두 종류가 있다. 이들을 총칭하여 캠필로박터 식중독이라고 한다. 인간에서 감염은 주로 *C. jejuni* 종에 의해 이루어지며 1% 정도는 *C. coli*에 의해 발생한다.

1909년 유산을 일으킨 양에서 최초로 분리되었는데, 1963년에 *Campylobacter*로 명명하였다. 1938년 미국 일리노이 주에서 357명이 급성 위장염에 이완된 사고가 발생하였는데 1946년 Levy는 원인균을 *Vibrio jejuni*라 하였다. 이 균이 1963년 Sebald와 Vermon은 *Vibrio*속과 DNA의 GC 함량 차이점 연구로 이 균을 *Vibrio*속에서 독립시켜 새로운 *Camplyobacter*속으로 분류하였다.

*Camplyobacter*는 소나 양의 유산의 병원균으로 인식되어 사람과의 관계에 대해서는 별다른 주목을 끌지 못하다가 1972년 처음으로 사람의 설사 환자 분변에서 *Camplyobacter*가 검출되어 인체 설사증의 새로운 원인균으로 등장하게 되었다.

1980년 *Camplyobacter*가 식중독의 원인균으로 확인되었다. 이 식중독균은 가축이나 또는 개, 고양이 등 모든 동물에 분포하여 식육, 식품 등을 매개로 하여 감염된다. 과거 30년 전에는 *Camplyobacter*에 의한 급성 설사 환자가 25% 정도 차지하던 것이 최근에는 급성 설사 환자의 65~85%를 차지하고 있을 정도로 많다.

*Camplyobacter*는 작은 그람 음성간균으로 구부러지거나 S형 모양이며 운동성이 있고 동물과 사람에서 질병을 일으킨다. 주로 장염과 대장염을 일으키는데 장상피세포를 침범하여 염증반응을 일으키고 수분을 분비하는 물질을 만들거나 내열성인 독소가 생겨서 설사를 일으킨다.

조류의 체온에서 가장 잘 성장하며, 외부 환경에 취약하여 건조시키거나 대기에 노출될 경우 견디지 못하나 저온에서는 저항성이 커 4℃에서 수 주간 생존이 가능하다.

(1) 원인균

*Campylobacter jejuni*와 *C. coli*는 그람 음성 나선형의 무포자 간균으로 한 쪽 또는 양쪽 끝에 하나의 편모를 가지며 screw 상의 특징적인 운동을 한다. 미호기성이며 5~15%의 산소분압하에서 발육한다. 포도당, 유당 등 탄수화물을 분해하지 않는다. 25℃에서는 발육하지 않고 43℃에서는 활발하게 증식하므로 고온 *Campylobacter*라고도 부른다.

*C. jejuni*와 *C. coli*는 성질이 유사하며, 마뇨산(馬尿酸)의 가수분해시험에 의해 *C. jejuni*는 양성, *C. coli*는 음성으로 구분된다. 건조나 열에는 약하여 60℃, 30분간의 가열로 사멸하지만 고습도 하의 냉장에는 비교적 오래 생존한다

*Campylobacter*의 가장 큰 특징은 산소가 충분한 호기적 조건에서는 완전히 발육할 수 없을 뿐만 아니라 산소가 완전히 없는 혐기적인 조건에서도 발육하지 않는다. 이 균은 산소가 소량 함유된 환경에서 발육할 수 있는 미호기성 세균이다.

발육에 필요한 산소농도는 대기 중의 산소농도 21%보다 낮은 3~15%이나, 5%(미호기적 조건) 정도가 최적농도이다. 또한 대기 중(호기조건하)에서 균을 놔두면 서서히 균이 사멸한다. 식품의 종류나 보관온도 등에 따라 사멸하는 정도는 다르며, 일반적으로 10℃ 이하의 저온에 보관하는 경우에는 호기적 조건하에서도 상당히 오랜 시간 균이 생존할 수 있다.

최저 생육온도는 약 30℃이며, 최고온도는 46℃로 살모넬라와 장염 비브리오 등 다른 식중독균이 증식 가능한 실온(25℃)에서는 거의 증식할 수 없다.

Campylobacter 속에는 *C. sputorum, C. fecalis, C. fetus, C. jejuni* 및 *C. coli* 등이 알려져 있으며, 그 중에서 *C. sputorum*과 *C. fecalis*는 비병원성이고 *C. fetus*는 패혈증, 골막염 등의 원인이 되며 *C. jejuni*와 *C. coli*는 식중독을 일으키는 원인이 되고 있다.

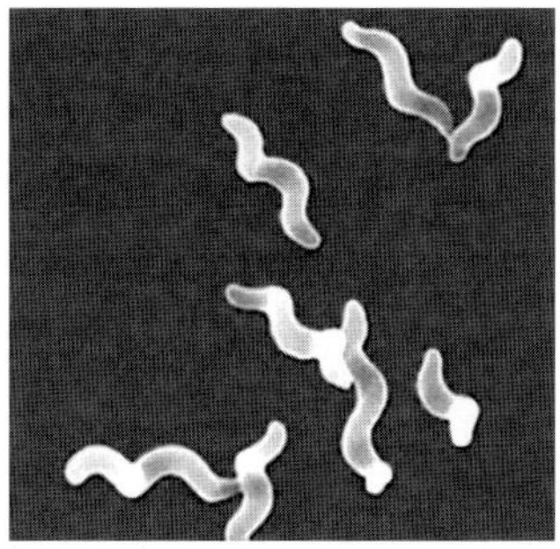

〈그림 3-5〉 *Campylobacter jejuni*의 현미경 사진(x3,400)

(2) 원인식품

원인식품으로 확인된 것은 많이 않으나 이 균의 오염률이 높은 식육 및 햄버거, 닭고기 등 식육 가공품이 가장 많이 보고되고 있으며, 살균되지 않은 우유에 의한 식중독 발생보고도 다수 있다. 어패류, 알류, 과자류 등도 그 가능성이 큰 것으로 추정되고 있으며 식육으로부터 샐러드 등 기타 식품으로 2차 오염에 의한 것도 있다. 한편 오염된 음료수나 쥐, 바퀴 등에 의해 오염된 식품도 원인이 된다.

(3) 감염경로

각종 동물, 애완동물, 새가 숙주이며 가장 흔한 병원소는 닭이다. 대규모로 발생하는 경우는 가금류를 취급하거나 조리가 불충분한 가금류의 고기를 섭취하기 때문이다. 조리대가 닭고기에 의해 균에 오염된 후 다른 식품이 교차 오염되어 감염되는 경우도 많다. 다른 보균 동물에서 오염된 식품, 물, 생우유의 섭취로도 일어난다.

강아지나 고양이 새끼 등 감염된 애완동물과 야생동물 혹은 감염된 아기와의 접촉으로도 전파된다. 잠복기는 2~7일이고, 감염자는 2~7주간 세균을 배출할 수 있다.

가축의 보균율은 소에서는 수%~20%, 돼지에서는 30~70%, 닭에서는 20~50%로 *Salmonella*보다도 높다. 기타 참새, 비둘기, 까마귀 등 야생조류에도 분포되어 있다. 따라서 동물의 분뇨가 우유, 하천수, 우물 등을 오염시키거나 가축, 가금의 도살, 해체 시에 식육에 오염되어 이를 섭취한 사람이 식중독에 걸리게 된다. 시판되는 생육 중에는 *Salmonella*와 같은 정도로 *Campylobacter*가 오염되어 있다.

이 균에 의한 식중독 발생은 계절과 관계없이 발생되고 집단급식 특히 학교급식에 의한 것이 대부분이고 발생연령은 모든 연령층에서 발생하나 어른보다는 어린이가 쉽게 발증한다.

(4) 임상 증상

설사, 복통, 두통, 권태감, 38~39℃의 발열, 탈수, 근육통, 구역 및 구토 등의 증세를 보이며, 무증상 감염도 많고 질병의 중증도가 다양하다. 잠복기는 2~7일이며 다른 식중독에 비해 긴 것이 특징이다.

일반적으로 어른보다는 소아가 그 증상이 심하나, 사망하는 예는 드물고 1~2주 내에 회복된다. 설사는 1일 수회 정도의 수양성이고 어린이에게는 혈변도 다수 나타난다.

악취 나는 묽은 대변에 점액, 백혈구와 더불어 혈액이 묻어 있는 것이 보통이다. 성인은 치유기간이 오래 걸리고 약 25%는 재발될 수 있다. 충수염 혹은 장티푸스와 비슷한 증상을 나타내고 관절염, 열성경련, Guillain-Barre 증후군, 수막염 등이 합병할 수 있다. 극심한 요통을 보이는 경우 급성충수염, 담낭염 또는 복막염으로 오진될 수도 있다.

(5) 진단 및 치료

선택배지에 대변을 배양해서 이 세균을 분리하면 확실하다. 암시야나 위상차 현미경으로 대변을 직접 검경할 때 콜레라균과 비슷하게 S자형이나 나선형의 구부러진 활동성 세균을 볼 수 있으면 캠필로박터 장염의 잠정적 진단을 쉽게 빠르게 내릴 수 있다. *C. jejuni*와 *C. coli*의 증균배지로는 Preston medium과 CEM medium이 사용되며, 선택배지로는 Skirrow medium, Butzler medium 및 Blaser medium이 사용된다.

환자는 조리, 환자간호, 육아 등을 하지 못하게 해야 하며, 환자가 손을 잘 씻도록 교육시키고, 대변과 대변에 오염된 모든 것을 소독해야 한다. 환자에게 수분과 전해질을 보충해 주는 것이 주 치료이다.

균배출을 빨리 끝내기 위해 필요한 경우에 한하여 erythromycin, tetracycline 등 항생제를 줄 수 있다. 발병 초기에 사용할 경우에 효과적이며, 전체의 약 반수 이하에서만 항생제 치료가 필요하다. 사망하는 예는 거의 없으며 1~2주 이내에 완전히 회복된다.

(6) 예방법

동물성 식품, 특히 닭고기는 충분히 가열해야 하며, 조리된 음식과 조리하지 않은 식품간의 교차오염은 피한다. 우유는 멸균하고 물은 염소 처리 혹은 끓여서 마신다. 애완동물을 다룰 때는 손씻기에 특히 힘쓰며 닭이나 병아리와의 접촉을 피한다.

*Campylobacter*는 25℃ 이하에서는 증식하지 않아 다른 식중독과는 달리 식품의 저온보존이 유효하지 않다. 따라서 육류, 우유, 음료수 등의 오염을 방지하고 식품 등의 적절한 가열살균이 가장 중요하다.

우유에 의한 발생사례가 많으므로 완전살균을 실시해야 한다. 음료수에 오염되면 대규모 사고가 될 우려가 있으므로 수원이나 급수관리에 유의해야 한다.

생균의 감염에 의해 발생하므로 식품을 충분히 가열하여 균을 사멸시켜야 한다. 많이 오염된 생육도 충분한 가열을 하면 균이 사멸된다. 물 중에서도 장기간 생존이 가능하므로 음료수는 충분히 끓여야 한다.

일반적으로 식육에 많이 오염되어 있으므로 식육으로부터 기타 식품에의 2차 오염을 방지하여야 한다. 특히 냉장고의 저온조건에서도 균의 생존이 가능하므로 보관 시 주의가 요구된다. 특히, 식육을 냉장보관할 경우 육즙이 다른 식품에 스며들거나 떨어지는 일이 없도록 용기나 포장 비닐에 넣어 보관하여야 한다. 식육의 위생관리를 철저히 하고 우물물은 항상 끓여서 음용하도록 해야 한다. 특히 소량의 균으로도 발병되므로 식육으로부터 2차 오염 방지에 노력하여야 한다.

6) 리스테리아 식중독(*Listeria food poisoning*)

1차 세계대전 때 수막염에 걸린 군인에게서 처음 발견되어 지난 10년간 주된 식중독 질병으로 등장하였는데 1950년부터 간간히 보고되어 현재 매년 100건씩 보고되고 있다.

*Listeria monocytogenes*는 식물, 동물, 토양, 지표수에 등에 널리 산재하여 있고 하수, 도축장 폐수, 정상 소의 우유와 유방염에 걸린 소의 우유, 사람과 동물의 분변에서 발견된다. 또한 양, 염소, 닭에서도 분리되나 야생동물에서는 그리 흔하지 않다.

1981년 캐나다에서 양의 퇴비에 존재하는 균에 오염된 양배추 샐러드를 먹은 사람 중 7명과 신생아 및 태아 34명이 감염되어 이 중 성인 2명과 신생아 16명이 사망한 집단발생 사례가 계기가 되었다.

그 후 1983년 미국 메사추세츠주에서 우유를 먹은 49명(성인 42명, 유아 및 신생아 7명)이 발병하여 48명이 사망한 식중독 사건 이후 식중독균으로 주목을 받기 시작한 이래 꾸준히 그 발생률이 증가하고 있으며 최근 수입육류에서 그 검출 빈도가 높아 위생상의 문제점으로 부각되고 있다.

소비 패턴의 차이, 식품가공, 저장기술의 차이로 주로 선진국에서 발병하며 아시아, 아프리카, 남미에서는 발병율이 극히 낮다.

(1) 원인균

그람 양성의 단간균 (0.5×0.5~2㎛)이며 주모성 편모를 지니고 있어 운동성이 있고 포자는 지니고 있지 않다. *Corynebacterium*과 성상이 비슷하지만 용혈성(β-hemolysis)으로 구분된다.

호기성 또는 통성 혐기성으로 생육가능 온도범위는 4~42℃, 최적 생육온도는 25~37℃이다. 특히 저온(10℃ 이하)과 고온(40℃ 이상)에서도 발육이 가능하여 열저항성이 높은 세균의 일종이다.

따라서 일반 세균과 달리 4℃ 이하에서도 증식이 가능하기 때문에 냉장상태로 보존하더라도 안심할 수 없다.

또한 가열 살균온도도 높아서 최소 75℃ 이상으로 가열하여야 한다. 37℃에서는 편모가 1개, 25℃ 부근에서는 편모가 4개로 증가하여 운동성이 활발해지고 생육가능 pH 범위는 pH 5~9이다.

내염성이 강하여 10% NaCl에서 성장이 가능하기 때문에 소금에 절인 식품이라 하더라도 안심할 수 없다. 리스테리아 식중독은 감염형 식중독 중에서 식중독을 발병하기 위해 필요로 하는 균수가 가장 적은 식중독의 하나이다(보통 수 개 세포/g).

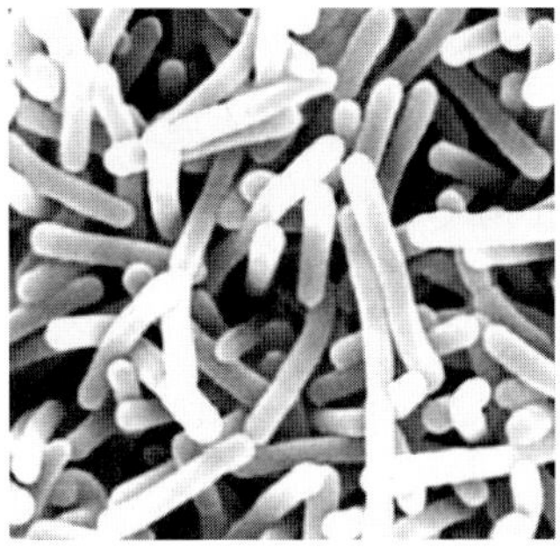

〈그림 3-6〉 *Listeria monocytogenes*의 **현미경 사진**(x3,000)

(2) 원인식품

이 세균은 동물의 장관 속이나 분변오염 환경 중에 널리 분포되어 있기 때문에 자연 생우유, 식육, 계란 등 각종 식품에서 분리될 수 있다고 본다. 따라서 이들 동물성 식품을 원료로 가공한 식품 중 불완전한 취급과 불충분한 가열살균을 한 치즈, 아이스크림 등 유제품, 시판 식육제품(특히 분쇄육, 소시지 등), 닭고기 가공품에서 검출될 수 있다.

이 밖에도 가축의 분변을 통한 토양오염으로 인한 야채류와 해산물도 문제가 될 수 있다.

(3) 감염경로

포자를 형성하지 않음에도 불구하고 다양한 환경에서 오랜 기간 생존한다. 호냉성이므로 식품가공의 어떤 단계에서도 오염 가능하며, 냉장저장도 성장에 저해를 주지 않는다. 토양, 물에도 생육하며 다양한 습한 환경에서 발견되고 있다. 식품가공 공장에서 작업자의 신발, 옷, 운반 장비에 묻어있는 흙을 통해 오염되며 stainless steel, 유리, 고무의 표면 또는 고기나 유가공품의 biofilm에서도 오염된다.

Aerosol로 소독한 손에서도 생존가능하며 도축육에 대한 *L. monocytogenes*는 도살하는 동안 분변에 의해 오염되는데 최근 보고에 의하면 45%의 돼지, 24%의 소가 오염되어 있는 것으로 나타났다.

생식품, 가공품 모두에 널리 존재하는데 18,000여 가지의 음식 중 6%가 오염이 되어 있고 그 중 5%는 1,000 CFU/g 이상의 균이 존재함이 보고되고 있다. 연질 치이즈의

2~10%가 오염되어 있으며 아이스크림이나 요구르트, 버터는 0.3~2%로 낮은 편이다.

식육가공품(소, 돼지, 햄, 훈제 소제지 등)도 오염도가 최대 70%로 높은 편이지만 pH, 조직의 종류, 온도 등에 영향을 받는다. 가금류 가공품(냉동닭 등)도 60%가 오염되어 있으며 신선채소(오이, 양배추, 감자 등)에서도 나타나지만 오염도는 낮은 편이다. 해산물, 어육가공품에서도 25% 정도가 오염되어 있으며 훈제 어육은 10^4CFU/g까지 오염되어 있다. 건강한 사람의 분변에서도 2~6% 분리되고 있는데 Listeriosis에 감염된 사람 중 21%는 10^4CFU/g 이상 검출되고 있다. 태아 및 신생아의 리스테리아증은 모체로부터 수직감염이 대부분일 것으로 추정되고 있다.

(4) 임상 증상

임산부의 경우 주로 임신 5~6개월에서 감염되나 때로는 임신 2개월에서도 감염된다. 임산부가 감염되면 자신은 무증세이더라도 태반을 통한 태아감염으로 자연유산, 조산 및 사산이 발생된다.

신생아 감염 시는 패혈증, 수막염을 일으켜 다른 식중독균보다 치명률이 높다. 주된 침입경로는 위장관으로 추측되는데 가벼운 위장염 증세도 보고되고 있다. 일반 성인에게는 중앙 신경계 장애를 일으켜 수막염, 수막뇌염을 일으키며 그 외 심내막염, 폐렴, 패혈성 관절염, 골수염, 복막염, 간염, 동맥감염 등으로 진행된다.

유행성, 산재성 두 가지 경우에 대해 치사율은 20~30% 정도이나 면역이 약화된 사람이나 신경계 장애자 사이의 치사율은 38~40%로 높다.

이 식중독의 증상은 잠복기는 수일~수주로 알려져 있으나 확실하지 않으며, 다른 세균성 식중독과 같이 복통 · 설사 등 위장염 증상은 없는 것이 특징이다. 또한 이 식중독은 모든 사람에게 오는 것은 아니다.

미국의 예를 보면 대부분의 환자는 임신부, 55세 이상의 노인, 백혈병 등 기초질환자, 약물 및 알코올 중독자 등의 면역기능이 저하된 사람들이었으며, 정상 건강인은 극히 드물었다. 그리고 우리와 식생활이 비슷한 일본의 사례는 대부분 산발적 발생 예로 성별로는 남성이 많았고, 연령별로는 신생아 및 유유아, 그리고 50~60대가 대부분이었으며, 6~19세의 발생은 극히 드문 것이 특징이다.

(5) 진단 및 치료

*Listeria monocytogenes*의 증균배지로는 UVM-modified Listeria, 분리배지로는 Oxford agar, Lithium chloride phenyethanolmoxalactam 등이 있다.

환자에게 penicillin G, ampicillin, gentamicin이 효과적이지만 tetracycline, erythromycin, chloramphenicol, cephalosporin 등도 항균력이 있다.

(6) 예방법

냉장상태로 식품을 보존하더라도 균의 발육증식이 가능하기 때문에 냉장고에만 의존하는 식품관리로는 부족하다. 또한 비교적 고온에도 저항성이 있으므로 보다 충분한 가열조리 방법을 택해야 한다.

우유와 치즈는 살균처리해야 하고 면역약화 환자나 임산부는 감염환자들의 접촉을 피해야 한다. 날 어패류, 야채 등을 생식하지 말고 가열섭취해야 하며 농부나 수의사들은 유산된 새끼를 취급할 때 주의를 요하고 가축에 노출되지 않도록 조심한다.

7) 비브리오 콜레라 식중독(*Vibrio cholerae* non-O1 food poisoning)

NAG *Vibrio* 콜레라균에 의한 식중독으로 감염형이다. NAG *Vibrio*의 NAG란 non-agglutinable 즉, '비응집성'의 약칭으로 Cholera균(*Vibrio cholera*)의 항혈청에 대하여 응집을 일으키지 않는 것을 뜻한다.

따라서 NAG *Vibrio*는 Cholera균과 형태학적 및 생화학적으로는 구별할 수 없으나 혈청학적으로 구별되어 1981년 분류학적으로 *Vibrio mimicus*로 독립되었다. 생태에 있어서도 Cholera균과 유사하므로 식중독의 발생기구도 이와 동일하리라 추측된다. 이 균이 사람에게 경구감염되면 장관 내에서 enterotoxin을 생산하여 설사를 일으키게 하지만 enterotoxin을 생산하지 않는 위장염형도 있다. 최근에 이 균에 의한 오염이 세계적으로 확대되고 있고 또 해외 여행자에게 '여행자 설사증(traveller's diarrhea)'의 형태로 상당히 많이 감염되는 것으로 밝혀져서 관심의 대상이 되고 있다.

NAG *Vibrio*의 감염증상은 본질적으로 콜레라균에 의한 것과 같아 수양성 설사 및 구토를 주 증상으로 하고 심할 경우 탈수증이 있다. 때로는 급성위장염 증상을 나타내는 일도 있고, 설사나 구토 외에 발열을 수반하며 설사변에 점액이나 혈액이 혼입하는 경우도 있다.

(1) 원인균

이 균은 콜레라균(*Vibrio cholerae*) 중 콜레라균(O1) 이외의 O 항원을 가지는 일군(一群)의 세균으로 분류학적으로는 *Vibrio* cholerae non-O1이 정식명칭이다. 이 균의 별칭은 항콜레라균 O1 혈청에 응집되지 않는다는 의미의 NAG *Vibrio* (non-agglutinable *Vibrio*)이다. 현재는 분류학적으로 *Vibrio mimicus*로 독립되었다.

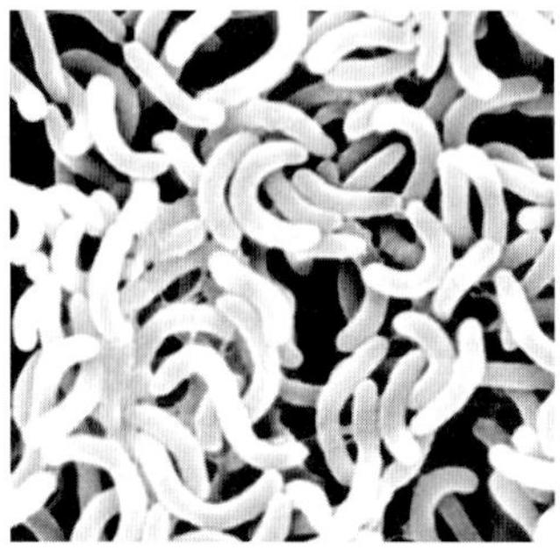

〈그림 3-7〉 *Vibrio cholerae*의 현미경 사진(x2,000)

(2) 원인식품

집단 발생의 보고가 극히 적어 발생동향에 대하여 충분히 파악할 필요가 있다. 원인식품은 장염 비브리오 식중독과 유사한 것으로 생각되고 있으나 수입 식품류가 원인이 될 가능성도 높다.

(3) 감염경로

동남아시아, 서아시아 등 열대 아열대 지방은 물론이고, 구미, 일본 등지에서도 널리 분포되고 있다. 따라서 장염 비브리오 식중독과 유사한 경로의 식중독 발생이 예상된다. 또 해외여행 설사환자에게서도 이 균이 적지 않게 검출된다.

(4) 임상 증상

섭취에서 발증에 이르는 잠복기간은 몇 시간에서 2~3일까지로 되어 있으나 집단발생에서는 12~24시간에 발증한 경우도 많다. 일반적으로 설사가 꼭 수반되며 수양성인 경우가 많다. 심한 경우 콜레라와 유사한 증상을 나타내기도 한다. 복통은 다수의 환자에게서 볼 수 있지만 구역질, 구토, 발열은 거의 없다.

(5) 예방법

장염 비브리오 식중독에 준한다. 다만 이 균은 호염성이 아니므로 담수나 저염도의 해수에 분포한다는 점에 유의할 필요가 있다.

8) 비브리오 패혈증(*Vibrio vulnificus* septicemia)

비브리오 패혈증은 *Vibrio vulnificus*에 의해 발병하는 급성 감염성 질환으로 국내에서는 2000년 8월부터 3군 법정감염병으로 지정되어 있다.

(1) 원인균

비브리오 패혈증균은 바다에 살고 있는 그람 음성세균으로, NaCl의 농도가 1~3%인 배지에서 잘 번식하는 호염성이다. 오랫동안 다른 세균으로 오인되었다가 *V. parahaemolyticus*와 달리 유당을 분해한다는 사실이 밝혀져 1979년에 *V. vulnificus*로 명명되었다. 이 균은 colistin 내성이지만, ampicillin이나 carbenicillin에는 감수성이어서 다른 유사한 세균과 구별할 수 있다.

(2) 원인식품 및 감염경로

여름철 해안지역을 중심으로 발생하며, 만성 간질환 등 저항력이 약한 허약자들이 어패류를 생식하거나 해안지역에서 낚시 또는 어패류 손질 시 균에 오염된 해수 및 갯벌 등에서 피부상처를 통해서도 감염된다. 잠복기는 1~2일이며, 피부감염의 경우는 약 12시간이다. 40세 이상의 남자에서 흔하며(남:여 = 9:1) 주로 해수온도가 18~20℃로 상승되는 여름철에 서남 해안지역에서 발생한다.

(3) 임상증상

두 가지 임상형이 있다.

① 창상감염형

해안에서 조개껍질이나 생선 지느러미 등에 의해 생긴 창상으로 해수에 있던 균이 침입했을 때는 창상 부위에 부종과 홍반이 발생하여 급격히 진행되어 대부분의 경우 수포성 괴사가 생긴다. 잠복기는 12시간이며, 대부분 기존 질환이 없는 청장년에서 항생제 및 외과적 치료에 의해 회복한다.

② 패혈증

기존 간 질환을 가진 사람들이 오염된 해산물을 생식한 뒤 발생하는 원발성 패혈증으로 급작스런 발열, 오한, 전신쇠약감 등으로 시작하여 때로는 구토와 설사도 동반한다. 잠복기는 16~24시간이며, 발병 30여 시간 전후에 대부분의 환자에서 피부 병소가 사지, 특히 하지에서 부종, 발적, 반상출혈, 수포형성, 궤양, 괴사 등의 모습으로 나타난다. 치명률이 높다(40~50%).

(4) 진단 및 치료

임상증상과 함께 원인균인 *Vibrio vulnificus*가 동정되면 확진할 수 있다. 특히 일주일 이내의 어패류 생식유무, 해수와의 접촉, 낚시 또는 어패류 손질 중 다친 적이 있는지를 확인히면 진단에 도움이 된다.

Penicillin, ampicillin, cephalotin, tetracycline, chloramphenicol 등 감수성 있는 항생제를 투여하고, 피부병변은 괴사된 조직이 있는 경우 절제, 배농, 절개 등 외과적 처치를 시행한다.

(5) 예방법

예방을 위해 어패류를 60℃ 이상의 열로 가열하여 충분히 조리한 후 섭취해야 하며, 특히 음주를 많이 하고 간에 질환이 있는 사람들은 생선회를 먹지 말아야 한다. 그리고 여름철 해변에 갈 때 피부에 상처가 나지 않도록 주의하며, 상처가 났을 때는 맑은 물에 씻고 소독을 한다.

1.3. 주요 독소형 식중독균

1) 황색포도상구균 식중독(*Staphylococcus* food poisoning)

포도상구균 식중독은 황색 포도상구균이 식품 중에 증식하여 그 대사산물로 생산한 enterotoxin(장독소)을 경구 섭취하여 일어나는 독소형 식중독이다.

이 식중독은 1880년 Pasteur에 의해서 발견되었으며, 1884년 미국 미시간주에서 체다 치즈를 섭취한 300명이 발생한 대규모 식중독으로 Vaughn에 의해 최초로 보고되었다. 1914년 Baber는 필리핀의 농장우유에 의한 급성 위장염의 원인균으로 포도상구균을 분리하고, 분리된 균이 생산하는 독성물질에 의해 식중독이 발생함을 지적했다.

1930년 Dack 등은 크리스마스 케이크에 의한 식중독 사례를 보고하였고, 원인식품에서 분리한 포도상구균의 배양액 중에 구토를 일으키는 독소의 존재를 증명하였으며, 독소의 명칭을 장독소(enterotoxin)라 하였다.

같은 해 Jordan이 프에르토리코에서 만든 치즈에서 분리한 포도상구균을 우유로 배양하고 그 우유를 이용한 임상실험에서 본 식중독을 발증시키는 데 성공하였고, 그 후 세계 각지에서 이 균에 의한 식중독이 보고되고 있는데 발생 빈도가 대단히 높아 많은 나라에서 1위 또는 살모넬라 식중독 및 가스괴저균 식중독에 이어 3위를 차지하고 있다.

한편 우리나라에서도 살모넬라 식중독, 장염 비브리오 식중독에 이어 발생률 3위를 차지하고 있다. 장독소 연구는 그 후 Bergdoll 등에 의해 계승되어 그 정체가 완전히 해명되기에 이르렀다.

(1) 원인균

포도상구균은 Micrococcaceae과에 속하며, 현미경으로 보면 포도송이와 같이 연속된 균괴를 형성하는 그람 양성, 통성 혐기성 구균(직경 0.8~1.0㎛)으로 현재 23종 4아종으로 분류되어 있다.

자연계에는 여러 종류의 포도상구균이 있어 생화학적 성상에 따라 황색 포도상구균(*Staphylococuss aureus*), 부생 포도상구균(*Staphylococuss saprophyticus*), 표피상 포도상구균(*Staphylococcus epidermidis*)의 3종으로 분류되는데 이 중에서 식중독의 원인독소인 enterotoxin을 생산하는 균종은 황색 포도상구균(*S. aureus*)에 한정되며, 다른 균종은 기회 감염균이다.

편모가 없고 포자도 형성하지 않으며 협막도 없다. Catalase 양성이며 생육 가능 온도는 10~40℃, 최적온도는 30~37℃의 중온균이며, 비교적 열에 저항성이 높다. 100℃로 30분간 끓여도 파괴되지 않는 내열성 외독소인 장관독소와 효소를 생산하여 숙주 체내에서 균이 증식하고 감염증이 확산되는데 중요한 역할을 한다.

포자가 없는 균 중에서 가장 저항성이 강하다. 공기 중에서 오랫동안 생존하며, 6~14주일 정도 건조 상태에 두어도 생존한다. 황색 포도상구균은 보통한천배지나 혈액한천배지 등의 고형배지에서 배양할 때, 포도송이 모양으로 생육하나, 액체배지에서는 균이 하나 또는 2개~수 개의 불규칙하게 연결된 상태가 된다. pH 4.2~9.3 (최적 pH 7.0~7.5)에서 증식하고, 내염성으로 식염 10% 농도에서도 충분히 자라며, 15%에서도 약간 자란다.

포도상구균속은 균 동정상 중요한 coagulase 생성능, novobiocin 감수성 등을 기준으로 크게 3군으로 나누는데, 1군은 coagulase 양성, 내열성 DNase 및 균응괴인자(용혈소)와 황색색소를 전부 생산하거나 일부를 생산하는 균으로 7종이 포함되어 있고, 2군은 coagulase 음성, novobiocin 감수성(1.6 ㎍/mL)균으로 12종이, 3군에는 novobiocin 내성, coagulase 음성인 균이 9종이 포함되어 있다.

이 중 1군의 황색 포도상구균(*S. aureus*)은 식품에 오염되면 enterotoxin이라는 균체외 독소를 생산하여 식중독을 일으키는 원인물질인 enterotoxin외에 사람에게 화농성 염증을 일으키는 괴사독소, 용혈독소 등을 생산한다.

Coagluase 양성균으로는 이외에도 *S. intermedius, S. delphini, S. schleiferi* subsp. *coagulans* 및 *S. hyicus*가 있다. 이들 균종 중 장독소를 생산하는 것으로는 *S. aureus* 이외에 *S. intermedius*와 *S. hyicus*가 보고되어 있으나 이 균종에 의한 식중독은 발견되지 않았다.

또한 황색 포도상구균은 Ⅰ~Ⅲ의 phage형으로 분류되기도 하며 phage Ⅲ 형이 식중독을 일으킨다. 황색포도상구균을 토끼나 면양 혈액 한천배지에 배양하면 집락 주변에 용혈대를 형성한다. 이 용혈은 용혈소(용혈독)에 의해 일어나며, 병원인자 중의 하나로서 현재 용혈소에는 4종류(α, β, γ, δ)가 있다.

이외에도 여러 가지 균체 외 물질을 생산하는데, 이들은 모두 병원인자로 볼 수 있다. 주된 것으로는 표피박탈독소(유아의 열상양피부증후군의 원인 독소), TSST1(독소성 중독성독소), leucocidin (백혈구 사멸소), coagluase, 내열성 DNase, staphylo-kinase, hyaluoronate lyase, 단백질 A, 균응괴인자(clumping factor), lipase 및 단백분해 효소(프로테아제, 젤라티나제) 등의 독소나 효소이다〈표 3-10〉.

〈표 3-10〉 황색포도상구균이 생산하는 균체외 단백질과 독소

응집소(coagulase)	Endopeptidase	Fibronolysin
장독소(enterotoxin A~E)	Metalloprotease	Toxic shock syndrome toxin
Elastase	Penicillinase	Exofoliative toxin A & B
단백질 A(protein A)	Serine protease	Staphylococcal lysozyme
Lipase	Nuclease	Euccinic acidase factor
Leucocidin	Pyrogenic exotoxin	Hyaluoronate lyase
Collagenase	Staphylokinase	Lysostaphin
Phospholipase	Acid phosphatase	Thiol protease
용혈소(hemolysin)	Alkaline phosphatase	

① 황색 포도상구균의 형별

황색 포도상구균은 사람이나 동물에 정착하고 있으며, 숙주동물의 종류에 따라 생물학적 성상(생물형)이 다르다. 특히 사람 유래 황색 포도상구균과 동물 유래균에는 성상에 많은 차이가 있다.

또한 사람 유래균주라도 파아지형이나 coagulase형 등에 의해 몇 가지 균형으로 나누어진다. 따라서 포도상구균 식중독의 원인균은 이들 형별에 의해 몇 가지 균형으로 나누어진다.

가. 생물형

Hajek와 Marsalek는 황색 포도상구균을 8가지 생물학적 성상에 따라 A~F형의 생물형으로 분류하였다. 사람 유래균주는 생물형 A로 분류되며, 닭이나 돼지 유래균주(균주의 55%가 B형, 23%가 A형, 20%가 C형)는 B형, 소(균주의 94%), 산양, 면양(88%) 유래균주는 C형, 산토끼 유래균주는 D형, 개(82%), 말(69%), 밍크 유래균주는 E형, 토끼, 여우 유래균주는 F형에 속한다. 그러나 어떤 균주에서는 동물종과 일치하지 않는 것도 15~30% 정도 된다.

나. Coagualse형

황색 포도상구균이 생산하는 coagulase는 균 동정에 중요한 성상이다. Coagulase는 항원 특이성에 의해 Ⅰ~Ⅷ형으로 나누어지며, coagulase형별용 항혈청(일본 Denka Seiken사)이 시판되고 있어 식중독 진단, 역학조사에 널

리 사용되고 있다.

포도상구균 식중독과 coagulase형에는 특징이 있다. 일본에서 1987~1990년 동안 발생한 포도상구균 식중독 376건 중 Ⅶ형에 의한 것이 61.4%, Ⅱ형 8.5%, Ⅲ형 8.0% 및 혼합형 6.1% 기타 원인 불명인 것이 11.2%나 되었다.

식중독 발생시 포도상구균의 오염원, 오염 경로 조사에 coagulase형별 및 파아지형별은 식중독 예방대책을 수립하는데 효과가 있다.

예를 들면 원인 식품, 환자 재료에서 분리된 균형과 동일형균이 조리 종업자의 황농소에서 검출되면 종업원의 식품 취급이 부적절했음을 입증하는 것으로 앞으로의 위생 교육, 지도 대책에 효과가 있다.

다. 파아지형

세계에서 가장 널리 사용되고 있는 황색 포도상구균의 형별법은 파아지형별에 의한 것이다. 이 파아지형별용 기본 세트는 국제 형별용 파아지 위원회에 의하여 규정된 것으로 현재 23종류의 파아지와 각각에 대응한 propagating strain(파아지 증식용 균주)이 세트로 사용되고 있다.

각 파아지에 따라 용균 반응을 나타내는 양상(예를 들면 파아지의 No 6, 53, 83A에 의해 용균을 보였을 경우, 파아지 양상 6/53/83A)으로 표시한다. 또 이들 파아지는 4군으로 분류되며, 파아지 양상과는 별도로 각 군의 파아지에게만 용균되는 것을 파아지 Ⅰ군이나 Ⅱ군이라 부르며, 복수군의 파아지에 용균되는 것은 혼합군이라 부른다.

식중독 유래균주는 파아지 Ⅲ군이 가장 많고, 임상 재료의 화농소에서 분리된 것도 Ⅲ군이 많은 것으로 보고되어 있다〈표 3-11〉.

파아지군과 coagulase형에는 관련성이 보이며, 파아지 Ⅰ군균은 coagulase Ⅳ형, 파아지 Ⅲ군균은 coagulase Ⅰ, Ⅱ, Ⅲ, Ⅳ, Ⅶ, Ⅷ형에 속하며, 파아지혼합군 및 잡군은 특정 coagulase형을 나타내지 않는다. 이것은 식중독 유래균주는 파아지 Ⅲ군으로 coagulase Ⅱ, Ⅲ, Ⅵ, Ⅶ형이 많다는 것을 입증하는 것이다.

〈표 3-11〉 황색 포도상구균의 파아지형별용 세트

파아지형별군	파아지형
I	29, 52, 52A, 79, 80
II	3A, 3C, 55, 71
III	6, 43E, 47, 53, 54, 75, 77, 83A, 84, 85
잡형	81, 94, 95, 96

② 포도상구균의 enterotoxin

포도상구균의 장독소는 1930년 Dack 등에 의해 이 균이 생산하는 식중독성 독소(구토활성독소)에 붙여진 명칭이었다. 그러나 1969년 콜레라 독소가 장관에 작용하여 설사를 일으킨다는 의미에서 콜레라 장독소라고 말하게 되고, 다시 그 후 대장균, 가스괴저균 등이 생산하는 설사원성 독소에 대해서도 장독소라고 불리게 되었다.

오늘날까지 각종 균이 생산하는 설사독소에 대해서도 장독소라고 불리고 있다. 그래서 이들 독소를 구별하기 위해 장독소 앞에 생산균 종명을 붙여 포도상구균 장독소나 콜레라 장독소라고 표현하게 되었다.

황색 포도상구균은 용혈독, 기타 다수의 독소 및 효소를 생산하지만 이 식중독의 주요증상(구토)의 원인이 되는 것은 이 균이 식품 중에 증식하여 생산하는 enterotoxin이다.

Enterotoxin의 분자량은 26,360~28,494의 단백질로 항원특이성에 따라 A, B, C, D, E형 5종류가 있다〈표 3-12〉. 그 중 C형은 면역학적으로 공통이나 등전점에 따라 C1, C2, C3형으로 나눈다.

장독소 A와 E형은 교차반응을 하며, 어느 독소와도 반응하는 공통 항원(common antigen)과 각 독소에 특이적으로 반응하는 특이 항원(specific antigen)의 2종류가 있다. 또한 장독소 B와 C형은 동질성이 높고 고감도 독소검출법에서는 서로 교차반응을 한다.

Enterotoxin은 단백질임에도 불구하고 trypsin, chymotrypsin, pepsin 등의 단백질분해효소에 의해 불활성화되지 않으며, pH 2 이상에서는 pepsin에 의해서도 안정하다.

식품 또는 배지에 존재하는 장독소는 높은 내열성을 가지고 있어서 B형 독소인 경우 100℃, 30분의 가열로 무독화되지 않으며 완전히 파괴하는데는 210℃ 이상에서 30분 가열이 요구된다. 따라서 일단 식품 중에 이 독소가 생산되고 나면 보통의 조리방법으로는 파괴되지 않는다.

그러나 정제된 독소인 경우에는 A형은 80℃, 30분 혹은 100℃에서 1분간 가열로 불활성화된다. 또한 B형은 100℃ 60분, C형은 100℃ 1분 가열로 80%, 30분 가열하면 100% 불활성화되며 enterotoxin 중에서는 B형이 가장 내열성이 높다. 사람에서 식중독 발병 최소 독소량에 대해서는 임상실험 결과, B형 20~25㎍을 투여한 경우 식중독을 일으키는 것으로 나타났다.

〈표 3-12〉 황색 포도상구균의 장독소 성상

성 상	황색 포도상구균의 장독소형						
	A	B	C1	C2	C3	D	E
아미노산 수	233	230	239	239	238	228	230
분자량	27,800	28,494	27,500	27,531	27,438	26,360	26,425
등전점	6.9	8.6	8.6	7.0	8.15	7.4	7.0
질소함량(%)	16.5	16.1	16.2	16.0	-	-	-
최대흡수파장(nm)	277	277	277	277	-	278	277
침강속도(S)	3.04	2.78	3.00	2.90	-	-	2.60
구토량 (ED_{50} μg/원숭이)	5	5	5	5~10	〈10	20	10~20
구토혈관내 투여량 (μg/kg)	0.03	0.1	0.1	-	0.05	-	-
구토 경구투여량 (μg/원숭이)	1	0.9	1	-	10 이하	-	-
N말단 아미노산	세린	글루타민산	글루타민산	글루타민산	세린	세린	세린
C말단 아미노산	세린	라이신	글라이신	글라이신	ND	라이신	트레오닌

ED : emetic dose

장독소의 생물활성으로 사람, 원숭이 등에 오심, 구토가 있지만, 그밖에 림프구에 대해 강한 친화성을 나타내며, α-인터페론 생산의 유발작용 및 마이토젠 활성이 있다. 또한 토끼에 대하여 강한 발열 작용이 있다. 그러나 이들 활성이 각각 별도의 작용 기전에 의해 발현되는지는 아직 확실하지 않다.

장독소의 구토 활성에 대하여 가장 감수성이 높은 동물은 사람이고 그 다음은 원숭이이며, 쥐 등의 설치류는 구토 중추가 없어 구토 실험에 사용할 수 없다. 또한 독소 투여 방법(경구, 정맥 내)에 따라 독소의 구토 활성이 매우 다르며, 정맥 내 접종에서는 경구 투여시의 약 1/10 이하의 독소로도 구토를 일으킨다.

원숭이에 대한 장독소의 ED_{50}(구토활성 독소량)은 정맥 내 접종의 경우 체중 kg당 A형 독소 0.03㎍, B형 0.1㎍, C1형 0.1㎍ 및 C3형 독소 0.05㎍이며, 이를 경구 투여할 경우 각각 1㎍, 0.9㎍ 및 10㎍ 이하로 독소형에 의한 차이는 거의 볼 수 없다.

지금까지 알려진 식중독의 원인 독소형은 enterotoxin A형이 90% 이상으로 압도적으로 많으며 독소량은 수~수백 ng/g이다.

한편 각 사례에서 분리된 균주의 장독소 생산성(독소형)은 A형 독소 단독 및 A형과 다른 형의 혼합형이 85~90%를 차지하고 있다. 참고로 일본에서 1987~1990년 발생한 포도상구균 식중독 155례의 장독소형 중 A형 독소 단독이 89건(57.4%)으로 가장 많고, A+B형 29사례(18.6%), A형과 다른 형의 혼합형이 138사례(89.0%)이며, A+B+C, A+B+D의 3종 혼합형도 있었다.

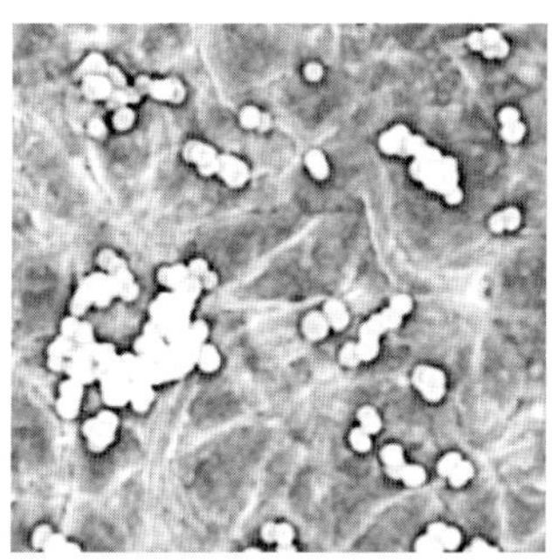

〈그림 3-8〉 *Staphylococuss aureus*의 현미경 사진(x800)

Enterotoxin의 생산은 식품의 성분, pH, 식염 농도, 온도, 세균의 증식시간 등에 영향을 받는다. 독소생산의 최적 pH는 6.8이고 5.0 이하 또는 9.0 이상에서는 생산되지 않는다. 소금도 독소의 생산을 저해하는 효과가 있어서 10% 이상에서는 현저히 억제된다.

Enterotoxin의 생성과 온도와의 관계를 보면, 6℃ 이하에서는 4주, 9℃에서 7일 이내에는 독소가 생성되지 않으나, 18℃에서 3일, 실온인 25~30℃ 5시간이면 식중독을 일으키는데 충분한 독소가 생산된다. 독소생산의 저온한계는 10℃, 고온한계는 40℃이다.

(2) 원인식품

원인식품은 포도상구균이 쉽게 증식하여 enterotoxin을 생산시키기 쉬운 성분을 함유한 식품으로 아주 다양하며 탄수화물을 많이 함유하는 식품(식물성 식품)이 많은 것이 *Salmonella* 식중독과 다른 점이다.

세계적 공통식품으로 우유, 버터, 치즈, 크림 등의 유제품이 가장 많으며 우리나라와 일본에서는 김밥, 떡, 도시락, 빵 등의 곡류와 그 가공식품이 가장 많다. 때로는 어패류와 그 가공품, 두부 등이 포함되기도 한다.

이 식중독의 발생은 극단적인 계절의 편향성은 없지만 봄철부터 가을철까지 고르게 발생하며 기온이 높은 5~9월에 많이 발생하는 편이다.

연중 발생하는 요인으로는 황색 포도상구균이 환경(온도, 습도)에 직접 좌우되지 않고 사람이나 동물에 상재하고 있다는 점, 식품 제조, 취급 중에 사람의 손가락이나 타액에 의하여 식품이 오염을 받기 쉽다는 점 등을 고려할 수 있다. 또한 최근 난방시설이 잘 되었기 때문에 겨울철이라도 식중독균이 증식하기 쉬운 환경으로 되어 식중독이 발생하기 쉽게 되어 있다.

(3) 감염경로

황색 포도상구균은 사람이나 동물의 화농성 질환 원인균의 하나로 각종 화농소에 존재한다. 사람이나 동물의 피부, 점막 및 장관 등에 정착하여 있으며, 일반적으로 건강한 사람이나 동물의 콧구멍, 목구멍, 피부 등에 부착되어 있고 보균률은 30~40%이며 이들 중 20~30% 균주가 식중독 유래 균주와 같은 정도(0.5~수 μg/mg)의 장독소를 생산한다. 이외에도 토양, 먼지, 하수 등 자연계에 넓게 분포되어 있기 때문에, 식품에 오염될 가능성이 매우 높다.

실제로 식중독 발생 시에 감염원의 정확한 확인이 어려운 것도 이 때문이라고 할 수 있다. 오염경로는 식품 취급자의 편도선염이나 손가락 등의 화농성 염증에 의한 오염이 많으며, 소, 개, 닭, 쥐에 의한 오염도 많이 일어나고 있다. 브로일러 닭은 황색 포도상구균의 보균률이 높으므로, 이 균에 의한 질병(포도상구균증) 예방과 동시에 도계장에서 닭고기의 오염방지는 위생관리상 중요한 과제 중 하나이다.

가끔은 유두염을 앓는 젖소의 우유나 우유 가공품도 감염원이 된다. 그러나 포도상구균은 자연계에 널리 분포하고 있기 때문에 오염경로도 다양하다. 포도상구균에 오염된 음식이 섭취되기 전에 수 시간 실내온도에 방치되면 균이 증식하여 독소를 내게 된다. 잠복기는 1~6시간이다. 사람과 사람 사이의 전파는 되지 않는다.

(4) 임상 증상

포도상구균에 의한 식중독이 발생하려면 다음과 같은 3가지 조건이 충족되어야 한다.

① 식품이 포도상구균에 오염되어야 한다.

② 그 오염식품이 균의 증식에 필요한 온도상태에 보존되어야 한다.

③ 이 식중독의 원인독소인 enterotoxin을 생산하는데 필요한 기간이 걸려야 한다.

황색 포도상구균의 발병률은 다른 균에 의한 식중독에 비해 낮아 15~20% 전후이다. 주 증상은 급성 위장염으로 타액분비, 구역질, 구토, 복통, 설사이다. 구역질과 구토는 반드시 일어나고 발열(38℃ 정도)은 20~30% 환자에서만 나타난다.

설사는 1일 수차례의 수양성이며, 심하면 설사가 1일 10회 이상 일어나기도 하지만 혈변을 보는 경우는 없다. 이렇게 되면 탈수와 함께 쇠약, 허탈, 의식장애, 혈압강하 등의 증상이 수반된다. 일반 증상은 수 시간이 지나면 없어지지만 중증인 경우 25시간 지속되는 경우도 있고 환자가 안정을 취하고 있으면 1~2일에 회복하며 예후는 양호한 편이고 사망하는 경우는 드물다.

황색 포도상구균 식중독의 임상 증상은 세레우스(구토형) 식중독과 흡사하여, 양자는 세균 검사를 하지 않으면 구별할 수 없다.

잠복기는 원인식품 중 enterotoxin량 및 독소에 대한 감수성의 차이에 의해 차이가 있지만 대체로 1~6시간, 평균 3시간의 짧은 잠복기를 거치는데, 이는 다른 세균성 식중독에 비해서 대단히 짧은 것이 특징이며 이 식중독을 추정하는 중요한 열쇠가 된다.

같은 식품을 섭취해 발병하여도 발병하지 않는 자와 심한 증상을 나타내는 사람을 볼 수 있지만, 이것은 식품 속의 장독소 생산량의 차이에 의한 것이며 동시에 환자의 감수성에 의한 것으로 생각할 수 있다.

(5) 진단 및 치료

음식을 먹은 시간과 증상발현 사이의 기간이 짧고, 주로 급성 상부 위장증상을 가진 사람들이 집단적으로 발생할 경우 의심할 수 있다. 의심되는 음식, 대변 혹은 구토물의 배양에서 많은 수의 장독소 생성 포도상구균을 검출하면 진단을 뒷받침해 준다.

가열한 음식의 배양검사에서 포도상구균이 배양되지 않더라도 진단을 배제할 수 없다. 이러한 경우 음식물의 그람 염색에서 열에 의해 죽은 균을 밝혀낼 수 있다. 식중독에 대한 특수요법이 없으며, 필요한 경우 수액요법과 대증치료를 한다.

포도상구균 식중독은 역학조사(원인식품, 시설)나 임상증상(환자의 증상, 잠복기)으로 대개 추정이 가능하다. 그러나 이 균 식중독은 세레우스(구토형) 식중독과 유사하여 이들의 역학조사, 임상증상에서는 구별할 수 없다. 이들을 확실하게 진단하기 위해서는 세균학적 및 독소학적 검사를 하지 않으면 안 된다.

포도상구균 식중독의 가장 확실한 진단방법은 추정 원인식품이나 환자 토물에서 직접 식중독을 일으키는 독소량을 증명하는 것이다. 토물에서는 발병 직후의 것이라면 식품찌꺼기도 많아 장독소 검출이 가능하다.

세균학적 검사에서는 일반적으로 추정원인 식품에 황색포도상구균이 10^6/g이상 검출되며, 환자토물 및 변에서도 다수(10^3~10^6/g) 검출된다. 포도상구균의 선택배지로 MSEY agar(Mannitol salt egg yolk agar)나 Baird Parker agar 등이 사용된다.

세균학적 검사에서는 원인식품, 환자재료 등에서 분리된 포도상구균이 장독소 생산성임을 증명하고, 동일한 성상, 동일 형별임을 나타내는 것도 중요한 진단기중이 된다. 보통 건강한 사람이 포도상구균 식중독에 걸린 경우, 안정을 취하면 일과성으로 지나간다. 그러나 증상이 심한 경우, 체력의 소모도 커, 특히 허약자, 유아나 노인 등에서는 의사의 지시에 따라 적절한 치료가 필요하다. 식중독에 대한 특수요법이 없으며, 필요한 경우 수액요법과 대증치료를 한다.

(6) 예방법

식품오염기회가 많은 점에 유의하여 식품재료의 취급에서부터 섭취에 이르기까지 세심한 주의를 기울여야 한다. 식품오염방지를 위해서는 화농성 질환이나 인두염에 걸린 사람의 식품취급금지, 조리종사자의 손 청결과 위생복 및 마스크 착용 등이 필요하다. 또 식품제조시설은 항상 청결하게 관리하고 식품제조용 기구는 멸균된 것을 사용해야 하며, 식품을 저온보존하여 균 증식을 억제해야 한다.

세균의 증식억제에 관해서는 우선 먼저 식품을 가공 조리한 후, 빨리 섭취하여 장시간 보존하지 않는 것이다. 또 보존하는 경우에는 이 균이 증식하지 않은 온도조건(저온 또는 고온)에서 보존하는 것이다. 황색 포도상구균은 10℃ 이하에서는 대부분 증식할 수 없으므로, 식품의 저온관리가 좋은 예방법이다. 가열조리에 의해 황색 포도상구균을 살균할 수 있지만, 식중독의 원인독소인 enterotoxin은 내열성이므로 파괴되지 않는다. 그러므로 황색 포도상구균이 증식하여 독소를 생산한 후의 가열처리는 식중독 예방이 되지 않는다는 점을 인식하여야 한다.

식품 제조에서 소비까지의 시간을 단축시키고(실온에서 최장 4시간 정도), 부패하기 쉬운 음식을 2시간 이상 보존해야 할 경우에는 60℃ 이상 혹은 10℃ 이하, 가능하다면 4℃ 이하에서 보존한다.

2) 보툴리누스균 식중독(*Botulinus* food poisoning)

보툴리누스균 식중독(botulism) 또는 보툴리누스 중독은 보툴리누스균(*Clostridium botulinum*)이 식품을 오염시켜 혐기상태에서 증식할 때 생산하는 균체외 독소(신경독)에 의해 일어나는 독소형 식중독이다. 세균성 식중독 중에서는 가장 치명율이 높은 무서운 식중독이다.

이 식중독은 18~19세기에 유럽, 특히 독일에서 소시지에 의한 경우가 많았으므로 일명 소시지 중독이라고도 한다. 1735년 소시지 중독의 신경마비증상이 기록되어 있으며, 1800년에는 독일의 Kerner에 의하여 소시지 중독에 botulism이라는 용어를 사용하게 되었다.

1895년 벨기에 Ellezelles에서 장례식에 참석한 악단 member 34명이 햄을 먹고 그 중 23명이 마비증상을 나타내어 이 중 3명이 사망하였다. Van Ermengem은 식중독의 원인식품인 햄으로부터 최초로 보툴리누스균의 혐기성 포자를 분리하여 이 균이 생산한 독소가 식중독의 직접적인 원인임을 밝혀내었다.

1910년 보툴리누스균 독소는 항원형에 따라 A, B의 2형으로 구분되었으나 그 후 항원성이 다른 독소 생산균도 다수 발견되었다. 1951년에는 일본에서 최초로 E형 보툴리누스균 식중독이 발생하였다.

일반적인 보툴리누스균 식중독은 식품 내에서 보툴리누스균이 증식하였을 때에 생산된 독소를 식품과 함께 섭취하여 발병하는 식이성 보툴리누스증이다.

한편, 유아 보툴리누스증은 생후 2주부터 8개월의 유아가 경구적으로 섭취한 보툴리누스균 포자가 장관 내에서 발아 증식하여 생산된 독소에 의하여 발증하는 것을 말하고, 외상성 보툴리누스 중독증은 상처가 균에 오염되거나 상처가 불충분하게 치료되었을 때 보툴리누스균의 포자가 발아하여 발생한다. 흡입 보툴리누스 중독증은 생물테러 목적으로 보툴리누스 독소를 에어로졸 형태로 살포하는 경우 호흡기를 통해 흡수되어 발생할 수 있다.

(1) 원인균

① 특성

원인세균인 보툴리누스균은 *Clostridium botulinum*이며 그람 양성의 내열성의 포자를 형성하는 편성 혐기성 간균으로 다수의 주모성의 편모가 있어 활발한 운동성을 나타낸다.

보툴리누스균이 생산하는 독소는 면역학적인 특징에 의하여 A, B, C, D, E, F, G의 7형으로 분류되는데 A, B, E, F형은 주로 사람에게 일으키는 독소형이고, C, D형은 가축, 닭, 밍크, 야생조류 등에 중독을 일으키는 독소로 알려져 있다. 또 보툴리누스균의 생물학적 성상에 의하여 Ⅰ, Ⅱ, Ⅲ, Ⅳ의 4군으로 분류되기도 한다〈표 3-13〉.

Ⅰ군에는 단백분해성의 A, B, F형 보툴리누스균, Ⅱ군에는 단백비분해성의 B, E, F형 보툴리누스균, Ⅲ군에는 C, D형 보툴리누스균, Ⅳ군에는 G형 보툴리누스균이 포함된다.

Ⅰ군은 최저 생육온도가 10℃, 생육 pH가 4.6으로 낮으며, 높은 농도의 식염의 존재하에서도 발육한다. 포자의 내열성도 극히 높다. Ⅱ군에 해당하는 보툴리누스균은 최저 생육온도가 Ⅰ군보다 낮고, 최저생육 pH는 5.0이다. 포자의 내열성은 I군균보

다 낮다.

영양세포형의 보툴리누스균은 저온살균(60℃, 30분) 이하의 가열로 사멸되나, 포자는 열저항성이 높아 일반적인 가열처리로는 사멸시키지 못한다. Ⅰ군의 A, B, F형균의 포자는 내열성이 매우 강하여 100℃에서 360분 이상, 115℃에서 10분 이상, 120℃에서 4분 이상의 가열이 필요하다. E형균의 포자는 열저항성이 비교적 약하여 80℃, 10분으로 사멸한다〈표 3-14〉.

Ⅰ군균의 내열성이 가장 강하고 Ⅱ군균은 가장 약하며 Ⅲ군균은 중간 정도이다. 동일 독소형균이라도 균주에 따라 다소 열저항성이 다르다. 포자의 열저항성은 식품의 종류, pH, 수분활성 등에 의해서도 다른데, pH가 낮아질수록 포자의 열저항성은 떨어진다.

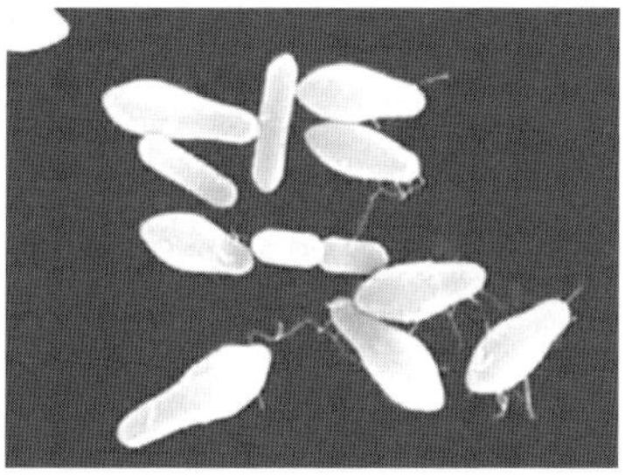

〈그림 3-9〉 *Clostridium botulinum*의 현미경 사진(X 2,000)

〈표 3-13〉 생물학적 특성에 따른 보툴리누스균의 분류

특 성	Clostridium botulinum			
	I	II	III	IV
독소형	A, B, F	B, E, F	C, D	G
단백분해성	+	−	+/−	+
당분해성	−	+	−	−
Lipase	+	+	+	−
휘발성 지방산	Acetic acid Propionic acid Isobutyric acid Butyric acid Isovaleric acid Valeric acid Isocaproic acid	Acetic acid Formic acid Butyric acid	Acetic acid Propionic acid Butyric acid Valeric acid	Acetic acid Isobutyric acid Butyric acid Isovaleric acid Phenylacetic acid
트립신에 의한 활성화	−	+	−	+
최적 생육온도(℃)	37~39	28~32	40~42	
최저 생육온도(℃)	10	3.3	15	
생육억제 pH	4.6	5.0		
생육 억제식염(%)	10	5	3	〉3
생육 억제수분활성	0.94	0.97		
포자내열성 (D_{100})	25분	0.1분 이하		
이환동물	사람	사람	가축, 밍크, 닭, 야생조류	
유아 보툴리누스증	+	−	−	−

〈표 3-14〉 보툴리누스균 포자의 사멸조건

균의 종류	가열온도(℃)	가열시간(분)
A, B, F	100	360
	105	120
	110	36
	115	12
	120	4
E	70	〉60
	75	20
	80	10
	100	5

② 보툴리누스 독소

보툴리누스균이 생산하는 독소는 신경독 (neurotoxin)으로 이열성(易熱性)이어서 80℃에서 가열하면 20분(100℃, 1~2분) 이내에 불활성화되며, 항원성에 따라 A~G 형으로 나눠진다〈표 3-15〉. A, B, E, F의 4개형 균주가 사람에게 식중독을 일으키는데 독소는 단순단백질이다.

〈표 3-15〉 보툴리누스균의 질병과 독소형별 관계

독소형	주요 감염동물	감염원	다발지역
A	사람, 닭, 밍크	집에서 만든 채소, 과실, 식육, 어류 병조림	미국, 러시아
B	사람, 소, 말, 닭, 밍크	조리된 돼지고기 등 식육, 사료	미국, 일본, 러시아, 유럽
$C\alpha$	수서조류	부패식품, 무척추동물	북미, 남미, 남아프리카, 호주
$C\beta$	소, 말	독성식품, 부패된 고기, 돼지 간	호주, 남아프리카 유럽, 북미
D	소	동물 사체	남아프리카, 호주
E	사람, 어류	수산가공품, 어류가공품	일본, 영국, 미국, 캐나다 북유럽, 러시아, 중동
F	사람	식육제품	덴마크, 미국, 남미 스코틀랜드
G	불확실	토양	아르헨티나

보툴리누스 독소는 균이 증식하는 도중에 균체 내에서 생성된다. 독소들은 증식기 말기 용균을 통해 배지에 축적되지만, 용균 시기가 좀 더 필요한 증식기에도 유리된다. A~G의 각 독소는 면역학적으로 특이성이 있으나, 일부의 A형균은 A형 독소 외에 B형 내지 F형 독소를 생산한다.

단 A형과 B형의 독소 생산량은 5 : 1 혹은 10 : 1의 비율이다. 또, 일부의 B형균도 A형 또는 F형 독소를 생산한다. C형균은 C1독소와 C2독소를 생산하는 Cα 형균과 C1독소만을 생산하는 Cβ 형균으로 분류된다. D형균은 D독소 이외에 C1독소와 C2독소를 생산한다.

식품 중 또는 배지 중에 생산되는 독소는 분자량이 약 15만(S독소)의 독성성분 1분자와 분자량이 다른 무독성분 1분자의 복합체(전구독소, progenitor toxin)로, 분자량 약 90만(LL 독소), 50만(L 독소), 30만(M 독소)의 3종류 독소가 확인되었다.

A형균은 LL, L, M의 3종류 독소, B, C, D형균은 L, M의 2가지 독소, E, F형균은 M 독소만을 생산한다. LL, L 및 M 독소는 pH 7.2 이상의 용매 중에서 독성성분과 무독성분으로 해리되고 해리된 독성성분을 S 독소라 한다.

M형이 가장 자연적인 형태로 식품과 배양액에서 발견되며, L형은 무독성 성분과 함께 S형의 복합체이다. LL형은 A형에서만 알려져 있고, 분리 정제된 최초의 보툴리누스 독소이다.

독성성분과 무독성분의 복합체 형성은 경구섭취시에 위산이나 pepsin, trypsin 등의 소화효소로부터 분해를 방지하기 위함이다. 경구독력은 독소의 분자크기가 클수록 높다. S독소는 비경구 접종에서는 LL, L, M 독소보다 높은 독력을 보이지만 경구접종에서는 극히 다량 접종해야 독성을 발휘한다.

독소는 보툴리누스 포자와는 달리 열에 약해서 어느 것이나 80℃, 15분 또는 100℃, 2~3분 가열하면 파괴되어 활성을 잃는다. 그러나 산에는 안정하고 소화관 내에서 pepsin, trypsin, chymotrypsin 등의 소화효소에 의하여 분해되지 않는다.

일부의 보툴리누스 독소는 트립신에 의해 독력이 현저히 상승하는데, E형과 일부의 B형 독소 자체는 독력이 약하나, 장내의 트립신에 의해 활성화된다.

즉, E형 독소는 소화관내에서 소화효소에 의하여 독력의 500배 이상으로 상승한다. 또한, E형 독소는 균이 증식한 식품 내에 섞여있는 여러 종류의 세균이 생산한 단백 분해효소에 의해서도 활성화된다. 활성화에 의한 독력의 상승 정도는 분자크기나 독소형에 따라 다르다. A형과 B형 독소는 자신이 생산하는 단백질분해효소에 의해 활성화된다.

C형과 D형 독소는 그 자체로 강한 강한 독력을 보인다. 단백질 분해형 A, F형균과 일부의 B형 균은 응고단백, 육류, gelatin 등을 쉽게 소화분해하지만 C, D, E형 균과 일부의 B형균은 단백질 분해성이 없다.

독소의 형에 따라 동물의 감수성이 다른데 사람의 감수성은 B, A, E, F, C, D형 독소의 순으로 높아서 사람의 중독이 A, B, E형 독소에 의해 가장 많이 발생한다는 것과 일치한다. 조류는 C형, 소는 D형 독소에 높은 감수성은 나타낸다.

보툴리누스 독소의 독력은 어떤 독성물질 보다도 강하다. A, B, D 형의 S 독소는 1mg 질소당 독력이 약 10억 마우스 복강 LD_{50}에 상당한다. 독력이 가장 높은 B형 M독소의 마우스 복강 LD_{50}은 약 10pg이다. 사람의 경구치사량은 몇 μg으로 추정된다.

독소의 흡수는 소장 상부, 주로 십이지장에서 일어나는데 흡수는 림프관을 통하여 이루어지고 흡수의 기구는 명확하지는 않으나, 분자 크기와 무관하게 무독성분과의 복합체 형태로 흡수된다. 흡수 후 분자가 해리되고 S독소가 작용부위로 운반된다. 보툴리누스 독소는 장관에서 흡수되어 choline 작동성의 신경접합부에 작용하여 acetylcholine의 유리를 저해함으로써 신경전달을 방해하고, 신경 지배를 받는 근육의 마비를 일으킨다. 중증일 때는 호흡근마비에 의해 질식사한다.

보툴리누스 독소는 식품이 혐기적인 조건하에 있고 그 외의 조건이 적당할 때 균의 증식과정에서 생산되어 식품 중에 축적되는데 독소의 생산조건은 다음과 같다.

첫째, 균에 오염된 식품이 충분히 가열되지 못해서 균의 포자가 살아남아 있는 식품이 그대로 또는 탈기되어 밀봉되었을 때

둘째, 첫째와 같은 식품이 pH 4.5 이상, Aw 0.94 이상에서 3.3℃ 이상으로 오랫동안 저장되었을 때 생산된다.

③ 유아 보툴리누스증

유아 보툴리누스증은 미국에서 가장 잘 조사되어 있고, 932사례가 보고되고 있다. 서부에서는 A형이 우세하지만, 동부에서는 B형이 우세하다. 이것은 그 지역의 토양에 흔

한 형과 일치한다. 이 사실은 아르헨티나에서도 마찬가지다. 미국 이외에도 대만, 오스트레일리아, 체코슬로바키아, 이태리, 스페인, 스웨덴, 영국, 칠레, 캐나다 등에서도 인정되고 있고, 전 세계에 널리 발생하고 있다고 할 수 있다.

발생연령은 생후 2주간에서 8개월로 4~19주령이 많다. 원인균은 대부분이 A형 내지 B형의 보툴리누스균으로 제한되었었지만, 오늘날에는 E, F형 및 독성이 있는 *C. butyricum*과 *C. baratii*가 관여하는 것으로 알려져 있다.

1세 미만의 어린이에게서 발생하는 이 질병은 변비, 전반적인 허약 및 여러 가지 신경장애의 특징이 있다. 대부분의 환자는 병원에 입원해야 하지만, 사망례는 극히 적다. 유아 보툴리누스증의 원인은 *Clostridium* 포자의 섭취와 유아의 장내에서 발아, 증식, 독소생산이다.

보툴리누스균은 토양이나 먼지에 널리 분포하고 있으므로, 사람은 항상 이 균을 섭취할 수 있다. 과일과 채소에 붙어 있는 포자는 그대로 섭취되는 것이며, 유아의 경우에는 유아들이 흔히 그들의 입에 넣는 딸랑이 같은 장난감에 붙어있는 먼지나 오물에 있는 포자를 먹는다. 그러나 건강한 어린이나 성인은 보툴리누스균에 대하여 저항성이 있지만, 유아에게는 그렇지 않다. 일본에서는 1968년 7월에 치바현에 있어서 최초의 환자가 보고되었고 그 후 때때로 보고가 있었는데, 현재까지 12사례가 보고되었다. 이들의 증례는 어느 것이나 A형균이다.

(2) 원인식품

원인식품은 식생활의 양상에 따라 약간의 차이를 보이고 있다. 19세기 말까지 햄, 소시지, 특히 혈액 소시지가 원인식품으로 유럽 등지에서 식중독사건이 많이 발생하였다. 그 후 20세기에 들어서는 통조림의 생산이 활발해서 각종 통조림식품으로 인한 중독사건이 일어나기 시작하였으며, 특히 살균이 불충분한 자가제품인 경우는 혐기성의 보툴리누스균이 서식할 수 있는 좋은 배양기의 역할을 하게 되었다. 미국에서는 식육이나 어류의 통조림뿐만 아니라 채소나 과실류의 통조림도 중독의 원인이 되었다.

보툴리누스 식중독의 발생은 세계 각지에서 발생되나 나라 지역에 따라 균형의 차이가 있어서 A형은 미국, 러시아, 중국, 아르헨티나에서 많이 볼 수 있는데 채소, 과일, 육류와 관련이 깊고, B형균은 유럽에서 육류, 사료에 의해 많이 발생하였다. E형은 알래

스카, 캐나다, 미국, 스칸디나비아, 러시아, 이란에서 많이 볼 수 있는데 1960년 이후 발생이 많아 특히 5대호에서 잡힌 어류 훈제품에 의한 중독이 많았다.

채소로서는 강낭콩, 옥수수, 시금치, 아스파라거스, 올리브 등에 의한 것이 많았으며, 과실류는 앵두, 배 등에 의한 것이었다. F형에 의한 식중독은 특히 육류에 의해서 미국과 덴마크에서 발생하였지만 그 예가 극히 드물다. 일본에서의 원인식품으로는 각종 어류의 소금절임 식품들이 E형 중독의 원인식품으로 판명되었다.

이들 식품은 대부분이 자가제품으로 오랫동안 저장하여 두면서 먹는 식품으로, 완전 살균이 안된 상태에서 통조림과 비슷하게 취급됨으로써 포자가 증식되어 독소가 생산될 수 있는 조건이 될 수 있었기 때문이라고 생각된다.

일반적으로 유럽에서는 햄, 소시지가 원인식품으로 알려져 있으며, 미국에서는 가정에서 조제되는 채소나 과일의 통조림, 소시지, 햄버거, 생선의 통조림, 생선의 훈제품이다. 시판식품으로서는 야채의 통조림, 생선의 훈제품이나 통조림, 간장의 페이스트, 비프 수프 통조림 등이다.

소련에서는 생선 가공식품이, 프랑스에서는 어류의 훈제품이나 식초절임이 많고, 일본에서는 거의가 '이스시'인데 이것은 청어, 가자미, 고등어, 연어 등의 어류를 주로 하고 쌀밥, 채소, 효모 등을 섞어서 발효시킨 식품으로 숙성 중에 혐기상태가 유지되면 4℃에서 발육할 수 있는 E형균의 포자가 발아, 증식하고 독소를 생산하여 식중독을 일으킨다. 중국에서는 대두 발효제품(두부, 된장)에 의한 예가 많고, 이어서 발효면제품, 육류이다.

(3) 감염경로

보툴리누스균 포자는 토양, 바다, 하천, 연못의 바닥 등에 널리 분포되어 있어서 농작물, 어패류, 육류 등 소위 식품재료가 오염되기 쉽다. 특히 병조림, 통조림식품, 소시지 등은 내부가 혐기성이므로 이 균이 쉽게 발아 증식하여 식중독을 일으킨다.

보툴리누스 식중독은 보통 식품 중에서 생산된 독소의 섭취로 발생하지만 유아의 경우에는 장관 내에서 생산된 독소에 의한 유아 보툴리누스증을 일으킨다. 또 이 균이 상처에 들어가 증식하여 생산한 독소에 의하여 중독되는 창상감염도 있다.

약간의 포자 섭취는 사람에 해가 없다고 할 수 있지만 식품 중에 존재하는 포자가 발육, 증식하여 독소를 생산할 경우 위험한 식중독을 일으키게 된다.

다음과 같은 조건이 갖추어진다면 식품에 보툴리누스독소가 생산될 수 있다. 보툴리누스균 포자가 식품에 혼입되어야 하고, 보툴리누스균과 경쟁하는 잡균이 사멸 또는 감소되어야 하며(불충분한 가열처리 등), 독소생산에 필요한 충분한 영양 공급과 적당한 조건이어야 하며, 독소생산에 적당한 온도에서 장기간동안 식품이 보존되어야 한다.

(4) 임상 증상

일반적으로 잠복기는 12~36시간이며, 짧으면 2~4시간에도 신경증상이 나타나고, 늦으면 2~3일 후에 발증한다. E형 중독은 잠복기가 짧고, A, B형 중독은 긴 경향이 있다.

일반적으로 증상이 빨리 나타날수록 중증이다. 초기증상은 구토, 변비 등의 위장장해이지만 뇌신경 마비로 시작되는 대칭적이며 신체의 하부로 진행하는 이완성 신경마비가 특징적이다. 복시, 시야 흐림, 시력저하, 타액분비저하, 안검하수, 발음장애, 연하곤란, 골격근 마비 등의 증상을 보이고 호흡근의 마비로 호흡부전에 이른다.

특이한 신경증상으로 탈력감, 권태감, 현기증이 이어진다. 변비, 복부팽만감, 보행곤란 등도 나타나고 발열은 없으며 의식은 명료하다. 호흡근, 횡경막 마비 때문에 호흡곤란에 빠져 죽음에 이른다. 조기치료를 받지 않으면 사망률이 50%에 이르며, 치료에는 초기에 항독소혈청 투여가 효과적이다. Guillain-Barre 증후군, 중증근무력증, 폴리오, 중추신경계 질환, 중독증 등과 감별진단이 필요하며 임상적인 의심이 중요하다.

오심과 구토는 A형보다는 B형과 E형에 더 자주 나타난다. 실어증과 근육약화는 E형보다 A형과 B형에서 더 흔하다. 구갈, 혀 및 목마름은 E형에서 가장 흔하게 관찰된다. 20세기 초반 보툴리누스 식중독의 사망률은 약 50% 이상이었지만(세균성 식중독 중 사망률이 가장 높음), 항혈청과 현대 호흡보조기구의 발달로 약 10%로 감소하였다.

유아 보툴리누스증도 대략 같은 증상을 나타낸다. 수 일간의 변비가 계속한 후에 전신의 근력이 저하한다. 흡유력이 저하되고 확실하게 젖을 못 먹거나, 우는 소리가 돌연 약하게 된다. 이어서, 목이나 수족이 이완되고 신경마비를 일으킨다. 안검하수, 동공산대, 대광반사, 건반사(腱反射) 등의 저하 등 보툴리누스증 특유의 증상을 나타낸다. 심한 증례에서는 유아돌연사증후군(SIDS)과의 감별이 곤란하다. 유아 보툴리누스증의 사망률은 일반적인 보툴리누스 중독(식이성 보툴리누스 중독)에 비하여 낮다.

(5) 진단 및 치료

보툴리누스 중독은 특유한 마비증상으로부터 진단이 가능하나, 급성구마비, 아트로핀 중독, 메탄올 중독, 농약 중독 등과의 감별이 필요하다. 근전도(筋電圖)에 특징적인 BSAP패턴(brief-duration, small-amplitude, overly abundant motor-unit action potentials)과 post-tetanic facilitation 패턴이 보조진단으로서 중요하다.

최종적인 진단은 환자의 분변, 혈액, 토물 및 원인식품으로부터의 보툴리누스 독소의 증명이나 보툴리누스균의 분리에 의한다. 유아의 보툴리누스증은 장관내(대장)에서의 독소 생산량이 적고, 흡수되는 독소도 적기 때문에 혈청으로부터의 독소의 증명은 곤란한 일이 많다.

분변으로부터의 독소 또는 균검출이 중요한 진단방법이다. 특이적인 치료법은 항독소혈청에 의한 혈청요법이다. 일본 북해도에서 발생한 E형 중독의 경우, 혈청요법을 시행하지 않았을 경우의 치사율은 28.5%로 높았으나, 혈청요법에 의하여 치사율은 8.9%로 감소되어 유효성이 인정되었다. 항독소는 조기에 충분한 량을 투여하는 것이 중요하다.

대증요법으로서는 혈액이나 조직내의 독소를 제거할 목적으로, 수혈 혹은 수액을 행한다. 장관 내의 미흡수 독소를 제거하기 위하여 위 세정이나 관장도 시도되고 있다. 호흡이 곤란한 경우에는 호흡보조기나 기관절개 등을 행한다.

유아 보툴리누스증에서는 항독소 혈청에 의한 치료를 하지 않더라도 기기에 의한 인공호흡 등 대증요법에 의하여 치유하는 일이 많다.

*Clostridium botulinum*의 증균배지로는 Cooked meat medium, Chopped meat glucose starch medium이 사용되며, 분리용 배지로는 Blood agar, CBI agar 등이 사용된다.

(6) 예방법

일반생균수와 대장균수가 적을 경우에도 그 식품 중에 독소가 함유되어 있지 않다고 확증할 수는 없다. A형, B형균이 증식하면 보통 부패가 수반되지만 부패되지 않은 식품에서도 독소가 검출된 예가 있다.

특히 식품을 1.5℃ 전후에 보존할 때 이런 경향이 있다. 원료식품에 포자가 존재할 가능성이 매우 높지만, 보존식품에 의한 보툴리누스 식중독 방지는 아래의 4가지 방법 중 한 가지를 택하는 것이 좋다.

가열에 의한 포자의 완전살균(통조림, 병조림, 레토르트식품에만 적용가능), 물리적 방법(산의 첨가나 발효에 의한 pH 4.5 이하, 건조 또는 설탕의 첨가에 의한 수분활성 0.94 이하, 3.3℃ 이하로 냉장), 화학적 방법(아질산나트륨과 같은 항균제의 첨가)으로 포자의 발아 및 균의 증식방지, 식품 중에 생산된 독소를 섭취 직전 불활성화(80℃, 30분 또는 100℃, 수 분 가열), 능동(백신) 또는 수동면역(섭취자의 증상 발현 전 항독소 투여).

백신은 5가지(A형부터 E형) 변형독소를 0, 2, 12주에 3회 주사하고 1년 후에 1회 추가 접종하면 90% 이상에서 충분한 예방효과를 나타낼 정도의 항체가 형성되나, 실험실 근무자, 군인 등과 같이 독소에 노출될 위험이 높은 사람에게만 권장된다.

3) 세레우스 식중독(*Bacillus cereus* food poisoning)

*Bacillus cereus*균은 토양 등 자연계에 중요한 부패 원인균으로서 널리 분포되어 있으며, 1800년대 말부터 식중독의 원인균으로서 의심되어 왔다.

*B. cereus*는 1887년에 최초로 분리되었으며, 유럽에서는 20세기 초에 세레우스균 모양의 포자 형성균에 의한 식중독이 수많이 보고되어 있으나, 이들 사례에 대해서는 원인식품(또는 환자재료) 중의 오염균량, 분리균의 성상에 대하여 상세하게 조사되어 있지 않고, 단순히 'anthracoid' 또는 'pseudoanthrax'라고 서술되었을 뿐이다.

세레우스균 중독으로 가장 신뢰할 수 있는 사례는 Hauge가 보고한 것으로 1947년부터 1949년에 걸쳐서 노르웨이 오슬로 시내의 병원에서 발생한 3사례 및 양로원에서 발생한 1사례이다. 식사를 한 60명 중 41명이 감염되었으며, 발병하지 않은 19명 중 11명은 디저트를 먹지 않았고 8명은 소량만 먹었다.

이들 사례의 원인식품(바닐라 소스), 발생원인(원인식품은 먹기 전날 조리되어 실온에서 24시간 방치되어 있었다), 환자증상 등은 어느 것이나 거의 같으며 잠복기는 10~12시간 반으로 복통, 수양성 설사, 경련을 주 증상으로 하여 구토, 발열은 거의 볼 수 없었고 그 증상은 12시간 이상 지속되었다. 원인식품이 된 바닐라소스에서 세레우스균이 2.5×10^7~1.1×10^8/mL 검출되었으나 향기, 맛 및 외관은 거의 변화가 없었다.

Hauge가 보고한 이래, 잠복기가 비교적 장시간동안 설사, 복통을 주 증상으로 하는 소위 세레우스균「설사형」식중독이 유럽 각국에서 다수 보고되었다. 특히 헝가리에서는 세레우스균에 의한 식중독 발생이 많았고, 1960~68년에 117사례(식중독 발생사례 전체의 8.4%, 환자수에서는 14.8%를 차지하였다)가 보고되었다.

한편 1971년 9~11월에 걸쳐서 영국에서 지금까지 보고된 설사 · 복통을 주 증상으로 하는「설사형」식중독과 전혀 달리 잠복기가 1~6 시간으로 오심 · 구토를 주 증상으로 하는 식중독 5사례(총 환자 수 13명)가 잇따라 발생하였다.

이들 원인식품은 어느 것이나 중화요리점에서 내놓은 쌀밥 또는 볶음밥이었다. 이 보고는 세계 각국에서 주목되어 그 이후 이와 똑 같은 사례가 각국에서 다수 보고되게 되었다.

특히, 영국에서는 1971~1984년의 14년간에 192사례(총 환자 수 1,000명 이상)로 세계에서 가장 많은 발생을 나타내고 있다. 잠복기는 1~5시간(평균 3시간)으로, 그 증상은 오심 · 구토를 주 증상으로 하고, 복통, 설사(환자의 30~40%)를 수반하는 것도 있으나, 발열을 나타내는 것은 거의 볼 수가 없었다.

Gilbert 등은 이 형의 식중독을「설사형」에 대하여「구토형」식중독으로서 구별하였다. 오늘날까지 이 구토형 사례는 영국에서 가장 많이 발생하고 있으며, 이어서 일본, 네덜란드, 캐나다 등이다.

한편, 우리나라에서는 예로부터, 세레우스균은 부패세균으로 취급되어 왔기 때문에 이 균에 의한 식중독에 대해서는 그다지 주목받지 않아, 식중독 발생보고가 없으며, 일본은 1960년에 오카야마현의 초등학교 급식용 탈지분유에 의해 학생 354명이 복통(72%), 설사(25%)를 나타내는 식중독이 발생하였으며, 이 탈지분유에서도 세레우스균이 10^3/g 검출되었고 이 분리균을 고양이에게 경구투여하였을 경우 5~30분에 구토, 설사를 일으킨 것이 보고되었다.

또 1965년에 북해도에서 로스햄, 털게에 의하여 잠복기가 30분~3시간으로 심한 오심, 구토를 주 증상으로 하는 식중독 3사례가 보고되었다. 임상증상으로 보아 이것이「

구토형」 식중독의 최초의 사례일 것으로 추정된다.

세레우스 식중독은 얼마 전까지만 해도 불분명한 점이 많아서 감염형으로 보기도 하고 독소형으로 보기도 하였으며 심지어 세레우스 식중독의 기병성 조차도 의문시되어 왔지만 1971년 소련의 Ezepchuk가 entrotoxin을 분리하였고 Fluer가 entrotoxin의 성질을 밝힘으로써 세레우스 식중독이 독소형인 것으로 확정되었다. 이 식중독에는 enterotoxin을 원인독소로 하는 설사형 식중독과 구토독소에 의한 구토형 식중독의 두 가지 형태가 있는 것으로 밝혀졌다.

(1) 원인균

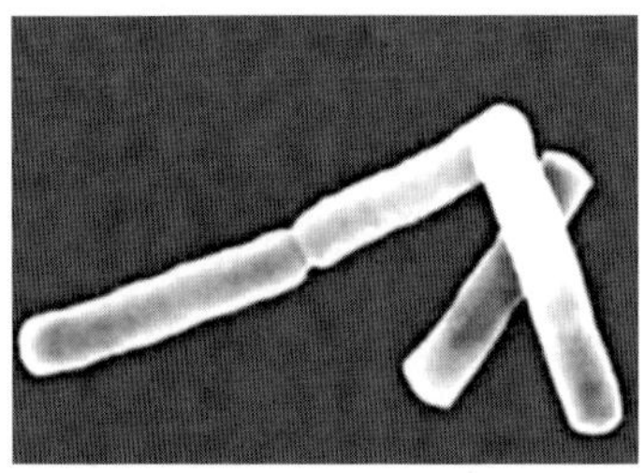

〈그림 3-10〉 *Bacillus cereus*의 현미경 사진(x3,200)

① 특징

*Bacillus cereus*균은 포자를 형성하는 그람 양성의 큰 간균으로 주모성의 편모를 갖는 호기성 세균이다. 생육 최적온도는 28~35℃이고 증식 가능 pH 범위는 4.9~9.3(최적 pH 6.0~7.0)이며 Aw 0.93까지 성장이 가능하다.

Lecithinase를 생산하며, 난황한천에서 집락 주변이 유변색을 띠고, 용혈성이다. 포자는 내열성이어서 135℃에서 4시간 가열에도 견딘다. 특히 전분성 식품에서 많이 검출된다. 이 식중독은 경구적으로 섭취된 대량의 생균이 소장 내에서 증식하여 포자를 형성할 때 생산하는 이열성의 enterotoxin에 의해 일어난다.

② 세레우스균 독소

이 균이 생성하는 enterotoxin은 균의 대수 증식기나 또는 포자형성 전의 대수증식 후기에 생산되는 균체외 독소로서 트립신에 의해 쉽게 분해되고 이열성으로 60℃,

20분간의 가열로 파괴되며 pH의 변화에도 예민하다. 이 enterotoxin은 콜레라 enterotoxin과 같은 형태로 adenylate cyclase를 활성화해서 장내관의 액체저류를 가져와 설사를 일으키지만 그것이 구토작용을 갖는지, 또는 구토가 이 독소와는 다른 작용으로 일으키는지에 대해서는 명확한 근거가 없다.

(2) 원인식품

조리된 식품을 실온에 오래 방치할 경우 세레우스균이 이상 증식하여 10^8~10^9/g에 이르면 식중독을 일으킨다. 설사형과 구토형 식중독의 원인식품에는 각각의 특징이 있다. 설사형의 경우 향신료를 사용한 식품이나 요리로 육류, 스프류, 바닐라 소스, 소시지, 푸딩 등 여러 가지 식품에 의하여 발생하고 있다.

구토형의 경우는 쌀밥 및 볶음밥 등 탄수화물 식품이 대부분이다.

일본에서도 볶음밥, 도시락 등의 쌀밥류에 의한 것이 가장 많고(세레우스 식중독 중 73%를 차지한다), 이어서 스파게티, 튀김국수 등의 면류에 의한 것이 16.3%로, 이들을 합하면 원인식품의 90% 가까이가 전분을 주체로 한 식품에 의해 발생하고 있다.

쌀밥류에 의한 식중독이 많은 원인으로서 전날에 취사되고 남은 쌀밥을 실온 등에서 보관하고 이것을 사용하여 볶음밥 등을 조리하고 있는 일이 많아, 보관 중에 세레우스균이 증식하여 독소(구토독)를 생산하는데 이 독소는 조리하여도 불활성화되지 않고, 이것을 섭취하여 식중독이 일어나는 것으로 추정되고 있다.

(3) 감염경로

토양, 오수, 식물 등 자연계에 널리 분포되어 있으므로 식품에 오염되기 쉽다. 조리과정에서 식품의 실온방치, 조리환경이나 조리기구에서의 2차 오염 등도 식중독을 일으키는 주요인이다.

이 균은 토양 중에서는 포자로서 존재하고 식품에 오염되면 활발하게 증식하여 식품을 부패시키고 식중독을 유발한다.

(4) 임상 증상

설사형의 주 증상은 강한 복통과 수양성 설사이고 오심, 구토, 두통, 발열 등을 나타내는데, 증상이 경증이며 *C. perfringens*에 의한 식중독과 비슷하다.

구토형은 오심, 구토가 주인데 설사, 복통도 있으며, 때로는 발열이 있다. 설사가 거의 볼 수 없는 사례와 비교적 높은 빈도로 볼 수 있는 사례가 있다. 포도상구균 식중독의 증상과 비슷하다〈표 3-16〉.

구토형 및 설사형 식중독의 어느 것도, 그의 증상은 일반적으로 가볍고, 하루 안(6~24시간)에 회복된다. 설사형은 잠복기가 8~16시간, 지속기간은 12~24시간이며, 구토형은 잠복기가 1~6시간, 지속기간은 6~24시간이다.

〈표 3-16〉 세레우스균, 가스괴저균, 황색 포도상구균 식중독의 특징

특 징	가스괴저균	세레우스균		황색 포도상구균
		설사형	구토형	
독소 생산	생체 내	생체 내	식품 내	식품 내
잠복기(시간)	8~22	8~16	1~5	1~6
발병지속시간	12~24	12~24	6~24	6~24
설사, 복통	극도 빈번	빈번	드물게 있음	다소 빈번
오심, 구토	드물게 있음	우발적	극도 빈번	극도 빈번
발열	우발적	우발적	거의 없음	드물게 있음
주요 원인식품	조리육, 가금육	식육제품, 스프	쌀밥, 볶음밥	조리육, 가금육, 유제품
원인독소	장독소	설사원성 독소	구토독	장독소
독소의 열저항성	이열성	이열성	내열성	내열성

(5) 진단 및 치료

기본적으로는 환자재료(토물, 변 등)나 원인식품에서 다른 식중독균이 검출되지 않고, 추정 원인식품에서 이 균이 10^5/g 이상 검출되고 환자 토물, 변에서도 다수(식중독 경우, 많게는 이들의 재료에서 10^3~10^5/g 분리되는 일이 많다) 검출되는 것이 중요한 조건이다.

그리고 이들 재료로부터 분리된 균주가 동일성상(생물형, H혈청형 및 파아지형)을 가지는 것도 중요한 식중독 결정요인으로 된다. 가장 확실한 진단법으로는 원인식품, 환자재료로부터 식중독원성 독소(장독소 또는 구토독)를 직접 증명하는 것이며, 또는 분리균주의 독소생산을 확인하는 것이다.

그러나 구토형 식중독의 원인요인(구토독)에 대하여는 아직 명확하게 규명되어 있지 않다. 현재 세레우스균 식중독의 진단은 세균학적 · 독소학적 검사와 잠복기, 임상증상 등의 역학적 조사를 종합하여 실시한다.

*Bacillus cereus*의 분리용 배지로는 난황첨가 Kim-Goepfert(KG) agar, 난황첨가 Mannitol egg yort polymyxim(MYP) agar 및 난황첨가 NaCl glycine Kim-Goepfert(KG) agar 가 사용된다.

세레우스균 식중독 환자의 치료는 다른 세균성 식중독의 경우와 마찬가지로 일반적인 조치가 행하여지고 있다. 환자는 경과도 양호하고 거의가 1일 이내에 회복되기 때문에 치료에 대하여는 그다지 중요시되고 있지 않다. 식중독 환자의 치료보다도 세레우스균 감염증의 치료 쪽이 중요하다. 그 치료법으로서는 gentamycin에 의한 화학요법을 이용하고 있다.

(6) 예방법

구토형 균주의 포자는 열저항성이 높아 100℃, 30분 가열에서도 견딜 수 있지만 설사형 균주의 포자는 열저항성이 낮다. 반면 enterotoxin은 가열에 약하여 60℃, 5분간의 열처리로 불활성화된다. 따라서 가열조리하거나 섭취 전 열처리가 효과적인 식중독 예방책이다. 조리 후 신속히 섭취하고 그렇지 못하면 10℃ 이하로 급속히 냉각보존한다.

자연환경 중의 세레우스균을 감소시키는 것은 불가능하며 식품에 대한 오염을 완전히 방지하는 것도 곤란하다. 세레우스균은 소량 섭취하면 식중독을 일으키지 않는다. 그러므로 식품에서 이 균(또는 포자)을 사멸시키는 것 외에 발아를 억제시키고 증식을 방지하는 것이 식중독 예방의 가장 중요한 기본이다. 쌀밥 중 대부분의 세레우스균은 밥을 지은 후 2차 오염이 주원인으로서, 조리환경에서 오염방지가 중요하다.

예방대책은 다른 세균성 식중독과 기본적으로는 같다. 영국에서 쌀밥 및 볶음밥에 의한 식중독이 많은 것에서, Gilbert 등은 그의 예방법으로서 다음의 것을 지적하고 있다.

① 한 번에 대량으로 밥을 짓지 않는다. 볶음밥 등의 조리가공 시간을 짧게 한다.
② 밥짓기 후, 쌀밥은 빨리 고온(50℃ 이상) 또는 냉각하여 보존한다. 조리 후에는 2시간 이내에 냉장고에 넣는다. 쌀밥을 냉장고에 보존하는 경우, 적게 나누어서 빨

리 냉각하거나 청결한 큰 용기에 넣어 급속히 냉각한다.

③ 쌀밥, 볶음밥은 10~50℃에 보관하지 않는다. 또, 상온에서 2시간 이상 방치하지 않는다.

④ 볶음밥에 사용하는 계란은 신선한 것으로 사용한다.

1.4. 주요 생체 내 독소형 식중독균

1) 퍼프린젠스균 식중독(*Welchii* food poisoning)

원인균주인 *Clostridium perfringens*(*C. welchii*)가 증식된 식품을 섭취함으로써 발생되는 식중독으로 퍼프린젠스균이 장관 내에서 포자를 형성할 때 일종의 독소를 생산하고 이것이 식중독의 직접적인 원인이 되는 것으로 생각된다. 퍼프린젠스균은 오래전부터 상처감염증에서 가스괴저의 원인균으로 알려져 왔다.

1895년 Kein이 식중독 개연성에 관하여 최초로 보고하였고, 영국에서는 1941년 이후 8년간에 *C. perfrigens*로 추정되는 식중독 6건이 보고되었다.

McClung은 미국에서 찐 닭고기에 의한 식중독 4건을 보고하였다. 1943년 영국의 Knox 등은 이 균에 의한 식중독 예를 보고하였으며, 1947~1949년에 걸쳐 독일 북부에서 출혈성 장염의 환자가 발생하였다.

Hobbs가 1949~1952년까지 영국에서 발생한 *C. perfrigens*로 추정되는 23례의 식중독을 보고하였으며, 1953년 처음으로 식중독임을 확인하였다.

Osterling은 1952년 스웨덴에서 2년간 발생한 33례의 식중독 중 15례에서 다수의 *C. perfrigens*의 존재를 증명하였다. 1957년 일본 산현에서 *C. perfrigens*로 추정되는 식중독을 보고하였으며, 그 후 1961년까지 5년간 12례의 발생을 보고하였다. 영국에서는 1959년 110건, 1960년에는 97건의 본 식중독에 대한 기록이 있다.

*C. perfringens*에 의한 장염은 ① 동물의 장 내용물이나 변, 토양 등의 자연계에 상재하는 *C. perfringens*에 의한 식품 오염으로 시작하며, ② 식품이 가열 조리 후의 탈기상태 등 혐기상태에서 30~50℃에 놓아둔 경우에 일어나는 균의 이상증식, ③ 통상 1g

당 10^5개 이상의 생균이 들어있는 식품의 섭취, ④ 장관 내에서 포자형성 과정에서의 장독소(CPE) 생산, ⑤ 생성된 장독소에 의한 설사발현, ⑥ 설사변과 함께 다량의 포자와 장독소 배설 경과를 취한다.

이와 같은 발병 내용에서 *C. perfringens* 장염은 독소형 식중독 중에서도 특히 '생체 내 독소 생산형' 식중독으로 분류되고 있다. 설사와 복통이 주된 증상으로 회복도 빠르고, 예후는 비교적 양호하다.

C. perfringens 식중독이 미국이나 유럽에서는 살모넬라 식중독, 포도상구균 식중독과 함께 다발하는 식중독으로 알려져 있지만, 우리나라에서는 많은 경우 식중독 발병 시 *C. perfringens*에 의한 검사 자체를 시행하지 않기 때문에 이 균에 의한 식중독 발생 상황을 알 수 없는 상황이다.

*C. perfringens*에 의한 식중독은 "집단급식 식중독"이라고 말할 정도로 급식을 원인으로 한 대규모 집단발생을 자주 일으키기 때문에 발생 건당의 환자 수는 많은 편이다.

(1) 원인균

① 특징

가스괴저균(*Clostridium perfringens*)은 1890년대에 영국, 독일, 프랑스에서 각각 개별적으로 발견하였다. 과거에는 *Clostridium welchii*라 했으며, 현재에도 관용어로 사용되고 있다. 임상재료에서 분리되는 *Clostridium*속 중에서 가장 많이 차지한다(50%).

*C. perfringens*는 그람 양성, 편성 혐기성의 비교적 큰 간균으로 난형의 포자를 형성한다. 건강한 사람이나 동물의 장관 내, 토양, 하수, 먼지 등 널리 자연계에 상재하고 있다. 편모가 없어 운동성을 갖지 않으며 생육 최적온도는 일반세균보다 높은 43~47℃이고, 세대시간은 10~12분으로 대단히 짧다. 생육 가능한 최고 온도는 50~51℃이며, 최저온도는 14~18.5℃이다. 최소 수분활성 범위는 0.97~0.93이고 최적 생육 pH는 6.0~7.0이며 5.5 이하에서는 생육이 억제된다. pH 5 이하에서는 수 일 안에 균이 죽는다. 아질산나트륨과 소금은 *C. perfringens*의 발육을 억제한다. 혐기적인 조건은 보툴리누스균만큼 엄격하지 않아 약간의 산소를 포함한 포도당배지에서 양호하게 발육한다. 포도당이 풍부한 배지에서는 단간균이 되며, 전분이 많은 배

지에서는 장간균이 된다. 협막이 있으며, 특히 조직 가검물에서 분리한 균에 많다.

*C. perfringens*의 집락은 일반적으로 백색이며, 혈액배지나 난황배지에 배양할 때, 집락주변에 용혈대나 유백색 띠가 생긴다. 아황산염이 들어있는 배지에서는 아황산 환원 때문에 집락이 검게 된다.

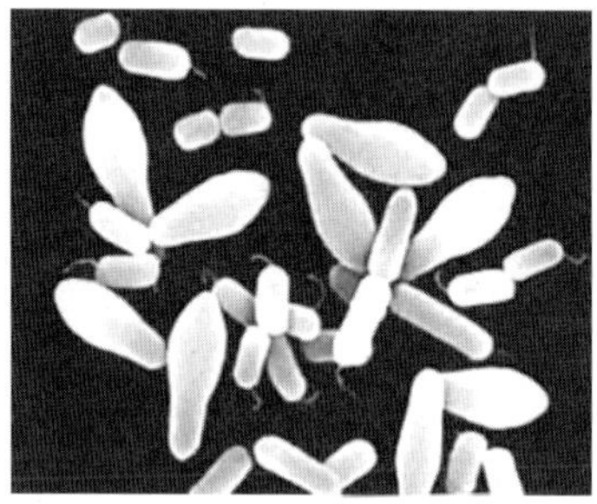

〈그림 3-11〉 *Clostridium perfringens*의 현미경 사진(x1,600)

② 독소

*C. perfringens*는 α독소(lecithinase), β독소(치사, 괴사독소), γ독소 등 약 12종의 독소와 효소를 생산한다. 그 중, 주요 독소로 불리는 4가지의 독소들(α, β, ε, ι-toxin)의 생성능력에 따라 이 균은 A, B, C, D, E의 5가지 유형으로 분류되며, 식중독의 원인이 되는 것은 주로 A형이다.

A형균은 α독소를, B형균은 α독소와 ε독소, C형균은 α독소와 β독소, D형균은 α독소와 ε독소, E형균은 α독소와 ι독소를 각각 생산한다〈표 3-17〉.

α독소(lecithinase)는 막에서 phosphatidylcholine과 sphingomyelin을 공격하여 장내 섬모세포를 죽일 수 있다. β독소는 가스괴저와 섬유괴사에 중요한 역할을 한다. θ독소(perfringolysin O)는 A형 *C. perfringens*에 의한 병소부위에 중요한 역할을 한다. 이 세포용해소/용혈소는 다형 핵세포를 죽이고, 화학주성을 억제한다. ε독소는 D형 *C. perfringens*의 주요 독소이며, 반추동물에서 장성 독혈증(腸性毒血症)에 관여한다. ι독소는 E형 *C. perfringens*에만 있으며, *C. botulinum*이 생산하는 이원성 독소 C2와 유사하게 ADP-리보실화 작용을 가진 이원성 독소이다.

A형균은 내열성 특정 변이주가 많으며 거의 99%가 인체의 식중독의 원인균이다. B형,

C형, D형, E형은 가축의 병원균으로 괴저성 장염 또는 장독혈증(enterotoxaemia)을 일으킨다.

특히 C형은 β독소로 인하여 소장에 괴양과 괴양표면에 위막(pseudomembrane)이 형성되며 치명률이 높은 중증감염을 유발시킨다.

〈표 3-17〉 C. perfringens의 유형과 생성 독소

C. perfringens 유형	생성 독소			
	α	β	ε	ι
A	+	−	−	−
B	+	+	+	−
C	+	+	−	
D	+	−	+	−
E	+	−	−	+

(2) 원인식품

식중독은 연중 발생하므로 계절적인 편중현상은 거의 찾기 어렵다. 또한 다른 식중독에 비해 대규모의 집단발생을 특징으로 하고 있다. 다른 나라의 발생 예를 보면 주로 영국, 미국, 독일 등지에서 환자발생빈도가 높아 세균성 식중독의 우위를 점하고 있으며 일본에서도 발생사례가 다수 보고되고 있다.

우리나라의 경우 자료의 축적이 불충분하여 제대로 파악되지 않고 있다. 원인식품은 식육이나 그 가공품, 어류 및 그 가공품 등의 동물성 고단백질 함유식품으로, 특히 가열조리 후 용기에 담아 장시간 실온에 방치한 것들이 대부분이다.

보통 조리방법으로는 사멸되지 않은 채 식품 속에 남아 있는데 가열에 의해 식품, 특히 육류의 산화 환원전위가 저하되기 때문에 적당한 온도에 방치해 두면 포자는 영양형으로 발육, 증식하여 식중독의 원인이 된다.

영국에서는 원인식품이 주로 육류 및 그 가공품인 반면, 일본은 어패류에 의한 사건이 많다. 기름에 튀긴 식품도 원인식품으로 추정되고 있으며, 면류 및 감주 등도 원인식품이 될 수 있다. 이 식중독의 특징은 동 · 식물성 단백질이 원인이 된다는 점이다.

구미에서는 스튜 등 식육조리 식품이 압도적으로 많다. 그 배경에 식육은 ① 가축의

분변이나 장내용물에서 오염의 기회가 많은 것 ② 식육에는 혐기성을 높이는 성분이 포함되어 있는 것 ③ 가열 조리하는 일이 많은 것 등을 들 수 있다.

(3) 감염경로

*C. perfringens*는 흙, 하수, 물, 사람이나 동물의 장관 등에 살고 있으며, 상처감염은 이러한 곳이나 상처주변의 피부에 있던 세균에 의해 또는 환자 자신의 장관에 있는 균이 감염원이 된다. 특히 사람이나 동물의 분변 중에는 압도적으로 많아 내열성 포자를 형성하는 *C. perfringens*의 보균율이 사람의 경우 6~40%, 가축의 경우 10~30% 정도이다.

식중독은 육류를 많이 먹고 또 조리한 다음에 보관하였다가 먹는 습성이 있는 서구인에게 많다. 대량의 식품을 조리하여 저장하게 되는 집단급식(학교, 병원, 기숙사 등)에서 잘 생기지만 어물로도 발생할 수 있다.

식중독의 발병률은 매우 높고 원인식품을 먹는 사람의 50~70%가 발생하는 경우가 있다. 식품을 먹기 위하여 가열하면 포자가 증식형으로 바뀌지만 이 때 75~ 80℃까지도 이 현상이 진행된다.

집단 발생의 사례를 보면 원인식품을 가열 후 하룻밤 방치한 경우인데, 이렇게 되면 식품의 가열조리에 의해 포자형의 내열성 *C. perfringens* 이외의 세균류가 사멸되고 더욱이 식품 중의 산소가 제거되어 *C. perfringens*의 발육에 가장 알맞은 혐기성 상태가 된다.

이것을 *C. perfringens*의 발육최적온도에서 방치하게 되면 내열성 포자가 발아하게 되고, 따라서 가열 후 혐기성 상태가 유지되기 쉬운 대량조리식품에 의한 식중독의 발생이 많아 가끔 대규모로 되기도 한다.

(4) 임상 증상

대부분의 *C. perfringens*설사 질환은 오염된 육류의 섭취 후에 폭발적으로 발생하는 경우가 많고 잠복기는 매우 짧아 8~22시간, 평균 12시간이다. 다량의 *C. perfringens*를 섭취한 경우에는 잠복기가 단축된다. 집단발병 시 살모넬라 식중독, 장염 비브리오 식중독 등의 감염형에 비하여 잠복기의 폭이 좁고, 환자는 단시간에 집중하여 발병한다.

주요 증상은 설사와 복통이며, 설사는 수양성으로 1일 1~3회인 경우가 많고, 드물게는 점액변이나 혈액변이 배출되기도 한다. 구역질, 구토, 발열은 일부환자에서만 드물게 볼 수 있다. 환자는 일반적으로 가벼운 증세를 보이고, 통상 발병 후 6~24시간이 지나면 회복된다.

음식물 이외의 원인에 의한 *C. perfringens* 설사는 산발적으로 발생하며 증상 발현기간이 길어 *Campylobacter* 또는 *Salmonella* 감염과 유사한 임상 양상을 보인다. 예후는 양호하다.

(5) 진단 및 치료

C. perfringens 식중독의 진단은 오염된 식품 1g당 *C. perfringens*가 10^5 이상이고 대변 1g당 평균 포자수가 10^6 이상이면서 집단발생 환자들에서 동일한 *C. perfringens* 혈청형이 분리되어야 한다. 따라서 *C. perfringens* 식중독이 의심될 때는 오염 원인으로 생각되는 음식물, 음식물을 다루는 사람의 배설물, 구토물 등을 함께 검사해야 한다. *C. perfringens*의 분리용 배지는 난황첨가 TSC agar와 m-CP medium이 사용된다.

(6) 예방법

식품에 이 균이 오염되면 내열성 때문에 가열에 의한 사멸이 곤란하므로 일반 식중독과는 다른 예방조치가 필요하다. 즉, 가열식품의 저온보존에 의해 포자의 발아, 증식을 방지하고, 섭취 전 가열에 의해 영양세포의 사멸을 유도한다. 또, 60℃ 이상의 고온 저장에 의한 혐기성 상태 억제도 포자의 발아방지에 효과적인 수단의 하나이다.

① 오염원 대책

가. 오염의 방지

완전한 오염의 방지는 할 수 없다고 하여도 식품의 생산에서 판매에 이르는 각 단계에 있어서 오염균수의 경감을 도모하는 것은 중요하다. 가장 오염의 기회가 많은 식육처리장에 있어서의 장 내용물과 같은 농후 오염원의 취급과 위생처리를 완전히 하여 2차 오염을 방지한다.

나. 가열멸균

조리시의 통상 가열로 식품에 오염되어 있는 가스괴저균 포자를 완전히 죽일 수는 없다. 보존된 가열조리식품에는 가스괴저균이 증식하고 있는 일이 많다. 이와 같은 상태의 요리를 30~50℃로 먹기에 알맞게 재가열하여, 수 시간이라도 방치하면 가스괴저균은 더욱 증식하여, 극히 위험한 상태로 된다. 따라서 요리를 재가열하는 경우에는 중심온도 74℃ 이상의 다소 높은 온도에서 하여야 한다. 그렇게 함으로써 보존 중에 증식한 증식형의 가스괴저균을 사멸시켜 장염의 발생을 방지할 수 있다.

② 균의 증식 방지대책

가스괴저균은 혐기성이므로 식품의 표면에서는 증식할 수 없다. 커다란 덩어리 고기의 중심부, 깊은 냄비의 밑 부분 등의 혐기 환경과 따뜻한 곳에서 증식한다. 이것을 방지하기 위해서는 아래와 같이 대처한다.

- 조리 후 신속히 먹는다.
- 보존하는 경우에는 10℃ 이하거나, 55℃ 이상에서 품온을 유지한다.
- 가열조리를 냉각하는 경우에는 20℃ 이하로 냉각을 빨리 행한다.
- 냉각효과를 높이고, 또한 혐기도를 내리기 위하여, 가열조리 식품은 작게 나누어서 보관한다.
- 증식방지제를 첨가한다.

1.5. 기타 세균성 식중독

1) Arizona균 식중독

Arizona균은 1939년 Caldwell과 Ryerson이 미국 애리조나주의 사막에서 서식하는 도마뱀에서 처음으로 분리된 것으로 *Salmonella*속의 일종이다. 인체감염에 대한 보고는 1945년 Ferris 등이 오스트레일리아에서 발생한 열성 설사환자가 최초이다. 그 후 1950년 Murphy 등도 미국 애리조나주의 식중독사건에서 이 균을 분리함으로써 감염형 식중독의 원인균임이 밝혀졌다.

Arizona균은 1941년 Kauffman에 의해 *Salmanella arizona*로 명명되었다. 1947년에는 Edwards가 Arizona group으로 독립시키기도 하였으나 현재는 다시 *Salmanella*속의 세균으로 통합되었다.

이 균에 의한 식중독사건은 별로 흔하지 않으며 원인식품과 임상증상은 살모넬라 식중독과 거의 유사한데, 우리나라에서의 발생사례는 아직까지 없다.

원인균은 *Salmanella arizona*로서 그람 음성 간균이고 주모성의 편모를 가진다. 분류상으로는 장내세균과에 속하며 파충류에는 정상 장내세균으로 알려져 있다.

원인식품은 살모넬라 식중독과 거의 같다. 닭이나 칠면조의 고기나 알이 중독의 원인이 되는 경우가 많다.

Arizona균은 살모넬라 식중독균과 같이 각종 동물에 널리 분포되어 있으며, 특히 뱀 등의 파충류와 닭, 오리, 칠면조 등 가금류에서 검출률이 높다. 또 개구리, 지렁이 등에서도 검출된다. 보통 10~12시간의 잠복기를 거쳐 복통, 설사 등 위장장해를 주 증상으로 한다. 때로는 38~40℃의 고열도 나타난다. 대개 1~2일만에 회복된다.

2) *Vibrio fluvialis* 식중독

*Vibrio fluvialis*는 해수 중에서 자라는 비브리오균의 일종으로 당초에는 Group F *Vibrio*라 불렀다. *Vibrio*와 *Aeromonas*의 중간적 성질을 나타내는 호염성 *Vibrio*로, 1981년에 *Vibrio*속의 신 균종으로 밝혀졌다.

액체배양균은 극단모성의 편모를 가진다. 이 균의 분포는 장염 *Vibrio*와 아주 유사하므로 감염경로도 거의 동일한 것으로 생각된다. 이 균에 의한 식중독 발생시 설사는 비교적 가볍다. 수양성 설사를 주 증상으로 하지만 복통이나 발열도 있으며, 설사변 중에서 혈액이 섞이는 예도 있다. 장염 비브리오와 혼합감염도 많다. 이 균에 의한 설사 발병기전은 아직 밝혀지지 않았지만 이들이 생산한 독소나 용혈독이 설사의 발병에 관여하는 것으로 추측되고 있다.

이 균은 우리나라 연안 해역에 널리 분포하며 어패류를 통하여 사람에게 감염된다. 예방은 장염 비브리오 식중독에 준하면 된다.

3) *Vibrio furnissii* 식중독

1983년에 *Vibrio fluvialis*에서 신종으로 독립되었다. 이 균의 형태와 선택분리 배지상의 집락은 *Vibrio fluvialis*와 완전 동일하다. 분포와 감염경로도 이와 동일한 것으로 추정된다. 이 균에 의한 설사증은 보고가 그다지 많지 않지만, 이 균이 *Vibrio fluvialis*에 속하여 있었던 일도 있어 그 실태는 아직 알 수 없다.

미국에서는 이 균이 분리된 설사증이 3예가 보고되어 있으나 어느 것이나 장염 비브리오와 혼합감염이었다.

4) *Aeromonas* 식중독

*Aeromonas*는 담수세균으로 본래 사람, 민물고기나 개구리 등의 병원균으로 알려져 왔으나 1958년 Caselitz에 의해서 *A. hydrophilia*와 *A. sobria*가 설사증 환자로부터 분리됨으로써 식중독을 유발하는 세균으로 주목받게 되었다.

액체배지에서는 극단모를 가지고, 하천수나 담수어에 널리 분포되며, 이들을 통하여 감염되는 것으로 추정된다. 이 균은 그람 음성 통성혐기성 간균이며 편모가 있어 운동성이 있다.

최적 생육온도는 30~35℃이고 10℃ 이하에서는 생육하지 못한다. 사람에게 급성 장염을 일으키는 이 균은 설사를 유발하는 각종 독소를 생산하는데 설사원성 인자로서는 용혈독, enterotoxin, 세포독, protease 등 각종 독소나 효소가 보고된 바 있지만 설사의 원인독은 세포독이 주체인 것으로 알려져 있다.

이 균은 냇물이나 호수, 하수 등을 오염원으로 하여 음료수나 식품을 거쳐 사람에게 감염되며 잠복기는 5~9시간이고 주증상은 오심, 구토, 설사, 발열 등의 급성위장염 증상을 나타낸다. 설사는 물 같은 변이 많고 때로는 점혈이 섞이는 경우도 있다.

5) *Plesiomonas shigelloides* 식중독

담수 중에 상재하는 세균의 일종으로 냇물, 진흙, 민물고기 등에 분포되어 있으며 그람 음성 통성혐기성 간균으로 포자나 협막은 없고 액체배양균은 한쪽 끝에 여러 개의 편모가 있다.

설사 환자에서 자주 검출되어 1982년 일본에서 식중독균으로 지정되었지만 기존의 병원균과 혼합 감염률이 높아 이 균의 병원성에 대해서 명확한 근거는 없는 실정이다. 이 균의 최적 생육온도는 37~38℃로 다른 수생세균보다 비교적 높다. 이 때문에 이 균은 수온이 높은 여름철에 수중에서 활발하게 증식한다. 주요 원인식품은 오염된 어패류로 알려져 있으며 오염원은 담수이다. 증상으로는 설사, 복통이 주증상이고 발열(38℃), 구토도 볼 수 있다. 2~3일만에 회복된다.

6) 장구균 식중독

사람이나 동물의 장관 내에 항상 존재하며 장관의 정상적인 생리작용에 관여하고 또한 냉동식품에 대한 분변오염의 지표로 이용되고 있는 장구균은 식중독을 일으키는 것으로 밝혀졌다.

그러나 그것은 추정식품으로부터 이 균이 많이 검출된 데 근거를 두고 있기는 하지만 어떠한 조건에서 식중독을 일으키는지 또는 이 식중독이 감염형인지 독소형인지 등에 대해서는 아직도 명확한 결론을 얻지 못하고 있으며 그 식중독의 병원성조차도 의문시되고 있다.

연쇄상구균의 D군으로 분류되는 장구균은 *Streptococcus faecalis*와 *Streptococcus faecium*의 2종이 있는데 식중독의 원인균으로 알려져 있는 것은 *S. faecalis*이다. 장구균에 의한 식중독의 예는 1926년 일본에서 50명이 발생한 후 몇 번 밖에 발생사건이 없었으므로 아직까지의 예로 보아 확실히 알 수는 없다.

원인식품은 특별히 한정된 것은 없고 이 균에 오염되어 증식한 식품은 모두 원인식품이 될 수 있는데 지금까지 보고된 것은 쇠고기, 햄, 치즈, 분유, 소시지, 코코아, 크림, 두부 등이 있다. 임상 증상은 포도상구균의 식중독 증상과 유사하고, 잠복기는 1~36시간(평균 5~10시간)이다.

주된 증상은 설사, 구역질, 구토, 복통 등의 소화기계 증상이며 때로는 발열을 동반하는 경우도 있으나 증상은 가벼워서 1~2일이면 완전 치유된다.

7) Allergy성 식중독

식중독 원인균인 *Proteus morganii*가 원인식품에 번식하여 단백질을 분해시킴으로써 발생되는 분해산물인 histamine이 주원인이 되어서 발생되는 식중독으로 allergy성 증상을 나타내고 antihistamine제에 의하여 완화되므로 allergy성 식중독이라고 명명하였다.

Proteus morganii 식중독균은 histidine을 탈탄산시켜 histamine으로 전환할 수는 있으나 histamine을 더 이상 분해할 능력이 없기 때문에 이러한 원인으로 histamine이 methylguanidine, agumatin, arcaine 등의 amine류와 협동작용하여 allergy성 식중독을 일으킨다.

Histamine을 생산하는 세균으로는 이미 대장균과 퍼프린젠스균이 알려져 있으나 일본에서 발생한 식중독사건 때 원인식품인 조미건조꽁치에서 분리된 *Proteus morganii*가 강력한 histamine 생산력을 가졌고 이 분리균으로 실험한 결과 식중독을 일으키는 것으로 밝혀졌다.

일반적으로 식품 100g당 7~100mg 이상의 histamine이 생산되면 식중독이 발생되는데 histamine의 작용은 agmatin, methylagmatine 등의 amine류가 공존하면 증가된다. 주 원인식품으로는 histidine 함량이 많은 꽁치, 정어리, 전갱이, 고등어, 가다랭이, 다랑어 등의 붉은살 생선과 그 가공품이다.

중독증상 중 잠복기는 식후 1시간 정도에서 발병하나 빠르면 5분 이내에서도 나타나고 증상은 안부에 열이 나며 붉어지고 전신에 두드러기가 생긴다. 이외에 심한 두통, 오한, 38℃ 전후의 발열, 구토, 설사가 일어나는데 1일 이내에 회복되며 사망하는 경우는 없다.

2. 바이러스성 식중독

2.1. 바이러스성 식중독의 특징

1) 특징

바이러스성 식중독은 장염을 일으키는 원인 병원체 중 바이러스가 장에 감염되어 발생하는 질병으로 일반적인 증세는 설사와 구토이나 경우에 따라 두통, 열, 복통이 수반되며 감염 후 1~2일 후에 증상이 나타나서 1~10일간 지속된다. 급성 장염은 전 세계적으로 호흡기 감염에 이어 두 번째로 많이 발생하는 감염성 질환으로 매년 30~50억 명의 환자가 발생하는 감염력이 매우 높은 질환이며 매년 5백만 명 정도의 후진국 어린이가 설사질환과 이의 합병증으로 사망한다.

최근 후진국뿐 아니라 선진국에서도 노로바이러스성 장염이 급증하면서 급성장염 중 바이러스성 병원체의 중요성이 강조되고 있다. 설사는 독감이나 결핵과 같이 증상이 심각한 질병은 아니지만 일상 생활 및 산업활동에 영향을 미쳐 경제적으로도 큰 손실을 가져다 주어 미국에서만 설사환자를 치료하기 위해 지불되는 의료비가 매년 10억 불에 이른다.

현재 설사를 유발하는 바이러스는 노로바이러스(norovirus), 로타바이러스(rotavirus), 아데노바이러스(adenovirus), 캘리시바이러스(calicivirus), 아스트로바이러스(astrovirus) 등이 알려져 있다. 바이러스성 식중독은 세균성 식중독과는 달리 미량(10~100마리)의 개체로도 발병이 가능하고, 환경에 대한 저항력이 강하며, 2차 감염으로 인해 대형 식중독을 유발할 가능성이 있다.

바이러스성 설사는 통상 감염된 환자와의 물리적 접촉이나 바이러스에 오염된 음식물에 의해 감염된다. 음식물은 감염된 환자가 화장실 출입 후 손을 닦지 않은 상태로 조리할 경우 등 부주의에 의해, 패류나 식수는 환자의 배설물이 흘러든 하수에 의해 바이러스에 오염된다.

바이러스성 설사는 전세계적으로 발생하며 각 바이러스마다 계절에 따라 유행하는 특성을 보이기도 하는데 로타바이러스와 아스트로바이러스는 동절기에 유행하나 아데노바이러스는 계절에 상관없이 연중 내내 발생한다.

학교, 유아원, 양로원, 유람선, 기숙사 등 급식이 행해지는 장소에서 비세균성 집단 설사 환자가 자주 발생하는데 그 원인이 바이러스인 경우가 흔하다.

바이러스성 장염은 노로바이러스를 제외하고는 대부분이 영유아에서 많이 발생하며, 동절기에 많이 발생하는 것으로 알려져 있다. 급성 장염의 원인바이러스로는 로타바이러스, 노로바이러스, 장관 아데노바이러스(enteric adenovirus), 아스트로바이러스 등이 주로 알려져 있고, 기타 토로바이러스(torovirus), 파보바이러스(parvovirus),

코로나바이러스(coronavirus), 엔테로바이러스(enterovirus), 인플루엔자바이러스(influenzavirus) 등도 검출된다. 로타바이러스나 인플루엔자 증상을 동반한 위장염을 일으키는 노로바이러스, 아스트로바이러스는 주로 동절기에 많이 발생하며, 장관 아데노바이러스, 산발형의 노로바이러스는 연중 설사 환자의 대변으로부터 검출된다.

대부분의 설사 유발 바이러스는 조직배양 세포에서 잘 자라지 않기 때문에 연구수행이 어려웠으나, 최근 바이러스 유전체의 cDNA가 클론되면서 분자생물학적 연구결과가 축적되기 시작하였다.

유전자 재조합 기술에 의해 생산한 항원, 항체와 염기서열을 분석하여 얻은 정보를 활용한 중합효소 연쇄반응법(polymerase chain reaction, PCR)으로 바이러스의 분류와 질병의 진단이 실험실 내에서 가능하게 되었다. 설사바이러스 중 로타바이러스, 아스트로바이러스, 아데노바이러스의 경우 세포배양이 가능하나 노로바이러스, 사포바이라스(sapovirus) 등은 일반적인 세포배양으로 증식이 전혀 되지 않는다. 세포배양이 되는 로타바이러스나 아스트로바이러스 등의 바이러스도 배양세포에서 아주 잘 자라지는 않기 때문에 세포배양을 직접 진단에 사용하지는 않으며 일반적으로 ELISA나 latex agglutination, RT-PCR/PCR등의 방법으로 진단한다.

현재 바이러스성 설사 중 로타바이러스는 바이러스 특이 항체를 확인하여 환자의 검체 내에 있는 항원을 확인할 수 있으나 다른 바이러스는 손쉬운 진단 방법이 아직 개발되어 있지 않다.

바이러스성 설사는 손을 깨끗이 씻고 오염된 음식물을 섭취하지 않는 등의 노력으로 예방할 수 있으나 가장 효율적인 예방 방법으로 인식되어 온 백신은 아직 개발되지 않았고 다만 로타바이러스 백신은 개발이 거의 완료 단계에 있다.

바이러스성 식중독은 현재 노로바이러스에 의해 흔히 발생하며 이외에도 아스트로바이러스나 로타바이러스에 의한 집단 설사 사례가 국내에서 보고된 바 있다(2006 식중독 예방사업계획). 식품섭취와 관련된 집단 발병 사례로는 급성 설사 증세 이외에도 A형 간염 바이러스에 오염된 해산물 섭취에 의한 급성 간염 사례가 해외에서 보고된 바 있다.

노로바이러스는 식중독과 관련하여 특히 오염된 식수와 굴 등 어패류의 생식을 통한 감염 사례가 많이 보고되어 있으나 사람 간 전파도 흔히 일어나는 감염력이 매우 높은 바이러스이다. 국내에서는 1999년 이후 보고가 되고 있으며 최근 집단 급식과 관련된 대형 식중독 사례들이 보고되면서 학교급식이 사회적인 이슈로 대두되고 있다.

2000년 이후 질병관리본부는 바이러스성 설사의 국내발생현황을 파악하기 위하여 전국의 17개 시 · 도 보건환경연구원과 노로바이러스를 포함한 4종의 바이러스성 장염원인 병원체에 대한 전국적인 실험실 감시체계를 운영한 결과 바이러스성 병원체가 확인된 사례의 약 18%에서 노로바이러스가 검출되었고, 집단설사 사례에서는 대부분 노로바이러스가 원인병원체로 확인되었다.

또한 노로바이러스의 조기 검출을 위해 질병관리본부는 2004년 노로바이러스 유전자 검출 kit를 자체적으로 제작하여 이를 전국의 시 · 도 보건환경연구원을 연계한 감시체계에서 적극 활용함으로써 노로바이러스 집단설사사례의 조기 검출이 가능하게 되었고 지역내 노로바이러스 검출율을 높이는 데 기여하였다.

국립보건연구원은 2003년과 2006년에 발생한 대규모 노로바이러스 식중독 사례 이외에도 산발적으로 지속적으로 발생하는 사례들을 조기에 탐지하고 국내에서 검출되는 설사바이러스 유전형 분포양상과 새로운 유전자형이나 변이주를 조기에 검출하고자 전국적인 노로바이러스 실험실 감시망을 강화하여 운영하고 있다.

집단설사 발생 시 각 사례의 연관성을 신속하게 분석할 수 있는 실시간 분자역학적 유전자 분석체계를 단계적으로 도입하고 있다.

실험실 감시체계 운영과 함께 집단 식중독 유발 병원체의 효율적인 관리를 위해 질병관리본부는 노로바이러스를 포함한 설사 유발 병원체를 신고대상 병원체로 지정(2006. 6. 12)하여 병원체 검출 시 보고하도록 하고 관련지침을 마련하였다.

노로바이러스가 지정감염병 병원체로 추가로 지정됨에 따라 집단 사례 및 실험실 감시사업을 통해 검출되는 병원체에 대한 보고가 강화되고 전파 방지와 2차 감염 사례 감소에도 기여할 수 있을 것으로 사료되며 전국의 실험실 감시망을 연결하는 국가 차원의 노로바이러스 실시간 분자역학적 분석체계 도입을 통해 노로바이러스 2차 감염을 줄이고 대규모 집단발병 및 유행의 조기 차단 효과를 가져올 수 있을 것이다.

2) 발생현황

국립보건연구원은 2000년 이후 전국의 시 · 도 보건환경연구원과 연계하여 노로바이러스, 로타바이러스, 아스트로바이러스, 아데노바이러스 등 바이러스성 장염의 원인병원체 검출을 수행하여 왔다.

바이러스 검출을 위해 로타바이러스, 아스트로바이러스, 아데노바이러스의 경우 EIA(enzyme immunoassay)를 사용하였으며, 노로바이러스의 경우 RT-PCR-sequencing에 의한 유전자 검출과 EIA를 병행하였다. 2000~2004년 기간 중 총 83,766건의 설사검체 중 15,168건(18.1%)이 4종의 바이러스에 양성이었으며 양성률은 2000년 9.6%, 2001년 14.7%, 2002년 15.3%, 2003년 20.1%, 2004년 20.5%로 매년 증가하는 양상을 보였다. 바이러스 양성 검체 15,168건 중 로타바이러스가 71.1%(n=10,781), 노로바이러스가 17.3% (n=2,620), 아스트로바이러스가 7.4%(n=1,117), 아데노바이러스가 4.3%(n=648)를 차지하였다.

노로바이러스의 경우 2001~2003년도에 5.1%, 7.5%, 10.6%를 차지하였으나 2004년도에는 30.5%로 급증하는 양상이었고 반면에 로타바이러스 검출은 2001~ 3년에 89.5%, 82.5%, 74.2%를 차지하였으나 2004년에는 57.4%로 상대적으로 차지하는 비율이 감소하였다.

아스트로바이러스 양성률은 2001년과 2002년 중 각각 1.5%, 4.2%로 2001년과 2002년에 각각 3.8%와 5.8%의 양성률을 보인 아데노바이러스보다 낮았으나, 2003년에 갑자기 증가하여 로타바이러스에 이어 12.4%로 바이러스성 원인병원체 중 두 번째로 많이 검출되었다가 2004년도에는 7.4%로 감소하는 양상을 보였다.

노로바이러스 양성검체의 비율도 2001년과 2002년에 비해 2003년과 2004년에 급격히 증가하였으나 로타바이러스 양성검체의 비율은 상대적으로 매년 낮아지는 양상이었다. 로타바이러스는 매년 겨울철보다는 오히려 3~4월에 가장 많이 검출되어 외국의 연중 발생 양상과는 다른 특이한 양상을 보였으며 노로바이러스는 12~3월에 많이 검출되었고 2004년 하반기에는 갑자기 증가하는 양상이었다.

아스트로바이러스는 겨울철에 많이 발생하는 것으로 알려져 있으나 2003년에는 연중 지속적으로 발생하는 양상이었으며 아데노바이러스는 8~10월에 가장 많이 발생하였다. 2003~4년 중 월별 바이러스 검출율을 비교해 보면 노로바이러스는 12월, 로타바이러스는 2월, 아스트로바이러스는 1월, 아데노바이러스는 9월이 가장 높은 검출율을 보였다. 2004년 중 4종 바이러스 전체의 월별 양성수는 3월, 양성률은 12월을 정점으로 12~4월이 높았으며 양성률은 12월을 정점으로 11~3월이 높았다.

2.2. 주요 바이러스성 식중독

1) 노로바이러스(Norovirus)

노로바이러스는 매년 겨울철에 산발적 혹은 집단적인 유행을 일으키고 있으며, 2006년 6월 학교급식과 관련된 대규모 집단설사 이후 특히 관심이 높아지고 있다.

노로바이러스(norovirus 또는 Norwalkvirus)라는 이름은 1968년 미국 오하이오주 Norwalk란 마을의 초등학교에서 집단 발생한 급성위장염 환자의 분변에서 바이러스가 검출되어 발견된 지역의 이름에서 유래되었다.

1972년에 전자현미경하에서 그 형태가 밝혀지고 바이러스 중에서도 작고 구형인 점에서 「소형구형바이러스」의 일종으로 생각되었다. 그 후 비세균성 급성위장염 환자로부터 노워크바이러스와 유사한 소형구형바이러스가 잇달아 발견되어 일시적으로 노워크바이러스 또는 노워크형바이러스, 또는 이들을 총칭하여 「소형구형바이러스」로 호칭하였다. 바이러스의 유전자가 자세히 조사됨에 따라 비세균성 급성위장염을 일으키는 「소형구형바이러스」에는 2종류가 있으며 그 대부분은 지금까지 노워크형바이러스로 불려온 바이러스임이 판명되어 2002년 8월, 국제바이러스학회에서 정식으로 「노로바이러스」로 명명되었다. 다른 하나는 「사포바이러스」로 부르게 되었다.

노로바이러스는 전 세계적으로 소아뿐 아니라 청소년연령층과 성인에 이르기까지 설사를 유발하는 바이러스로 특히 선진국형 장염/설사 질환의 원인으로 알려져 있다. 노로바이러스는 높은 감염력을 가진 바이러스로 미국의 경우 바이러스성 장염/설사의 약 42%, 네덜란드의 경우에는 설사질환의 약 90% 이상이 노로바이러스에 의해 발생되었다는 보고가 있다.

미국 CDC는 노로바이러스에 의한 급성 위장염(설사)가 연간 2천 3백만 건에 이르며 음식에 의한 식중독 사례의 50%에 달할 것으로 추정하고 있으며, 1996~2000년 CDC에 보고된 348건의 노로바이러스 관련 집단설사 보고에서 전파방식은 식품매개(39%), 감염자와의 접촉(12%), 수인성(3%)이며 발생장소는 음식점(39%), 양로원(30%), 학교(12%) 등이었다.

미국에서는 음식물에 의한 위장염 환자가 매년 7천 6백만 명이 발생하고 이 중 325,000명이 입원하며 5,000명이 사망하는 것으로 알려져 있으며 노로바이러스와 세균이 주요병원체인 것으로 평가되고 있다.

미국에서 1991~2000년 기간 중 보고된 집단설사사례 중 원인병원체가 규명된 사례가 2,654건, 원인불명 사례가 5,637건이었다. 2000년에는 약 1,400건의 집단 설사 사례가 보고되었고 이 중 12%(168건)가 노로바이러스 실험실 감시체계를 통해 보고되어 바이러스 검사를 수행하였으며 노로바이러스 양성이 106건으로 63%를 차지하였다. 2005년 Foodnetsite를 통해 보고된 205건의 식중독 사례 중 59%(121건)가 음식점과 연관된 사례였으며 78%(159건)에서 원인병원체가 규명되었으며 이 중 노로바이러스가 원인 병원체인 사례가 49%로 가장 흔한 병원체였다.

여러 곳에서 동시다발적으로 일어난 사례로는 2005년 5월 미국 미시간 주에서 Franchise 식당과 관련된 집단설사가 여러 곳에서 5월 4~9일 기간 중 동시에 164명에서 발생한 사례가 보고된 바 있다.

미국 CDC는 노로바이러스에 의한 집단 식중독/설사 사례에 대한 감시를 강화하기 위하여 PulseNet모델로 하여 각 주의 실험실(2000년에 17개)로 구성된 노로바이러스 네트워크 운영을 통해 집단설사 사례에서 노로바이러스를 확인하고 검출된 바이러스의 염기서열 분석 결과를 CaliciNet에 등록하는 체계를 확보하고 있다.

즉 노로바이러스 발생 감시를 위한 CaliciNet을 운영함으로써 노로바이러스에 의한 집단 설사사례 발생시 각 사례간의 연관성을 실시간으로 분석할 수 있는 real time molecular epidemiology site를 운영하고 있으며(http://idmeds.forum.cdc.gov) 현재 약 2,400개의 노로바이러스 염기서열이 IDMEDS에 등록되어 있다.

한편 일본의 경우 2010년 9월~2015년 10월 기간 중 발생한 959건의 식중독 사례 중 1,1780건에서 노로바이러스가 검출되었음이 보고된 바 있다. 대부분이 genogroup II

에 속하는 바이러스가 744건에서 검출되었다.

또한 일본에서는 양로원 발생이 전체 사례의 1/3을 차지하며, 초등학교, 병원, 유아원 등에서도 발생된 사례가 보고되었다.

병인물질별로 보면 캠필로박터 제주니/코리에 이어 발생건수가 많고, 환자수로는 1위에 해당한다. 일본에서 노로바이러스에 의한 6년간 식중독 발생상황은 〈표 3-18〉와 같다.

〈표 3-18〉 최근 일본 노로바이러스 연도별 발생현황

연도	2010	2011	2012	2013	2014	2015
발생건수(건)	399	296	416	328	293	48
환자수(명)	13,904	8,619	17,632	12,672	10,506	14,876
환자수/건(명)	34.9	29.1	42.4	38.6	35.9	309.9
사망자수(명)	0	0	0	0	0	0

우리나라의 경우 2015~2020년 기간 중 노로바이러스는 전체 식중독 발생건수의 약 15.2%를 차지하고 있으며 2015년 이후에 전체 식중독중에서 노로바이러스는 전체 330건 중 58건(17.6%)을 차지하고 있어 중요한 설사질환 유발 병원체임을 알 수 있었다〈표 3-19〉.

〈표 3-19〉 최근 국내 바이러스 연도별 발생현황

연도	발생건수(건)			환자수(명)			환자수/건(명)	
	전체식중독	노로바이러스	비율(%)	전체식중독	노로바이러스	비율(%)	전체식중독	노로바이러스
2015	330	58	17.6	5,981	996	16.6	18.1	17.1
2016	399	55	13.8	7,162	1,187	16.6	17.9	21.6
2017	336	46	13.7	5,649	968	17.1	16.8	21
2018	363	57	15.7	11,504	1,319	11.5	31.7	23.1
2019	286	46	16	4,075	1,104	27.1	14.2	24
2020	178	26	14.6	2,747	239	8.7	15.4	9.2
평 균	315	48	15.2	6,186	969	15.7	19.6	20.2

식품의약품안전처

노로바이러스에 의한 식중독의 보고수는 증가하는 경향인데, 그 이유로서는 노로바이러스 식중독 자체의 증가 이외에도 검사법의 개선이나 노로바이러스에 대한 인지도 증가에 따른 보고 비율의 향상이 있을 수 있다.

(1) 병원체 특성

노로바이러스는 Norwalk-like 바이러스(NLVs), Calicivirus, 소형구형바이러스(small round structured virus, SRSV)라고도 불린다. Caliciviridae과에 속하며 *Norovirus*속으로 표면에 컵형태의 홈이 있는 구조단백으로 덮여있고 내부에는 27nm 크기의 단일가닥 RNA를 유전체로 지니고 있다.

노로바이러스는 유전자 다양성이 매우 심한 바이러스로 I~V군의 유전자형이 존재하며 이 중에서 I, II, IV군은 인간을, III군은 소를, V군은 쥐를 감염숙주로 한다. GI과 GII군 내에 각각 현재까지 14개와 17개의 유전자형이 보고되었으며 국내에서도 집단 설사환자에서 다양한 유전자형의 노로바이러스가 검출되고 있다.

노로바이러스는 많은 유전형이 있고 또한 배양한 세포 및 실험동물에서 바이러스를 증식시킬 수 없어 바이러스를 분리하여 특정하기가 곤란하다. 특히 식품 중에 포함된 바이러스를 검출하는 것이 어려워 식중독의 원인규명이나 감염경로의 특정이 어렵다.

〈표 3-20〉 노로바이러스 유행의 특성 및 문제점

특 성	결 과	문 제 점
적은 입자 수로도 감염됨	10^2 이하의 입자로도 감염가능	입자에 의해 또는 사람에서 사람으로 전파, 2차 감염이나 조리자에 의한 전파가 일어남
증상 없는 상태에서도배출 가능	2주까지도 배출 가능	2차 감염의 위험성 증가 및 조리자 관리의 문제점으로 대두
환경에서 안정적	염소 농도 10ppm, 60℃ 가열에서도 생존	오염된 물에서 제거가 어려우며 얼음이나 굴에 바이러스 존재
유전자 다양성이 큼	다양한 유전자형, , 항원형 존재	진단이 어려우며 다른 형에 의한 재감염이 일어남. 실제 유행보다 낮게 감지되는 경향
면역이 단기로만 유지됨	재감염이 일어남	소아 감염 이후 성인에게 재감염 가능. 장기적인 면역을 가진 백신개발이 어려움

미국 CDC MMWR

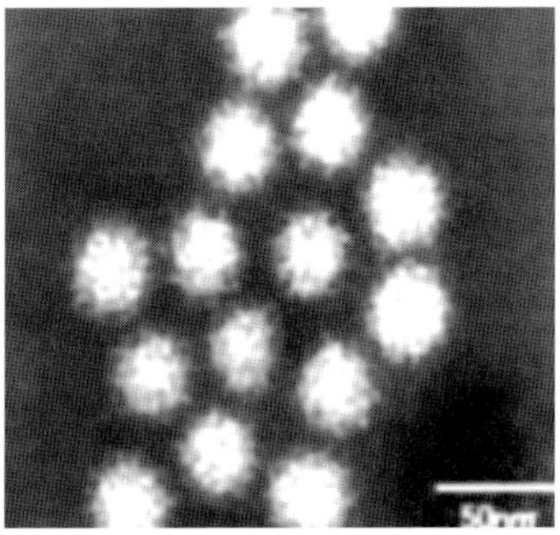

분변 중 노로바이러스

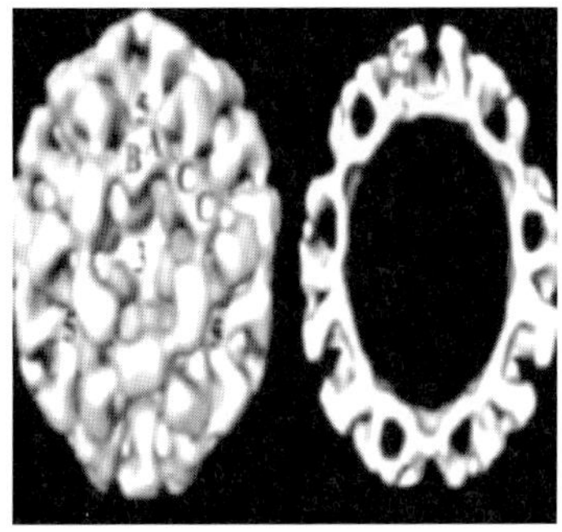

노로바이러스 캡시드 입체구조

〈그림 3-12〉 **노로바이러스의 전자현미경 사진**

(2) 원인식품

생이나 가열이 불충분한 굴 등의 어패류 또는 이들을 사용한 식품이나 식단에 이들이 포함된 식사가 원인식품이다. 굴이나 어패류를 포함하지 않는 식품을 원인으로 하는 식중독도 발생하지만 식품에서 바이러스를 검출하기가 어려워 원인 식품을 특정할 수 없었던 사례가 과반수를 차지하고 있다.

이들 대부분은 바이러스에 감염된 식품취급자를 통하여 식품이 오염된 것이 원인으로 추정되고 있다. 굴 등의 어패류는 대량의 해수를 흡입하여 플랑크톤 등의 먹이를 체내에 남기고 배수관에서 배수를 하는데, 해수중의 바이러스도 같은 메커니즘으로 흡입되어 체내에 농축된다.

굴에 의한 식중독은 생이나 가열부족으로 발생하며 충분히 가열한 굴을 섭취할 경우에는 문제가 없다. 굴 이외의 어패류로는 모시조개, 바지락, 대합 등이 식중독의 원인식품이다.

노로바이러스 식중독의 원인 시설별 발생건수는 〈표 3-21〉와 같다.

〈표 3-21〉 노로바이러스 식중독 원인시설별 발생건수 및 환자수의 연차추이

원인시설	구분	2015년	2016년	2017년	2018년	2019년	2020년
합 계	발생건수	58	55	46	57	46	26
	환 자 수	996	1,187	968	1,319	1,104	239
학교	발생건수	10	6	6	10	8	1
	환 자 수	441	163	401	549	505	50
학교 외 집단급식	발생건수	8	17	10	13	12	4
	환 자 수	144	478	181	251	209	66
음식점	발생건수	22	16	16	16	16	15
	환 자 수	196	217	155	242	198	73
가정집	발생건수	6	1	0	1	0	0
	환 자 수	23	5	0	4	0	0
기 타	발생건수	1	12	9	14	9	6
	환 자 수	183	217	116	261	182	50
불 명	발생건수	1	3	5	3	1	0
	환 자 수	9	107	115	12	10	0

식품의약품안전처

(3) 감염경로

노로바이러스는 오염된 식수 및 어패류 등의 생식을 통하여 감염되며(수인성), 사람과 사람 사이에 전파도 가능하다. 또한 바이러스에 감염된 조리자가 식품을 취급하였을 경우나 구토에 의한 비말 형성에 의해 감염이 가능하다.

일부 식품은 식당이나 가게로 배달되어지기 전에 노로바이러스에 오염될 수가 있다. 노로바이러스에 오염된 원료를 사용하는 샐러드, 오염된 냉동 과일에 의하여 발생할 수도 있다. 노로바이러스에 의한 식중독은 주로 음식점, 학교(직영), 학교외 집단급식, 가정집 등에서 발생하며 특히 12월~2월에 집중해서 발생하는데 평균 잠복기는 24~48시간이고, 잠복기 후 증상은 4~77시간 지속된다.

현재 일본에서는 년간 약 6만 5천여 명의 노로바이러스 식중독 환자가 발생하고 있으며, 가열하지 않은 날 음식을 섭취하거나 감염된 사람의 변과 구토물을 통한 경구감염이 원인인 것으로 추정되고 있다.

(4) 임상증상

노로바이러스는 위와 장에 염증을 일으키는 위장염 질환으로 'stomach flu(위장 독감)'로도 불리어지나 독감바이러스나 호흡기질환자는 관련이 없으며, 세균이나 기생충과도 관련이 없다. 주요 증상은 메스꺼움, 구토, 설사, 복통의 증상을 나타내고, 때로는 두통, 오한 및 근육통을 유발하기도 한다. 증상은 보통 1~2일 정도로 짧게 나타나지만, 하루에도 몇 차례씩 구토 등의 심각한 증세를 나타낼 수 있다. 바이러스에 감염된 이후 24~48시간 정도 후에 증상이 나타나기 시작해 빠르면 12시간 뒤에 소실될 수 있으나, 증상이 사라진 후에도 2주 정도까지는 감염자의 구토물이나 채변에 바이러스가 남아있을 수가 있다.

다른 감염성, 비 감염성 병원균도 노로바이러스의 위장염과 비슷한 증상을 나타낼 수 있으므로, 위와 비슷한 증상을 나타내는 경우에는 의사의 상담을 받아 보아야 한다.

노로바이러스에 의한 위장염은 일반적으로 심각한 질환은 아니며, 수분공급을 충분히 하여 탈수를 막는 것 이외에 특별한 치료방법은 없다. 대부분의 경우 장기간의 합병증 없이 1~2일 후에는 완전히 회복된다. 하지만 어린이나, 노인 등 자기치료가 불가능한 사람들, 또는 구토나 설사로 인한 수분 손실량을 충분히 보충해 주지 못해 탈수증세가 나타나는 경우에는 병원 치료가 필요하다.

(5) 진단 및 치료

위장염이 발생되었을 때 질병원인이 노로바이러스에 의한 것인지 확인할 필요가 있을 경우에는 감염자의 채변에서 노로바이러스를 확인할 수 있다. 채변검사를 통해 결론을 내리지 못한 경우에는 혈청 테스트를 통해 노로바이러스의 항체를 검사할 수도 있다.

질병발생 원인조사를 위하여 때로는 식품취급 종사자의 채변 및 혈액검사가 요구된다. 환자의 분변으로부터 바이러스 유전자 중 보존성이 높은 RDRP(RNA-dependent RNA polymerase) 또는 capsid의 보존부위를 직접 증폭하여 진단하는 RT-PCR법이 널리 사용되고 있으며 genogroup I과 II를 검색할 수 있는 EIA kit가 개발되었으나 RT-PCR 방법보다 민감도가 훨씬 낮아 국내에서는 거의 사용하지 않는다. 이외에 효소면역 측정법(ELISA), 전자현미경(EM), 면역전자현미경(IEM), Southern blots 등이 사용된다.

노로바이러스에는 많은 종류가 있기 때문에 한번 감염된 이후에 다른 유전형의 노로바이러스에 재감염될 수 있으며, 이런 이유로 노로바이러스의 백신 개발에 어려움이 있다.

질병관리본부의 바이러스성 설사 감시체계 수행결과에 의하면 Genogroup Ⅰ과 Ⅱ에 속하는 다양한 유전자형의 노로바이러스가 국내에서 지속적으로 검출되며 집단설사 사례에서 여러 유전형의 노로바이러스가 동시에 검출되는 사례가 많았다.

특히 2018년 하반기에서 2019년 기간 중에는 GII.4형에 속하는 노로바이러스가 많이 검출되었으며 2019년 하반기에는 GII.3형에 속하는 노로바이러스 검출이 증가하였다.

현재 이 바이러스에 효과가 있는 항바이러스제는 없다. 따라서 통상적으로 대증요법이 시행된다. 특히 체력이 약한 영유아, 고령자는 탈수증상을 나타내거나 체력을 소모하지 않도록 충분한 수분과 영양을 공급한다. 탈수증상이 심한 경우에는 병원에서 수액을 실시하는 등의 치료가 필요하다.

(6) 예방법

노로바이러스는 85℃, 1분 이상 가열하면 감염성이 없어지므로, 식품 조리 시 충분히 익혀 먹도록 하고 날 것으로 먹을 경우, 반드시 깨끗이 씻는다. 물은 반드시 끓여서 섭취하고 노약자나 어린이 등 면역력이 약한 사람들은 가급적 날음식을 먹지 않는다.

과일이나 채소는 철저히 씻어야 하며, 어패류는 될 수 있는 한 완전히 가열하여 섭취한다. 조리기구 등은 세제를 사용해 1차 세척한 후, 차아염소산 나트륨(염소농도 200 ppm)에 담근 후 2차 세척하여 사용하고, 칼, 도마, 행주 등은 85℃ 이상에서 1분 이상의 가열로 바이러스를 불활성화시킨다. 질병 발생 후 오염된 표면은 소독제로 철저히 세척, 살균하고 바이러스에 오염된 옷과 이불 등은 즉시 비누를 사용하여 뜨거운 물로 세탁한다.

어패류 양식장에 바이러스가 함유된 토사물이나 분변의 유입을 방지한다. 설사나 구토 증상이 있는 경우에는 식중독이 의심되므로 가까운 보건소나 의료기관을 찾아 정확한 원인 진단 및 치료를 받는다.

미국 대부분의 주 및 지방 보건당국은 위장염 질환에 걸린 사람이 회복될 때까지 2~3일 동안은 식품 제조 및 취급 등을 금지하고 있다. 더군다나, 증상이 사라진 후에도 2주

정도까지도 바이러스가 감염자의 구토물이나 채변에 남아 있을 수 있기 때문에 화장실을 사용한 후에는 반드시 손을 철저히 씻는 등 식품을 취급하기 전에 바이러스의 확산을 방지하는 것이 중요하다. 또한, 최근에 감염되었던 사람은 당분간 식품 취급 이외에 다른 업무를 맡도록 한다.

2) 로타바이러스(Rotavirus)

로타바이러스는 전 세계적으로 5세 미만의 어린이들에서 중증 급성 위장관염을 유발하는 주요 원인바이러스로 미국에서만 매년 55,000~70,000명의 어린이들이 로타바이러스에 의한 질병으로 입원하고 그 중 20~40명의 영아가 사망한다.

개발도상국가에서는 더욱 심각하여 매년 1억 4천만 명의 환자가 발생하며 그 중 백만 명 정도가 사망한다. 또한 설사로 인해 사망하는 사람의 약 20~25%가 로타바이러스에 의하며, 5세 미만 어린이 사망 원인의 6%를 차지한다.

우리나라에서도 서울지역 설사환자의 검체를 조사한 결과에 의하면 로타바이러스가 전체의 47%에서 검출되어 가장 중요한 설사 유발요인임이 보고되었다. 로타바이러스 감염은 주로 동절기에 일어나며 우리나라에서는 10월부터 12월 사이에 감염환자가 가장 많이 발생한다.

(1) 병원체 특성

로타바이러스는 Reoviridae과의 속하며 유전체는 11개의 이중가닥 RNA 절편으로 되어 있으며 핵, 안쪽 층, 바깥 층의 3층의 단백에 둘러 싸여 있다. 안쪽 층은 그룹 특이 항원성을 나타내는 VP6 단백으로 구성되어 있다.

로타바이러스는 그룹 특이 항원을 기준으로 그룹 A~G로 분류되며 A~C는 인간과 동물 모두를 숙주로 하며 D~G는 동물만을 숙주로 한다. 그 중 그룹 A가 전 세계적으로 어린이 설사 유발요인으로 가장 중요하나, 그룹 B에 감염된 환자가 1982년 중국에서, 그룹 C에 의한 감염이 일본과 영국에서 발생하였다.

A군의 바깥 층은 VP4와 VP7로 구성되어 있으며 이들이 혈청형 결정과 관련되어 있고 바이러스 중화항체의 생산을 유도하는 주 항원이다. 당단백인 VP7은 G 혈청형을, 단백분해효소에 의해 절단되는 VP4는 P 혈청형을 각각 결정한다.

지금까지 모두 14종의 G 혈청형이 보고되었고 10종이 사람에 감염을 일으키나 혈청형 G1에서 G4까지의 4종이 널리 퍼져 있으며 그 중에서도 G1형이 역학적으로 가장 중요하다. 10종의 P형 중 사람에 감염되는 것은 8종이며 그 중 P8과 P4가 가장 흔하다.

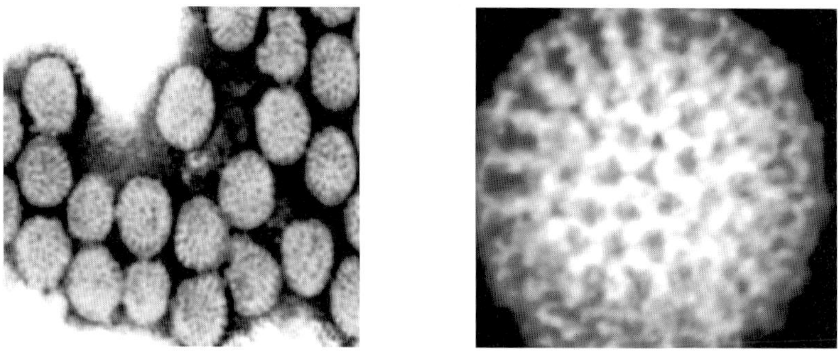

분변 중 로타바이러스　　　　로타바이러스 캡시드 입자

〈그림 3-13〉 로타바이러스의 전자현미경 사진

(2) 원인식품

미국 FDA에서는 샐러드, 과일이 원인식품이라고 보고하였으며, 음용수과 물이 원인식품으로 알려져 있다.

(3) 감염경로

병원소는 사람이며, 동물의 로타바이러스는 인간에게 병원성을 나타내지 않는다. 전파는 대변에서 입으로 감염되는 것이 주요 전파 경로이다. 호흡계에도(증식은 불가능하지만) 바이러스는 존재하기 때문에 분비물에 의한 감염도 가능하다.

(4) 임상 증상

구토, 복통과 발열증상이 나타나고 묽은 설사를 초래해 탈수증을 일으킨다. 특징적 임상증상 때문에 설사-발열-구토(diarrhea-fever-vomiting) 증후군으로 불리기도 한다.

39℃를 넘는 발열이 환자의 30%에서 나타나고, 대변에서 혈액이나 백혈구는 볼 수 없다. 일반적으로 3~9일간 지속되며, 영유아에서는 때로 중증의 탈수가 생겨 사망하기도 한다.

잠복기는 로타바이러스 A group은 2~4일이고 발병기간은 5~7일이다. 로타바이러스 B group은 잠복기가 평균 56시간이고 발병기간은 3~7일이다.

(5) 진단 및 치료

사람 로타바이러스는 조직세포에서 배양이 잘 안되기 때문에 바이러스 진단을 위해 처음에는 전자현미경을 사용하였으나 환자의 검체에 있는 그룹 A 로타바이러스 항원을 면역분석법으로 검출하는 방법이 개발되어 현재 여러 종류의 진단키트가 판매되어 임상실험실에서 사용 중이다.

G 혈청형과 P형 결정법은 다양하여 VP7 특이 단클론항체를 사용한 효소면역분석법으로 G 혈청형을 결정할 수 있다. 역전사 PCR(reverse transcription-PCR, RT-PCR)로 G 혈청형을 결정하는 방법은 VP7을 코딩하는 절편 9의 cDNA를 RT-PCR로 합성한 뒤 이를 주형으로 하고, G 혈청형에 특이한 각각의 시발체를 사용한 두 번째 PCR을 수행하여 합성된 DNA를 전기영동으로 분석하여 결정한다. 항체를 사용하여 P형을 결정하는 방법은 어려움이 많고 최근에 사용되기 시작하였기 때문에 핵산을 사용하는 방법이 보편적이다.

환자의 검체에 있는 로타바이러스로부터 RNA를 추출하여 전기영동하면 로타바이러스 주에 특이한 dsRNA 이동패턴이 관찰되는데 이를 전기영동형(electropherotype)이라 한다.

이 방법은 항원 검출법과 거의 비슷한 민감도를 가지며 특이도는 100%에 이르고 RNA 절편의 이동이 빨라서 긴 전기영동형(long electropherotype)을 보이면 I아군, 짧은 전기영동형을 보이면 II아군의 특성을 보인다. 현재 그룹 특이 항원에 의해 검출이 불가능한 그룹 B, C를 전기영동 패턴으로 판독할 수 있으나 주로 연구실에서만 사용된다. 치료는 특별한 치료법은 없다. 탈수에 대해서 치료하며, 기본은 경구 수액보충이다.

지사제는 사용하지 않으며, 항생물질이나 장운동 억제제는 금기이다.

(6) 예방법

로타바이러스의 감염을 예방하는 방법은 청결한 생활습관이 중요하나 개발도상국은 물론 보건위생이 발달한 선진국에서도 많은 감염환자가 발생하므로 백신에 의한 예방법의 개발이 추천되고 있다. 그 동안 다양한 종류의 백신개발 과제가 수행되어 왔으나 효과적인 예방을 위해서는 약독화 생 바이러스와 동종의 바이러스(homotypic virus)를 사용하는 것이 좋을 것으로 예측되었다.

미국 FDA 허가를 취득한 리서스 로타바이러스 4가 백신(rhesus rotavirus tetravalent vaccine : RRV-TV)에는 G1-G4 혈청형이 포함되어 있고 로타바이러스 감염에 대한 방어력도 우수하다고 판명되어 미국 내에서의 사용이 권장되는 등 발매를 앞두고 있으나 최근 심각한 부작용이 보고되었다. 이 4가 백신에는 G1-G4 혈청형이 포함되어 있지만 G1-G4 혈청형이 아닌 로타바이러스성 설사환자도 전 세계적으로 상당수 발생하여 미국에서는 최근 G9가 높은 빈도로 검출되었다.

특히 개발도상국가에서 흔하여 인도에서는 G9, 브라질에서는 G8과 G10이 유행하기 때문에 각 국가별로 백신을 개발하여 사용하기 전에 그 지역에서 유행하는 혈청형을 파악하는 역학 연구 수행이 필요하다.

환자격리는 현실적이지 못하다. 환자의 배설물은 신체물질 격리책에 준해 처리한다. 또, 의복이나 시트는 전부 모아 처리하여 감염 기회를 줄인다. 병원이나 시설의 환경위생, 의료진의 개인위생에 대해서 교육하며, 영유아와 설사증 환자의 접촉을 막기 위한 기본적인 조치를 한다.

효과적 예방책은 아직 알려져 있지 않다. 대변-입 전파에 적용되는 정도의 개인위생 관리는 확산방지에 그다지 도움이 되지 않는다. 왜냐하면, 다른 바이러스가 생존하기 어려운 조건에서도 로타바이러스는 생존할 수 있기 때문이다. 흔히 사용하는 소독약에는 상당한 저항성을 가지지만, 염소소독은 효과가 있다.

3) 아스트로바이러스(Astrovirus)

아스트로바이러스는 1975년 설사와 구토 증세를 보이는 소아의 검체에서 전자현미경을 사용하여 관찰되었다. 크기는 약 28nm이고 표면에 5~6개의 돌출부가 있어 별 모양을 갖기 때문에 astrovirus(별 모양의 바이러스)라고 명명하였다.

전자현미경을 사용한 조사에 따르면 전세계적으로 퍼져 있으며 유아 설사의 약 2~8%를 차지한다.

EIA에 의한 조사에 의하면 개발도상 국가에서는 매우 심각한 설사 유발요인으로 인식되고 있다. 아스트로바이러스에 감염된 환자의 증상은 캘리시바이러스에 감염된 환자와 비슷하고 주로 어린이한테 감염하며 로타바이러스와 같이 추운 계절에 유행한다.

사람의 경우 아스트로바이러스는 일부 국가에서 로타바이러스 다음으로 어린이들에게 바이러스성 설사를 일으키는 중요한 원인체이다. 국내에서도 아스트로바이러스와 관련된 집단 식중독 사례가 보고된 바 있다. 아스트로바이러스는 온대지역에서 주로 겨울철에 검출되며, 열대지역에서는 장마시기에 주로 검출된다.

(1) 병원체의 특성

Astroviridae과에 속하는 단일가닥의 RNA 바이러스이고 1~8형의 유전형이 존재한다. 유전체는 단일가닥의 RNA로 크기는 7.2~8.4kb의 picornavirus와 비슷하나 염기서열 상동성과 생물학적 특성이 Picornaviridae, Caliciviridae와 다르기 때문에 새로운 바이러스로 분류될 가능성이 높다.

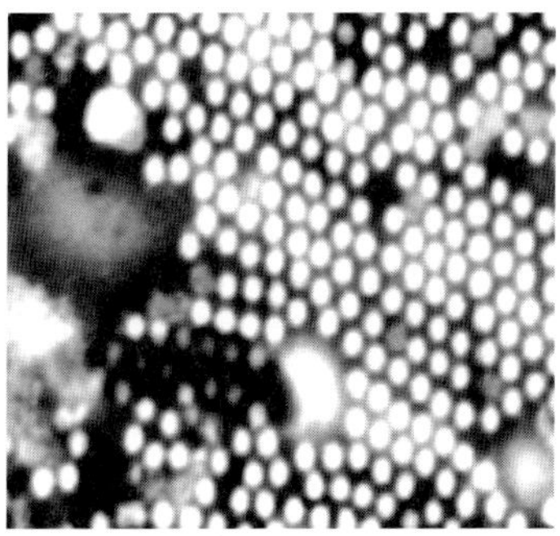

〈그림 3-14〉 **아스트로바이러스**

(2) 감염경로

분변-경구 경로에 의하며 사람과 사람간의 전파도 가능하다.

(3) 임상 증상

주요한 증상은 구토, 설사, 발열, 식욕결핍, 복통 등의 증상이 있다.주로 겨울철에 많이 발생하며 유아, 어린이, 어른, 노인, 면역력이 약한 사람에게 질병을 유발한다. 아스트로바이러스는 설사가 멈춘 뒤에도 환자에게서 바이러스가 배출될 수 있다.

잠복기는 평균 3~4일이나 짧은 경우에는 24~36시간 잠복한다. 가벼운 설사증상이 2~3일 정도 지속된다.

(4) 진단

효소면역측정법(ELISA)과 유전자 검출법(RT-PCR) 등을 사용한다.

(5) 예방법

사람과 사람 간 바이러스 전파가 쉽게 발생할 수 있으므로 위생수칙을 반드시 준수하여야 한다. 아스트로바이러스에 오염된 물에 의해 식품이 오염될 수 있는 가능성이 있으므로 주의하여야 한다.

4) 장관 아데노바이러스(Enteric Adenovirus)

아데노바이러스는 영유아군 및 면역능이 저하된 성인에 감염되었을 때 사망에 이르는 결과를 초래할 수 있다. 건강한 사람의 편도나 아데노이드 선에서도 발견되기 때문에 아데노바이러스라는 이름을 얻었다.

이 바이러스에 감염되는 세포의 종류는 매우 다양하여 종류에 따라 호흡기 및 요도 감염, 각결막염을 유발하는데 혈청형 40과 41은 영유아에 감염되어 장염을 일으켜서 선진국에서 설사로 입원하는 어린이 환자의 5~20%를 차지한다.

보통 2세 미만의 소아에 감염되나 어린이나 어른들도 감염하는 경우가 있으며 로타바이러스와는 달리 연중 환자가 발생한다. 미국의 경우 주 감염집단은 2세 이하의 소아로 계절적 유행없이 일년 내내 발생하는 것으로 알려져 있다.

(1) 병원체의 특성

Adenoviridae과에 속하는 이중나선 DNA 바이러스로서 염기서열 상동성과 생화학적 특성에 따라 49개의 혈청형이 존재한다. 설사증을 야기하는 혈청형은 40형과 41형이며, 3살 미만 어린이, 면역억제 환자, 골수 이식을 받은 환자에게 위장염을 유발할 수 있다.

바이러스의 유전체는 약 40kb로서 직경 75nm의 정이십면체 형태의 캡시드 단백에 둘러 싸여 있다. 모두 14종류의 단백 중 바깥쪽의 주 단백은 hexon이고 꼭지점에는 fiber가 안테나처럼 돌출되어 있다.

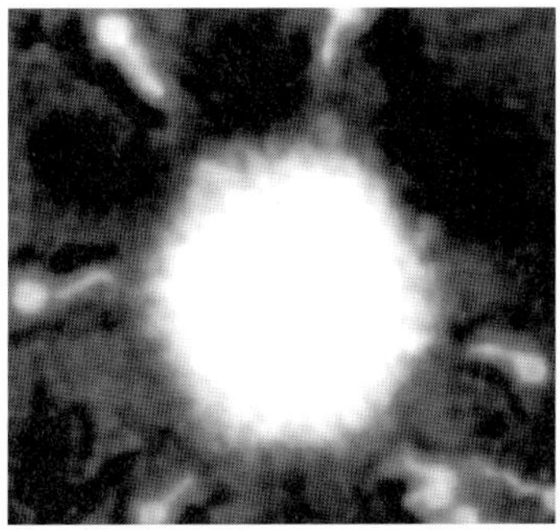

〈그림 3-15〉 아데노바이러스 전자현미경 사진

(2) 감염경로

분변-경구 경로(fecal-oral route)에 의해 감염되며, 미국 CDC 보고에 의하면 오염된 물 섭취 후 감염될 수 있다. 또한 바이러스에 감염된 사람과의 접촉을 통해서도 감염된다.

(3) 임상 증상

묽은 설사변과 구토증상을 보이며 2~3일간 지속되는 낮은 온도의 발열, 탈수, 호흡기 증상 등이 나타난다. 잠복기는 약 7~8일 정도인데 전형적으로 감염은 5~12일 동안 지속된다.

(4) 진단

아데노바이러스 동정은 표면을 이루는 그룹 공통항원인 hexon 단백을 탐지하는 효소면역측정법(ELISA)으로 시행하며 형별은 fiber의 세포독성 중화시험으로 결정한다. 이 때 사용하는 항혈청에 따라 정확도와 민감도가 결정된다. 또는 바이러스를 조직배양 세포에서 복제시킨 뒤 DNA를 추출하고 이를 제한효소로 절단하여 그 패턴을 분석하는 방법을 사용하기도 한다.

(5) 예방법

장갑, 가운 등에 의한 사람과 사람 간 전파를 차단해야 한다. 손 세척을 철저히 하고 오염원의 제거와 안전한 처리에 신경써야 한다.

5) 웨스트나일바이러스(West Nile Virus)

1999년 여름, 미국 뉴욕에서 발생한 괴질로 1999년 한 해에만 62명이 감염되어 이 중 6명이 사망했다. 이후 이 괴질은 웨스트나일바이러스(West Nile Virus, WNV)에 의한 열병으로 밝혀졌으며, 해를 거듭하면서 미국 전역으로 확대되며 환자 발생이 증가하여 2002년에는 미국 39개 주에서 4,156명의 환자가 발생하여 282명이 사망하였고, 2003년에는 메인주, 오레건주, 워싱턴주를 제외한 45개 주에서 9,862명이 감염되어 이 중 264명이 사망하였다.

웨스트나일바이러스는 1937년 아프리카 우간다의 '웨스트나일 지구'의 고열을 주 증상으로 하는 한 여자 환자에서 처음 발견되었다. 이후 아프리카의 이집트, 마다가스카르, 남아공, 유럽에서는 루마니아, 지중해 연안, 아시아에서는 이스라엘, 인도, 보르네오 등지의 새, 사람, 말에서 소규모 유행이 지속되어 왔고 1990년 이후 루마니아, 이탈리아, 러시아, 이스라엘에서 비교적 큰 규모의 유행이 있었다.

그러나 아메리카 대륙에서는 발견되지 않았는데 1999년 미국 동부를 시작으로 2002년에는 캐나다의 조류와 말에서 웨스트나일바이러스가 발견되는 등 북아메리카 지역 전역으로 확산되고 있는 추세다. 캐나다에서는 2002년 2명의 환자가 발생한 이후 2003년에는 1,339명의 환자가 발생하였고 이 중 10명이 사망하였다.

웨스트나일바이러스는 지금까지 남반구에서 북반구로, 동쪽에서 서쪽으로 전파되는 경향을 보이고 있어서 언제 우리나라를 비롯한 동북아시아로 전파될지 예측할 수 없는 상황이다. 웨스트나일바이러스는 전파 특성상 일단 국내로 유입이 되면 확산을 저지하기가 매우 힘든 경로를 가지고 있다.

(1) 병원체 특징

일본뇌염바이러스와 같은 Arbovirus로 Flavivirus과에 속하는 바이러스이다.

(2) 감염경로

웨스트나일바이러스의 전파경로는 조류, 특히 철새와 깊은 관련이 있는데 가금류를 포함한 130종 이상의 조류가 웨스트나일바이러스에 감염되는 것으로 보고되었다. 이 밖에 말, 개, 고양이, 박쥐, 다람쥐, 토끼 등도 감염된다.

까마귀, 참새, 어치(산까치)와 같은 텃새는 웨스트나일바이러스에 감염되면 죽게 되지만 철새는 잘 죽지 않는다. 비감염 철새들이 겨울을 나기 위해 남쪽에서 지내는 동안 그 곳에서 웨스트나일바이러스를 보유하고 있는 조류와 모기들과 접촉하게 되어 감염이 된다.

봄철에 남쪽으로부터 돌아온 감염된 철새는 모기에게 재흡혈되고, 흡혈한 모기가 이후 도시에 많은 까마귀, 까치, 어치, 참새, 비둘기 등의 텃새를 흡혈할 때 이들이 감염된다. 이외 가능한 또 하나의 전파 경로는 감염된 조류의 수입에 의한 것이 있다.

감염된 텃새들은 1~4일간 바이러스를 가지고 다니다가 결국 죽게 되므로 웨스트나일바이러스가 인체에 본격적으로 감염되기 전후에 텃새들이 떼지어 죽는 일이 발생된다. 실제로 뉴욕시의 경우에도 환자 발생 전에 수 백마리의 까마귀가 집단으로 죽었다. 빨간집모기를 비롯한 매개모기가 감염된 조류를 흡혈할 때 조류체내에서 증폭되어 혈중 바이러스 밀도가 높아진 웨스트나일바이러스는 혈액과 함께 모기 체내에 들어와서 약 2주간의 잠복기를 거친다. 이후 바이러스는 모기의 침샘에 있다가 사람을 흡혈할 때 사람의 체내로 들어오게 된다.

웨스트나일바이러스 감염자의 경우에는 혈중 바이러스 밀도가 높지 않아 감염자를 흡혈한 모기가 제3자나 조류를 흡혈, 감염시킬 가능성이 높지 않아 환자를 격리할 필요는 없는 것으로 알려져 있다.

CDC는 미국 내 웨스트나일바이러스 발생 원인에 대해 테러에 의한 유입 가능성은 없는 것으로 결론지었으나 돌연변이를 통한 새로운 바이러스의 탄생에 대해서는 그 가능성을 배제하지 않고 있다.

웨스트나일바이러스를 매개하는 모기종으로는 집모기속(*Culex*)에 속하는 모기가 전 세계적으로 가장 많이 보고되었다.

미국에서는 49종의 모기에서 웨스트나일바이러스가 확인되었는데 집모기속에서는 빨간집모기(*Cx. pipiens*)를 비롯하여 9종, 숲모기속(*Aedes*)에 흰줄숲모기(*Ae. albopictus*)와 금빛숲모기(*Ae. vexans*)를 비롯한 4종, 또 다른 숲모기속(*Ochlerotatus*)에는 등줄숲모기(*Oc. dorsalis*)와 일본숲모기(*Oc. japonicus*)를 비롯한 17종, 얼룩날개모기속(*Anopheles*)에는 7종, 그리고 기타 12종에서 확인되었다. 그러나 집모기속의 모기를 제외한 다른 종의 모기가 웨스트나일바이러스를 다른 동물에 매개할 수 있는지에 대해서는 아직 정확히 밝혀지지 않았다. 또한 웨스트나일바이러스는 모기뿐만 아니라 진드기에서도 발견되었다.

감염된 사람이나 조류 외에 동물(주로 말)은 모기에게 바이러스를 전파할 만큼의 충분한 바이러스 혈증이 야기되지 않기 때문에 사람(동물)-모기-사람(동물)간의 전파는 일어나지 않는다. 사람간의 전파는 일어나지 않지만 수혈, 장기이식을 통한 감염은 증명되었고 모유 수유를 통한 전파의 가능성도 제기되었다.

(3) 임상 증상

잠복기는 3~14일이다. 감염환자의 80% 가량이 무증상이며 20% 정도에서 경증의 발열질환(웨스트나일열)이 발생하고 감염자 150~300명 중 1명 정도에서 중증의 중추신경계감염 증상(웨스트나일뇌염)이 나타난다. 임상증상은 발열, 전신쇠약감, 오심, 구토, 두통, 설사, 발진 등이며 경증의 경우 3~6일 정도 증상이 지속된 후 회복되지만 중증감염의 경우 의식수준의 변화, 운동조화불능, 경련 등 신경계 기능이상 증상이 동반된다. 중증감염(웨스트나일뇌염)의 위험인자는 고령으로 80세 이상의 환자는 20세 미만의 환자보다 뇌염 발생 가능성이 약 40배 높다. 중증감염의 경우 신경계의 영구 손상으로 인한 후유증이 남을 수 있으며 유증상(웨스트나일열+웨스트나일뇌염) 환자의 사망률은 5~10% 정도로 알려져 있다. 환자는 다음과 같은 검사실 소견을 나타낸다.

○ 백혈구 수치는 정상이거나 약간 증가한다

○ 뇌염을 보이는 환자에서 종종 저나트륨혈증을 나타낸다.

○ 뇌척수액

- 백혈구 : 정상~1782개/mm^3까지 다양한 양상을 보인다.
- 단백 : 일반적으로 상승(51~899mg/dL)
- 포도당 : 대체로 정상치

○ 뇌전산화단층촬영 : 급성 질환의 증거가 없다.

○ 자기공명영상촬영상 : 1/3에서 뇌막, 뇌실주위에 영상증가가 관찰된다.

(4) 진단 및 치료

IFA Mabs, Ag Capture, Dipsticks, Immunohistochemistry 등을 통한 항원 검출법을 사용할 수 있다. 한편, RT-PCR 검사를 통해 핵산을 검출할 수 있으나 사람에서는 단독진단법으로 사용하지는 않는다.

약 25%의 환자는 중환자실 치료가 필요하고, 10% 정도의 환자는 인공호흡치료가 필요하다. 환자에게 리바비린, 인터페론-a2b를 고용량 투여하는 것은 실험상 효과가 있다는 보고가 있으나 확립되어 있지 않다. 이 바이러스는 사람 간의 전파가 불가능하므로 환자나 접촉자에 대한 격리나 특별한 조치는 필요 없으나 수혈, 장기이식, 모유수유를 통한 전파의 가능성을 주의하여야 한다.

(5) 예방법

모기에 물리지 않도록 하는 것이 가장 중요하고 웨스트나일바이러스 감염이 의심되는 조류를 취급할 때에는 개인보호장비를 반드시 착용하여야 한다. 사람을 대상으로 한 백신은 현재 개발 중이다.

6) 간염 A 바이러스(Hepatitis A virus)

간염 A형은 주로 수인성 경로로 전파된다. 우리나라에서는 특히 어린아이에게서 많이 발생하며, 20세 이상 성인은 어렸을 때 무증상 감염으로 이미 면역이 형성되어 있는 경우가 많다.

유, 소아기의 감염은 거의 증상이 없는 불현성 감염으로 나타나며, 연령이 높아질수록 증상이 심해지는 것이 특징이다. A형 간염의 경우 드물게 혈액매개로 전파도 가능하며, 감염숙주가 사람을 비롯한 일부 영장류로 제한되어 있다.

(1) 병원체 특성

Picornaviridae과에 속하는 *Hepatovirus*속 바이러스이다.

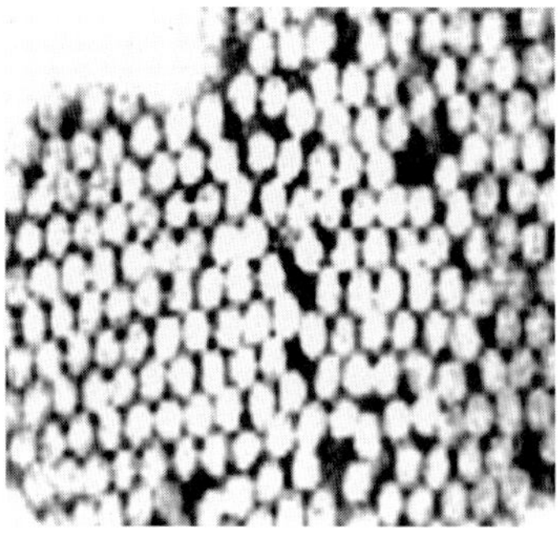

〈그림 3-16〉 간염 A 바이러스

(2) 감염경로

A형 간염바이러스에 오염된 음식물이나 물의 섭취로 인하여 피감염자가 동시에 발증한다. 비말 등 경구감염을 통해 전파되며 수인성 경로를 통하여 전파될 수 있다. A형 간염은 주로 잠복기 후기 및 급성기 초기 환자의 대변을 통하거나, 혈우병 환자의 혈액제제를 투여받았을 때 이 시기의 혈액이 감염원이 될 수 있다.

(3) 임상 증상

발열, 오한, 두통, 오심, 구토, 설사, 황달, 식욕감퇴, 복통 등의 증상이 나타난다. 잠복기는 15일~50일이며 평균 4주이다.

(4) 진단

PCR 검사법과 HAV IgM, IgM 항체검사 등을 사용하여 검출할 수 있다.

(5) 예방법

생활환경이 개선되고 위생상태가 호전되면 특별한 예방대책이 없더라도 A형 간염의 발생은 급격히 감소된다. 용변을 본 후와 식품을 조리하거나 식사하기 전에 손을 충분히 씻어야 하며 소독을 하여야 한다.

음용수는 가능한 끓여서 마시고 잘 가열한 식품을 섭취한다. 식수원의 오염배제, 적절한 하수관리, 개인 위생 관념의 향상 등 공중 위생의 확립이 가장 중요하다. 백신이 개발되어 있어 예방이 가능하다.

7) 간염 E 바이러스(Hepatitis E virus)

E형 간염은 인도를 포함한 아시아와 아프리카, 중남미의 저개발 국가에서 주로 집단적으로 발생하고, 선진국에서는 발병사례가 거의 없다.

(1) 병원체 특성

Calicividae과에 속하는 *Hepevirus*속 바이러스이다.

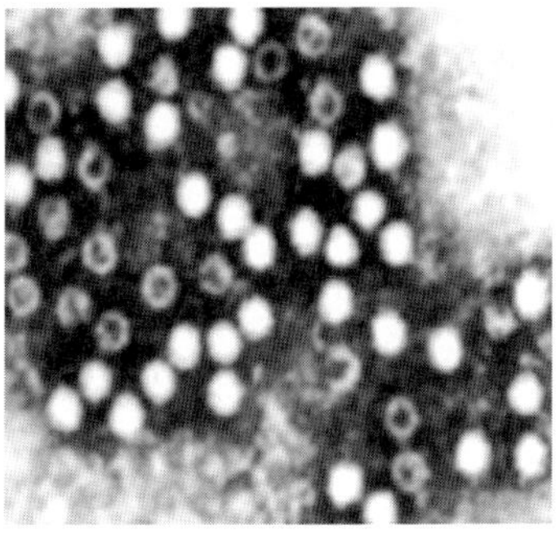

〈그림 3-17〉 간염 E 바이러스

(2) 감염경로

경구적 경로로 감염되며, E형 간염 환자의 분변이 음용수를 오염시키면 수인성 전파로 인해 대규모 발병이 일어날 수 있다. 인수공통 감염병이며 A형 간염과 마찬가지로 만성화 및 보균자로는 전파가 진행되지 않는다. A형 간염보다 대규모로 발생되며 임산부가 감염되었을 경우 유산을 초래할 수 있다.

(3) 임상 증상

황달, 메스꺼움, 구토, 복부통증, 흑뇨, 관절통증, 발진, 설사, 가려움증 등을 주요 증상으로 하며 잠복기는 약 7~10일 정도이다.

(4) 진단

바이러스의 검출은 혈청을 사용하여 IgM이나 IgG 항체 검색을 위한 EIA kit 검사법을 이용하며, PCR 진단법도 사용한다.

(5) 예방법

유행지역에서는 깨끗한 음료를 이용하고 채소나 과일의 생식을 피하며 손을 자주 씻는 습관을 갖도록 한다. 백신은 아직까지 개발되어 있지 않다.

3. 예방관리와 대책

3.1. 예방관리

1) 세균성 식중독의 일반적 방지대책

세균성 식중독을 예방하는 데에 있어서는 다음의 세 가지 원칙(청결, 가열, 신속 섭취)에 입각하여 대처해야 한다.

첫째, 세균에 의한 오염을 방지할 것

식품의 재료는 항상 신선한 것을 사용하고, 조리 또는 식품의 제조 및 취급에 종사하는 사람은 매일 손의 소독, 세척에 유의하여 손을 매개로 한 식품의 오염을 방지해야 한다. 특히 손에 화농성 질환이 있는 사람은 포도상구균에 의한 식중독을 유발시킬 수 있으므로 주의를 요한다.

또 식품을 취급하는 사람은 수시로 검변을 행하여 보균자에 의한 사고를 미연에 방지토록 할 것과 설사를 하고 있는 사람은 조리업무에 종사하지 않도록 해야 하는 배려도 필요하다.

도마 등의 식기류는 항상 청결하게 하고, 가급적 사용 후에는 그때마다 열탕으로 소독해야 한다. 또 쥐와 곤충에 의한 오염을 막기 위해 이들 동물의 구제, 방충, 방서시설을 갖추어야 한다.

둘째, 세균의 증식을 억제시킬 것

통조림과 같은 특수한 것을 제외한 대부분의 식품은 완전히 무균상태로 유지하는 것은 사실상 불가능한 것이다. 따라서 평소에 사용하는 식품 중에는 다소나마 세균이 존재하고 있으므로 실제로는 이것을 증식시키지 않도록 한다는 것이 식중독 방지상 가장 중요한 것이다.

이를 위해서는 식품을 장기간 방치하는 것을 피하고, 곧 이용하지 않을 경우에는 가급적 저온에서 보존하는 것이 제일 먼저 취해야 할 수단이라고 할 수 있다. 세균성 식중독은 날씨가 추울 때에는 현저히 감소하는데 이것은 생물이 대체로 그러하듯이 기온과의 관계에 의한 것이다.

그러나 최근 난방설비가 일반가정에도 보급됨에 따라 겨울철의 식품 취급에 대해서도 주의를 하지 않으면 안 된다. 또 특수한 식품에 대해서는 55℃ 이상의 온도에서 보관하여 세균의 증식을 막는 방법을 강구하는 수도 있다.

셋째, 세균을 사멸시킬 것

포도상구균과 같이 열에 강한 독소에 의해 일어나는 식중독은 예외이지만 식중독의 대부분을 차지하는 *Salmonella*, 장염 비브리오, 병원성 대장균 등에 의한 감염형 식중독 및 보툴리누스 식중독은 섭취 전에 식품을 충분히 가열하면 사고를 방지할 수 있다.

또 식품 내에 존재하는 세균 등의 미생물과 바이러스는 냉동에 의해 사멸되는 것이 아니라 증식이 억제될 뿐이므로 냉동을 중지하면 다시 증식을 시작한다는 점에 유의하도록 식품취급자를 이해시켜 둘 필요가 있다.

2) 식중독 대처법

식중독 증상을 보였을 때 다음과 같은 대처를 하도록 한다.

(1) 미지근한 물을 먹여 곧 토하게 한다.

식후 얼마 지나지 않았다면 미지근한 물이나 소금물 등을 곧 먹인다. 인지와 중지를 환자의 입안에 넣고 자극하여 토해 내게 한다. 이것을 여러 번 반복한다.

(2) 설사약을 먹인다.

어느 정도 시간(3시간 이상)이 지났다면 설사약을 먹여 본다. 이 때 가급적이면 의사나 약사의 처방을 받는다.

(3) 관장시킨다.

설사제 복용 등 관장시키는 것도 좋은 방법인데 이 때에는 의사의 지시를 받는다.

(4) 호흡 곤란이 있다.

독소에 의한 중독(세균독 등)으로 호흡 곤란이 나타났다면 곧바로 인공호흡을 실시한다.

(5) 경련을 일으켰다.

혀를 깨물지 않도록 나무젓가락이나 수저에 가제를 말아 환자 입에 물린다.

(6) 탈수에 주의한다.

보리차나 정수한 물로 수분을 공급한다. 환자가 탈수 증상을 보인다면 몸에 필요한 중요한 다른 성분도 이미 소실되었기에 의사에게 보인다.

(7) 보온하고 쇼크를 방지한다.

머리를 낮게 하고 발쪽을 높여서(쇼크 체위) 보온한다.

3.2. 식중독 지수

1) 식중독 지수란?

식중독 지수란 식중독을 예방을 위하여 개발된 정량적이고 수치적인 개념으로서 그 날의 온도에 따른 미생물에 의한 식중독 위험도를 나타낸 지수를 말한다.

$$\text{식중독 지수} = \frac{\text{최적조건에서의 식중독 유발시간(3.5hr)}}{\text{임의의 온도에서의 식중독 유발시간}} \times 100$$

단, 여기서 계산되는 식중독 지수는 예보구역별 수치의 절대 값은 음식물 부패관련 미생물의 증식에 영향을 미치는 온도조건만을 기준으로 부패가능성을 백분율로 표시한 것으로 아직 검증단계에 있음을 주지해야 한다.

〈표 3-22〉 온도별 식중독 지수

온도(℃)	성장속도(hr^{-1})	증식시간(hr)	식중독 유발시간(hr)	식중독 지수
40	1.98	0.35	3.5	100
39	1.95	0.36	3.6	98
38	1.92	0.36	3.6	97
37	1.85	0.37	3.7	93
36	1.8	0.39	3.9	91
35	1.7	0.41	4.1	86
34	1.6	0.43	4.3	81
33	1.45	0.48	4.8	73
32	1.35	0.51	5.1	68
31	1.2	0.58	5.8	61
30	1.05	0.66	6.6	53
29	1	0.69	6.9	51
28	0.9	0.77	7.7	45
27	0.8	0.87	8.7	40
26	0.7	0.99	9.9	35
25	0.6	1.16	11.6	30
24	0.55	1.26	12.6	28
23	0.475	1.46	14.6	24
22	0.4	1.73	17.3	20
21	0.35	1.98	19.8	18
20	0.25	2.77	27.7	13
19	0.2	3.47	34.7	10
18	0.18	3.85	38.5	9
17	0.15	4.62	46.2	8
16	0.12	5.78	57.8	6
15	0.1	6.93	69.3	5

〈표 3-23〉 식중독 지수와 주의 사항

지 수 범 위	주 의 사 항
86이상	3-4 시간내 부패, 음식물취급 극히 주의, 식중독 위험
53~85	4-6 시간내 부패, 조리시설 취급 주의, 식중독 경고
30~53	6-11 시간내 식중독 발생 우려, 식중독 주의
10~30	식중독 발생 우려, 음식물 취급 주의

2) 식중독 지수 해설

식중독 지수가 35~50이면 10시간 이내에 식중독이 발생할 우려가 있으므로 식중독 주의를 예보, 지수 50 이상이면 7시간 이내에 발생할 우려가 있으므로 식중독 경고를 예보한다.

특히 조리실의 온도는 상온보다 5℃ 이상 높아 음식물이 상하기가 쉬우므로 음식물의 보관 등에 주의를 요하고 음식물의 저장, 운반 시에는 적정온도에서 취급되어져야 식중독을 예방할 수 있다.

〈표 3-24〉 식중독 지수 해설

지수 86 이상	기온 35℃ 이상인 경우로서 음식물을 방치할 경우 3~4시간이 경과하면 살모넬라균, 황색 포도상구균, 장염 비브리오균 등의 식중독 발생이 대단히 우려되므로 식품의 취급에 특별히 주의를 하여야 한다.
지수 53~85	기온 20~35℃인 날로 4~6시간이 경과하면 식중독균인 살모넬라균, 황색 포도상구균, 장염 비브리오균 등이 자라기 쉬우므로 음식물을 조리하여 즉시 섭취하고, 조리시설 내 청결에 주의하여야 한다.

3) 식중독 지수의 의미 및 기상예보 시 언급할 사항

① 식중독 지수의 의미는 최적조건에서 식중독을 유발시킬 수 있는 시간과 각각의 온도에서 식중독을 유발 시킬 수 있는 시간에 대한 비율이다.

② 식중독지수 100의 의미는 최적조건(40℃, pH=6.6~7.0, 수분활성도=1~0.99)에서 초기 균수 1,000마리인 식품이 식중독을 발생시킬 수 있는 106개의 균수로 증식되는 시간이 3.5시간 소요된다는 뜻으로, 식중독 지수 80은 식중독이 발생하는데 걸리는 시간이 3.5시간을 0.8로 나눈 값 즉 약 4.4시간 걸린다는 뜻임. 식중독 지수 50은 3.5시간을 0.5로 나눈 값 즉 7시간이 소요된다는 뜻이다.

③ 본 지수는 pH 및 수분활성도를 최적인 상태에서 고려하였으므로 식중독 지수가 높은 날은 중성식품류 보다는 식초 등을 사용하여 조리되는 산성 식품류를 섭취하는 것이 식중독 예방에 좋다.

④ 비가 오거나 장마기간 중의 습도가 높은 날은 평상시 수분활성도가 낮아서 식중독

발생률이 낮은 식품도 높은 습도로 인하여 식중독 발생이 가능하므로 주의해야 한다(예 : 과자류, 빵류 등).

⑤ 발표되는 식중독 지수는 그날의 최고 온도를 기준으로 작성되므로 대량 급식시설에서는 작업장 내 온도를 감안하여 식중독 지수를 환산해야 한다.

4) 식중독지수 알림서비스

식품의약품안전처은 전국의 집단급식소, 대형음식점, 도시락제조업소 등의 식품취급 종사자를 대상으로 식중독 발생 경각심을 고취시키기 위하여 식중독이 많이 발생할 수 있는 4~10월 사이에 그 날의 식중독 지수를 핸드폰 문자 메세지로 알려주는 '식중독 지수 알림서비스'를 실시한다.

식중독지수 알림서비스 대상업소 및 발송기관은

- 지방청 : 식재료 공급업소
- 시 · 도 : 집단급식소, 대형음식점(100평 이상), 도시락제조업소
- 한국음식업중앙회 : 100평 이하 일반음식점(김밥판매업소 포함)

식중독지수는 그 날의 기온에 따른 미생물의 성장속도와 증식시간을 고려하여 지수가 86 이상일 때 식중독발생 위험, 50~85일 때 경고를 나타내며, 이러한 메세지를 지방식약청, 시 · 도 등 각 기관별로 분담하여 식품업소 위생관리책임자의 핸드폰으로 알려주게 된다.

식중독 지수 확인방법

○ 기상청의 협조로 기상청 내 산업기상정보 허브(생활기상정보)를 통하여 6시간 마다 예보 (http://www.kma.go.kr/weather/lifenindustry/life_jisu.jsp?JISU_INFO=lifedayimg_A01_2)

○ 식약처 홈페이지 〉 식품 〉 식중독정보 〉 식중독지수 예보 (http://forecast.nhis.or.kr/menu.do?selectedMenuId=3&linkOrgan=mfds)

제4장 곰팡이독 식중독

1. 곰팡이독의 특징

1.1. 곰팡이독(mycotoxin)

곰팡이가 만들어 내는 2차 대사산물로서 포유동물인 사람과 동물에 대하여 위해한 작용을 나타내는 유독물질을 총칭하여 곰팡이독(mycotoxin)이라 한다. 곰팡이독은 비병원성 곰팡이가 생산하는 비단백질성의 저분자화합물로 항생물질과는 구별되며, 항원성을 가지지 않는다. Mycotoxin의 경구적인 침입에 의해 사람이나 동물에서 나타나는 병적증상을 진균 중독증 또는 곰팡이 식중독(mycotoxicosis)이라 부른다.

오래 전부터 맥각중독이 알려져 있으나, 1960년에 영국에서 발견된 aflatoxin이 강력한 발암물질이라는 사실에서 mycotoxin의 유독성이 전세계에 인식되게 되었다. 식생활에 있어서 쌀의 섭취와 발효양조식품의 섭취량이 많은 것, 여름철 기후의 고온다습으로 곰팡이의 번식이 많은 것 등으로 mycotoxin은 식품위생상 중요한 과제로 되어 있다.

곰팡이독은 현재 300종류 이상 보고되어 있으며 잠재적으로 사람의 건강에 유해한 영향을 줄 수 있는 곰팡이독은 약 10~20종류가 있다. 곰팡이독소 생산 곰팡이로서는 *Aspergillus*, *Penicillium*, *Fusarium*속 등이 알려져 있다. 원인 식품으로서는 곡류, 두류 및 가공식품 등 탄수화물이 풍부한 식품으로 곡류가 주식인 우리나라 사람들에게 곰팡이독소의 위해성은 매우 심각하다.

곰팡이 중독증은 다음과 같은 특징을 나타내고 있다.

① 동물 또는 사람 사이에서는 직접 이행되지 않는다. 즉 감염형이 아니다.
② 의심되는 원인식품에서 관여 곰팡이독이 검출될 수 있다.
③ 식중독 발생은 계절적 요인과 관계가 깊다. *Fusarium* 독소균에 의한 중독은 겨울에 많이 발생하며 *Penicillium* 및 *Aspergillus* 독소에 의한 중독은 여름(고온 다습할 때)에 많이 발생한다.
④ 곡류, 목초나 사료와 같은 탄수화물이 풍부한 농산물이 식중독 발생의 원인이 된다.
⑤ 항생제나 기타 약제로 거의 치유되지 않는다.

지금까지 사람이나 가축에 곰팡이 식중독을 유발하는 곰팡이 독소의 종류와 특성을 요약하면 〈표 4-1〉과 같다.

1.2. 곰팡이독의 분류

곰팡이 독(mycotoxin)은 관점에 따라 각각 달리 분류할 수 있다.

1) 발견 경위에 의한 분류

(1) 식중독 유래 곰팡이독

사람이나 동물의 식중독 원인식품이나 사료에서 직접 분리 추출된 물질로써, 동물실험을 통해 식중독 사고에서와 동일한 증상을 재현하는 것에 의해 그 독성이 확인된 물질이다. 중요한 것으로 Aflatoxin, Rubratoxin, Ochratoxin, Maltoryzine, Patulin, Zearalenone, *Fusarium* 독소균 등이 있다.

(2) 오염균주 유래 곰팡이독

식품이나 사료에 오염된 곰팡이를 분리하여 인공배양한 후, 동물실험을 통해 독성이 확인된 물질들이다. 황변미독(luteoskyrin, islanditoxin, citreoviridin)이 여기에 속한다.

〈표 4-1〉 식중독을 유발하는 주요 mycotoxin

장애 부위	Mycotoxin	생산균	중독사례 및 증상	주 원인 식품
간	Aflatoxin B_1, B_2, G_1, G_2	*Aspergillus flavus* *A. parasiticus*	칠면조 X병 어린이 급성중독 급성중독성 간염	땅콩, 밀가루, 면실
	Rubratoxin B	*Penicillium rubrum*		
	Luteoskyrin	*P. purpurogenum* *P. islandicum*	소, 돼지 간 장해 장기 출혈	황변미, 옥수수
	Islanditoxin (cyclochlorotin)	*P. islandicum*	간 출혈	황변미
	Sterigmatocystin	*A. versicolor*	간장애, 간암	황변미
신장	Ocratoxin B	*A. ochraceus* *P. viridicatum*	돼지, 말 신장장애	옥수수
	Citrinin	*P. citrinum*	신장염	황변미
신경	Maltoryzine	*A. oryzae var. microsporum*	젖소 마비, 식욕감퇴	맥아가 혼입된 사료
	Patuline	*P. patulum*		사료
	Citreoviridine	*P. citreoviride*	중추신경장애	황변미
피부	Sporidesmin	*Pithomyces chartarum*	양, 소 과민성 안면 피부염	목초
	Psolalen	*Sclerotinia sclerotiorum*	사람, 가축 피부염	
기타	Zearalenone	*Fusarium graminearum*	가축 발정성 증후, 번식장애	옥수수
	ATA 원인물질	*F. poae* *F. sporotrichiodes*	사람-식중독성 무백혈구증	맥류
	Trichothecene	*F. trincinctum* *Trichothecium roseum*	가축-설사, 장기 출혈 사람-급성 위장염, 피부자극	

(3) 보존균주 유래 곰팡이독

곰팡이독의 생산성이 분명한 곰팡이와 분류학상 유사한 균주를 검색하고 이들 균주로부터 얻은 대사산물의 독성을 동물실험에 의해 증명한 것들이다. 식품과 직접 관계가 없으며, 식품위생상의 중요성은 위의 경우보다 떨어진다. 그러나 미생물을 이용하여 새로운 발효식품이나 의약품을 제조하는 경우 여러 배양조건에서 곰팡이독이 생산되지 않음을 확인해야 한다.

2) 장애 부위에 의한 분류

Coveney 등은 사람이나 동물에서 빈번히 일어나는 중요한 곰팡이 독소를 중심으로 장해가 일어나는 생체내의 주된 기관이나 부위에 따라 다음과 같이 분류하였다.

(1) 간장독(hepatotoxin)

동물에게 간경변, 간종양 또는 간세포의 괴사를 일으키는 물질군으로 aflatoxin, rubratoxin류, sterigmatocystin, luteoskyrin, ochratoxin류, islanditoxin 등이 있다.

(2) 신장독(nephrotoxin)

급성 또는 만성의 신장장해를 일으키는 물질군으로 citrinin, citreomycetin, kojic acid 등이 있다.

(3) 신경독(neurotoxin)

뇌와 중추신경계에 장해를 일으키는 것으로 patulin, maltoryzine, citreoviridin, cyclopiazonic acid 등이 있다.

(4) 광과민성 피부염물질(photodynamic dermatoxic metabolite)

독소섭취 후, 햇빛을 쬐면 피부염, 특히 안면습진을 일으키는 것으로 sporidesmin류, psoralen류가 있다.

(5) 기타(others)

그 밖에 침흘림 유발물질(slaframine), 발정유인물질(zearalenone)을 생산하거나, 조혈기능장해(*Fusarium* 독소류)를 유발하는 독소류가 사람이나 가축의 중독사고에서 발견되고 있다.

2. 주요 곰팡이독

2.1. Aflatoxin

1960년 영국에서 10만 마리의 칠면조 어린 새끼가 수개월에 걸쳐 폐사하는 사건이 발생하였고, 당시에는 그 원인을 몰라 '칠면조 X 질병(Turkey X disease)'이라고 불렀다. 폐사한 동물의 부검결과 간에 광범위한 괴저와 신장장애가 있었으며, 칠면조 외에도 비둘기와 오리새끼 등도 유사한 질환을 보였다. 이에 대한 병인을 조사한 결과, 브라질에서 사료용으로 수입한 땅콩박이 *Aspergillus flavus*에 오염되어 생성된 독성물질에 의한 것임이 밝혀져 이 독성물질을 *Aspergillus*에서 'a', flavus에서 'fla'를 따서 aflatoxin이라 명명하였다.

Aflatoxin은 dihydrofuran 고리에 coumarin 유도체가 결합한 구조를 가지는 일군의 화합물로 thin layer chromatography 상에서 자외선을 조사하면 청색 형광을 발하는 aflatoxin B_1, B_2와 녹색 형광을 발하는 G_1, G_2가 대표적이다. B_1과 B_2가 섭취한 동물의 체내에서 대사되면 동물의 오줌이나 젖 중에 배설하는 자색 형광의 M_1과 M_2가 있다. 이들 외에도 현재까지 B_{2a}, G_{2a}, H, L, P1, Q 등의 유도체가 검출되었으며, 유사구조를 갖는 물질 13종이 알려져 있다.

가장 독성이 강한 B_1(LD_{50}=250ug)은 지금까지 발견된 천연물질 중 가장 강력한 발암물질로, 특히 사람을 포함하여 동물, 조류, 어류 등에 침입하여 심한 간장 장애를 유발한다. 1967년 미국 MIT에서는 쥐에 B_1을 15ppb 포함한 사료를 투여하면 68~82주 내에 100% 간암이 생긴다는 연구결과를 발표하였다. 아프리카 및 아시아의 여러 국가와 지역에서 수행한 역학 조사의 결과를 보면 aflatoxin 섭취량과 간암 발생률 간에 높은 상관관계를 보이고 있다.

*Aspergillus flavus*가 생육되기 쉬운 연간 기온 20℃ 이상의 아열대 및 열대지역에서 생산된 농산물의 오염도가 높다. Aflatoxin 생성 최적조건은 수분 16% 이상, 온도 25~30℃, 상대습도 80~85% 이상이며 탄수화물이 풍부한 쌀, 보리, 옥수수 등의 곡류와 땅콩 등의 견과가 주요 오염원이 된다. M_1의 경우 우유나 유가공품에서도 발견된다.

Aflatoxin은 강산 및 강알칼리로 분해되나 열에 대해서 안정하며 270~280℃ 이상으로 가열하지 않으면 분해되지 않기 때문에 보통의 식품가공상의 가열처리 또는 조리에 의해서는 대부분 독성을 잃지 않는다.

곰팡이 독소가 동물이나 인체에 치명적인 위해를 줄 수 있는 가능성이 있기 때문에 많은 국가들이 곰팡이 독소에 대한 기준치를 정하고 있다. 우리나라의 경우 곡류, 두류, 땅콩, 견과류 및 그 단순가공품의 허용기준치를 aflatoxin B_1의 경우 10ppb로 정해져 있으며 사료 원료에서는 50ppb가 허용기준치로 되어 있다. 국제적으로는 1989년부터는 식품 중 aflatoxin 잠정 허용기준치를 설정하고 있는 나라가 증가하고 있으며 그 기준치도 대체로 5~200ppb 수준을 유지하고 있다. 일본의 경우는 공식적으로 인정된 검사 방법에 의해 식품에서는 검출이 되지 않아야 하며 사료에서도 10~20ppb 이하로 정해 놓고 있다.

EU는 사료에 대한 허용기준만 설정하는 데 동물에 따라 5~200ppb로 되어 있다. 많은 유럽국가들은 우유나 유제품, 특히 유아식품에서의 aflatoxin M_1에 대해서는 엄격한 규제를 하고 있으며, 이러한 규제는 실질적으로 사료에서의 aflatoxin B_1의 허용잔류량에 대한 직접적인 규제로도 생각할 수 있다.

이에 반해 막대한 양의 농산물 수출국인 미국은 허용기준치가 다른 나라에 비해 다소 높은 경향을 보이고 있는데, 모든 식품과 사료에서 aflatoxin 총량으로 20ppb로 제한하고 있다.

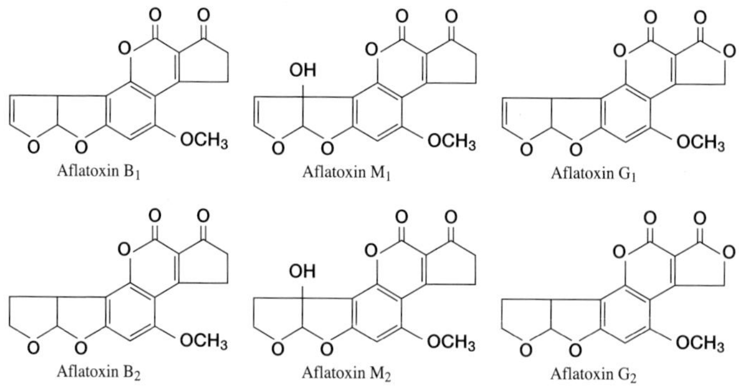

〈그림 4-1〉 Aflatoxin의 구조

〈표 4-2〉 각국의 aflatoxin 허용기준(ppb)

국 가	식 품	사 료
FAO/WHO	30	-
미 국	20(우유 0.5)	20~300
영 국	10	10~50(B_1)
이스라엘	-	20
인 도	30(B_1)	-
일 본	10(B_1)	10~20(B_1)
캐나다	15	20
태 국	20	-
프랑스	5	-
네덜란드	5(B_1)	-
한 국	10(B_1)	20~50

(출처 : 이서래, 식품의 안전성 연구)

2.2. 황변미 독(yellow rice toxins)

저장 중 쌀의 수분이 14~15% 이상이 되면 쌀에 곰팡이가 기생해서 쌀이 황색으로 변질되어 황변미(yellow rice)를 만들게 된다. 그 중에서 곰팡이 대사산물에 의한 유독물질을 황변미 독소라고 하며, 이에 의한 중독을 황변미 중독이라고 한다.

우리나라를 포함한 동남아시아에서는 저장 곡류의 수분을 조절하기 어려워 특히 황변미의 발생이 많다. 일본에서는 각기병 발생이 곰팡이 오염미와 관련 있는 것으로 보고 오랫동안 각기병에서 추측된 'x-factor'나 'oryzaetoxin' 등으로 알려진 것들을 곰팡이독으로 추측하고 있다. 또한 쌀을 주식으로 하는 동양인에서 간 질환(간경변, 간암)이 서양에 비해 많이 발생된다고 보고되고 있는데, 그 원인의 일부는 황변미독(특히, luteoskyrin, islanditoxin)에 의한 것이 아닌가 생각된다. 그러나 황변미독에 의한 식중독 사고는 실제로 발생하지는 않았다.

황변미는 모두 *Penicillium*속의 곰팡이가 기생한 것으로, 기생하는 곰팡이에 따라 다음의 세 가지로 분류할 수 있다.

1) Toxicarium 황변미

저장된 쌀의 배유에 곰팡이가 오염되면 황색반점이 생기고 점차 황색으로 변하여 황변미를 만든다. 1937년 미야께는 대만산 황변미에서 *Penicillium toxicarium Miyake*를 분리 동정하였고 이 균의 이름을 따서 toxicarium 황변미라 하였다.

이 균주는 이후에 분류상 *Penicillin citreoviride*로 확인되었다. *Penicillin citreoviride*의 자연오염은 쌀에서만 알려져 있으며 백미보다 현미에 많다. 이 곰팡이는 쌀에 황색반점을 형성하며 자외선에 의해 황색형광을 나타낸다.

이 균주가 생산하는 독성물질은 citreoviridine이며, 이것은 신경독성 물질로 경련, 호흡장애, 상행성 마비 등의 중독증상을 유발하며, 더욱 진행되면 호흡마비를 일으켜 사망에 이르게 한다. 만성중독에서는 빈혈을 일으키는 것으로 알려져 있다.]

흰쥐에 대한 급성치사 독성은 LD_{50}=80㎎/㎏(복강), LD_{50}=10㎎/㎏(피하) 및 LD_{50}=30㎎/㎏(경구)이다. 곰팡이의 독소 최적생산온도는 12~18℃이며 쌀에 수분이 15% 정도일 때 잘 발생한다. 그러나 citreoviridine의 독성은 자외선이나 2일간의 햇빛조사에 의해 불활성화된다.

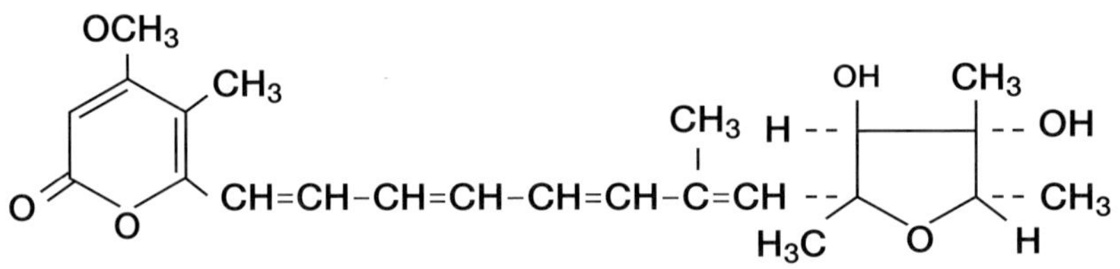

〈그림 4-2〉 Citreoviridine의 구조

2) Islandia 황변미

*Penicillium islandicum*은 1947년 이집트산 쌀에서 처음 분리되었으며 동남아시아, 일본, 미국, 유럽 등지에서 생산된 곡류에서도 분리되었다. 이 곰팡이에 오염된 쌀은 회색에서 황색으로 변하다가 나중에는 적갈색으로 변색되어 toxicarium 황변미 보다 진한 갈색을 띠며 자외선 아래에서 형광을 띠지 않는다. *Penicillium islandicum*의

자연오염은 쌀 외에 보리, 소맥, 수수, 후추 등에서도 발견된다.

이 곰팡이는 luteoskyrin과 islanditoxin(cyclochlorotine)의 독소를 생산하며, 이들은 속효성과 지효성으로 나눌 수 있다. 속효성 독소인 islanditoxin은 고리형의 함염소 peptide로서 cyclochlorotine으로 불리기도 한다. 이 독소는 간장독으로 수용성의 무색 결정이며 융점은 251℃이다. 쥐의 경우 경구투여로 LD_{50}=6.5㎎/㎏, 피하로 LD_{50}=4.75㎎/㎏으로 2시간 정도에 사망한다. 중독증상은 간세포 변성, 간경변과 간암 등이 나타난다. 그러나 분자 중의 염소원자가 제거되면 독성을 상실한다.

지효성 독소인 Luteoskyrin은 간장독으로 융점이 278℃이며 polyhydroxy-anthraquinone계 황색색소이다. 쥐의 경구독성은 LD_{50}=221㎎/㎏, 피하로는 LD_{50}=147㎎/㎏이며 독성의 발현은 2~3일에 나타나며 간암으로 진행되어 사망한다.

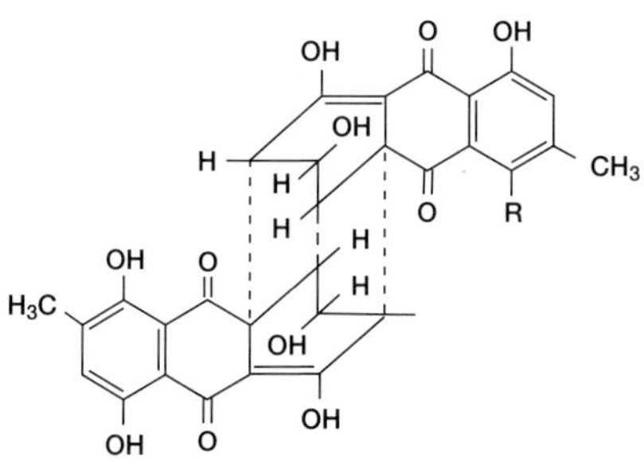

Luteoskyrin : R = OH
Rugulosin : R = H

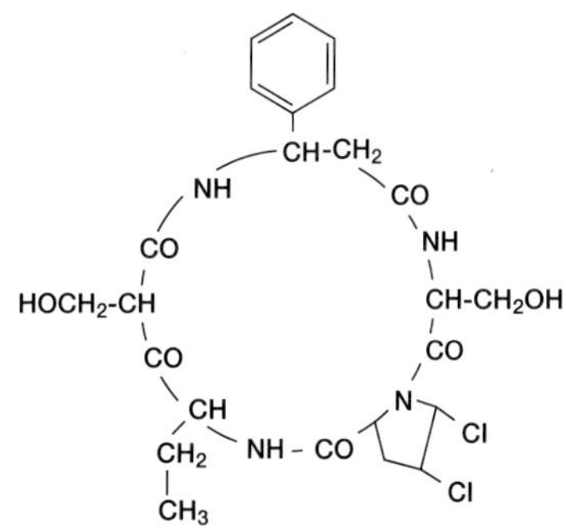

Cyclochlorotin(islanditoxin)

〈그림 4-3〉 Luteoskyrin, Rugulosin, Cyclochlorotin의 구조

3) 태국 황변미

1951년 태국에서 수입된 쌀에서 *Penicillium citrinum*이 분리되었다. 이 곰팡이는 주로 백미에 발생하며, 오염된 쌀은 전체적으로 황색으로 변하고 자외선에 조사하면 황색의 형광을 띤다. 그 독소는 citrinin이며, aflatoxine이 발견되기 30년 전인 1931년 Hetherington에 의해서 *Penicillium citrinum*으로부터 처음 분리되었다.

Citrinin은 그 후 여러 가지 *Penicillium*속 곰팡이와 *Aspergillus*속 곰팡이에 의

해서도 생성된다는 사실이 밝혀졌으며, 자연계에 널리 분포(특히 온대지방)하고 쌀 이외에도 옥수수, 맥류(麥類) 등의 곡류, 땅콩에도 발생한다.

Citrinin은 phenol성 화합물 carboxylic acid 구조를 갖고 있다. 지용성으로 융점이 112~119℃이며 270℃에도 내열성이 있는 활성물질이다. 독성이 강한 신장독으로 사구체에 장해를 유발하고 신장비대로 인해 세뇨관에서의 물의 재흡수를 저하시킴으로써 뇨량을 증가시키며 nephrosis(신장증)을 일으킨다. 흰쥐에 대한 급성치사 독성은 LD_{50}=35㎎/㎏(피하 또는 복강)으로 알려지고 있다.

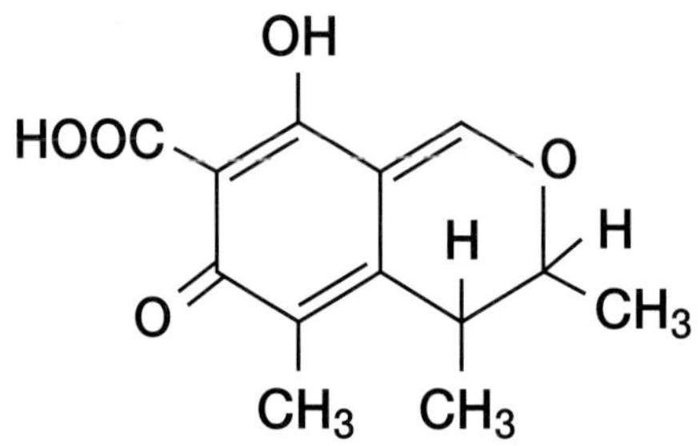

〈그림 4-4〉 Citrinin의 구조

2.3. 맥각 중독(ergot alkaroids)

개화기의 보리, 호밀과 라이맥 등에 자낭균류에 속하는 맥각균의 일종인 *Clavices purpurea*와 *Claviceps paspali* 등이 기생하면 균의 균핵 중에 함유하는 맥각(ergot)으로 인하여 오염된 곡류가 흑자색 또는 흑청색으로 변질되어 그 조직이 쉽게 부서진다.

맥각은 교감신경 마비를 일으켜 자궁근과 혈관을 수축하므로 오래 전부터 진통촉진, 자궁지혈제로서 약용이나 분만촉진용으로 이용되어 왔으나, 많은 양 (보통 0.5%정도)의 맥각을 섭취하면 맥각중독(ergotism) 증상이 일어난다.

중세 이후로 구라파 등을 중심으로 이와 같은 중독 예가 알려져 왔다. 프랑스에서는 994년에 4만 명이, 1129년에는 12,000명이 사망한 기록이 있다. 중세에는 맥각 중독증을 '성 안토니오의 불(St. Anthony's Fire)'라고 불렀는데, 이는 성안토니오 성지를 순

례하면 치료된다고 믿는데서 유래하였다.

맥각 중독을 일으키는 물질을 맥각 alkaloid라고 하며 ergotamine, ergotoxine, ergometrine, ergosine, ergocristine 등 5군의 유독 alkaloid가 있으며, 각각은 여러 가지 다른 증상을 유발한다.

이들은 구조상 lysergic acid(좌선성) 또는 isolysergic acid(우선성)의 유도체로 일반적으로 좌선성의 alkaloid가 우선성의 alkaloid보다 생리적 작용이 더 강하다. 근래 환각제로 문제가 된 LSD는 lysergic acid diethyl amide구조를 가지고 있다.

0.5% 이상의 맥각이 함유된 곡류를 섭취하면 중독 증상이 나타나며, 7% 이상이면 치명적이다. 맥각에 의한 중독증상은 급성중독일 때에는 구토, 설사, 복통 등의 위장장애와 두통, 이명, 지각이상, 경련 등이 나타나고, 임산부에게 유산과 조산을 일으키기도 한다. 만성중독에는 경련형과 괴저형의 2가지 형태가 있다. 경련형은 장기간 소량 섭취 시에, 괴저형은 대량 섭취 시에 나타난다. 초기증상은 2가지 형태 모두 소화관 증상과 신경증상이 시작된다. 이후 경련형은 경련발작과 정신장해를 유발하며, 괴저형은 말초혈관 순화장애에 의해 사지에 통증을 수반한 괴저현상을 유발한다.

각국에서는 맥각의 허용한계를 두고 있는데, 미국은 0.3%, 캐나다 0.2%, 소련 0.15%로 규정하고 있다.

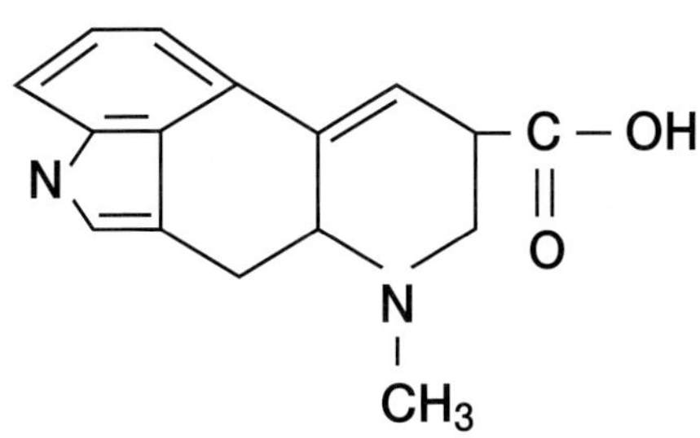

〈그림 4-5〉 Lysergic acid의 구조

2.4. 식중독성 무백혈구증(ATA : Alimentary Toxic Aleukia)

*Fusarium*속 곰팡이균 중에는 식물병을 일으키는 균종이 많으며 경작하는 토양, 목초와 수확기에 곡류 등에서 쉽게 분리할 수 있다. 상대습도 96% 이상에서 분생포자가 발아되며 수확기에 곡물이 고온 다습한 조건에서 이 곰팡이로부터 독소가 생산된다. 주로 여러 가지 곡류, 특히 보리, 밀, 옥수수 등에 기생하며, 피해 곡류 중에 여러 가지 mycotoxin이 함유되어 있어서 곡류를 사람이 직접 섭취하거나 가축사료로 이용하면 중독증상을 일으킨다.

*Fusarium*속 곰팡이가 생산하는 독소에 의한 대표적인 중독사례가 1890년경에 우크라이나에서 발생하였으며, 시베리아에서도 1913년과 1941~1947년에 대규모 식중독 사고가 사주 발생되었다. 1941년 시베리아에서 발생한 식중독의 경우, 독을 다량 섭취한 경우에 백혈구가 감소되고, 중증에서는 백혈구가 정상인의 1/10~1/20로 감소하여 패혈증으로 사람이 사망하였다.

이들 지역은 강설량은 매우 많으나, 기온이 비교적 온화한 삼한사온형 기후조건을 가지고 있다는 공통점이 있다. 제2차 세계대전 중 노동력 부족에 의해 수확 후, 그대로 밭에 방치된 농작물에 늦가을에서 이른 봄에 걸쳐 눈이 녹거나 어는 반복적인 온도변화에 의해 곰팡이가 번식하여 독소를 생성하게 되었고, 봄에 이를 섭취한 사람에게서 식중독 사고가 유발된 것이라 생각되었다.

원인물질을 조사한 결과, 기온이 매우 낮거나 강설량이 많은 기후조건에서도 잘 번식하는 곰팡이인 *Fusarium sporotrichiodes*와 *Fusarium poae*로 부터 각각 생산된 sporofusarin과 poaefusarin이 원인물질로 밝혀졌다. 또한 *Cladosporium epiphylum*과 *Cladosporium fagi*가 생산하는 epicladosporic acid, fagicladosporic acid 등도 주요 원인물질이다. *Fusarium sporotrichiodes*는 온도 및 아열대에서 서식하고 여러 종의 식물(보리, 밀, 수수)과 이과류 (사과, 배)에서도 분리되며, 독소생산 온도범위는 5~8℃의 저온이다.

이 곰팡이독소에 오염된 식품을 1~1.5kg 정도 섭취하면 수시간 내에 발병하는 것으로 알려져 있다. 급성 중독의 경우 구강 및 소화기에 이상과 경련을 가져오며, 위염, 오심, 구토, 호흡곤란, 경련, 심부전 등의 증상을 나타낸다. 아급성 중독에서는 3-8주간의 잠복기 동안 백혈구의 감소와 임파구의 증가를 나타낸다.

잠복기가 지나면 현저한 조혈기능 장애를 보이며, 백혈구의 극단적인 감소, 임파구수의 증가, 장기에서의 출혈, 혈액 응고시간 지연 등이 일어나게 되고 이들 장애에 따라 2차 감염을 일으키는 경우도 있다. 이와 같은 증상을 식중독성 무백혈구증(ATA : alimintary toxic aleukia)이라고 한다.

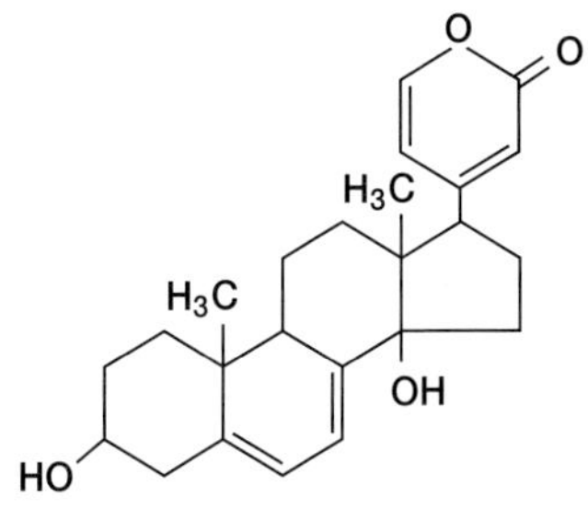

$CH_3(CH_2)_7CH{=}CH(CH_2)_{13}COOH$
Epicladosporic acid

$CH_3(CH_2)_9CH{=}CH(CH_2)_9COOH$
Fagicladosporic acid

〈그림 4-6〉 **식중독성 무백혈구증 독소의 구조**

2.5. Sterigmatocystin

Sterigmatocystin은 1954년 히스다(初田)에 의해 *Aspergillus versicolor*에서 최초로 분리되었으며, 1962년 Bullock에 의해 화학구조가 밝혀졌다. 그 구조는 bisfuran ring에 xanthin 유도체가 결합하고 있는 형태로 aflatoxin과 유사하며 aflatoxin 생합성 전단계에서 합성되어지므로 자연오염 발생에 유의해야 된다.

곰팡이독 생산균주는 *Aspergillus versicolor, Aspergillus nidulans* 등으로 자연계에 널리 분포한다. 비교적 낮은 온도와 건조한 습도(약 81%)에서도 생육할 수 있어 주로 곡류와 사료 원료를 오염시킨다. 구조 및 독성발현과정은 aflatoxin과 유사하지만 독성은 1/200 정도이다. 급성독성의 경우 쥐의 경구투여로 LD_{50}=166㎎/㎏로서 aflatoxin B_1보다 낮으며 쥐에 경구투여 발암성도 aflatoxin의 1/250로 낮지만, 간장장애를 일으키며 만성중독으로 간암을 일으킨다. 이 독소가 aflatoxin에 비하여 급성독성이 약한 이유는 용해성이 낮기 때문이다.

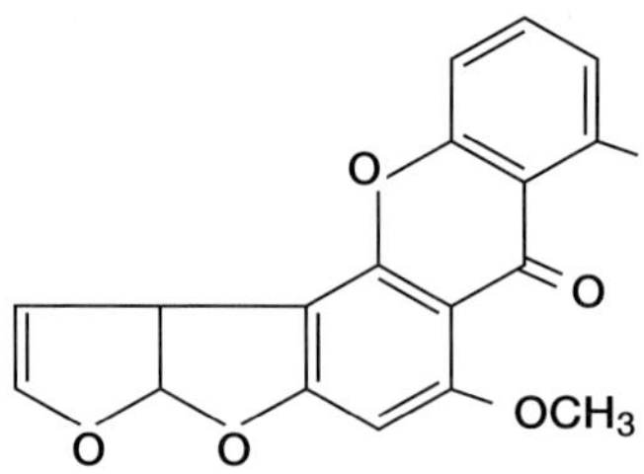

〈그림 4-7〉 Sterigmatocystin의 구조

2.6. Ochratoxin

온대성 기후에서 자라는 *Penicillium verrucosum*이나 온난 다습한 환경에서 생장하는 *Aspergillus*속 등의 대사산물이다. 특히 *Aspergillus ochraceus*는 곡류와 곡류 가공품 및 과일, 향신료 등에서 광범위하게 발견되며, *Aspergillus carbonarius*는 지중해와 같은 온난 다습한 지역에서 포도류와 건포도 제품에서 주로 발견된다.

주요 독소 생산균은 *Aspergillus ochraceus*이며, 생산하는 독소는 ochratoxin A, B, C 3종이 알려져 있다. 밀, 옥수수, 육류, 가공식품 등에서 검출되는 ochratoxin A는 phenylalainin과 isocourmarin carbonyllic acid 유도체와의 amide 형태로 가장 독성이 강하다.

동물에게 면역억제 작용과 기형을 유발하며, 신장과 간에 치명적이 손상을 주는 것으로 알려져 있다. 발암성이 강한 것으로 알려져 있지만, 사람에 대한 장애는 아직 확실하지 않다. 쥐에 대한 급성경구독성은 LD_{50}=22㎎/㎏이며 오리 새끼의 경우 LD_{50}=0.5㎎/㎏이다. B와 C의 독성은 A의 약 1/1000 이하이다.

농산물 외에도 건어물, 커피, 사료 등도 ochratoxin A에 오염되어 있다고 보고되고 있으며, 우리나라의 경우 된장, 고추장, 간장 등의 대부분이 오염되어 있다. 덴마크, 프랑스 등 유럽 국가에서 허용기준치를 정하고 있는데, 식품은 주로 쌀, 보리 등 곡류에 대해 5~50ppb의 범위로 규제하고 있다.

이스라엘, 스웨덴 등에서는 5~30ppb의 기준을 설정하고 있다. 반면에 우리나라는 ochratoxin A에 대한 허용기준이 아직 설정되어 있지 않아 이 곰팡이 독소에 오염된 식품이 무방비 상태로 수입될 우려가 있다.

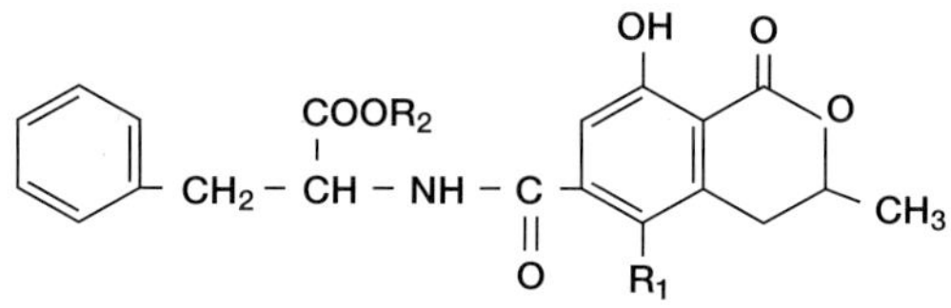

A $R_1 = Cl, R_2 = H$
B $R_1 = H, R_2 = H$
C $R_1 = Cl, R_2 = C_2H_5$

〈그림 4-8〉 Ochratoxin의 구조

2.7. Maltoryzine

1954년 일본에서 맥아근 사료를 섭취한 젖소에서 집단 중독사고가 발생하였다. 병인을 조사한 결과, 중독을 일으킨 사료 중에서 유독물질 생산균으로 *Aspergillus oryzae* var. *microsporum*를 분리하고 이 균을 배양하여 황색결정물질인 maltoryzine을 검출하였다.

이 독소는 뇌중추신경계 장애를 유발하는 신경독성물질로 식욕부진, 경련, 근육마비 등의 중독증상이 나타난다. 급성독성은 쥐의 복강내 투여로 LD_{50}=3㎎/㎏이며 경련, 근마비 및 식욕상실 등을 일으키는 맹독이다. 만성독성은 쥐와 소에서 간장 장애를 일으키고 부신피질 파괴 등의 증후로 8개월 내에 사망하게 된다.

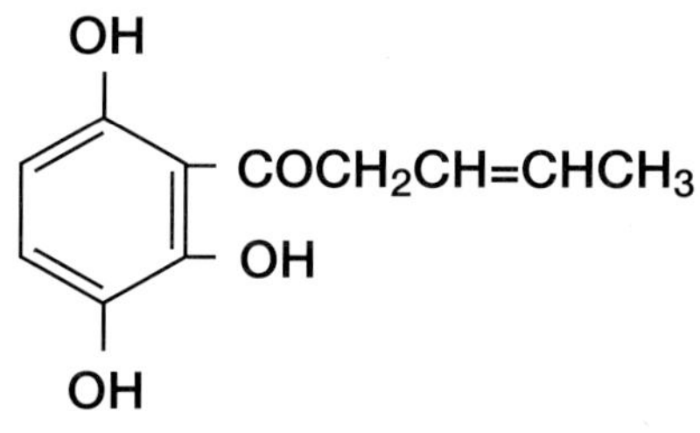

〈그림 4-9〉 Maltoryzine의 구조

2.8. Patulin

1952년 일본에서 맥아뿌리 사료를 먹인 젖소가 집단중독사한 사고가 있었는데, 그 원인물질이 patulin이다. Patulin은 *Penicillium patulum*의 대사산물로서 일시적으로 그람양성 및 음성세균에 대한 항생제로 사용되었다. 이 물질은 *Penicillium patulum* 이외에 *Penicillium*속의 여러 균과 *Aspergillus*속, *Byssochlamys nivea* 등에서도 분리·검출된다.

사과 부패균인 *Penicillium expansum*에서도 대량 생성되므로, 부패된 사과나 사과주스의 오염사례가 많이 보고되고 있다. 또한 내열성이 강해 통조림이나 병조림 식품에서도 발견될 수 있다. 그러나 알콜 발효에 의해 파괴되므로 알콜 음료에서는 검출되지 않는다.

Patulin은 신경독 물질로 출혈성 폐부종, 간, 비장, 신장 모세혈관 손상, 뇌수종, 뇌와 중추신경 출혈반 등의 중독증이 유발된다. 동물에 발암성을 나타내며, 특히 면역계와 신경계를 손상시키는 것으로 보고되고 있다.

쥐에게 피하주사로 연속 투여 후 주사부위에 악성 종양이 발생하였다는 보고가 있으나 경구투여에 의한 발암성은 확실치 않다.

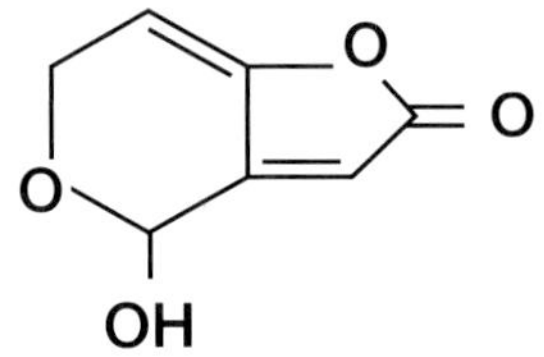

〈그림 4-10〉 Patulin의 구조

2.9. Rubratoxin

1957년 Burnside에서 *Penicillium rubrum*에 오염된 옥수수 사료를 먹은 소와 면양의 중독사고가 발생했는데, 그 원인물질은 rubratoxin으로 간염과 간출혈을 일으키고 간과 비장에 세포변성을 일으키는 만성 독성을 유발한다. Townsend가 *Pen. rubrum*의 액체배양을 통해 대사산물인 rubratoxin A, B를 분리하였으며, 이들 물질은 수용성이며 열저항성이 있는 물질로 확인되었다.

간에 현저한 독성을 나타내며, 치사량 이하로도 간기능 장애를 유발하며 쥐에 대한 급성독성은 LD_{50}=3.7㎎/㎏으로 보고되고 있다.

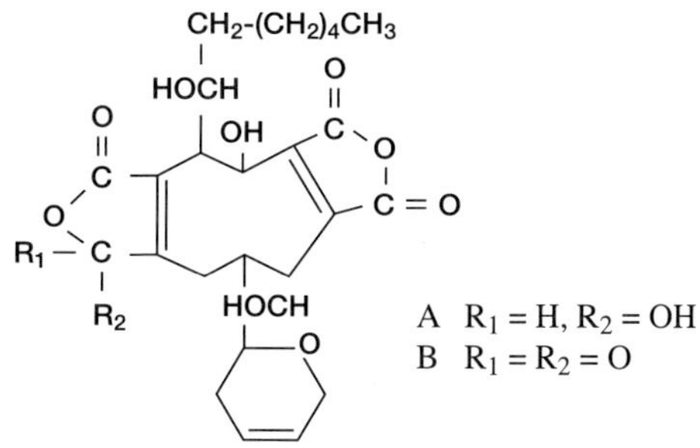

〈그림 4-11〉 Rubratoxin의 구조

2.10. Trichothecene류 독소

Trichothecene류 독소는 지금까지의 곰파이 독소 중 가장 다양하고 복잡한 것으로 알려져 있다. 주로 *Fusarium*속이 생성하는 곰팡이독소로 지금까지 약 148종의 독소가 분리되었으나, 식품과 사료를 오염시키는 것은 단 몇 종에 불과하다.

대표적인 trichothecene류 독소 생성 곰팡이와 독소는 〈표 4-3〉과 같으며, 이 중 T-2 toxin의 독성이 가장 강하다. 이들 독소는 섭취했을 때보다 코로 흡입했을 때 독성이 40배 이상 증가하는 것으로 알려져 있다.

〈표 4-3〉 Trichothecene류 독소와 원인균

원 인 균	독　소
Fusarium trincinctum	T-2 toxin, diacetoxyscirpenol
Fusa. nivale	nivalenol, fusarenon X
Fusa. roseum	vomitoxin(deoxynivalenol), monoacetoxyscirpenol
Fusa. solani	neosolaniol
Trichoderma viride	trichodermin
Trichothecium roseum	trichothecin, trichothecolone

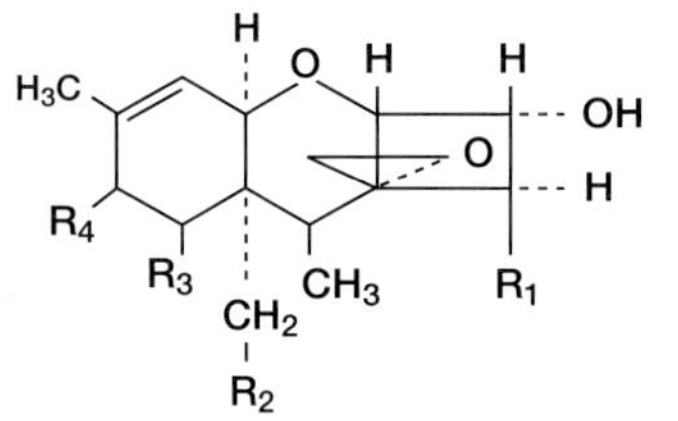

	R_1	R_2	R_3	R_4
T-2 toxin	OAc	OAc	H_2	$OCOCH_2CH(CH_3)_2$
nivalenol	OH	OH	OH	=O
fusarenon	OAc	OH	OH	=O
vomitoxin	H_2	OH	OH	=O

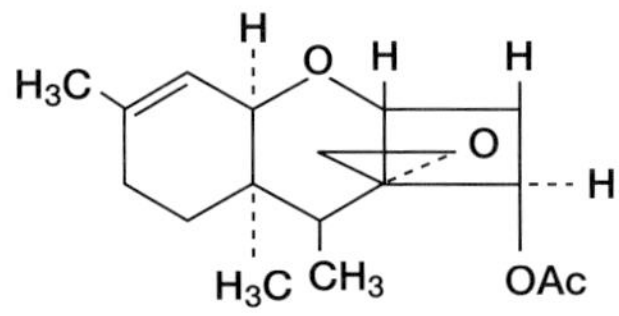

Trichodermin

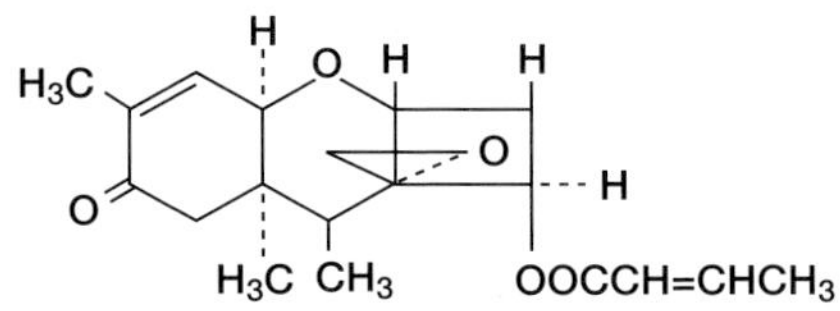

Trichothecin

〈그림 4-12〉 Trichothecene류 독소의 구조

메스꺼움, 구토, 설사, 출혈, 피부점막자극, 재생 불량성 빈혈, 두통, 경련등의 중독 증상이 나타나며, 장의 점막상피, 흉선, 비장, 임파선 조직, 골수 등의 세포핵 붕괴 및 괴사를 일으킨다.

2.11. Zearalenone

Zearalenone은 *Fusarium graminearum*의 2차대사산물로 수확 후 작물에 생육하여 독소를 생산하며, F-2 toxin 또는 FES(fermentation estrogenic substance)라고도 한다. 1928년 미국 중서부지방에서 *Fusarium graminearum*에 오염된 사료를 먹은 가축이 이상발정을 일으킨 것이 최초로 보고되었으며, 1970년 미국 Ontario에서 곡류 사료로부터 다량 검출되었다.

이 독소는 급성독성을 유발하지는 않지만, 돼지와 기타 동물 실험결과 생식기관을 침해하여 생식기능 장애와 불임 등을 유발한다. 특히 여성호르몬의 일종인 에스트로겐과 비슷한 성질을 가지고 있어서 동물에 비정상적인 발정증후군(異常發情症候, estrogenic syndrome)을 초래한다. 중독증상은 외음부 팽창과 질염, 유방 및 자궁비대가 나타난다.

주로 유럽에서 식품에 대해 규제하고 있으며, 허용기준은 0~1,000ppm이며, 러시아의 허용기준(1,000ppm)이 가장 높다. 우리나라의 경우 유럽의 최대 허용기준보다 1.5배나 많은 zearalenone이 옥수수와 보리에서 검출되어 그 위험성에 크게 노출되어 있는 상태이지만, 아직 허용기준이 설정되어 있지 않다.

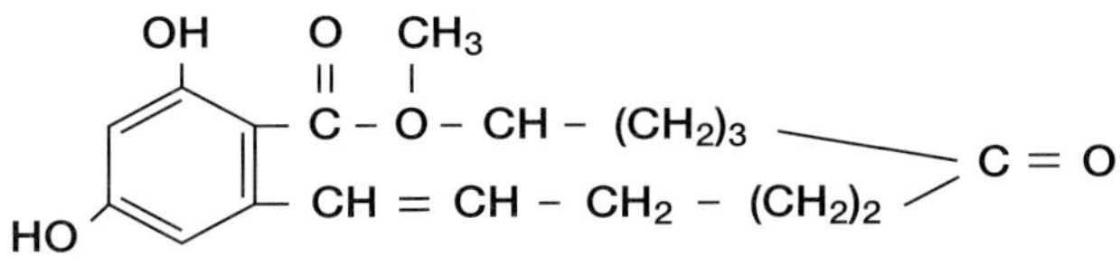

〈그림 4-13〉 Zearalenone의 구조

3. 예방관리와 대책

곰팡이독소는 농산물뿐만 아니라 가공식품도 오염시킬 수 있다. 그러므로 곰팡이독소의 피해를 예방하기 위해서는 사람과 가축 및 가금류의 식품 및 사료가 되는 각종 농작물의 종자발아로부터 성장, 수확, 가공, 저장, 운송 및 소비에 이르기까지 모든 단계에 걸쳐 세심한 대책이 강구되어야 한다.

곰팡이독소들은 비교적 낮은 분자량을 가지며 현저한 열 안정성을 가지고 있다. 식품의 제조공정에 적용된 어떤 열처리에 의해 곰팡이독소들을 분해시킨다는 것은 실제로 불가능하다.

Aflatoxin의 경우, 열에 대해서 안정하여 270~280℃ 이상으로 가열하지 않으면 분해되지 않기 때문에 보통의 식품 가공상의 가열처리 또는 조리에 의해서는 대부분 독성을 잃지 않는다.

한번 곰팡이독으로 오염된 식품과 사료는 독성을 완전히 제거할 방법이 없다. 그러므로 식품 및 사료에서 곰팡이의 발생을 막는 것이 최선의 방법이다. 일반적인 예방대책으로는 다음과 같은 것들이 있다.

① 농작물은 식물방역상의 입장에서 재배 중, 특히 수확기에 접어들 때부터 곰팡이에 의한 침해를 적극적으로 방지하는 수단을 강구해야 한다.

② 곡류의 저장은 될 수 있는 한 건조한 조건과 동시에 저온에서 보존해야 한다. 곡류

저장시의 상대습도를 70% 이하로 유지하고 곡류중의 수분을 13% 이하, 땅콩의 경우는 7% 이하로 하는 것이 좋다.

③ 식품가공 공장에서는 곰팡이가 오염되지 않은 원료를 엄선해서 사용하며, 동시에 안전한 장소에 보관해야 한다. 식품 저장 시에는 진공포장 같이 공기를 배제하는 것이 좋으며 특히 유제품은 냉장하였다가 단기간 내에 소비하는 것이 바람직하다.

④ 식품의 가공공정 중 사용되는 보존료(소르빈산염, 프로피온산염)는 곰팡이 발육을 억제하지만 무제한 방지하지는 못한다. 따라서 소비자는 이러한 가공식품이라도 냉장고에 보존하고 적당한 기간 내에 소비하는 것이 바람직하다.

⑤ 가정에서는 식품에 곰팡이가 증식하지 않도록 우선적으로 주의해서 취급하고, 곰팡이가 자란 식품은 버려야 한다. 연질치즈나 크림, 요구르트와 같은 반고체 형태의 유제품과 잼, 젤리, 빵과 같은 식품에서는 곰팡이의 균사나 생성된 곰팡이독이 내부에까지 확산되어 있을 가능성이 있으므로 눈에 보이는 부분만을 제거하는 것은 충분하지 않다.

⑥ 곰팡이독에 의한 위험도가 높은 식품은 monitoring을 행하며, 소비자에게 오염의 영향이 파급되지 않도록 적절한 배려를 구하는 것 등이 곰팡이독 중독증의 예방에 필요한 조치라고 할 수 있겠다.

오염을 방지하기 위해서 또는 오염된 식품에서 곰팡이와 독소를 제거하기 위해서 그 외에도 여러 가지 물리적, 화학적, 생물학적 방법들이 모색되고 있다.

① 생물학적 방법으로는 환경 중에 공존하는 특정의 미생물을 이용하여 곰팡이독 생산 곰팡이의 성장과 곰팡이독소 생산을 억제하는 연구가 이루어지고 있다.

② 물리적 방법으로는 온도 조절, 열 에너지 이용, 일광 노출, 자외선 조사 등의 방법이 주로 이용되고 있다. 상압하에서 열처리를 하는 경우 aflatoxin의 50% 정도만 파괴된 데 비해, 고압과 열처리를 병행하는 경우 70% 정도가 파괴되었다는 보고가 있다. 또한 감마선(5~10Mrad)처리에 의해 aflatoxin이 감소하였다는 연구보고도 있다. 그러나 방사선의 처리로는 독소가 완전히 제거되지 않았다.

③ 화학적인 방법으로는 여러 화학물질이 오염된 농산물에서 곰팡이의 오염 수준을 낮추는 효과가 있는지 실험되었으며, 주로 산이나 알칼리 성분들, 산화제 등이 효과가 있는 것으로 알려져 있다. 특히, 곰팡이독은 알칼리에 불안정하여 일부 분해되는 것으로 알려져 있어 일부 유지가공공장에서는 원료를 먼저 알칼리로 처리한 후 활성백토로 곰팡이를 흡착시켜 제거하는 방법을 사용하고 있다.

제5장 자연독 식중독

우리가 식용하는 동 · 식물 중에는 자연적으로 또는 특정 생육환경에서 인체에 해로운 유독성분을 생성하는 것이 있다. 유독성분은 부위별로 함량차이가 나거나 계절에 따라 한시적으로 생성되는 것이 있으며 수확시기에 따라 또는 보관 중에 생성되는 것도 있다. 우리는 유독성분을 제거하거나 피하여 섭취하지만 부주의로 인하여 자연독 중독증을 일으킬 수 있다. 또한 식용하는 것이 아니지만 잘못 알고 섭취하므로 자연독 식중독을 일으킬 수도 있다. 이 장에서는 부주의 하거나 오용으로 인해 식물성 및 동물성 자연독 식중독을 유발할 수 있는 동 · 식물을 분류하였다.

1. 식물성 자연독 식중독

1.1. 감자

감자에 생성될 수 있는 유독성분은 solanine이다. Solanine은 steroid계 alkaloid인 solanidine에 glucose, galactose, rhamnose가 결합된 배당체이다. 보통 감자에는 solanine이 미량 존재하여 문제가 되지 않지만 저장 중 발아된 싹 부분이나 햇빛에 노출되어 녹색으로 변한 부분에는 생성량이 증가되어 섭취 시 중독을 일으킨다.

Solanine은 cholinesterase 저해작용을 통해 독성을 나타내며, 복통, 구토 등의 위장장해와 두통, 현기증, 마비, 의식장애 등을 일으킨다. 토끼의 경우 LD_{50}= 0.45g/kg이며, 사람은 200~400mg으로 중독을 일으킬 수 있다. 가열조리에 의해 분해되지 않으므로 싹이 난 부위와 녹색으로 변한 부위는 충분히 제거하고 섭취하여야 한다.

또 부패한 감자에는 sepsin이란 유독성분이 생성되어 중독을 일으킬 수 있다.

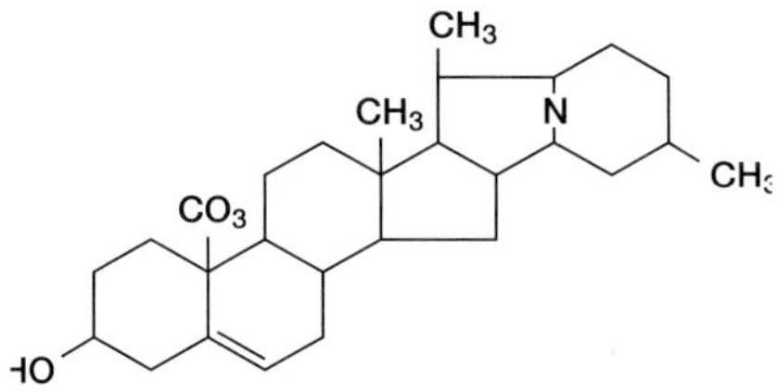

〈그림 5-1〉 Solanidine의 구조

1.2. Cyan 배당체 함유식물

식물 중에는 다양한 cyan 배당체가 함유되어 있는데 식물 내에 함께 들어 있거나 미생물에 존재하는 효소에 의해 분해되어 메트헤모글로빈이나 시토크롬 산화효소 내의 철 이온과 결합하는 하이드로시안산(hydrocyanic acid, HCN)을 방출하므로 독성을 나타낸다. 소화불량, 어지러움, 질식 등을 일으킬 수 있다.

〈표 5-1〉 Cyan 배당체 함유식물

Cyan 배당체	식 물	비 고
Amygdalin	덜 익은 매실(청매), 사과, 버찌, 복숭아, 살구 등의 종자, bitter almond	식용 견과류인 sweet almond에는 존재하지 않음
Dhurrin	수수	어린 잎, 백색화된 새싹에 다량 존재
Linamarin	Cassava	뿌리를 식용전분(tapioka)으로 사용하며, 가공 중 cyan은 제거됨
Phaseolunatin	오색두(미얀마 콩)은행	미숙한 것을 많이 먹으면 중독을 일으킴

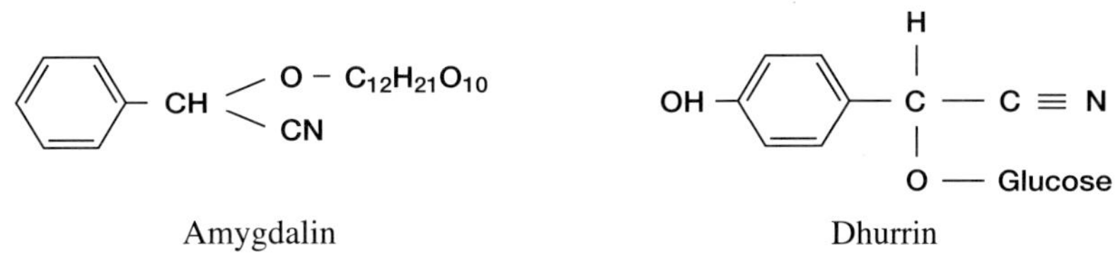

〈그림 5-2〉 Amygdalin과 Dhurrin의 구조

1.3. 콩류

대두, 완두콩, 땅콩, 강낭콩 등에는 protease inhibitor가 함유되어 있으며 대표적인 것이 trypsin inhibitor이다. Protease inhibitor는 생체에서 단백질 분해효소의 기능을 저해하는데 가열조리하면 활성이 사라진다.

1.4. 목화씨

목화의 씨, 뿌리, 줄기에는 polyphenol 물질인 gossypol이라는 독성물질이 있다. Gossypol은 정제가 안 된 면실유와 그 박을 통해 중독증을 일으킬 수 있다. 면실유는 품질이 좋고 값이 싸 튀김기름, 샐러드유로 사용되며, 참치통조림, 마요네즈, 마가린 및 라드의 원료로 사용된다. 기타 비누 원료에 쓰이고, 기름을 빼고 난 박은 gossypol을 제거하고 사료로 이용된다. Gossypol은 피로, 위장장애, 식욕감퇴, 현기증 등의 중독증을 일으킨다.

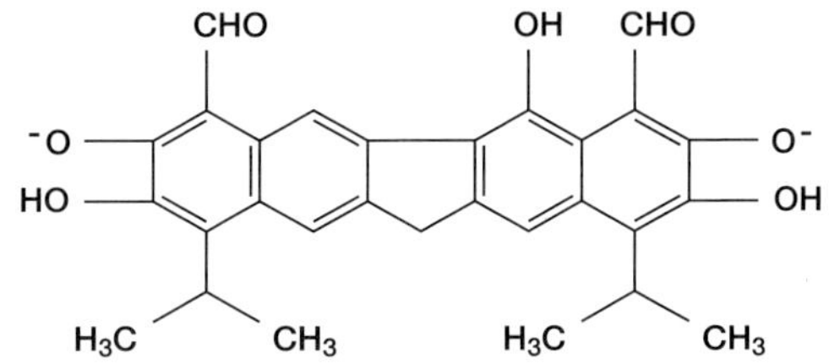

〈그림 5-3〉 Gossypol의 구조

1.5. 고사리

방목하던 소가 생 고사리를 먹고 비뇨기와 장관출혈로 중독사하는 일이 영국에서 발생하면서 고사리의 독성물질이 밝혀지기 시작했다. 유독성분으로 bracken fern toxin, ptaquiloside 등이 보고되었다. Ptaquiloside는 DNA의 adenine과 guanine을 알킬화하며, 소와 쥐 등 동물에서 발암성 및 최기형성을 나타낸다. 그러나 고사리의 떫고 쓴맛을 우려내고 가열하면 독성이 사라진다.

1.6. 피마자씨

설사제로 이용되는 피마자유 제조에 쓰이는 피마자씨에는 ricin과 ricinin이라는 유독성분이 함유되어 있다. Ricin은 hemagglutinin 또는 phytagglutinin이라는 적혈구를 응집시키는 단백질의 일종이다. 피마자유와 그 박을 통해 중독될 수 있으나 피마자유의 제조공정 중 제거된다. 피마자 씨에는 내열성이 강한 allergy를 유발하는 allergen도 있다.

1.7. 소철

소철의 열매를 이용하여 불충분한 정제법으로 만든 전분에는 운동실조 등의 신경독을 유발하는 cycasin이 함유되어있다. 동물실험에서 간, 신장, 소장 등에 종양을 유발하는 것으로도 알려졌다.

1.8. 디기탈리스

유럽이 원산지이며 약용이나 관상용으로 재배되고 있다. 유독성분은 digitalis라는 심장작용성 배당체로 잎이나 종자를 먹은 동물과 사람은 오심, 구토 및 심장성 부정맥을 나타낸다.

1.9. 오용하기 쉬운 유독식물

1) 독버섯

버섯은 크게 버섯 갓과 갓 밑의 주름살, 주름살을 두르고 있는 띠, 줄기 부분인 대, 대 밑 컵 모양의 대주머니 등 5개 부분으로 이루어진다. 국내 자생 독버섯은 5개 부분이 모두 순백색인 독우산광대버섯과 갓 부분이 노란색인 개나리광대버섯, 마귀광대버섯 등 광대버섯류가 주종으로 전국적으로 90여 종에 이르고 있다. 2004년 농진청 보고에 의하면, 해마다 독버섯 중독 환자수가 50~60여 명에 달하고 있으며 이 중 10% 정도는 목숨을 잃는다. 특히, 비가 많이 내리고 난 후는 버섯의 생육 상태가 좋아 식용의 유혹을 느낄 수 있는데 산이나 들에서 자생하는 야생버섯은 일단 모두 독버섯으로 의심하고 먹지 않는 것이 최선의 길이다.

독버섯 성분은 설사, 복통 및 구토 등의 증상을 보이는 위장형 중독증, 심각한 설사 및 구토와 함께 근경련 등 콜레라와 같은 증상을 일으키는 콜레라형 중독증, 부교감신경 흥분성 증상을 나타내는 뇌증형 중독증 등을 일으키며 다음과 같은 종류가 있다.

(1) Muscarine

Alkaloid의 일종이며 맹독성으로 부교감신경 흥분성 작용을 나타낸다. 즉, 심장박동수 및 수축성의 감소로 맥박이 느려지며 다량섭취 시 심장이 정지하여 사망할 수도 있다. 기관지 수축으로 호흡곤란을 유발할 수 있으며, 위장의 운동성 및 분비의 증가로 위경련, 구토 및 설사를 일으킬 수 있고, 타액선 및 누선을 자극하여 침과 눈물의 분비를 항진시킨다. 땀버섯, 광대버섯 및 마귀버섯 등에 함유되어 있다.

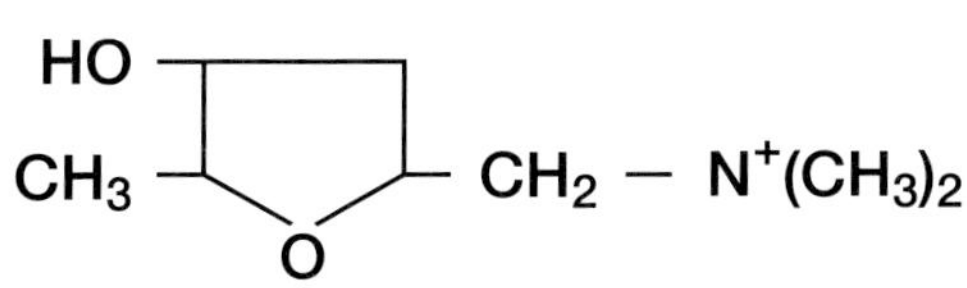

〈그림 5-4〉 Muscarine의 구조

(2) Muscaridine

Pilzatropin이라고도 하는데 광대버섯에 존재하며 빈맥, 동공확대 등을 일으킨다.

(3) Neurine

Muscarine과 유사한 증상을 유발한다. 부패균의 작용에 의해 choline으로부터 쉽게 생성되므로 독버섯 외에 부패된 단백질 식품에도 존재할 수 있다.

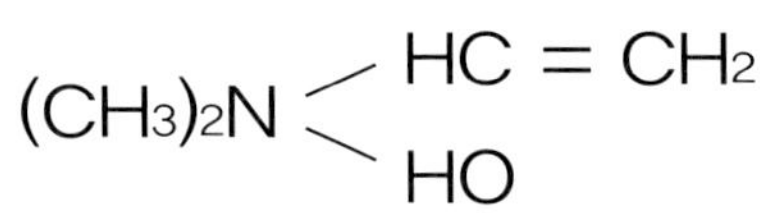

〈그림 5-5〉 Neurine의 구조

(4) Choline

Muscarine과 유사한 증상을 유발하지만 독성은 극히 약하므로 크게 문제되는 독성분은 아니다. 많은 종류의 독버섯에 광범위하게 함유되어 있다.

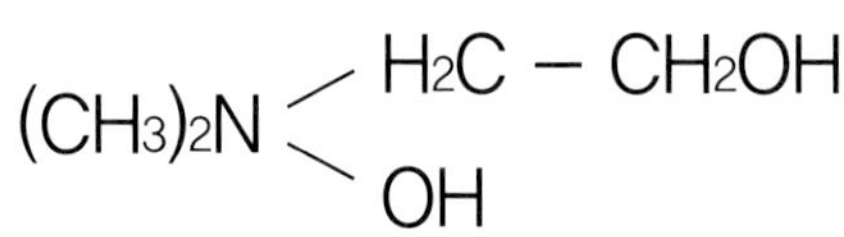

〈그림 5-6〉 Choline의 구조

(5) Phaline

배당체로 강한 용혈작용이 있으며 콜레라와 유사한 증상을 유발한다. 열에 불안정하므로 가열에 의해 파괴되며 알광대버섯, 독우산버섯 등에 함유되어 있다.

(6) Amanitatoxin

버섯독 성분 중 가장 맹독성으로 7~8개의 아미노산으로 이루어진 환상 peptide 구조이다. 중증의 설사, 구토, 근경련 및 허탈 등 콜레라와 유사한 증상 후 혼수, 의식불명에 빠지게 되며 수일 내에 사망한다. 알광대버섯, 흰알광대버섯 및 독우산광대버섯 등의 독성분이다.

(7) Agaricic acid

독성이 강하지는 않으나 설사, 구토 및 위염 등을 일으킨다.

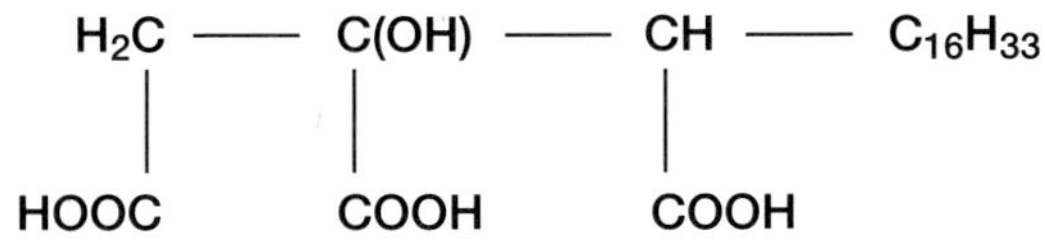

〈그림 5-7〉 Agaricic acid의 구조

(8) Pilztoxin

열이나 건조에 의해 쉽게 파괴되며 근경련 및 불수의 운동의 항진 등을 유발한다. 많은 독버섯 중에 함유되어 있다.

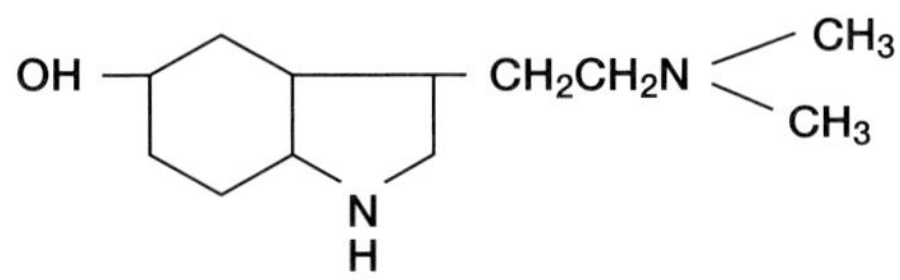

〈그림 5-8〉 Bufotenine의 구조

(9) Bufotenine

정신착란, 환각, 혼수 등을 유발하며 광대버섯, 마귀광대버섯, 땀버섯 등에 함유되어 있다.

(10) Psilocybin 및 psilocin

Psilocybin이 가수분해 되어 psilocin이 되는데 모두 환각작용을 일으킨다. 미치광이버섯 및 광대버섯 등에 함유되어 있다.

※ 독버섯 감별법

버섯의 줄기가 세로로 쪼개지지 않는 것, 갓의 색이 진하고 화려한 것, 악취가 나는 것, 유즙 또는 점질성의 액체가 나오는 것, 버섯을 끓일 때 은수저를 넣어 검게 변하는 것, 신맛 등 이상한 맛이 나는 것은 유독하다는 것이 독버섯을 감별하는 일반적 상식이나 예외가 많으므로 유의하여야 한다.

특히, 잘못된 야생버섯 상식 중 대표적인 것은 버섯 갓이 세로로 찢어지면 먹을 수 있다는 것이다. 대부분의 식용버섯의 갓이 세로로 찢어지지만 대부분의 독버섯 역시 세로로 찢어진다.

버섯 갓 밑에 띠가 있으면 독버섯이 아니라는 일반인들의 믿음도 큰 화를 부를 수 있다. 버섯은 모두 버섯 갓 밑의 주름살을 두르고 있는 띠가 있으며 띠가 없는 것은 버섯이 아니라고 볼 수 있기 때문에 띠가 있는 버섯을 먹을 수 있다는 것은 모든 버섯을 먹을 수 있다는 말이 된다.

버섯 색깔이 화려하지 않으면 독버섯이 아니라는 것도 잘못된 상식이다. 같은 종의 버섯이라도 기온이나 습도 등 주변 환경에 따라 얼마든지 달라질 수 있는 것이 버섯의 색깔이다.

곤충이나 벌레 중에는 독버섯에 내성이 있는 종들이 많기 때문에 곤충이 먹은 흔적이 있는 버섯은 사람도 먹을 수 있다는 것 역시 잘못된 상식이다.

2) 독미나리

식용 미나리와 모양이 비슷하여 오용하기 쉬운 독미나리는 cicutoxin을 함유한다. Cicutoxin은 potassium channel의 강력한 차단제이다. 중독되면 위통, 구토, 현기증, 경련 등을 유발한다.

$$CH_3CH_2CH_2\overset{\overset{\displaystyle OH}{|}}{C}H(CH\equiv CH)_3(CH)_2CH_2CH_2CH_2OH$$

〈그림 5-9〉 Cicutoxin의 구조

3) 바곳

뿌리는 한방에서 부자라 하며 류머티스, 신경통 등에 진통제로 쓰이는데, aconitine 이라는 유독성분을 함유하고 있어 중독 시 복통, 구토, 사지경련, 언어장해, 호흡곤란, 심장마비 등을 일으킬 수 있다.

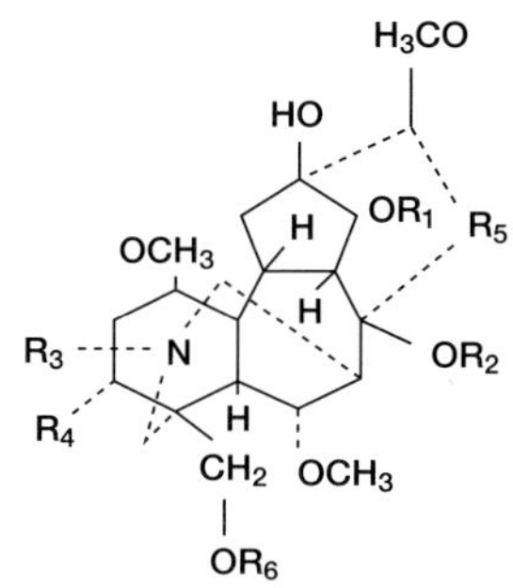

$R_1 = COC_6H_5$ $R_2 = COCH_3$
$R_3 = C_2H_5$ $R_4 = OH$
$R_5 = OH$ $R_6 = CH_3$

〈그림 5-10〉 Aconitine의 구조

4) 독보리

유럽에서 나는 일년생 풀로 밀과 비슷하며 밀밭에서 자라 밀과 혼입되어 중독을 일으킬 수 있다. 유독성분은 temuline으로 두통, 구토, 현기증, 경련 및 혼수 등을 유발한다.

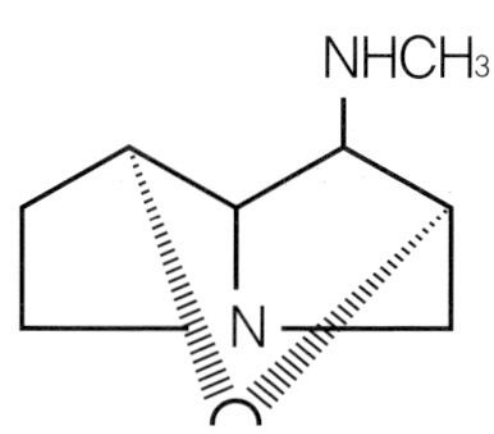

〈그림 5-11〉 Temuline의 구조

5) 붓순나무

열매가 향신료로 사용되는 대회향과 비슷하여 오용의 가능성이 있다. 유독성분으로

shikimitoxin 등이 있으며 구토, 현기증, 경련, 청색증 등을 일으킨다.

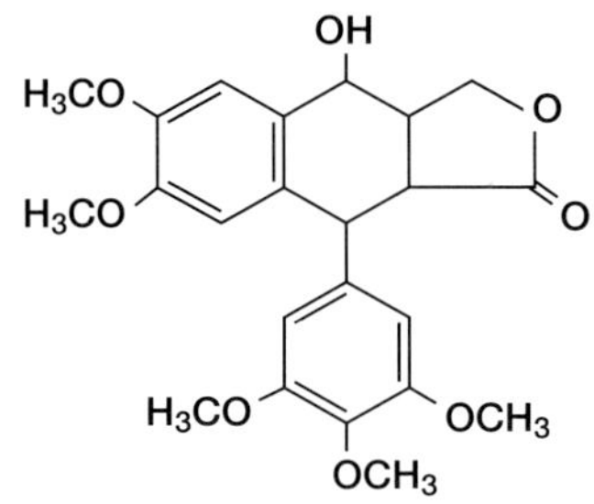

〈그림 5-12〉 Shikimitoxin의 구조

2. 동물성 자연독 식중독

2.1. 복어 중독

복어는 세계적으로 120여 종이 알려져 있으나 우리나라와 일본 근해에 분포고 있는 것은 약 40여 종이며 이 중 식용으로 하는 것은 자주복, 참복, 검복, 까치복, 은밀복, 흑밀복, 강담복, 가시복 등이다. 복어의 독화기전은 오래전부터 먹이사슬에 의한 것인지 복어가 합성한 것인지에 대해 논란이 되어왔다. 그런데 최근 복어의 독성이 서식지역 및 개체에 따라 큰 차이가 있다는 것에서 복어자신이 독을 만드는 것이 아니라 먹이와 같은 외부 요인에 의해 독이 만들어 지는 것으로 추측하는 경향이 있다.

이러한 사실을 뒷받침하는 근거로 양식 혹은 실험실에서 부화, 사육된 복어는 독이 없다는 것이 여러 실험을 통하여 증명된 바 있다. 또한 복어의 피부에서 채취한 세균이 독소를 생성한다는 것이 확인된 바 있다. 따라서 복어의 독소는 먼저 해저 퇴적물 중에 있는 세균에 의해서 만들어지고 이어서 세균 포식자에 의해서 그 체내로 유입되어 먹이사슬에 의해 복어에 축적되며, 또 일부는 내장, 피부 등 체내에 분포하는 세균류가 관여하는 것으로 추정된다.

복어의 독력은 종류 및 부위별로 차이가 있는데 부위별로는 일반적으로 난소와 간에 독성분의 함유량이 가장 많고 피부와 내장도 함유량이 높다. 매리복과 같은 복어는 근육에도 다소 독성분이 있어 1kg 이상 섭취 시 중독될 수 있다.

1) 독성분 및 특성

복어독은 tetrodotoxin으로 복어과를 의미하는 *Teraodontidae*에서 유래하였다. 오랫동안 tetrodotoxin은 복어과에만 존재하는 것으로 알려졌으나 근년에 이르르 육상과 해양동물계에서도 발견되고 있다.

Tetrodotoxin의 분자식은 $C_{11}H_{17}O_8N_3$로 무색, 무미, 무취, 약 염기성의 물질로 물과 유기용매(벤젠, 알코올, 클로로포름 등)에는 녹지 않고 산이나 알칼리를 가하면 용해되는데 약산성용액에서는 안정하지만 알칼리성에서는 불안정하다. 내열성 물질이며 결정은 200℃ 이상에서 서서히 흑변하는데 정확한 융점은 나타나지 않는다. 자외선이나 햇빛에도 안정하다.

〈표 5-2〉 식용으로 가능한 복어의 종류 및 가식

한국명	학 명	가식부위	비 고
자주복	*Takifugu rubripes*	근육, 껍질, 정소	복어류 중 맛이 우수함
참복	*Takifugu chinensis*	근육, 껍질, 정소	자주복 보다 맛이 떨어짐
검복	*Takifugu porphyreus*	근육, 정소	간장에 독이 많음
까치복	*Takifugu zanthopterus*	근육, 껍질, 정소	
복섬	*Takifugu niphobles*	근육	
매리복	*Takifugu vermicularis*	근육, 정소	근육의 약독으로 다량섭취 주의
졸복	*Takifugu phadalis*	근육	
까칠복	*Takifugu stictonotus*	근육, 정소	
흰점복	*Takifugu poecilonotus*	근육	
눈물개복	*Takifugu chrysops*	근육, 정소	일본 특산종임
황복	*Takifugu obscurus*	근육, 정소	중국에서 즐겨 먹음
민밀복	*Takifugu inermis*	근육, 껍질, 정소	한국산은 간장 외에는 무독
은밀복	*Takifugu wheeleri*	근육, 껍질, 정소	
흑밀복	*Takifugu gloveri*	근육, 껍질, 정소	일본에서 염건품으로 많이 사용
불룩복	*Takifugu pachygaster*	근육, 껍질, 정소	
황점복	*Takifugu flavidus*	근육	
강담복	*Takifugu affinis*	근육, 껍질, 정소	
가시복	*Takifugu holocanthus*	근육, 껍질, 정소	
브리커 가시복	*Takifugu liturosus*	근육, 껍질, 정소	오키나와에서 중요 식용종임
쥐복	*Takifugu hystrix*	근육, 껍질, 정소	오키나와에서 중요 식용종임
거북복	*Takifugu immaculatus*	근육, 정소	

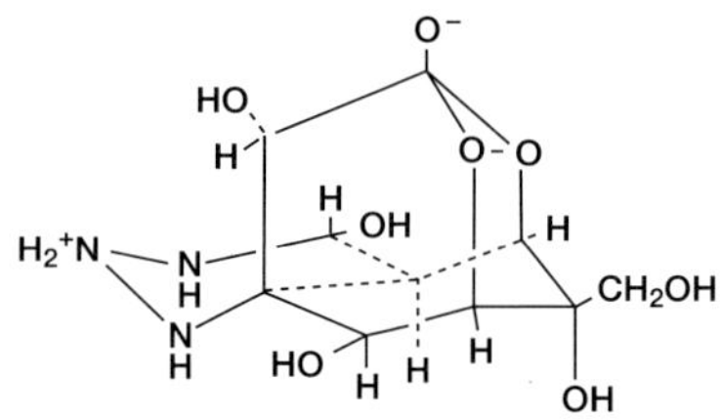

〈그림 5-13〉 Tetrodotoxin의 구조

2) 중독증 및 작용기전

Tetrodotoxin은 치사성이 높은 신경독성 물질로, sodium channel 단백질에 결합하여 Na^+의 세포내 유입을 차단하므로 신경전달 및 근육수축을 중단하고 마비를 일으키는 것이 특징이다. 복어독의 측정에는 mouse에 의한 생물시험법을 이용하는데, 체중 20g의 mouse를 30분 만에 사망시키는 독량을 1MU라 하며 시료 1g당의 독량을 독력(MU/g)이라 한다.

사람의 최소치사량은 10,000MU라 추정하는데 이는 1g당의 독량이 1,000MU인 복어의 장기 10g을 먹으면 죽게 된다. 또한, mouse에 복강투여 시 약 LD_{50}=8㎍/kg으로 NaCN의 1,250배에 달한다.

중독의 초기증상으로 30분에서 3시간 내에 입 주위나 혀끝에 가벼운 마비가 오며 두통, 구토 등이 일어나고 비틀거리게 된다. 이어서 혈압강하, 호흡곤란, 언어장애를 일으키며 사망하게 된다. 복어독은 흡수, 대사, 배설이 빠르기 때문에 섭취 후부터 발병하기까지 시간이 짧다. 중독이 심할수록 잠복기가 짧아 치사까지의 시간은 8시간 내이며 이 시간을 경과하면 목숨을 잃는 일은 거의 없다.

〈표 5-3〉 독어의 독량(복어 1마리분의 독량으로 사망할 수 있는 인원수)

종 류	난 소	간 장	최대 전독량
검복	5명	32명	33명
자주복	12명	10명	13명
졸복	2명	11명	11명
흰점복	2명	7명	7명
매리복	3명	1명	4명
까치복	4명	2명	9명

※ 최대 전독량 : 복어 1마리의 난소와 간장 합계독량으로 죽일 수 있는 사람 수

3) 예방

복어독의 항체나 해독제가 아직까지는 만들어 지지 않아 중독의 경우 위세척, 구토제, 설사제, 이뇨제 등을 사용하여 위와 신장의 독성분을 제거하고 호흡중추 흥분제 등을 사용한다. Tetrodotoxin은 가열조리에 의해서도 파괴되지 않으므로 반드시 복어요리 전문가가 조리한 것을 먹도록 하며 난소, 간, 피부, 내장 등 유독성분을 함유한 부위를 먹지 않도록 주의한다. 폐기처분한 유독부위를 고양이 등 동물이 먹지 않도록 주의하고 조리에 사용한 기구의 세척에도 유의한다.

2.2. 조개류 중독

진주담치, 홍합, 굴, 피조개, 바지락, 모시조개 등 껍질이 2장인 패류가 독화되어 일으키는 중독이다. 중독을 일으키는 원인 독소는 천연적인 것이 아니고 바다에 서식하는 유독 plankton을 조개류가 섭취하여 생성되는 것으로 알려져 있다. 독성분은 종류에 따라 마비, 간독성 또는 설사 등을 주 증상으로 일으키는데 조개류의 내장에 주로 존재하며 일정한 시기에 한시적으로 검출된다.

1) 마비성 패독(paralytic shellfish poisoning, PSP)

마비성 패독에 의한 중독사고는 1790년 Alaska sitka 부근에서 홍합을 섭취한 100여 명이 사망한 사건이 처음 보고된 후 세계 도처에서 발생하고 있다. 마비성 패독의 유독성분은 saxitoxin, gonyautoxin(GTX1~4) 등 20여 종이 알려져 있다. 독화의 원인은 유독 와편모조류의 일종인 Alexandrium spp., Pyrodinium spp., Gymnodinium spp., 등의 해양식물성 플랑크톤이 생성하는 독소에 의한 것이며 이러한 유독 plankton의 독소가 조개의 중장선에 축적되고 그를 사람이 섭취하여 중독을 일으킨다.

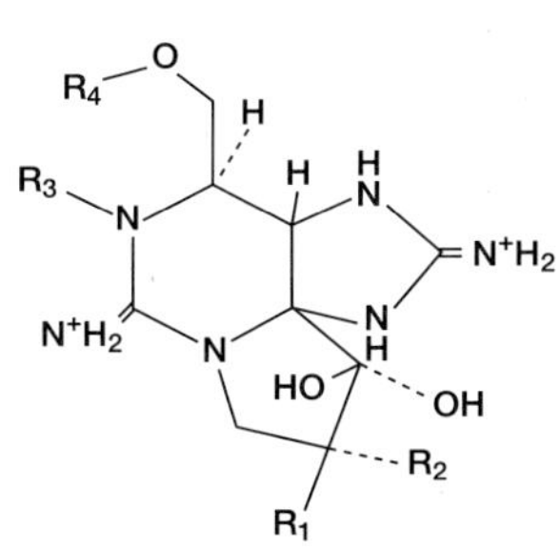

	R_1	R_2	R_3	R_4	specific toxicity (MU/mg)
STX	H	H	H	$CONH_2$	5,500
neo STX	H	H	OH	$CONH_2$	3,900
GTX1	H	OSO_3^-	OH	$CONH_2$	5,000
GTX2	H	OSO_3^-	H	$CONH_2$	4,200
GTX3	OSO_3^-	H	H	$CONH_2$	5,600
GTX4	OSO_3^-	H	OH	$CONH_2$	1,600
GTX5	H	H	H	$CONHSO_3^-$	280
GTX6	H	H	OH	$CONHSO_3^-$	290
PX1	H	OSO_3^-	H	$CONHSO_3^-$	30~40
PX2	OSO_3^-	H	H	$CONHSO_3^-$	300~600
PX3	H	OSO_3^-	OH	$CONHSO_3^-$	–
PX4	OSO_3^-	H	OH	$CONHSO_3^-$	–
decarbamoyl STX	H	H	H	H	4,200

〈그림 5-14〉 PSP **성분의 구조**

마비성 패독은 복어독과 유사하게 신경계에 작용한다. 즉, 신경계와 근육세포의 sodium channel을 차단하여 근육수축 및 신경전달을 마비시킨다. 중독증상은 입술, 혀 등의 마비로 시작하여 사지가 마비되고 언어장애, 두통, 구토 등을 일으키며 중증인 경우 호흡마비로 사망한다.

사망은 보통 24시간 이내에 일어나며 이 기간을 넘기면 회복된다. 치사율은 10% 정도이다. 인체에 대한 PSP의 치사량은 사람에 따라 차이가 있으나 약 3,000MU에서는 사망하는 것으로 알려져 있다. 또한 saxitoxin의 생쥐에 대한 LD_{50}=10㎍/kg으로 복어독과 유사하며 gauniautoxin-2의 경우 12㎍/kg이다.

유독성분의 검출 시기는 지역에 따라 차이가 있으나 국내에서는 2~5월말(수온 7~18℃) 사이에 진주담치 등의 패류가 독화되므로 주의를 요구하고 있다. 식품위생법에서는 마비성 패독 허용기준을 조개류 및 그 가공품에 대하여 80㎍/100g 이하로 규정하고 허용기준을 넘을 경우 패류 채취 및 출하를 금지하고 있다.

2) Venerupin 중독

유독성분인 venerupin은 바지락(Venerupus semidecussata)의 학명에서 유래하였으며 구조는 아직 명확히 밝혀지지 않았다. 100℃에서 가열하여도 파괴되지 않으나 pH 9 이상의 알칼리성에서 오래 가열하면 파괴된다. 독소는 중장선 등에 축적되며, 무독조개를 유독지역에 옮기면 유독화된다는 점 등을 고려할 때 유독 plankton을 비롯한 조개의 먹이 및 환경 등과 관련이 있는 것으로 보인다.

Venerupin은 강한 간독성을 나타내는데, 초기에는 식욕감퇴, 복통, 전신권태, 오심, 구토, 황달증상 등이 있다. 특히 가슴, 팔다리 등에 피하출혈 반점이 나타나며 간 기능 저하, 치아의 출혈, 토혈, 혈변, 혼수 등을 수반한다. 중증의 경우 10시간~7일 내에 사망한다.

3) 설사성 패독(diarrhetic shellfish poisoning, DSP)

설사가 주 증상이며, 유독성분으로 okadaic acid(OA),dinophysistoxin(DTX1~3), pectenotoxin(PTX1~6) 등이 분리되어 화학구조가 밝혀져 있다. 이 유독성분은 물에 녹지 않고 유기용매에 녹기 때문에 처음에는 지용성 패독이라 하였으나 현재는 설사성 패독으로 불린다. 독화의 원인이 되는 유독 plankton으로 *Dinophysis fortii, Dinophysis acuminata, Dinophysis acuta* 등이 알려져 있다.

한편 이매패류에서 검출되는 주요 설사성 패독 성분이 일본에서는 DTX1, 유럽에서는 OA, 아일랜드에서는 DTX2로 원인생물에 따라 다르게 나타나고 있다. 1980년대 중반까지 일본과 유럽 여러 나라에서 대규모 중독사건이 발생한바 있으며, 국내에서는 남해안에서 생산되는 진주담치와 가리비 등에서 설사성 패독이 검출되고 있다. 중독증은 소화기 장애가 주된 것으로 수양성 설사, 오심, 구토, 복통 등이다. 약 3일 정도 지나면 회복되며 사망한 예는 없다.

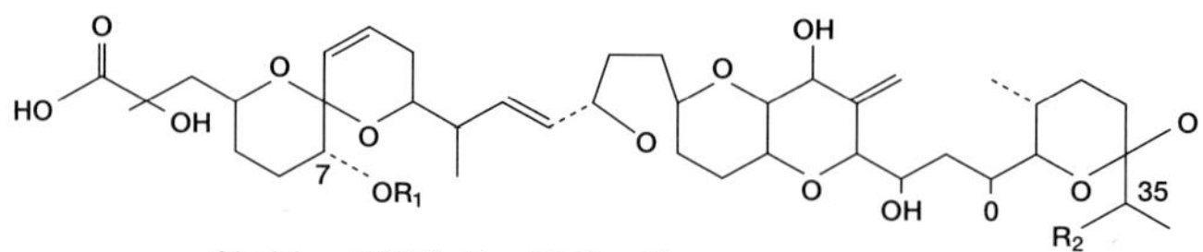

Okadaic acid(OA) : $R_1 = H$, $R_2 = H$
Dinophysistoxin - 1(DTX1) : $R_1 = H$, $R_2 = CH_3$
Dinophysistoxin - 3(DTX3) : $R_1 = acyl(C_{14} \cdot C_{22})$, $R_2 = CH_3$

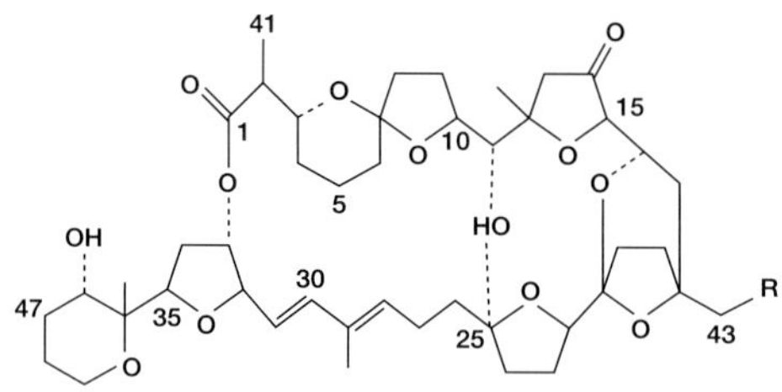

Pectenotoxin - 1(PTX1) : $R = CH_2OH$
Pectenotoxin - 2(PTX2) : $R = CH_3$
Pectenotoxin - 3(PTX3) : $R = CHO$

〈그림 5-15〉 DSP 성분의 구조

4) 기억상실성 패독(Amnesic shellfish poisoning, ASP)

1987년 캐나다 동부에서 독화된 진주담치를 섭취한 100여 명의 사람 중 4명이 사망하고 14명이 기억장애의 후유증에 시달린 사건이 발생한 후 원인 물질을 기억상실성 패독이라 하였다. 원인 독소는 domoic acid로 밝혀졌다. 중독증으로는 섭취 3~5시간 후에 메스꺼움, 구토, 복부경련 등의 위장증세가 나타나고 현기증, 건망증, 기억상실이 수반된다.

2.3. 권패(고동)류 중독

유독화된 권패류를 섭취하여 일으키는 중독이다. 한류성의 깊은 바다에 서식하는 육식성 권패인 명주매물고동(*Neptunea constrica*), 보라골뱅이(*Neptunea arthritica*), 조각매물고동(*Neptunea intersculpta*) 등은 유독성분인 tetramine을 함유하여 현기증, 두통, 멀미 등의 중독증을 일으킨다. 또한 수랑(말고동, *Babylonia japonica*), 나팔고동(*Charonia sauliae*) 등은 surugatoxin, neosurugatoxin

등의 유독성분으로 인해 구갈, 구토, 변비, 두통, 시력감퇴, 언어장애 등의 중독증을 유발한다.

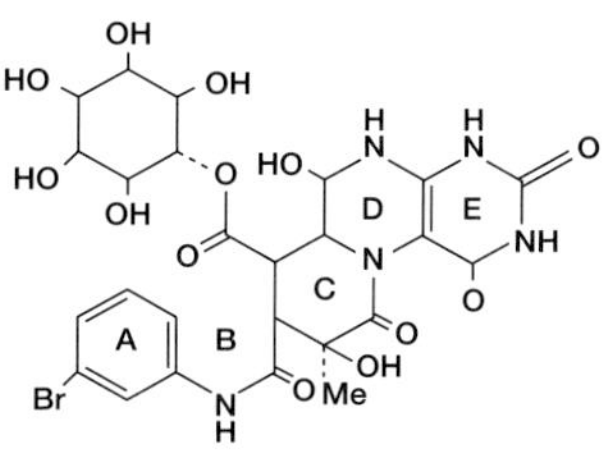

Surugatoxin

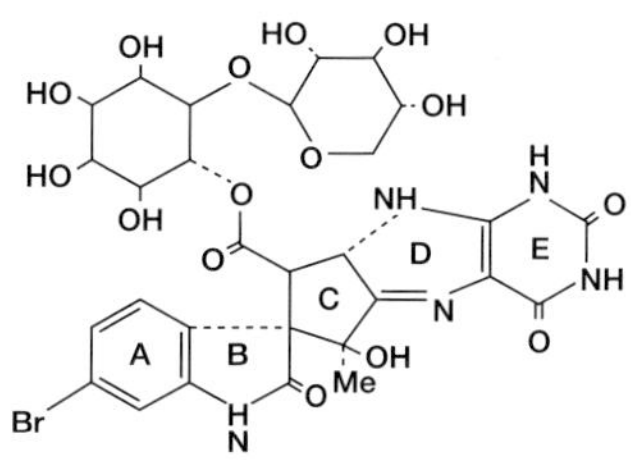

Neosurugatoxin

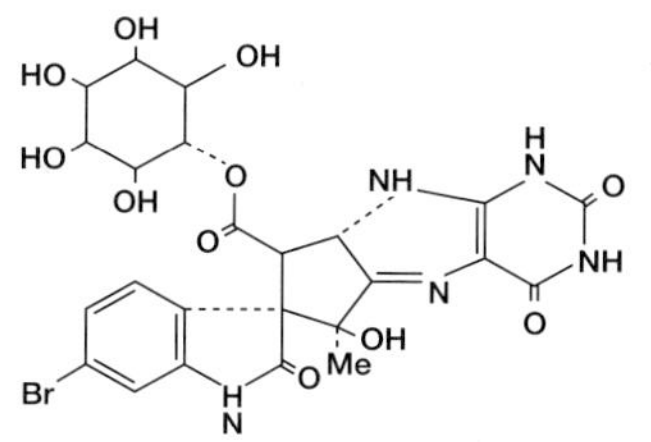

Prosurugatoxin

〈그림 5-16〉 Surugatoxin, Neosurugatoxin, Prosurugatoxin의 구조

2.4. Ciguatera 중독

열대나 아열대의 해역에서 서식하는 독화된 어류를 섭취하여 일으키는 중독을 총칭한다. 동남아시아 해역에서 자주 발생하며 우리나라에서는 아직 발생하지 않고 있다. 중독의 원인이 되는 유독어류의 분포는 지역에 따라 다르나 그 종류가 수십 종으로 알려져 있다.

유독성분은 ciguatoxin이 대표적이며 playtoxin, maitotoxin, ciguaterin 등 수종이 알려져 있다. 물고기의 독화 원인 생물은 부착성 편모조류인 *Gambierdiscus toxicus, Ostreopsis siamensis*로 알려져 있으며 흔히 먹이사슬의 상위섭식자인 육식어류에 축적이 된다. 중독증은 체온저하, 설사 등의 위장장애, 마비, 호흡곤란 등을 일으킨다.

2.5. 돗돔 중독

돗돔(*Stereolepis ischnagi*)은 무독하지만 간장을 먹으면 급성 비타민 A 중독과 유사한 중독증상을 일으킨다. 돗돔 간장은 최고 150만 IU/g에 달하는 비타민 A를 함유하고 있어 약 20g을 섭취할 경우 중독되므로 식용이 금지되어 있다. 중독증은 두통, 발열, 구토 등의 증상이 1~2일 나타난 뒤 피부박리 증상이 얼굴에서 시작하여 손, 발, 배를 거쳐 온몸에 나타난다. 이와 같은 중독은 다랑어, 상어, 참치, 고래, 바다표범 등의 간장에 의해서도 일어날 수 있다.

2.6. 기타

Allergy를 유발할 수 있는 식품을 〈표 5-5〉에 정리하였다.

〈표 5-5〉 알려진 allergy성 식품 단백질

식품	allergy를 유발하는 단백질
우유	카세인 β-락토글로불린 α-락트알부민
계란의 흰자위	Ovomucoid Ovalbumin
계란의 노른자위	리베틴
땅콩	Are h II 땅콩 I
콩	β-콘글리시닌(7S fraction) 글리시닌(11 fraction) 글리신 mIA 글리신 mIB 쿠니쯔 트립신 억제제
대구	Gad c I
새우	항원II
완두콩	알부민 fraction
쌀	글루틴 fraction 글로불린 fraction
목화씨	당단백질 fraction
복숭아, 구아바, 바나나, 귤, 딸기	30-kDa 단백질
토마토	몇몇의 당단백질
밀	글루텐 글리아딘 글로불린 알부민
오크라	Fraction I

제6장 화학적 식중독

유독한 화학물질에 의해 오염된 식품을 섭취함으로써 중독증상을 일으키는 것을 화학적 식중독이라 한다. 화학적 식중독은 식품에 혼입되는 방법에 따라 나눌 수 있는데 유독한 농약이나 살충제품, 유독 · 유해한 물질이 부착 및 잔류되어 있는 농산물을 섭취하는 의도적이 아닌 경우와, 불순한 식품첨가물을 사용하는 가공식품을 섭취함으로서 발생하는 의도적인 경우로 나눌 수 있다.

식품에 사용되는 기구 · 용기와 포장재로부터 용출되는 유독 · 유해 물질과 최근에는 환경오염으로 인해 내분비를 교란시키는 환경 호르몬 등이 식품에 이행되어 심각한 화학적 식중독을 일으키기도 한다. 이러한 화학물질에 의한 식중독은 독성물질은 체내흡수가 빠르고 체내분포가 빨라서 중독량에 달하면 특이한 작용에 의한 급성증상이 나타나 치사량을 초과하면 사망에 이른다.

1. 식품첨가물

식품첨가물이란 식품을 조리, 가공 또는 제조할 경우에 식품의 품질을 개량하고 그 보존성이나 소비자의 기호성과 영양학적 가치나 기타 식품의 품질적 가치를 증진시키려는 목적으로 사용한다. 식품첨가물은 천연물도 있으나 대부분 화학적 합성품으로 사용기준에 맞게 사용하면 인체에 해가 없는 것으로 알고 있으나, 조금씩 사용하더라도 장기간에 걸쳐 섭취할 경우에는 체내에 축적되어 인체에 해를 끼칠 우려가 있으므로 그 취급에 신중을 기해야 한다.

우리가 매일 섭취하고 있는 식품첨가물의 종류는 수십 종에 이르기 때문에 이들의 상호, 상승 작용에 대한 우려가 제기되고 있다. 한편 허가되지 않은 식품첨가물이 사용되고 있는 것은 더욱 심각한 문제를 일으키는데, 자주 사용되는 유해한 첨가물에 관한 내용은 제12장 식품첨가물에서 자세히 기술하겠다.

2. 유해 중금속

금속은 강한 생리활성을 가지고 있기 때문에 미량으로 인체에 필수불가결한 것(Fe, Cu, Co 등)으로 성인의 체내 금속 함유량은 〈그림 6-1〉과 같다. 그러나 동식물의 생육과정이나 식품의 가공, 제조 중에 외부에서 오염되어 혼입되는 환경오염중금속(environmental heavy metals)을 유해 중금속이라 한다.

인체에 비교적 독성이 강한 As, Cd, Hg, Pb 등은 대표적인 환경오염중금속으로 알려져 있다. 금속의 생체에서의 유해여부는 금속의 물리적, 화학적 형태, 생체의 흡수경로, 흡수 후의 고분자물질과의 결합상태, 축적성, 배설속도, 폭로량과 폭로기간 등에 의해 좌우된다.

1999년 미국의 EPA는 독성자체 외에도 접촉빈도와 인체에의 폭로가능성을 참고하여 CERCLA(Comprehensive Environmental Response, Compensation and Liability Act) List의 가장 유해한 물질(Priority Hazardous Substances)을 발표하였는데 이 중 As, Pb, Hg가 모두 1~3위를 차지하고 Cd가 7위를 차지하여 지속적인 접촉빈도와 폭로량의 중요성을 일깨워 주었다.

오염물질로서의 중금속은 단백질과 amino기, carboxyl기 등을 매개로 하여 chelate결합을 형성하며, cysteine의 thiol, histone의 imidazole, tyrosine의 phenol 등과도 결합하여 단백질의 입체구조나 효소의 활성발현에 중요한 영향을 미친다. 또 금속효소의 활성중심에 있는 필수금속과 다른 중금속이 치환되는 경우도 있다.

이와 같이 중금속의 반응은 단백질의 입체구조나 효소의 활성발현에 중요한 영향을 미쳐 단백질의 본래 기능을 상실하게 하여 세포의 기능을 저해하거나 조직을 상해한다. 이 때문에 중금속의 일반 독성 증상은 접촉부위의 단백질에 변성이나 괴사, 궤양을 수

〈그림 6-1〉 **성인의 체내 금속 함유량**

반하는 소화기, 호흡기 및 신장 등의 장애로 나타난다.

그러나 미량의 중금속을 장기간 섭취할 때의 영향은 중금속의 화학형태나 폭로상태와 관계가 깊어 장기에 의한 금속 분포나 축적의 정도가 문제되므로 더욱 복잡하다. 일반적으로 중금속의 산화물은 수용성이 낮은 것이 많아 그 독성작용은 생체 내에 침입한 부위 부근에 나타나기 쉽다. 또 유기금속의 형태는 지용성이 증가하므로 뇌-혈액관문을 통과하여 중추신경 증상을 일으키기 쉽다.

인간의 혈액 중에는 나트륨 170~200mg, 칼륨 180~220mg, 칼슘 5~7mg, 마그네슘 3~4mg의 경금속이 함유되어 있다. 또한 중금속으로 철 40~50mg, 동 0.08~ 0.14mg, 아연 0.7~0.9mg, 망간 0.1~0.3mg 등 이외에도 미량의 코발트 및 비소도 발견되고 있으며, 이것은 필수미량 중금속이지만 과잉, 고농도의 존재는 유해하다.

현재 인체에 유해하다고 인정되는 중금속은 약 30종이라 지적되고 있는데 이들 중에서도 수은, 납, 비소, 카드뮴, 크롬 등이 가장 유해하며, 종종 문제를 일으키고 있다.

유해금속은 식품의 조리 · 보존에 사용된 기구나 용기 · 포장재에서 용출되어 식품을 오염시키며, 오염된 물이나 토양에 의해 농작물이나 수산물이 오염되기도 한다. 식품이 유해 금속에 오염되어도 외관상 이상이 나타나지 않으므로 만성 중독을 일으켜 치명적인 상태에 이르기도 한다.

유해금속의 독성과 인체의 장기에 미치는 건강장해는 〈표 6-1〉과 같다.

2.1. 비소(As)

1) 원인

비소는 오래 전부터 의약품, 안료, 방부제, 살서제, 농약 등으로 사용되어 왔으며 아비산으로 불리는 삼산화비소(As_2O_3, H_3AsO_3), 비산으로 불리는 오산화비소(As_2O_5, H_3AsO_4) 및 그들의 염류에 의한 아급성중독과 만성중독이 알려져 있다.

자연계에 분포되어 있는 비소는 토양미생물에 의해 methylation이 일어나 methyl arsenic acid나 dimethyl arsenic acid 등으로 존재하게 되는데, 무기비소화합물이 유기비소화합물보다 독성이 강하므로 이러한 methylation 과정은 해독기구의 역할을 하는 셈이 된다. 소화기와 호흡기를 통한 흡수 또는 경피 흡수는 드물다. 적혈구에 흡수되어 간, 신장, 근육, 피부, 모발에 축적된다. 비소가 모발 및 손톱에 오랫동안 남아 있는 것은 황수화(-SH)와 결합하기 때문이다.

〈표 6-1〉 유해금속의 독성과 건강장해

유해금속	독성(LD_{50})	표적 장기의 장애
As	45mg/kg (rat경구, As_2O_3) 치사량 0.1~0.3g	•위장형 중독 : 구갈, 구토, 경련, 심근경색 후 사망 •발암성과 간, 피부의 장애
Hg	59mg/kg (rat경구, CH_3HgCl) 치사량 0.5g($HgCl_2$)	•무기수은염은 장의 작열감, 동통, 구토, 침 흘림, 신장기능장애 •저급알킬수은은 입술 주변 및 팔다리 끝의 감각 이상. •운동의 어려움, 발음장애, 청력장애, 시야협착, 정신장애 등의 신경계장애 신장, 뇌의 장애
Pb	125mg/kg (토끼경구, $PbHAsO_4$) 치사량 30g이상	•급성중독증상 : 구토, 현기증, 구역질, 인사 불명, 사지마비, 설사, 두통 •만성중독증상 : 빈혈 등의 혈액장애, 식욕부진, 변비 등의 소화관장애, 신경계 및 신장의 장애. 소아의 중추신경 증상 조혈기관, 신장, 뇌의 장애
Cd	88mg/kg (rat경구, $CdCl_2$) 치사량 불명	•급성중독증상 : 소화관장애, 침 흘림, 구토, 설사, 복통, 폐수증, 화학성 폐렴 •가용성 카드뮴에 의해 침 흘림, 구토, 설사, 허탈, 의식장애 육종, 전립선암, 간, 신장, 폐의 장애
Zn	2.5g/kg (rat경구, $Zn(CH_3COOH)_2$) 치사량 3~5g	•구토, 위통, 설사, 침과 눈물, 식은땀, 호흡곤란, 혼수, 경련, 허탈 등의 증상을 거쳐 사망. 신장, 간, 전립선의 장애
Cr	3.3g/kg (rat경구, $Cr(NO_3)_3$) 치사량 불명	•급성중독증상 : 구토, 설사, 복통, 소변량이 줄거나 무뇨현상. 요독증 등의 신장장애, 황달을 수반하는 간염 •발암성이 있으며, 폐, 호흡기, 피부의 장애
Cu	900mg/kg (rat경구, $CuSO_4$) 치사량 15~20g	• 구강의 작열감, 다량의 타액분비, 메스꺼움, 구토, 위통, 현기증, 소화관의 장애
Mn	3.7g/kg (rat경구, $Mn(CH_3COO)_2$)	•만성중독증상 : 중추신경계의 진행성이 악화, 졸음증세 및 파킨슨증후군과 유사증상
Sn	불명 치사량 불명	•메스꺼움, 구토, 설사, 두통, 권태감, 비장, 심장, 폐, 뇌의 장애

2) 증상

비소화합물에 의한 급성중독으로는 발열, 구토, 체온저하, 혈압저하, 경련, 혼수상태가 되어 사망하기도 하는데 중독량은 아비산으로 50mg 이상이다. 만성중독의 경우에는 피부가 청색으로 변하고 손발, 피부에 각화현상이 일어나며 대기오염에 의한 중독으로 흑피증(melanosis), 백반 등의 증상과 간장장애, 신장장애 등을 일으킨다.

3) 피해 사례

식품에 의한 비소중독사건으로는 1955년 일본 모리나가 조제분유사건이 있는데 비소로 오염된 분유(As_2O_3로 25~28ppm)에 의하여 약 12,000여 명의 어린이 환자와 약 120명의 사망자를 발생시킨 일이 있다. 이 사고의 원인은 원유의 산도를 안정시키기 위하여 사용한 제이인산나트륨 중에 불순물로서 3~9% 함유된 아비산 때문이었다.

2.2. 납(Pb)

1) 원인

납은 표면오염이나 식물재배 또는 가축사육을 통하여 식품에 오염되는데 육상식물에는 2.7ppm, 동물에는 2.0ppm, 수생식물 83.4ppm, 어류에는 0.5ppm정도의 농도로 들어 있다.

보통 사람들이 식품으로부터 섭취하는 평균 납 섭취량은 60~150㎍ 정도인데, 주로 기도를 통하여 50% 정도 흡수되고 소화관에서의 흡수는 5~10% 정도로 낮다. 따라서 납중독의 발생은 공장지역에서 휘발성이 높은 물질의 형태로 기도를 통하여 흡수되는 경우가 많다. 납이 많이 사용되는 직업은 도료, 용융, 제련, 인쇄업 등이며, 도자기에 유약을 바르는 작업도 있다.

또한 수도의 납관에 의해 오염된 음료수, 납용기에서 양조된 포도주, 납을 함유하고 있는 식기 등에 의해 중독이 발생하는 경우도 있다. 그리고 농약성분으로 납을 사용한 경우에는 납이 식품으로 이행되어 중독을 일으키기도 한다.

2) 증상

납중독은 급성중독으로 발생하는 경우는 거의 없고 거의가 만성중독이다. 식품을 통해 섭취되어 흡수된 납은 간에 들어가 대부분은 담즙으로부터 대변으로 배설되지만, 일부는 혈액에서 뼈 등의 단단한 조직에 침착한다. 뼈에 침착한 납이 녹아 나오거나 또는 뼈에 침착할 수 없는 납이 혈액 중에 들어가 혈중 납 농도가 높아지면 골수에 대해 독성을 나타낸다.

대기 중의 납은 antiknocking제로서 tetraethyl-Pb나 tetramethyl-Pb에서 유래하며 이러한 유기납은 주로 중추신경계에 장애를 일으킨다. 이와는 달리 무기납에 중독되면 조혈기관, 중추신경계, 신장, 소화기계의 장애를 일으키며, 특히 hemoglobin 합성저해에 의한 빈혈, 혈청 및 뇨중의 δ-aminolevulinic acid(δ-ALA)의 증가, 소변 중 coproporphyrin의 증가를 가져온다.

Pb오염이 문제가 되고 있는 도시주민이나 직장의 작업자에게는 공기 중 Pb의 농도와 혈중 Pb농도 간의 높은 상관관계가 있어 혈중 Pb의 증가는 공기 중의 Pb오염에 기인한다고 생각되고 있다. 사람에게 혈중 납의 반감기는 약 1개월이지만, 특히 뼈에서는 약 20년으로 길어지며 임신 중에는 태반을 통하여 납이 태아에게로 전이되기도 한다.

대기 중의 납은 전 지구를 포위하여 북극곰에서부터 남극의 펭귄까지 폐 중에 침전되어 있다. 그러나 미국 신시내티 시의 Kettering 연구소는 대기 중의 납 농도가 $10\sigma/m^3$ 이하가 되면 인간에게 영향을 미치지 않는다고 발표하고 있지만 세계의 많은 국가들이 항공기 및 자동차의 연료에 납을 없애려 하는 제도적 방안을 추진하고 있다.

납화합물은 수은 다음으로 유독성이 있으며 위장 벽을 통해 급속히 혈액으로 들어가 일부는 적혈구 파괴의 요인이 되기도 하고, 일부는 체내를 순환하여 내부 장기, 특히 골수 중에 들어가게 된다.

납의 만성중독은 납독(molybdonosis)으로 구토, 피로, 식욕부진, 빈혈, 마비, 동맥경화, 고혈압, 신장위축, 중추신경마비, 정신이상, 정신불안 등의 증상을 보인다. 임산부는 유산, 사산이 많고, 영아도 1년 이내 사망하는 경우가 많다. 또 알코올 섭취는 납중독을 악화시킬 수 있다.

3) 피해 사례

납은 화장용의 분(粉)으로서 기원전 4000년경부터 이집트에서 사용되어 왔다. 이탈리아 폼페이의 유적에서는 납관이 수도관으로 사용한 것을 암시하여 주는 유적이 지금도 남아 있다. 이와 같이 납관을 수도관으로 사용한 역사는 오래 되었다.

경수의 경우 수도관 내면에 불용성 탄산납이나 황산납이 생성 침착하여 납독의 용출문제가 적지만, 탄산가스를 용해한 연수의 경우 여름철 온도가 높을 때에는 다량의 납이 용출되어 문제가 발생된다. 납의 용출은 상수가 장시간 관내에 정체되어 있을 때에는 더욱 많아진다. 1886년과 1939년에 일어난 독일의 라이프니츠의 납중독 사건이 그 일례다.

일본에서는 2차대전 직후 상수도의 멸균을 위해 염소를 정상치(0.2~0.3ppm)의 약 10배 가까이 사용하여 납이 용출된 사건이 일어났다. 미국 대도시의 대기 중 납 농도는 평균 $0.1\sigma/m^3$(1σ=0.000001g)이지만, 항공기의 발착 시는 $3.55\sigma/m^3$이 검출된다.

독일의 베를린은 평균 $4\sigma/m^3$에 달하고 프랑크푸르트는 1월은 $3\sigma/m^3$, 4월은 $0.7\sigma/m^3$으로 계절 풍향, 풍속에 따라 차이가 있고 대기 중에 부유하는 납은 그 크기가 0.05~0.09μ(0.0001cm)정도이다.

2.3. 수은(Hg)

1) 원인

수은은 유사 이전부터 알려져 있는 금속으로서, 현재에도 치과에서 충치용 아말감으로 이용되고 있다. 수은에 의한 중독은 유기수은에 있어서 특히 현저하다.

폐수를 통해 방류되면 미생물 또는 어패류의 체내에서 유기수은으로 변화하여 농축되고 이것을 상식하는 경우에는 수은 중독 현상이 나타난다. 또 농약으로 사용되는 유기수은계 농약은 농작물에 농축될 때 고농도로 농축된다는 사실이 밝혀지고 있다. 이 유기수은계 농약은 현재까지 개발된 다른 유기농약제보다 효능이 약 10배 이상 강해서 농가에서 간혹 사용하는 경우가 많다.

수은 오염도는 통상 도발중의 수은량을 측정하여 비교하지만, 일반적으로 외국인의 경우는 평균 2ppm정도인데 비해, 특히 일본인은 평균 5ppm에 달하고 도미를 주로 먹는 어부에서는 20~30ppm, 최고로는 500ppm에 달하는 사람도 있다고 보고되었다.

2) 증상

급성중독과 만성중독의 증상은 유사하며 주로 지각이상, 운동실조, 언어장애, 청력장애, 구심성 시야협착 등의 Hunter-Russel 증후군으로 불리는 중추신경 증상을 나타낸다. ethyl수은과 propyl수은도 methyl수은과 같은 중독증상을 일으키지만 butyl 이상의 사슬이 긴 alkyl수은에서는 전형적인 신경증상은 보이지 않는다. Phenyl수은은 체내에서 분해되므로 methyl수은에서 볼 수 있는 신경증상을 일으키는 일은 없으며 오히려 무기수은에 가까운 증상을 나타낸다.

3) 피해 사례

미나마타병(水銀病)은 수은중독에 의한 대표적인 사고로 1956년 일본 미나마타 시에서 일어난 사건으로 증상은 중추신경이상, 사지마비, 보행 장애, 현기증, 언어장애, 난청 등을 수반하였다. 이 사건의 원인은 미나마타 시에 있는 신일본 질소공장에서 촉매제로 사용한 메틸수은을 공장 폐수와 함께 방류하였기 때문인 것으로 알려졌다.

미나마타만 부근의 주민들은 공장 가동 10년 이후부터 이상을 느꼈고, 20년이 지난 뒤에야 공식적인 환자가 출현하였다. 방류된 메틸수은이 그 지방의 어패류에 축적되었고, 그 어패류를 먹고 살던 주민들 체내에 다시 농축되어 급기야는 집단적인 기병을 일으킨 것이다.

이 미나마타병은 처음에는 수족 말단부위나 입 주위, 입술, 혀 등이 저리고 현기증이 나타나다가 신경장애가 점차 발전하여 미각장애, 언어장애 등을 거쳐 사망에까지 이른다. 이때의 공식적인 환자 수는 1,300명이었고, 사망자 수는 140명이었다.

특히 환자 수에는 태아성 미나마타병 환자도 22명이나 있었다. 수은중독 사고의 주된 원인은 미나마타만 상류의 화학공장에서 촉매로 사용했던 염화제2수은($HgCl_2$)이 폐수 중에 방출되어 흘러가 혐기적 조건하에서 유기수은인 메틸수은으로 전환된데 기인한다.

메틸수은은 무기수은보다 생체막을 더 쉽게 투과하여 어패류에 축적되었고 이들 어패류를 섭취한 사람에서는 메틸수은이 장막, 세포막을 투과하여 표적장기(target organ)인 뇌에 도달하고 여기에서 메틸수은은 탈메틸화(demethylation)되어 효소의 SH기와 결합함으로써 독성을 나타내게 된다.

체내에서는 무기수은과 유기수은의 상호변환이 일어나나 많은 양은 아닌 것으로 생각된다. 유기수은은 무기수은에 비하여 장관에서의 흡수가 훨씬 좋아 독성이 더욱 강하다. 또한 수은의 독성문제와 관련하여 중요한 것은 수산물의 오염이라 할 수 있는데 지역에 따라, 그리고 어종에 따라서 수은함량에는 큰 차이가 있다.

일반적으로 미국지역보다는 북유럽과 일본지역에서 높이 나타났으며 같은 어종이라 하더라도 공업지역의 영향을 크게 받는 것으로 나타났다. 참고로 미국의 동북부 근해지역에서 9종의 Atlantic Shark의 근육에 존재하는 methyl mercury의 농도는 wet 중량으로 0.06~2.87μg/g로 그 평균은 0.88μg/g이었다.

2.4. 카드뮴(Cd)

1) 원인

카드뮴은 언제나 아연과 같이 산출되어 지고 있고, 많은 아연광에는 0.01~0.2%, 때로는 0.5%가 함유되고 있다. 카드뮴은 통상 토양 중에 평균 0.003%함유되어 있다고 하며 석탄의 회나 연초의 연기 중에도 미량 존재하고 있다.

성인이 섭취하게 되는 카드뮴의 60%는 주식(쌀, 보리)을 통해 섭취되며 미량의 카드뮴은 아연, 동의 대사를 저해하는 성질이 있어, 이것을 보정하기 위해서는 인과 칼슘의 충분한 보급이 필요하다. 비타민 C나 철 이온 해조류에 함유되어 있는 알긴산은 카드뮴의 독성을 억제하는 효과가 있다고 알려져 있다.

2) 증상

카드뮴은 수은과 같이 공해물질 중에서도 최고로 독성이 강한 것으로서 30~40mg을 경구 투여하면 불쾌, 구토, 설사 등의 증상이 15~30분 내에 나타난다. 다량인 경우는 심장과 신장의 장애, 고혈압, 요독증으로 치사하게 된다. 대부분 호흡기로 흡수되지만 소화기로도 흡수된다.

호흡기로 들어간 카드뮴은 10~40%가 흡수되며 철, 단백질, 칼슘, 아연이 부족할 때 흡수량이 증가한다. 혈액에서 혈장 단백질과 결합한다. 간과 신장조직에 축적되며, 소변으로 배설되고 생물학적 반감기는 8~30년이다. 흡연자와 노령자의 체내에는 정상인보다 카드뮴 축적량이 많다.

급성독성이 강한 금속이므로 그 증상은 메스꺼움, 구토, 설사, 복통 등이고, 만성중독시는 신장 기능장애를 일으키고, 당, 아미노산 및 저분자단백질의 뇨를 통한 배설이 현저히 증가한다. 또 근위 세뇨관에 병변이 생겨 그 기능이 장애를 받아 칼슘과 인의 손실로 인한 골연화증을 일으킨다.

중독증상이 더욱 진행되면 보행이 어려워지고 약간의 충격에도 골절이 되는데 이는 카드뮴에 의한 골연화증 때문이며 중년부인, 특히 출산횟수가 많은 여성에게서 발생빈도가 높다.

3) 피해 사례

대표적인 피해사례는 1968년 일본 후생성에 의해 공해성으로 단정된 카드뮴 중독 사건이다. 환자는 40세 이상의 농촌 여성, 특히 다산부에서 많이 발생하였으며 심한 요통, 복통의 주된 증상과 보행 불능, 골절 등을 일으키며 심한 통증으로 움직임은 물론 식사도 못하고 사망하게 되었다.

이 병의 원인은 부산 현에 있는 광업소에서 배출된 폐수 중에 카드뮴이 다량 함유되어 있어 이에 오염된 음식을 장기간 섭취함으로써 일어난 것이었다. 하천 중의 카드뮴은 음료수로 직접 혹은 농작물을 통해 인체에 흡수되는데 인체 중의 카드뮴 함량은 출생 시에는 0.00012mg이지만 성년이 되면 30~50mg으로 증가하게 된다. 부산현 신통천 유역의 음료수 중 카드뮴 농도는 최고치가 0.009ppm정도로서 WHO의 수질기준치인 0.01ppm에는 미달되지만, 이 지역에서 수확된 농작물에서는 상당량의 카드뮴이 검출되었다. 현미의 회분에서는 카드뮴이 1,250ppm, 아연이 2,600ppm이었다.

식품에 카드뮴이 오염되는 주된 원인은 공업용수가 농작물의 관개에 사용되는 장소로 흘러 들어가 그 곳에서 생육된 식량자원을 오염시키기 때문이다. 또는 용기나 식기에 도금된 카드뮴 성분이 용출되어 식품을 오염시켜 중독되기도 하며, 담배 잎에 함유되었던 카드뮴이 흡연을 통하여 기도로 흡수되기도 하는데 실제 통계적으로 비흡연자 군보다 흡연자군의 체내 카드뮴 함량이 2배 정도로 높다고 한다. 카드뮴은 주로 벼와 같은 식물에 잘 흡수 되므로 곡물류에 0.01~0.15ppm 정도 검출된다.

2.5. 안티몬(Sb)

1) 원인

안티몬은 법랑제 식기, 도자기, 고무관 등의 착색료 또는 에나멜 도료에 안료로 사용되며, 세공하기 쉬워 식품 제조용 기구나 용기에 사용된다. 안티몬은 이러한 기구나 용기에서 용출되어서 중독을 일으키는 유해 금속으로 산성식품 특히, 음료를 안티몬을 함유하는 기구와 접촉시키면 식품 중의 유기산과 반응하여 토주석(주석산칼륨안티몬)과 같은 가용성 염이 생성되어 중독을 일으킨다.

2) 증상

안티몬 화합물을 함유한 증기는 인체에 흡입된 후 기침, 화학성 폐렴, 위장 소하 장애, 심지어 생식기능 쇠퇴와 신경계통의 질병 등을 유발할 수 있다.

안티몬은 많은 유황기의 효소를 억제하고 단백질 대사를 방해한다. 안티몬이 일으키는 만성 중독성은 비소 중독과 매우 비슷하며 구토, 설사, 극도의 쇠약, 호흡곤란, 부정맥, 체온 하강, 허탈 등이다. 안티몬 중독은 또 심근 위축도 일으킬 수 있고 과량의 안티몬은 발암 작용도 있다.

3) 피해 사례

안티몬은 납과 같이 축적작용이 있어 영국에서 법랑제 도자기의 제조 시 불투명한 백색법량으로 만들기 위해 안료로 산화안티몬을 사용한 것이 산성용액 중에 용출되어 170명의 중독 사고를 낸 사례가 있다.

1964년 5월 일본 동경에서는 유아 3명이 자동판매기의 오렌지 주스를 마시고 약 30분 후 구토, 복통 등의 증상을 일으켰다. 이 주스에는 약 10ppm의 안티몬이 함유되어 있었고, 그 원인은 자동판매기의 주스가 통하는 관에 안티몬제의 금속 부품이 사용되었기 때문이었다.

3. 유해 농약류

세계적으로 인구증가에 따른 식량증산정책으로 인하여 점점 더 많은 양의 농약과 살충제를 이용하게 됨에 따라 이에 따른 독성과 잔류성이 최근 크게 문제시 되고 있다.

농약이란 일반적으로 농축산물을 해치는 동식물을 방제하기 위하여 쓰여지는 약제로서 사용목적에 따라 살충제, 제초제, 식물 성장호르몬제 등이 있는데 이들은 모두 선택 독성(selective toxicity)을 가져야 한다. 즉, 방제 또는 구제대상의 생물에는 독성이 강하고 그 외의 생물이나 인간에게는 독성이 약한 것이 요구되는데, 이러한 이상형의 물질은 찾기 어려워 대개는 인축에게도 유독하다고 보아야 할 것이다. 특히 농약을 과다하게 사용하거나 수확 직전, 수확 후에 사용하면 잔류량이 허용기준을 넘어서게 되어 인체에 해를 끼치게 된다. 농약의 종류에 따라 인체에 미치는 영향은 〈표 6-2〉와 같다.

〈표 6-2〉 인체 장해와 농약의 분류

장해의 형태	농약의 종류
급성중독	유기인제, 유기염소제, 강독성 carbamate, paracoat 등
피부염, 알레르기를 포함한 피부장해	유기염소제, 유기수은제, 유기주석, thiocarbamate제, 유기살균제, dichlortriazine
결막염	blasticidine-S, 훈증제 등
만성중독증	유기인제, 유기염소제, PCB, 수은, 납
축적독	dieldrin, heptachor 등의 유기염소제, 수은, 주석, 납, 비소

대부분의 농약들은 유기화합물이기 때문에 무기화합물보다 인체 조직에 더 용이하게 흡수 · 축적되는 반면, 그 분해속도나 체외로 배설되는 속도가 느려서 체내에서의 독성 제거는 매우 어렵다.

농작물 재배에 사용한 농약은 농작물이 성장해가면서 비, 바람, 또는 자연분해에 의해 대부분이 제거되지만 일부는 식품에 잔류하게 된다. 농약의 식품 잔류에 대한 허용기준이 설정되어 있는데, '잔류허용기준'이란 농산식품 중에 함유되어 있는 양의 농약을 매일 섭취해도 해가 없는 기준량을 의미하는 것으로 식품에 허용되는 몇 가지 농약들의 최대 허용량(ppm)은 〈표 6-3〉과 같다.

〈표 6-3〉 식품에 허용되는 몇 가지 농약들의 최대 허용량(ppm)

나라 / 살충제 종류	호주	캐나다	뉴질랜드	스위스	네덜란드	미국	러시아
Aldrin	0.1	0.25	0.25	0.1	0.1	0.25	0.0
비소화합물		2.0	1.0	1.0	0.7	2.3	0.0
DDT	7.0	7.0	5.0	4.0	5.0	7.0	1.0
Diazinon	0.15	0.75		0.75	1.0	0.75	
Methyl demeton	0.15			0.5	0.5	1.25	
Methyl parathion	0.15			0.75	0.5	1.0	
Parathion	0.15	1.0	1.0	0.75	0.5	1.0	5.0

농약 중에서 특히 문제가 되는 것은 유기인제와 유기염소제이다. 유기인제는 현재 가장 많이 사용되고 있는 농약으로 지속성은 적으나 사람에 대한 독성이 강하다. 파라치온, 말라치온, 티클로로보스 등이 이에 속하며, 지속시간은 1~12주 정도이다. 유기염소제는 유기인제에 비해 독성은 약하나 환경 중에 오래 잔류하고 동물 지방조직에 농축되어 존재한다. DDT, DDE, 알드린, 엔드린이 이에 속하며, 잔류기간은 2~5년이고 신경계에 독성을 나타낸다.

3.1. 유기인제(organophophates)

1) 원인

살충제로 널리 사용되는 유기인제로서는 methyl parathion, EPN, malathion, diazinon, TEPP(tetraethyl pyrophosate), DDVP, metasystox, smithion, diphtherex, thimeton, naled 등으로 1940년대부터 사용되어 왔고, 강력한 신경독

을 가진 매우 독성이 강한 살충제이다.

유기인제 농약의 화학적 기본구조는 인산에스테르(P=O)와 티오인산에스테르(P=S)로 구성되어 있으며〈그림 6-2〉, 탁월한 살충효과가 있어 널리 이용되고 있으나 독성이 강하여 급성 중독사고가 많이 일어난다. 최초의 유기인제 화합물은 제 2차 세계대전 중 독일에서 개발된 TEPP(tetraethyl pyrophosate)로 강력한 독성으로 인해 신경가스로 사용가능한 것도 있었다. TEPP는 살충제로서 강한 효력을 나타내지만 포유류에 대해서도 매우 높은 독성을 나타낸다. 그 후 Schlader에 의해 합성된 것이 파라티온이다. 파라티온은 해충에 대해 광범위하게 유효하고 물이나 알칼리에 대해 비교적 안정적이어서 벼농사를 중심으로 하는 우리나라의 농업에서 많이 이용된다.

2) 증상

세계대전 후 parathion, malathion, sumithion, baycid, EPN, diazinon 등 매우 많은 살충제가 개발되었다. 이 화합물은 대개가 특유의 취가 있지만 자극성이 약하고 피부를 통해 신속히 흡수되어 일반적 징후로서는 최초에 시력 장해가 일어나고 타액의 분비가 많아지고 구토, 설사 등의 증상 후에 호흡마비, 중추신경 마비로 치사하게 된다.

이 증상을 치료하는 데는 PAM(piridine aldoxine methiodine)이라는 해독제를 사용해야만 생명을 건질 수 있다.

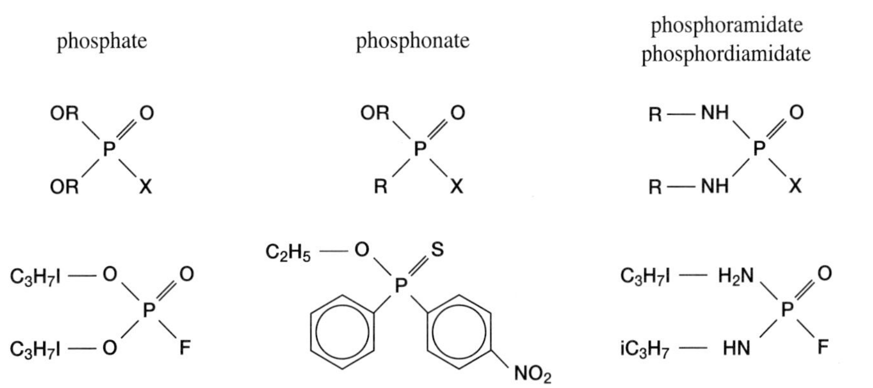

〈그림 6-2〉 유기인제 농약의 기본 화학구조

3) 피해 사례

미국의 Velsicol Co.에서 개발된 phosver는 수출선인 이집트의 물소들을 중독시킨 사건을 일으켰고, 이 제조공장에서도 중독사건이 발생하여 1976년 1월 제조 및 사용을 중지시켰다. 이 유기인제 화합물들 중에는 방염 효과가 매우 좋은 것도 있기 때문에 의류, 커튼, 특히 자동차 시트 등 인화성이 있는 위험성이 많은 곳에 이용하고 있는 섬유 및 목재 제품의 방염, 방연가공에 이용되고 있지만 이 모든 것은 대단히 독성이 강하고 발암성이 있다.

3.2. 유기염소 화합물

1) 원인

살충제로 널리 사용되는 유기염소제로는 DDT, DDD, methoxychlor, aldrin, dielrin, endrin 등이 있으며 기본구조는 〈그림 6-3〉과 같이 염소를 함유하고 있으며 강력한 살충효과를 나타낸다. 그러나 분해기간이 길어 자연에 오랫동안 잔류되는 단점이 있다.

살충제나 제초제로 주로 이용되는 유기염소제는 유기인제에 비하여 독성이 적어서 급성중독 사고는 적은 편이다. 그러나 잔류성이 크고 지용성이기 때문에 유지를 함유하고 있는 동식물 조직에 쉽게 흡수될 수 있다. 인체의 지방조직에 축적되므로 각국에서는 사용금지나 사용제한 등의 조치를 강구하고 식품 중의 잔류량을 규제하고 있다.

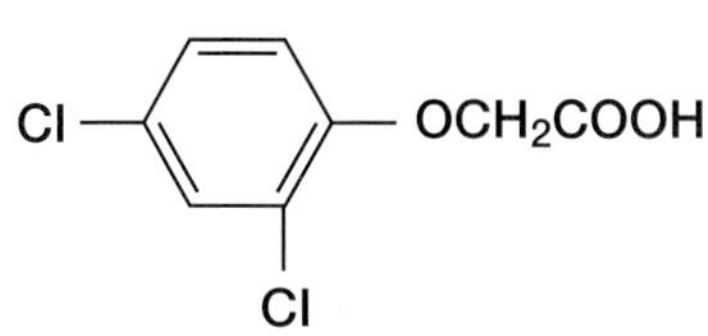

〈그림 6-3〉 2, 4-D의 기본구조

2) 증상

일반적으로 섭취 30분 후에 복통, 설사, 구토, 두통, 시력감퇴, 전신 권태 등의 증세가 일어나지만, 중증일 경우는 혼수상태가 계속되다가 사망한다. 이 중독증상의 특효약은 없고, 다만 대증요법으로 phenobarbital과 같은 중추신경진정제가 사용되고 있을 뿐이다. 유기 염소제의 잔류기간은 수년~10년 정도가 된다.

DDT는 제 2차 세계대전 중 스위스 Geigy사의 Muller가 개발하여 미군의 남방작전에 크게 이용한 지효성 살충제로 곤충뿐 아니라 야생조수, 어패류에도 영향을 미쳐 죽는 일이 많다. 증상은 협심증, 간장장해, 신경마비를 일으키며 20mg/kg으로 치사한다.

BHC는 1백 50년 이상 전에 합성되어진 고전적인 화합물로 휘발성이 강하고 효과가 빠르다. 쥐, 토끼, 고양이는 1.5~2g으로 치사하지만 인간은 30g으로 치사한다. 이 두 화합물의 생산은 우리나라에서 금지하고 있다. 그밖에 chlordane, heptachlor, aldrin, dieldrin 등이 있다.

BHC는 DDT보다 급성독성은 크고 중추신경기능장애 등의 중독증상을 나타내어 호흡중추마비로 사망하게 된다. 만성 중독에서는 신경과민, 체중감소, 메스꺼움, 협동운동실조 등의 증상을 나타낸다.

3) 피해 사례

1887년 호주에서 미국 캘리포니아로 들어온 작은 곤충이 감귤 밭을 망쳐 놓았을 때, 곤충학자들이 호주로 건너가 이 곤충의 천적을 조사한 결과 딱정벌레인 것이 밝혀졌다. 그래서 이 딱정벌레를 들여와 감귤 밭 전역에 번식시킨 결과 이 해충을 억제할 수가 있었다.

그러나 1946년에 DDT를 처음 사용한 결과 딱정벌레가 모두 죽어 버렸고, 이 해충은 다시 번창하기 시작하였다. 이 해충을 막기 위해서 결국 다시 딱정벌레를 들여와 번식시켜야만 했다.

3.3. 유기불소 화합물

1) 원인

대표적인 불소화합물로 쥐약인 fratol와 깍지벌레나 진딧물 등의 살충제인 fussol, nissol 등이 있다.

불소화합물에는 독성이 강한 것이 많고 농약으로서 사용되고 있는 것은 적지만 fratol(일명 1080)은 살서·살충제로서 맹독중의 맹독이다. 이 외에도 유기불소제품으로서 냉매, 스프레이(에어로졸) 등에 이용되는 freon이라 불리는 불연성이 강한 물질이 있다. 이것을 화장품, 도료, 살충제, 농약 등의 스프레이식 분무기에 사용하면 피부암이 생기는 것이 판명되었기 때문에 미국에서는 1977년 5월에 제조와 사용을 금지하였다.

2) 증상

유기불소제는 모두 독성이 강하며 심장장애와 중추신경증상을 일으키며 섭취 후 30분~2시간 정도에서 두통, 구토, 현기증 등을 일으키고, 중증일 때는 보행장애, 언어장애, 간질 발작과 유사한 강직성 경련을 거쳐 의식혼탁, 심장장애를 일으키고 심부전으로 사망하게 된다.

3) 피해 사례

1930년 12월 벨기에에서 발생한 뮤즈계곡(meuse valley)사건은 각종 공장에서 발생되는 아황산가스, 황산미스터, 불소화합물, 일산화탄소, 미세 입자가 원인이 되었다. 이 지역에서 초겨울에 지면 온도가 갑자기 떨어지면서 지면가까이의 대기 온도가 감소하는 기온역전 현상이 일어났다.

이때 수많은 공장의 굴뚝에서 배출된 가스가 지면 가까이에서 오랫동안 머물게 됨으로써 수백 명의 호흡기질환자가 발생하고 급성폐렴과 심장병으로 63명이 동시에 사망하는 사고가 발생하였다.

인명 피해뿐만 아니라 가축과 새, 그리고 주위 수목이 대부분 죽음으로써 뮤즈계곡은 일시에 죽음의 계곡으로 변하였다.

3.4. 유기수은 화합물

1) 원인

유기수은제는 살균제로서 종자소독, 과수와 채소의 각종 병해방지, 토양 소독제 등으로 광범위하게 사용되어 왔으나 1965년 일본에서 발생한 미나마타병이 원인이 되어 세계 각국에서 종자소독용 외의 다른 목적으로의 사용을 금지시켰고, 우리나라에서도 현재 전면 금지조치를 취하고 있다. 독성이 강하나 다른 농약에 비해서 맹독성은 아니지만 체내 흡수가 용이하며, 무기 수은과는 달리 유기 상태이기 때문에 배설 속도는 매우 느려 인체에 축적성이 크고 만성중독을 일으킨다.

2) 증상

수은 중독은 중추신경을 침범하는 특징이 있는데, 운동불능, 보행곤란, 언어장애, 시각장애, 마비 등이 일어나고 심하면 사망에 이르기도 한다.

3) 피해사례

1969년 미국 뉴멕시코주 알라모골드에서 발생한 알라모골드 사건은 텍사코라는 인근 지역의 곡물창고에서 나오는 곡물찌꺼기로 돼지를 사육한 농가에서 발생하였다. 처음에는 돼지들에게 피해가 나타나기 시작하였으며, 후에 그 증상이 아이들에게까지 확산되었다.

후에 원인 규명을 해본 결과 돼지에게 먹인 곡물찌꺼기에서 수은이 검출되었고, 이는 곡물 저장창고에 메칠수은이 함유된 종자소독제인 파노젠이라는 농약이 투여되었기 때문이라는 것이 밝혀지게 되었다. 사육 중이던 돼지 가운데 14마리에서 실명 증상이 나타났고 이 중 12마리가 죽음을 당하였으며, 몇 개월 후 3명의 어린아이가 실명을 하는 증상이 나타났다.

3.5. 카바메이트제

1) 원인

주로 제초, 살충제로서 이용하고 있으며 살충제로 많이 사용되는 것으로 carbaryl, fenobucarb, carbosulfan, isoprocarb, carbofuran, pirimicarb, methomyl, propoxur 등이, 제초제로는 barban, chlorpropham, propham, benthiocarb 등이, 살균제로는 benomyl 등이 있다.

카바메이트제는 화학적으로 N-methyl carbamate의 에스테르이며〈그림 6-4〉 1950년대 이후 사용되었다.

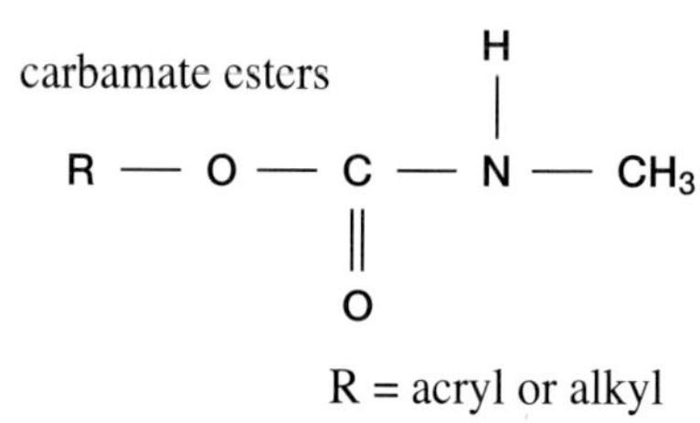

〈그림 6-4〉 카바메이트 농약의 기본구조

2) 증상

유기인계 화합물에 비해 독성은 약하지만 대기 중이나 야채 중의 아질산에 의해 서서히 분해되어 발암성이 있는 니트로소 화합물로 변화하기 때문에 안전성에 문제가 있다고 인식되고 있다. 그러나 유기인제보다는 가역적이며 독성이 낮고 화학적으로 안정하여 빨리 체내에서 대사되므로 체내에 축적되어 만성중독을 일으킬 염려는 없다. 또한 피부에 잘 흡수되지 않아 급성중독이 일어날 가능성도 적다. 그러나 aldicarb는 경피와 경구독성이 강력하여 1991년 6월에 금지되었다.

3) 피해 사례

1984년 12월 3일 인도 보팔시에서 일어난 보팔 사건은 화학약품 제조회사로 인도 보팔시에 현지공장을 설립하여 농약을 제조 판매하던 미국의 다국적 기업인 유니온 카바이드(Union Carbide)에서, 농약제조의 원료로 사용되는 메칠이소시안(MIC : methyl isocyanate)이라는 유독가스가 저장된 탱크가 누출되었다. 메칠이소시안은 카바마이트(carbamate)제제 합성 시 중간물질로 생성되는데 주로 면역기능의 장애와 기계 독성을 유발시키는 유독물질로 이로 인해 2,800여 명의 인근 주민이 사망하였고 20만 여명 이상의 피해자가 발생하였다. 생존자의 대부분도 실명 또는 호흡기 장애, 중추신경계와 면역체계의 이상으로 평생 고통 받고 있다. 이 사고로 피해 보상을 청구한 사람만도 58만 3,000여 명에 달하여 사회적으로 큰 문제가 되었으며, 자연생태계까지 크게 훼손되었다.

4. 용기 및 포장재

식품포장의 본래 기능은 식품을 물리적, 화학적, 생물학적 변화로부터 보호하는 것이 그 목적이지만, 현대의 식품유통 시스템에서는 광고효과, 운반성, 편리성 등이 크게 부각되고 있는 실정으로 사용량은 점점 증가하고 있는 추세이다. 식품에 사용되는 기구와 용기포장재는 일반적으로 금속, 유리, 도자기, 범랑제품, 종이 또는 각종의 합성수지를 재료로 해서 만들어지는데 이들이 식품과 접촉할 때 원재료에 함유된 각종 유해성분이 식품으로 이행될 가능성이 있다〈표 6-4〉.

〈표 6-4〉 포장 재료로부터 이행될 수 있는 물질

포 장 재 료	이 행 물 질
종이류(셀로판 포함)	착색제(형광염료 포함), 충진제, 사이징제, 펄프용 방부제(잔류)
금속제품	납(땜납에서 유래), 도료성분(monomer, 첨가제), 주석(도금에서 유래) 납(유약, crystal glass 등), 그 밖의 금속(유약, 안료 등) 잔류 monomer(vinyl chloride, styrene, acrylonitrile 등)
법랑기구, 유리제품 합성수지	첨가제(안정제, 가소제, 산화방지제 등), 잔류촉매(금속, 과산화물 등)

이들 중에는 주원료 외에 가소제, 착색제, 안정제 등의 다양한 화학물질이 사용되고 이들 중에는 독성이 강한 물질도 포함되어 있다. 더욱이 이들 용기 · 포장재를 소각, 폐기할 경우 시안이나 질소산화물 등의 유독가스 발생이 염려되므로 주의할 필요가 있다.

4.1. Vinyl chloride

1) 원인

염화 vinyl은 생체 내에서 cytochrome P450에 의하여 산화되어 chloroethylene oxide를 경유하여 monochloroacetaldehyde로 된다. 이것은 다시 탈수소효소에 의하여 산화되어 monochloroacetic acid로 되어 뇨 중에 배설된다. 이때에 생성된 chloroethylene oxide의 일부가 간장세포의 DNA를 alkyl화함으로서 암 발생을 야기한다고 한다.

2) 증상

폴리염화 vinyl 제조공장에서 염화 vinyl의 중합부 작업 시에 미반응의 염화 vinyl에 계속 폭로되면 작업자의 손가락뼈가 연화되는 골연화증의 증상이 나타난다는 사실이 알려져 있다.

3) 피해 사례

1970년대 미국에서 이들 작업자 중에 간 혈관육종이라는 지극히 희귀한 종양으로 사망한 사람이 발견된 것이 계기가 되어 사람에 대하여 역학조사를 실시한 결과 염화 vinyl 폭로는 사람의 간장이나 담관에 암을 유발시킨다는 사실이 확인되었다.

4.2. Vinylidene chloride

1) 원인

폴리염화비닐보다 수증기의 투과성이 좋아 생선 식료품의 포장에 널리 사용된다.

2) 증상

염화비닐에는 마취작용이 있고 간에 장해를 일으키며, 피부나 점막에도 자극을 준다.

3) 피해 사례

일본에서는 제조공장에서 축성시신경을 일으켰다는 보고도 있으며, monomer는 발암성이 의심되기도 한다.

4.3. Polyethylene

식품 포장재로 가장 많이 쓰이며, 이 수지의 특징은 수증기는 통과시키지 않고 공기 중의 기체는 잘 통과시킨다는 데 있다. 그러므로 신선한 야채나 과실의 포장에는 적합하나 산소의 투과율이 커서 지방 식품은 산화되기 쉬우며 향신료 등은 향기를 잃기 쉬운 단점이 있다.

Polyethylene은 위생적인 면에서 무해하다고 알려졌으나 중합할 때 생기는 저분자량의 성분은 유지식품에 용해되어 유해한 영향을 끼칠 수 있다.

4.4. Polystyrene

1) 원인

Polystyrene은 styrene monomer의 중합체로 styrol수지라고도 하며 상온에서 건조식품을 보존하는 데에 적합하나 고온에서의 사용에는 부적당하다. 용기 제조 시 미반응물질인 styrene dimer와 trimer가 용출되는데 이는 지용성으로 컵라면 등의 지용성식품의 포장용기로 쓰일 때 끓는 물에서의 용출 문제가 논란이 되었던 바 있다.

2) 증상

포유류에 관한 in vitro 실험의 예로 소의 자궁세포, 원숭이의 난소모델, 설치류의 정소모델 에스트로겐 관련실험, 사람의 암세포계, HeLa 세포계에서 위해성이 확인된 바 있다.

3) 피해 사례

컵라면의 용기로 쓰이는 스티로폼의 주성분인 스티렌이성체 등이 환경호르몬으로 의

심받고 있다. 환경호르몬은 극히 적은 양으로 생태계 및 인간의 생식기능 저하 · 성장장애 · 기형 · 암 등을 유발하는 중대한 영향을 끼치기 때문에 심각한 문제가 되고 있다. 1970년대에 나타난 사례로 불임여성의 증가, 음경발달 부진, 1980년대 플로리다악어의 부화율 감소, 성기의 왜소증상, 1990년대에는 남성의 정자 수 감소, 수컷 잉어의 정소 축소, 바다 고등어 류의 자웅동체 등의 피해가 나타났다.

〈표 6-5〉 기구나 포장재에서 용출되는 유해 금속물질

유해 금속물질	용출과정	주요 증상
동, 녹청	가공, 조리용 기구관리 부주의로 쓴 녹의 유입	오심, 구토, 가슴앓이, 두통, 현기증, 복통, 발한, 경련, 간·신장장애
아연	산성 강한 물질에 의한 부식 (중독량 400~500㎎/체중㎏)	오심, 구토, 설사, 복통
카드뮴	산성식품에 의해 용출 (중독량 10~30㎎)	만성중독, 이타이이타이 병
납	만성중독	권태감, 피부창백, 근육마비, 취조 청색 선상 착색
주석	캔 내용물에 의한 용출	복통, 구토, 설사

5. 내분비계 장애물질

5.1. 내분비계 장애물질의 정의

1) 우리나라의 정의

내분비계 장애물질(endocrine disrupting chemicals, endocrine disruptors)이란 외부로부터 인체에 흡수되어 체내에서 호르몬처럼 작용을 하거나, 이러한 호르몬작용을 방해하여 정상 호르몬작용을 교란시키는 물질을 의미한다.

환경에 방출되어 호르몬처럼 작용하기 때문에 1997년 5월 일본 NHK에서 시청자들의 이해를 돕기 위해 '환경호르몬'이라고도 하였다.

우리나라 환경부에서도 1998년 5월 내분비계 장애물질에 대한 대책회의를 개최하고 endocrine disruptors를 대한민국에서는 '내분비계 장애물질'로 결정한 바 있다.

2) EPA(environmental protection agency)의 정의

내분비계장애물질의 정의는 'An exogenous agent that interferes with the production, release, transport, metabolism, bindery, action, or elimination of natural hormones in the body responsible for the maintenance of homeostasis and the regulation of developmental process', 즉 '체내에서 우리 몸의 항상성유지와 발육과정의 조절을 담당하는 체내 자연호르몬의 생산, 분비, 이동, 대사, 결합, 작용 또는 배설을 방해하는 체외물질'을 의미한다.

3) OECD의 정의

'내분비기능에 변화를 일으켜 생체 또는 그 자손의 건강에 위해한 영향을 나타내는 외인성물질'로 되어 있고 백악관 과학위원회와 스미스소니언 재단이 공동 주최한 workshop에서는 '생체의 항상성유지, 생식, 발생, 혹은 행동에 관여하는 각종 생체호르몬의 합성, 분비, 생체 내 수송, 수용체와의 결합, 그 호르몬의 작용 및 분해 등 모든 과정을 방해하는 성질을 가진 외인성물질'로 정의한다.

5.2. 내분비계 장애물질이 인체에 미치는 영향 및 기전

내분비계 장애물질의 그 작용기전을 분류한다면 수용체 결합과정에서의 호르몬 모방작용(mimics), 차단작용(blocking), 촉발작용(trigger), 간접작용 등으로 구별할 수 있다〈그림 6-5〉.

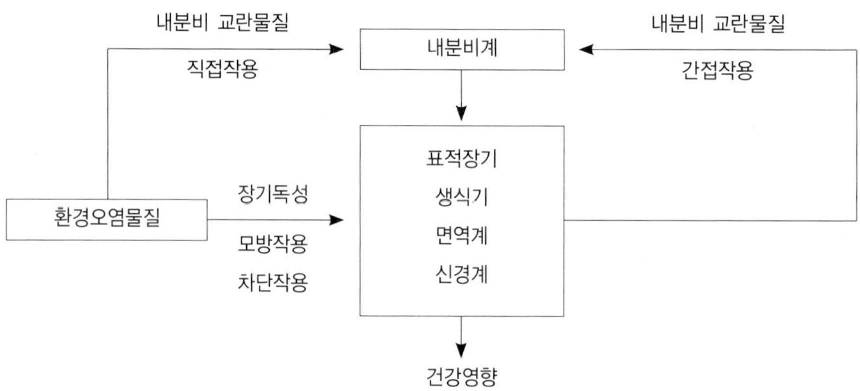

〈그림 6-5〉 **내분비계 장애물질이 인체에 미치는 영향**

1) 호르몬 모방작용

내분비계 장애물질이 마치 정상호르몬인 것처럼 호르몬 수용체와 결합하여 세포반응을 일으키는 것으로서, 대표적인 물질이 디에틸스틸베스트롤(DES, diethylstilbes-trol)이나 식물성 에스트로겐 등이다.

2) 호르몬 차단작용

내분비계 장애물질이 정상 호르몬 수용체와 접촉하여 결합부위를 봉쇄함으로써 내분비계가 기능을 발휘하지 못하도록 하는 것으로 DDE(DDT의 분해산물)의 경우, 고환(睾丸)의 안드로젠 호르몬 기능을 봉쇄하는 것으로 알려져 있다.

3) 호르몬 촉발작용

내분비계 장애물질의 수용체와 반응함으로써 정상적인 호르몬 작용에서는 일어나지 않는 단백질수용체와의 결합, 발암과정과 같은 비정상적 분화와 증식, 대사이상, 불필요한 물질을 생성하는 변화를 유발하며, 다이옥신과 그 유사물질 등이 이에 해당된다.

4) 간접 작용

수용체와 결합하지 않고 간접적으로 내분비기능을 방해하는 것으로 지속성이 강하고 생물농축현상을 일으키며 세대이월이 가능하기도 하고 생체 내 잔류가능성이 높은 것이 특징이다.

많은 종류의 이들 오염물질들은 사용이 금지된 후에도 긴 반감기(half life)로 인하여 수질이나 토양에 축적되어 인간에게 섭취된 후 체내에 축적되어 건강을 지속적으로 해치고 있으며 먹이사슬로 되는 것이다. 현재 일상생활 속에 내분비계 장애물질이 광범위하게 노출, 폭로되어 있기 때문에 이를 차단하기 위한 대책이 요구되고 있다. 내분비계 장애물질의 종류는 〈표 6-6〉과 같다.

〈표 6-6〉 내분비계 장애물질의 종류

명 칭	발생원인 물질
비스페놀 A	합성수지의 원료, 캔의 내부 코팅제
폴리카보네이트	플라스틱 용기
프탈산화합물(DOP, DBP, BBP)	합성수지의 가소제
스티렌 다이머/스티렌 트리머	1회용 플라스틱 용기(컵라면 용기 등)
DDT	유기염소계 농약
폴리염화비닐(PCB)	전기절연체
다이옥신	쓰레기 소각물질, 고엽제

- 일상생활에서 다음과 같은 방법으로 환경호르몬을 어느 정도 예방할 수 있다.

- 캔에 담겨있는 음료나 식품을 먹지 않는다.
- 컵라면과 같이 1회용 플라스틱 용기에 담긴 음식물을 데울 때는 플라스틱 용 기나 랩을 사용하지 않는다.
- 염소계 표백제나 세정제를 사용하지 않는다.
- 염소계 표백제로 표백된 흰 종이나 휴지를 사용하지 않는다.
- 농약을 과다 사용한 과일, 채소 등을 먹지 않는다.

5.3. 내분비계 장애물질을 이루고 있는 성분

내분비계 장애물질로 추정되는 물질로는 각종 산업용화학물질(원료물질), 살충제, 제초제 등의 농약, 유기중금속류, 소각로에서 발생하는 다이옥신류, 식물에 존재라는 phytoestrogen 등의 호르몬유사물질, 의약품으로 사용되는 합성 에스트로겐류 및 기타 식품 및 식품첨가물 등을 들 수 있다.

내분비계 교란물질의 종류와 용도, 발생원인은 〈표 6-7〉과 같다. 현재 세계야생동물보호기금목록(World Wildlife Fund List)에서 67종, 일본 후생성에서 143종, 미국에서 73종의 화학물질을 '환경호르몬'으로 규정하고 있다.

〈표 6-7〉 내분비계 교란물질의 종류와 용도, 발생원인

내분비계 장애물질	발 생 원 인
트리뷰틸주석(TBT)	선박용 페인트
비스페놀 A	합성수지 원료, 식품과 음료용 캔의 안쪽 코팅
폴리카보네이트	플라스틱 식기
프탈산화합물(DOP, DBP, BBP)	플라스틱 가소제
스티렌 다이머/스티렌 트리머	컵라면 용기를 비롯한 각종 식품 용기
DDT	살충제
아트라진	농약
아미톨	농약
엔토살판	농약
브로모프로페인	실리콘 웨이퍼 세척작업
다이옥신	쓰레기 소각장, 월남전 당시 고엽제의 성분
폴리염화비닐(PCB)	전기 전열체

1) 내분비 교란물질(환경호르몬) 모니터링 결과

① 농약 : OPP, PCNB, 프로시미돈, 베노밀, 헥사클로로벤젠, 티오파네이트메틸

② 중금속 : 납, 카드뮴, 수은

③ 플라스틱 : 가소제(DEHP, DEHA), 스티렌 다이머 및 트리머, 비스페놀 A

5.4. 내분비계 장애물질의 종류

1) PCB

(1) 원인

난분해성인 PCB는 1977년까지 전 세계적으로 약 60만톤이 생산되어 유통되어 왔으나 생산이 중단된 지금까지도 식품에 잔류되어 있어서 문제가 되고 있다. 폴리염화비페닐(PCB)은 대부분의 국가에서 사용이 금지되었음에도 불구하고 현재 먹이 사슬과 공기의 흐름을 타고 전 세계에 널리 분포되고 있다.

(2) 증상

PCB의 생체에 대한 영향은 유증환자의 증상과 유사하지만 증상이 아주 다양하고 복잡하기 때문에 어떤 기구로 독성이 발현하는 것인지는 알기 어렵다. 이러한 경우 PCB를 동물에 투여하는 실험의 결과가 가장 참고가 된다.

PCB를 사료에 첨가해서 쥐를 사육하면 외관상 약간의 성장억제가 발생하는 정도이지만 해부학적으로는 세포내의 지방조직에 공포가 형성되어 핵과 원형질은 한쪽으로 몰려져 있는 것 같은 모양이 관찰된다. 간장이 커져 있기 때문으로, PCB의 주요한 표적 장기는 간장으로 알려져 있다. PCB의 종류에 따른 독성(LD_{50}, g/kg)은 〈표 6-8〉과 같다.

〈표 6-8〉 PCB의 독성(LD_{50}, g/kg)

PCB의 종류	생 쥐		흰 쥐		토 끼
	암컷	수컷	암컷	수컷	수컷
KC-400	1.6	1.9	1.1	1.3	
KC-430			1.1	1.2	0.6

(3) 피해 사례

1990년 텍사스의 마타고르도 해협에서 발견된 죽은 고래의 지방조직에서 대단히 많은 양의 PCB가 포함된 것을 확인하였으며, 고래의 죽음이 PCB로 인한 것이라 의심하였다. 특히 인간과 고래는 유전학적으로 비슷하고 유사한 음식물을 통해 독성이 누적되기 때문에 인간에게도 피해가 일어날 가능성이 있다.

일상적으로 섭취하고 있는 달걀, 우유, 닭, 돼지 등에도 소량이지만 환경호르몬으로 의심되는 물질이 있다. 일본 환경청 조사자료에 따르면 계란 1g에는 PCB가 14~65ng(10억분의 1g), 병아리는 63~210ng 함유하고 있는 것으로 나타나 내분비계 장애물질은 인간 몸속에도 필연적으로 누적될 수밖에 없다.

2) 다이옥신(Dioxin)

(1) 원인

다이옥신은 chlorinated dibenzo-p-dioxins(CDDs)와 cholorinated dibenzo furans(CDFs)을 총칭하는 일련의 210개의 화합물을 말하며 이 중에서 2, 3, 7, 8 tetrachloro dibenzo-p-dioxin(2, 3, 7, 8-TCDD)이 독성이 가장 강하다고 알려져 있으며 Dioxin의 종류는 〈그림 6-6〉과 같다.

다이옥신의 발생은 석유화학공업제품 제조 시 유기염소화합물의 폐기물을 연소, 소각, 가열하는 과정에서 발생하게 되고 폴리염화비닐, 폴리염화비닐리덴, 유기염소계농약 등이 폐기물로서 처리되는 단계에서 850℃ 이하의 온도에서 소각되면 불완전 연소하여 dioxin이 생성된다. 또한 제초제인 2, 4, 5-trichloro phenoxy acetate나 trichlorophenol을 제조할 때에도 생성될 가능성이 있다.

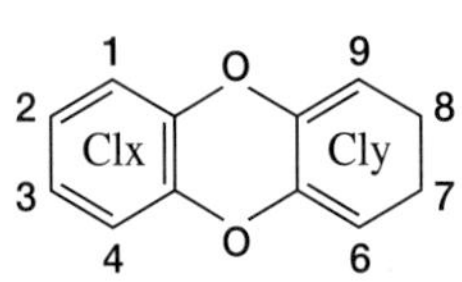
Chlorinated dibenzo-p-cioxins(CDDs)

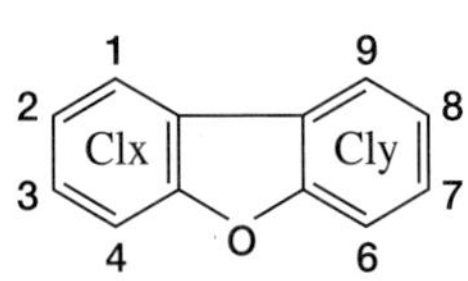
Chlorinated dibenzo furans(CDF

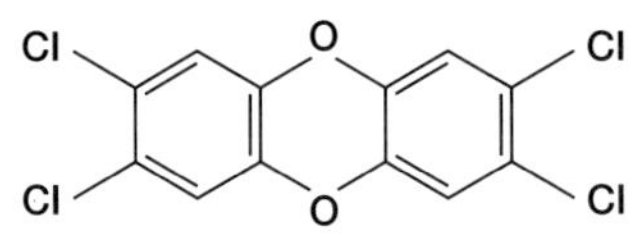
2,3,7,8 tetrachlorodibenzo-p-dioxin(2,3,7,8-TCDD)

〈그림 6-6〉 Dioxin의 종류

(2) 증상

다이옥신은 가장 강력한 발암물질로서 암 발생율을 높인다. 폐암, 간암, 임파선암, 혈액암 등을 일으킨다. 심한 생식기계 장애와 발달장애가 일어날 수 있으며 면역계의 손상으로 여러 가지 감염성 질환에 잘 걸릴 수가 있다. 또한 호르몬의 조절기능에 손상이 일어날 수 있어 불임, 출생 시 장애, 기형, 발육장애가 올 수 있다.

미국 환경보호청에 따르면 미국인의 현재 다이옥신 평균용량으로도 면역체계의 질환, 고환크기의 감소, 당 조절 능력의 변화 등이 올 수 있다고 한다.

가장 최근에 입증된 자료에 따르면 정자수가 감소되고, 호르몬과 연관된 암, 즉 유방암, 고환암, 전립선암 등이 증가된다고 한다.

(3) 피해 사례

월남전 당시 사용되었던 맹독성 제초제인 고엽제의 성분으로 인류 최악의 독성물질이라는 다이옥신이 불순물로 섞여있었다. 우리나라에서 고엽제 피해자로 추산되는 환자는 약 40,000여 명이며 이들은 피부병, 암, 사지 마비, 말초신경마비, 체중감소, 전신통증, 정신질환 등 여러 가지 고통에 시달려오고 있다.

3) Bisphenol A

(1) 원인

Bisphenol A의 구조는 〈그림 6-7〉과 같고 Illinois EPA의 분류기준에 의하면 기능성이 있는 물질(probable category)의 군에 속하며 주로 음료수 캔의 내부 코팅제(에폭시 수지), 유아용 우유병, 급식용 식판 및 생수용기(PC수지) 등의 소재로 사용된다. 특히 PC수지 용기는 투명하면서도 100℃ 이상에서도 사용가능하고 잘 깨지지 않으므로 용도가 다양하고 많이 사용된다.

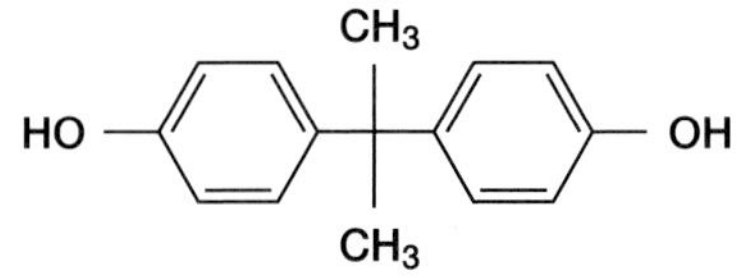

〈그림 6-7〉 Bisphenol A의 구조

에스트로겐성 작용을 나타내는 물질이며 고압증기 멸균기에서 polymer가 파괴되거나 불완전하게 중합되기 때문에 플라스틱에서부터 용출된다. 또한, 플라스틱 치아 충진제, 특히 어린이 치아 코팅제인 polycarbonate plastic으로도 사용된다.

(2) 증상

Bisphenol A에 노출된 즉시나 짧은 시일 내에 피부와 눈에 염증이나 발열을 일으키며 노출 몇 시간 이후에 생길 수 있는 만성적 영향력은 몇 개 월이나 몇 년까지 지속적일수도 있다. 암을 유발하거나 태아 발육 이상, 수정률 감소와 피부 알레르기를 유발시키며 알레르기가 발전하면 그 이후에는 매우 낮은 노출에도 가려움과 피부 발진을 유발할 수 있다. 미국의 EPA에서는 bisphenol A의 1일 섭취 허용량을 0.05mg/kg으로, 우리나라와 일본에서는 식품용기로부터 bisphenol A의 용출기준을 2.5ppm 이하로, 유럽에서는 3ppm 이하로 정하고 있다.

(3) 피해 사례

Columbia University of Missouri의 Dr. Fred vom Saal과 동료들은 1997년 1월 Environmental Health Perspectives의 발표에서 7일간(임신 11일에서 17일간) 2~20㎍/㎏/BW/day로 임신 초기에 먹인 후 웅성자손에서 prostate weight가 증가하였다고 보고하였다.

1970년(Bitman & Ceil, 1970)에 보고된 것으로 DDT BPA를 포함하는 구조적 유사 물질을 미성숙 rat에 피하로 투여한 실험에서 투여 18시간 후 자궁 glycogen량에 의하여 estrogenic acitivity를 측정하였다. 자궁 glycogen량을 증가시키는 BPA의 최소 유효 용량은 0.25mg/rat 또는 5mg/kg/day이다.

4) Phthalates

(1) 원인

일반적으로 프탈레이트는 diethylhexyl phthalate(DEHP), butylbenzyl phthalate(BBP), dibutyl phthalate(DBP), dioctyl phthalate(DOP), dimethyl phthalate(DMP), monoethylhexyl phthalte(MEHP)를 총칭한다. 특

히, DEHP는 전기 변압기 내의 절연유나 가소제로 사용되어 다양한 폐기물의 유동성을 통해 환경에 유입되며, DMP는 nitrocellulose와 cellulose acetate, 수지, 고무, 방충제로 사용될 때 유입된다. BBP는 셀룰로오스 플라스틱, polyvinyl acetate, polyurethanes, polysulfides와 cellulose film을 포함하는 포장재의 가소제, 타일제조 가소제, 합성 가죽 등에 사용된다. DEP는 칫솔, 인형과 같은 압축 제품과 발포제, 화장품류, 방충제, 접착제에 사용된다.

(2) 증상

프탈레이트는 지용성이므로 체지방에 축적되기 쉽다. 고농도의 프탈레이트에 노출되면 유산이 되기 쉬우며 기타 임신 합병증이 유발된다. BBP와 DBP는 유방암 세포에 에스트로겐 활성을 나타내었으며 무지개 송어의 에스트로겐 수용체와 결합하여 에스트로겐 수용체의 transcription작용을 초기화 한다는 보고도 있다. Phthalate류의 LD_{50} 값은 〈표 6-9〉와 같으며 장기 경구 투여에 의한 기형유발성이 보고되었다. 간장, 신장 장해와 발암성 여부에 대해서는 논란은 많으나 확증된 보고는 없다.

〈표 6-9〉 Phthalate류의 LD_{50} 값

종류	동물	투여방법	LD_{50}(g/kg)
Dimethyl phthalate(DMP)	mouse	복강 내	1.38(0.89~1.99)
Diethyl phthalate(DEP)	mouse	복강 내	2.83(2.42~3.29)
	rabbit	경구	1.00
Dibutyl phthalate(DBP)	mouse	복강 내	4.00(2.94~5.45)
	rat	경구	8.0

(3) 피해 사례

화장품의 프탈레이트류와 관련하여 미국 환경청(EPA)에서는 DEHP를 group B2(동물실험결과 발암증거 있으나, 사람에서의 증거는 없음)로 규정하고 있으며, 유럽연합에서는 DEHP, DBP를 생식독성물질의 category2(인간에게 생식독성을 일으킬 수 있을 것으로 간주되는 물질)로 정하고 있다.

최근 유럽연합에서는 화장품지침(Directive 2003/15/EC)을 개정하여, 각 회원국이

내년 9월까지 자국법에 프탈레이트류중 DEHP와 DBP에 대한 사용 규제를 반영토록 하였다는 정보가 있어(EU 집행위원회에서 세부적인 규제 절차를 마련 중에 있으므로 현 단계에서는 프탈레이트 사용 규제가 된 것은 아님) 이와 관련하여 식약처에서는 외교부를 통하여 추가적인 외국의 규제 현황 등에 관한 자료를 요청하고, 과학적 근거자료 수집 등을 통해 이에 대한 면밀한 분석 등을 검토하고 있다.

5) DDT

(1) 원인

DDT(dichlorodiphenyl trichlorethane)라는 유기 염속계 화합물은 19세기 후반에 합성되었으나 합성 당시에는 살충제의 효과가 있다는 것을 알지 못하였다. 그 후 DDT는 살충제로서 농업용이나 가정용 살충제로 각광받게 되었으며 해충으로 인해 황폐화 되어버린 농작물의 수확에 큰 공헌을 세웠다. 반면에 DDT는 농사짓는 농부들이나 가정에서 해충 방지제로 사용한 경우 중독자가 많이 발생하여 큰 사회문제가 되었던 일도 있었다.

(2) 증상

DDT의 환경 호르몬 작용은 에스트로겐에 결합하게 되어 있는 수용체에 DDT가 결합함으로서 호르몬 작용을 하기 위한 스위치를 넣어 버린다는 것이다. 또한 에스트로겐이 결합하는 수용체와 DDT가 결합하여 에스트로겐이 수용체에 결합하는 것을 차단하고 에스트로겐이 호르몬으로서 활용하는 일을 방해한다.

그리고 DDT가 결합하면 더 많은 에스트로겐이 결합되므로 에스트로겐이 필요이상으로 강화된다. DDT는 단순히 살충제가 아니라 여성 호르몬과 같은 작용을 하는 물질임에 틀림이 없다.

DDT는 다량 사용하면 발암, 면역력 저하, 백혈구의 과립감소 등 강한 유해성이 지적되어 국내외에서 생산이 중지되었다.

(3) 피해 사례

5년 전에는 유방암에 걸릴 확률이 여성 20명 중 1명이었으나 오늘날 그 확률은 8명

중 1명이 된다고 한다. 여성에게 유방암은 폐암과 대장암을 앞지르는 가장 흔한 암으로서 대부분은 에스트로겐 의존성 유방암이다.

미국 마샬 연구보고에 의하면 1993년 한 해 동안 새로 진단된 유방암이 182,000명에 달했으며 유방암으로 사망한 여성이 46,000명이나 되었다. 현재 2,600,000명 이상의 미국 여성이 유방암으로 고생하고 있다.

환경호르몬이 자연의 생태계를 크게 혼란시킨 예로서 가장 유명한 것은 미국 플로리다 주에서 4번째로 큰 아포프카 호에서 발견된 악어의 생식 이상이다. 그 원인은 1980년 근처의 농약공장에서 유입된 살충제인 DDT 등의 환경호르몬 작용물질로 알려졌다.

5.5. 내분비계 장애물질을 예방하려면

EDCs(내분비계 장애물질)는 농약성분, 공업용 화학물질, 포장재, 식물 호르몬 등과 같이 우리생활 속에 다양하게 존재하며 그 노출 경로도 다양하다. 따라서 사람에 대한 노출을 규명하고 일상생활 중 EDCs의 노출을 최소화하여야 할 것이다.

① 우리가 우물물을 마신다면 지하수 오염에 주의해야 하며 농촌의 경우 살충제나 제초제를 뿌리는 계절과 그 직후에 물의 오염이 최고도에 달하기 때문에 주의해야 한다.

② 세균과 미생물, 불쾌한 맛과 냄새를 없애는 것이 주목적인 필터는 호르몬 저해화학물질을 제거하지 못한다.

③ 음식을 현명하게 잘 선택하며, 특히 어린이들과 가임연령의 여성들은 다이옥신과 PCB(폴리염화비페닐)와 같은 호르몬저해 유해화학물질로 오염된 물고기의 섭취를 피하도록하며 플라스틱과 음식과의 접촉을 최소화하고 플라스틱 용기에 넣든지 플라스틱 랩에 씌워 가열하거나 전자렌지에 넣는 것은 가급적 피하고 전자렌지를 쓸 때는 유리나 자기 용기를 사용한다.

④ 합성화학물질의 불필요한 사용과 이에 대한 노출을 피해야하며 손을 자주 씻는 습관을 가져야 한다.

⑤ 절대 살충제가 사람에게는 안전하다고 생각해서는 안된다. 살아있는 유기생명체를 죽이도록 만들어진 것은 무엇이든 예기치 못한 방식으로 인간이나 동물에게 해로울 수 있다. 따라서 애완동물의 이나 진드기 등도 살충제를 사용하지 않고 잡으면 더욱 좋다고 생각된다.

⑥ 아이에게는 페인트칠을 하지 않은 나무나 천연섬유로 제조되어진 장난감을 준다.

⑦ 골프장은 유해화학물질에 폭로될 위험이 매우 높은 곳임을 명심해야 한다. 미국의 한 골프장에 대한 조사 결과 골프장 경영자들은 농부가 밭에 뿌리는 것보다 최소한 4배 이상의 살충제를 사용한 것으로 알려졌다.

⑧ 미국 롱아일랜드 골프장에서 사용되는 52종의 살충제 가운데 7개가 내분비호르몬 저해효과가 있는 것으로 골프장에서 손을 입에 갖다 대지 말고, 골프를 끝낸 후 바로 손을 씻도록 한다. 또 골프장에서 흘러나오는 냇물에서는 물놀이나 낚시를 하지 않는다.

제7장 식품과 감염병

병원체가 인간이나 동물에 침입하여 증식하는 것을 감염이라고 하며, 이 감염에 의해 증세가 나타나는 것을 감염증이라고 한다. 감염증 중에서도 그 감염력이 강하여 소수의 병원체로도 쉽게 인간으로 감염되어 많은 사람들에게 전달해 가는 질환을 감염병이라고 한다.

식품을 매개로 하여 일어나는 감염병은 그 원인에 따라 경구감염병과 인수공통감염병으로 구분한다. 경구감염병이란 병원체가 음식물, 손, 기구, 음료수, 위생동물 등을 매개로 입을 통하여 소화기로 침입하여 일어나는 감염이며, 인수공통감염병은 사람과 동물(주로 척추동물) 사이에 동일한 병원체에 의해 발생하는 질병을 말한다.

제3장 세균성 및 바이러스성 식중독에서 자세히 설명된 질환들은 중복되어 기술하지 않았다.

1. 감염병

1.1. 감염병의 생성과정

1) 감염병 발생의 3요소

감염병이 발생하기 위해서는 감염원, 감염경로, 숙주의 감수성의 3가지 조건이 필요하다. 예를 들면 급성감염병의 경우 다음과 같은 조건에서 질병발생이 이루어진다.

① 감염원으로서 질적, 양적으로 충분한 병원체가 존재할 것

② 감염원에 충분한 접촉기회가 있을 것

③ 병원체에 감수성이 많은 사람들이 존재해야 할 것

2) 감염병 생성과정

일반적으로 감염병이 생성되는 과정은 6가지 요소가 토대로 되어 연쇄적 현상에 의해서 이루어지며 이 중에서 어느 하나라도 결여되면 감염병은 발생하지 않는다.

(1) 병원체

병의 원인이 되는 미생물을 말하며, 병원체가 숙주의 체내에 침입하여 자리를 잡고 증식하면서 조직의 손상을 나타내는 것을 감염(infection)이라 한다. 감염의 결과로 숙주가 병적인 현상을 나타내는 것을 발병(onset)이라 한다.

질병별 감염의 경중은 병원성(pathogenicity)과 독성(virulence)의 두 가지 척도로 측정할 수 있다.

병원성이란 감염된 숙주에게 현성질병을 일으킬 수 있는 능력을 말하며 숙주내 병원체의 증식속도, 병원체 증식으로 인한 숙주 조직의 손상정도, 독소의 생성 등 여러 가지 요인에 의해 결정된다. 병원성이 낮으면 2차 발병률(secondary attack rate)에서 무증상감염자가 많고 병원성이 강하면 증상을 나타내는 환자수가 많아진다.

독성(또는 독력)은 병원체의 발병을 규정하는 요소로서 병원성의 정도을 말한다. 즉, 질병의 중증도를 나타내며 치명률을 나타내는 척도가 된다.

(2) 병원소

병원체가 생활하고 증식하며 생존을 계속해서 다른 숙주에게로 전파될 수 있는 상태로 저장되는 장소를 병원소라 한다. 이러한 장소가 없으면 병원체는 사멸한다. 사람이 감염병에 감염되었다는 것은 직접 혹은 간접으로 병원소로부터 병원균을 받았다는 것을 의미한다. 병원소의 종류로는 인간병원소, 동물병원소, 토양 등이 있다.

① 인간병원소

• 환자 : 뚜렷한 임상증상을 나타내는 현성환자를 말한다.

- 무증상감염자 : 임상증상이 아주 미약하여 간과하기 쉬운 환자이며 장티푸스, 세균성이질, 콜레라 등에서 자주 볼 수 있다
- 보균자 : 인지할만한 임상 증상이 없으면서 병원체를 보유하고 항시 또는 때때로 배출하는 경우이다. 보균기간에 따라 일시적 보균자와 영구보균자가 있다.

② 동물병원소

병원체를 보유하고 있는 동물을 말하며 동물에게 감염된 질병 중 인간에게 감염되어 질병을 일으킬 수 있는 것을 인수공통감염병(Zoonosis)이라 한다.

③ 토양

무생물이면서 병원소 역할을 하며 탄저균(*Bacillus anthracis*), 파상풍균(*Clostridium tetani*) 등 아포(spore)를 형성하는 균이 주로 토양에서 생존한다.

(3) 병원소로부터 병원체의 탈출

감염병이 전파되려면 병원소로부터 병원체의 탈출이 있어야 한다.

① 위 장관을 통한 탈출 : 분변이나 구토물을 통해 배출
② 호흡기관을 통한 탈출 : 호흡, 기침, 재채기, 가래 등을 통한 배출
③ 비뇨기를 통한 탈출 : 소변을 통해 배출
④ 신체 각부 개방 병소를 통한 탈출 : 눈, 귀, 생식기, 피부 등의 병변을 통해 배출
⑤ 모체 감염을 통한 탈출 : 감염된 모체의 태반을 통해 태아에 배출
⑥ 기계적 탈출 : 주사기, 침, 절족동물의 흡혈에 의한 탈출

(4) 전파

병원체가 병원소로부터 탈출한 후 새로운 숙주로 도달해가는 길을 전파경로라 한다. 전파양식에는 직접전파와 간접전파가 있다. 직접전파는 병원체가 매개체 없이 직접적으로 새로운 숙주에 전파되는 경우이며, 신체적 접촉을 통한 전파와 호흡기를 통한 비말전파 두 가지가 있다.

간접전파는 매개체를 통해 전파되는 경우로 병원체가 병원소 밖에서 어느 정도 일정기간 생존할 수 있는 능력이 있어야 하며, 병원체를 운반하는데 필요한 매개체가 있어

야 한다. 간접전파는 대부분 물, 식품, 동물, 공기 등을 통한 간접접촉으로 병원체가 운반된다. 간접 전파에는 다음과 같은 종류가 있다.

① 매개물감염 : 매개물 또는 개달물을 통한 감염으로 수인성감염과 식품감염이 있다.

- 수인성감염 : 식수 오염에 의한 감염으로 계절에 관계없이 단기간에 폭발적으로 발생한다.
- 식품감염 : 우유나 식품에 의한 감염으로 병원균 증식에 적절한 여름철에 주로 발생한다.

② 동물매개 감염 : 모기, 쥐벼룩, 파리, 이, 바퀴, 진드기와 같은 절족동물에 의해 매개되는 감염과 척추동물에 의해 매개되는 인수공통감염병이 있다.

③ 공기감염 : 공중에 부유하는 병원체를 함유하는 미세입자에 의한 감염으로 비말핵감염(droplet nuclei infection)과 진애감염(dust infection)이 있다.

(5) 새로운 숙주로의 침입

병원체가 새로운 숙주에 도착하여 침입을 하여야 질병이 발생하며, 주로 위장관, 호흡기관, 피부를 통하여 병원체가 침입한다.

① 위장관을 통한 침입 : 오염된 식수나 음식물의 섭취를 통한 침입과 흡입된 병원체가 위장관으로 침입하는 경우

② 호흡기관을 통한 침입 : 병원소로부터 배출되는 미세한 비말이나 비말핵의 흡입을 통해서 또는 음식물과 함께 들어간 병원체가 호흡기관으로 침입하는 경우

③ 피부를 통한 침입 : 피부상처를 통한 침입과 흡혈매개곤충에 의한 자상, 오염된 주사침, 오염된 혈액수혈, 구충의 감염형 유충 경피 침입을 통한 경우

병원체의 숙주 내 침입 과정에 직접 관여한 수단을 감염원(source of infection)이라 한다. 예를 들어 세균성이질 환자의 분변으로 오염된 물을 통해 감염되었다면, 오염된 물이 감염원이 된다.

(6) 숙주의 감수성

병원체가 숙주에 침입하였더라도 숙주의 저항력에 의해 질병의 발생이 일어나지 않을 수 있다. 즉, 발병은 숙수가 병원체에 대한 감수성이 강하거나 면역력이 없는 경우에 발생한다.

숙주는 선천성 면역(비특이적 저항력, 선천성 면역)과 후천성 면역(특이적인 저항력, 후천적 면역)을 갖고 있다. 비특이적 저항력은 인간이 지니고 있는 선천적인 자연방어작용으로 식균작용과 같이 병원체의 체내 침투를 막는 1차적 방어를 말한다. 태아가 모체 내에서 모친의 항체를 물려받아 생성된 선천적 면역은 생후 반년정도 지속되지만 그 후 점차 약해진다. 후천면역은 획득면역이라고도 하며 감염병 이환 후 또는 예방접종에 의해 후천적으로 형성되는 면역을 말한다.

1.2. 감염병의 분류

감염병의 분류에는 제1급감염병, 제2급감염병, 제3급감염병, 제4급감염병, 기생충감염병, 세계보건기구 감시대상 감염병, 생물테러감염병, 성매개감염병, 인수(人獸)공통감염병 및 의료관련감염병 등이 있다(감염병의 예방 및 관리에 관한 법률 제2조).

① "제1급감염병"이란 생물테러감염병 또는 치명률이 높거나 집단 발생의 우려가 커서 발생 또는 유행 즉시 신고하여야 하고, 음압격리와 같은 높은 수준의 격리가 필요한 감염병으로서 다음 각 목의 감염병을 말한다. 다만, 갑작스러운 국내 유입 또는 유행이 예견되어 긴급한 예방 · 관리가 필요하여 보건복지부장관이 지정하는 감염병을 포함하며 다음과 같다.

가. 에볼라바이러스병 나. 마버그열 다. 라싸열 라. 크리미안콩고출혈열 마. 남아메리카출혈열바. 리프트밸리열 사. 두창 아. 페스트 자. 탄저 차. 보툴리눔독소증 카. 야토병 타. 신종감염병증후군 파. 중증급성호흡기증후군(SARS) 하. 중동호흡기증후군(MERS) 거. 동물인플루엔자 인체감염증 너. 신종인플루엔자 더. 디프테리아

② "제2급감염병"이란 전파가능성을 고려하여 발생 또는 유행 시 24시간 이내에 신고하여야 하고, 격리가 필요한 다음 각 목의 감염병을 말한다. 다만, 갑작스러운 국

내 유입 또는 유행이 예견되어 긴급한 예방 · 관리가 필요하여 보건복지부장관이 지정하는 감염병을 포함하며 다음과 같다.

가. 결핵(結核) 나. 수두(水痘) 다. 홍역(紅疫) 라. 콜레라 마. 장티푸스 바. 파라티푸스 사. 세균성이질 아. 장출혈성대장균감염증 자. A형간염 차. 백일해(百日咳) 카. 유행성이하선염(流行性耳下腺炎) 타. 풍진(風疹) 파. 폴리오 하. 수막구균 감염증 거. b형헤모필루스인플루엔자 너. 폐렴구균 감염증 더. 한센병 러. 성홍열 머. 반코마이신내성황색포도알균(VRSA) 감염증 버. 카바페넴내성장내세균속균종(CRE) 감염증 서. E형간염

③ "제3급감염병"이란 그 발생을 계속 감시할 필요가 있어 발생 또는 유행 시 24시간 이내에 신고하여야 하는 다음 각 목의 감염병을 말한다. 다만, 갑작스러운 국내 유입 또는 유행이 예견되어 긴급한 예방 · 관리가 필요하여 보건복지부장관이 지정하는 감염병을 포함하며 다음과 같다.

가. 파상풍(破傷風) 나. B형간염 다. 일본뇌염 라. C형간염 마. 말라리아 바. 레지오넬라증 사. 비브리오패혈 아. 발진티푸스 자. 발진열(發疹熱) 차. 쯔쯔가무시증 카. 렙토스피라증 타. 브루셀라증 파. 공수병(恐水病) 하. 신증후군출혈열(腎症侯群出血熱) 거. 후천성면역결핍증(AIDS) 너. 크로이츠펠트-야콥병(CJD) 및 변종크로이츠펠트-야콥병(vCJD) 더. 황열 러. 뎅기열 머. 큐열(Q熱) 버. 웨스트나일열 서. 라임병 어. 진드기매개뇌염 저. 유비저(類鼻疽) 처. 치쿤구니야열 커. 중증열성혈소판감소증후군(SFTS) 터. 지카바이러스 감염증

④ "제4급감염병"이란 제1급감염병부터 제3급감염병까지의 감염병 외에 유행 여부를 조사하기 위하여 표본감시 활동이 필요한 다음 각 목의 감염병을 말하며 다음과 같다.

가. 인플루엔자 나. 매독(梅毒) 다. 회충증 라. 편충증 마. 요충증 바. 간흡충증 사. 폐흡충증아. 장흡충증 자. 수족구병 차. 임질 카. 클라미디아감염증 타. 연성하감 파. 성기단순포진 하. 첨규콘딜롬 거. 반코마이신내성장알균(VRE) 감염증 너. 메티실린내성황색포도알균(MRSA) 감염증 더. 다제내성녹농균(MRPA) 감염증 러. 다제내성아시네토박터바우마니균(MRAB) 감염증머. 장관감염증 버. 급성호흡기

감염증 서. 해외유입기생충감염증 어. 엔테로바이러스감염증 저. 사람유두종바이러스 감염증

⑤ "기생충감염병"이란 기생충에 감염되어 발생하는 감염병 중 보건복지부장관이 고시하는 감염병을 말한다.

⑥ "세계보건기구 감시대상 감염병"이란 세계보건기구가 국제공중보건의 비상사태에 대비하기 위하여 감시대상으로 정한 질환으로서 보건복지부장관이 고시하는 감염병을 말한다.

⑦ "생물테러감염병"이란 고의 또는 테러 등을 목적으로 이용된 병원체에 의하여 발생된 감염병 중 보건복지부장관이 고시하는 감염병을 말한다.

⑧ "성매개감염병"이란 성 접촉을 통하여 전파되는 감염병 중 보건복지부장관이 고시하는 감염병을 말한다.

⑨ "인수공통감염병"이란 동물과 사람 간에 서로 전파되는 병원체에 의하여 발생되는 감염병 중 보건복지부장관이 고시하는 감염병을 말한다.

⑩ "의료관련감염병"이란 환자나 임산부 등이 의료행위를 적용받는 과정에서 발생한 감염병으로서 감시활동이 필요하여 보건복지부장관이 고시하는 감염병을 말한다. 우리나라에서 발생되는 의료관련감염병에는 VRSA/VISA, VRE, MRSA, MRPA, MRAB, CRE 등이 있다.

1.3. 감염병 관련 용어

감염병의 예방 및 관리에 관한 법률에(제2조)에 의한 감염병관련 용어의 정의는 다음과 같다.

① "감염병 환자"란 감염병의 병원체가 인체에 침입하여 증상을 나타내는 사람으로서 제11조제5항의 진단 기준에 따른 의사 또는 한의사의 진단이나 보건복지부령으로 정하는 기관의 실험실 검사를 통하여 확인된 사람을 말한다.

② "감염병 의사환자"란 감염병병원체가 인체에 침입한 것으로 의심이 되나 감염병환자로 확인되기 전 단계에 있는 사람을 말한다.

③ "병원체 보유자"란 임상적인 증상은 없으나 감염병병원체를 보유하고 있는 사람을 말한다.

④ "감시"란 감염병 발생과 관련된 자료 및 매개체에 대한 자료를 체계적이고 지속적으로 수집, 분석 및 해석하고 그 결과를 제때에 필요한 사람에게 배포하여 감염병 예방 및 관리에 사용하도록 하는 일체의 과정을 말한다.

⑤ "역학조사"란 감염병환자, 감염병의사환자 또는 병원체보유자(이하 "감염병환자등"이라 한다)가 발생한 경우 감염병의 차단과 확산 방지 등을 위하여 감염병환자등의 발생 규모를 파악하고 감염원을 추적하는 등의 활동과 감염병 예방접종 후 이상반응 사례가 발생한 경우 그 원인을 규명하기 위하여 하는 활동을 말한다.

⑥ "예방접종 후 이상반응"이란 예방접종 후 그 접종으로 인하여 발생할 수 있는 모든 증상 또는 질병으로서 해당 예방접종과 시간적 관련성이 있는 것을 말한다.

⑦ "고위험 병원체"란 생물테러의 목적으로 이용되거나 사고 등에 의하여 외부에 유출될 경우 국민 건강에 심각한 위험을 초래할 수 있는 감염병병원체로서 보건복지부령으로 정하는 것을 말한다.

⑧ "관리대상 해외 신종감염병"이란 기존 감염병의 변이 및 변종 또는 기존에 알려지지 아니한 새로운 병원체에 의해 발생하여 국제적으로 보건문제를 야기하고 국내 유입에 대비하여야 하는 감염병으로서 보건복지부장관이 지정하는 것을 말한다.

〈표 7-1〉 법정감염병 신고·보고에 따른 각 기관의 역할

기 관	업 무
시·군·구 (보건소)	• 감염병환자발생 신고 접수 • 감염병환자발생 보고 • 감염병환자사례조사 • 시·군·구 단위 법정감염병 발생수준 및 유행여부 파악 • 시·군·구 단위 자료분석 및 정보환류 • 유행발생시 기초조사 실시 및 결과보고 • 지역사회 홍보
시·도 (보건과)	• 감염병환자발생 보고 • 시·도 단위 법정감염병 발생수준 및 유행여부 파악 • 시·도 단위 자료 분석 및 정보환류 • 시·군·구 기초조사 지휘 • 시·도 역학조사반 편성·운영 • 유행발생시 역학조사 실시 및 결과보고
시·도 보건환경연구원	• 시·도 단위 감염병 환자 실험실 확인 진단 • 시·도 단위 감염병병원체 실험실 감시
질병관리청	• 전국적인 법정감염병 발생수준 및 유행여부 파악 • 전국 단위 자료 분석 및 정보환류 : 감염병감시연보, 감염병정보망((http://www.cdc.go.kr), 감염병발생정보(CDMR), 감염병발생주보(CDWR) 등 • 역학조사 총괄 • 중앙역학조사반 편성·운영 • 감염병 정책 개발
국립보건연구원	• 감염병환자 최종 확인진단 • 감염병병원체의 분자역학적 특성 규명 • 감염병병원체 실험실 감시 기획·수행
보건복지부	• 감염병 관련 법령관리

2. 경구감염병

경구감염병이란 병원체가 식품, 손, 기구, 음료수, 위생동물 등을 매개로 입을 통해서 소화기로 침입하여 발생하는 감염을 말하며 일명 소화기계감염병이라고도 한다. 병원체는 주로 환자 또는 보균자의 분변과 분비액에 존재한다. 분변과 분비액을 통하여 먼저 식수, 식기, 손가락, 쥐, 곤충 등에 병원체가 직접 오염되고, 이들을 통하여 식품이 간접적으로 오염을 받는다.

병원균에 오염된 식품을 섭취하였다고 반드시 발병하는 것은 아니며 균의 양, 종류, 독력과 숙주의 감수성(저항력) 등에 따라 감염여부가 결정된다.

병원체에 따른 주요 경구감염병은 다음과 같다.

① 세균성 감염병 : 세균성이질, 장티푸스, 파라티푸스, 장출혈성대장균감염증, 콜레라, 디프테리아, 성홍열
② 바이러스성 감염병 : 폴리오(소아마비), 유행성 간염, 급성 바이러스성 위장염(바이러스성 식중독)
③ 기생충성 감염병 : 아메바성 이질

2.1. 경구감염병의 특징

1) 경구감염병의 발생 특징

경구 감염병의 발생 특징은 다음과 같다.

① 집단적인 발병이 쉽게 일어나며 폭발적으로 널리 퍼진다.
② 환자의 발생은 계절적인 특성이 있다.
③ 환경이 영향을 주기 때문에 지역적인 특성에 따라 영향을 받는다.
④ 음식물에 대한 기호성과 경제 상태에 따라 발생되기도 한다.
⑤ 오염된 물로 인한 감염은 병원체가 희석되어 잠복기가 길어지나 오염된 음식물인 경우는 병원체가 많아 잠복기가 짧아진다.
⑥ 병원체가 식품 속에서 증식하기 때문에 발병률이 높다.

2) 경구감염병의 예방대책

경구감염병을 예방하기 위해서는 감염원, 감염경로, 숙주에 대하여 다음과 같은 적절한 대책이 필요하다.

① 감염원 대책 : 환자와 보균자의 조기발견 및 격리가 필요하며, 감염원을 조기에 신속하게 규명하고 철저히 소독해야 한다. 철저한 검역으로 외래감염병의 국내 침입을 차단한다.

② 감염경로 대책 : 개인위생과 환경위생이 중요하다. 조리 전이나 용변 후 반드시 손을 씻어야하며, 식품취급업자의 정기적 건강진단이나 검열 등이 필요하다. 음식물 용기의 위생적 관리와 음료수 소독이 필요하며 하수와 화장실의 위생적 관리가 필요하다. 식품의 원료는 신선한 것을 사용하며, 식품의 보존에 유의하고, 위생동물의 근접을 막는다.

③ 숙주의 감수성 대책 : 평상시 건강관리에 유의하고 예방접종의 실시가 필요하다.

3) 우리나라 주요 경구감염병의 발생 현황

경구감염병은 60년대 대유행 이후 백신접종, 보건위생의 향상 등으로 현저히 감소하고 있다. 하지만 최근 들어 A형 간염의 환자수가 급증하고 있으며, 국제교류 증대와 해외여행객 증가로 국외에서 주로 발생하는 아열대성 감염병 유입사례가 증가하고 있다 〈표 7-2〉.

과거에는 세균증식이 용이하여 식품의 변패가 쉬운 여름철에 주로 집중 발생하였으나 지구 온난화 현상 가속화에 따른 기후 변화, 냉난방시설 완비 등 생활환경 개선으로 연중 발생하는 양상을 보이고 있다. 또한 외식문화, 패스트푸드 소비증가, 집단급식 등 식생활패턴의 변화로 대규모로 발생할 가능성이 높아지고 있다.

세균성이질은 2018년 1,191명의 환자발생 이후 유행의 규모나 지속기간이 최근 들어 줄어드는 추세에 있지만, 집단 발생된 경우 또는 증세가 심각한 경우를 제외하고는 보건당국에 거의 보고되고 있지 않는 실정으로 실제 환자 수는 훨씬 많을 것으로 추정된다. 미국의 경우 연간 18,000건의 세균성이질 환자가 신고되고 있으나 미국 CDC는 이의 20배인 36만 건 정도가 발생되는 것으로 추정하고 있다. 세균성이질의 최근 6년간 발생 양상을 보면 연중 산발적인 발생이 계속 있으며 유행은 겨울(11월 또는 12월)에 시작되어 다음 해 초여름까지 이어지는 경향을 보이고 있으며 전국적으로 유행하고 있는 것으로 나타났다.

장티푸스는 최근 매년 100~250명 정도의 일정수준으로 지속적으로 발생하고 있으며, 파라티푸스는 2014~2019년에는 장티푸스보다 15~45%정도 낮은 발생규모를 보이고 있다. 인수공통감염병으로도 분류되는 장출혈성대장균감염증은 2015년까지 감소 추세를 보였으나 2017년 신고 환자수가 다시 증가하고 있다. 콜레라는 2014년, 2015년은 발생되지 않았으나, 2016년에 신고된 사례에서는 해수오염의 문제가 제기되고 있고 2017년 이후 신고된 사례는 모두 국내 발생이 아닌 해외 감염 후 입국한 경우로 확인되었다.

폴리오와 디프테리아의 경우 예방접종률이 매우 높아 1980년대 후반 이후 국내에서 발생된 사례가 없으나, 디프테리아의 경우 최근 인접한 국가에서 대규모로 유행하고 있기 때문에 해외유입의 위험성이 있어 철저한 관리가 요구된다.

A군 β -용혈성 연쇄구균의 감염에 의한 성홍열은 늦은 겨울과 초봄에 주로 발생되고 있으며, 2015년은 이후 매년 증가하여 2017년에는 22,838명으로 크게 증가하였다가 다시 줄어들어 2019년에는 7,562명으로 감소 추세를 보이고 있다.

A형 간염은 2014년 1,307명, 2015년 1,804명으로 다시 점진적으로 증가하였으며, 2019년에는 17,598명으로 급증하였는데, 2009년 A형 간염 대유행시 맞은 백신접종의 효과가 반감되면서 현재 30~40대를 중심으로 환자가 증가하였다.

〈표 7-2〉 연도별 주요 경구감염병 환자 발생 현황(2019년)

분류	종 류	2014년	2015년	2016년	2017년	2018년	2019년
제2급 감염병	콜레라	0	0	4	5	2	1
	장티푸스	251	121	121	128	213	94
	파라티푸스	37	44	56	73	47	55
	세균성이질	110	88	113	112	191	151
	장출혈성대장균감염증	111	71	104	138	121	146
	A형 간염	1,307	1,804	4,679	4,419	2,437	17,598
	백일해	0	0	0	0	0	0
	홍역	23	22	24	34	31	31
	유행성이하선염	442	7	18	7	15	194
	풍진	25,286	23,448	17,057	16,924	19,237	15,967
	수두	0	0	0	0	0	0
	폐렴구균	26	40	28	9	17	34
	성홍열	5,809	7,002	11,911	22,838	15,777	7,562
	수막구균성수막염	5	6	6	17	14	16
제3급 감염병	파상풍	88	205	129	318	980	496
	일본뇌염	11	11	11	7	0	8
	급성 B형간염	4,115	3,666	359	391	392	389
	말라리아	638	699	673	515	576	559
	레지오넬라증	30	45	128	198	305	501

2.2. 세균성이질(Dysentery)

세균성이질은 이질균(*Shigella*)이 장에 급성 염증을 일으켜서 생기는 설사병으로 감염력이 매우 강하므로 제2급감염병으로 지정되어 있다.

1) 병원체

*Shigella*는 그람음성의 단간균으로 장내세균과에 속하며 협막(capsule)과 아포(spore)가 없으며 운동성이 없다. *Shigella*속은 혈청학적 유사점과 발효반응에 따라 A군(*S. dysenteriae*), B군(*S. flexneri*), C군(*S. boydii*), D군(*S. sonnei*)의 4군으로 구분된다. *Shigella*는 neurotoxin, enterotoxin, cytotoxin과 같은 체외독소를 만들며, 항균제에 대한 내성이 잘 생기는 특징이 있다. 저항력은 비교적 약한 편으로 분변 중에서 2~3일, 물속에서 2~6일간 생존하며, 60℃에서 10분간 가열하면 사멸된다.

2) 감염경로

세균성이질은 환자나 보균자와 직접적인 접촉 혹은 간접적인 분변-구강(fecal to oral) 전파에 의해 감염된다. 특히 보균자가 배변 후 손을 깨끗이 씻지 않아서 음식물이나 물을 오염시켜 간접적으로 전파되며, 직접적인 신체적 접촉에 의해서도 전파된다. 바퀴벌레와 파리가 매개체로 식품을 오염시킬 가능성도 있다.

균은 위산에 강해 매우 적은 양(10~100개)으로도 감염을 일으킨다. 높은 감염력으로 인해 이차발병률은 20~40% 정도로 높으며, 위생상태가 좋지 않은 탁아소, 고아원, 유아원, 초등학교 등에서 집단으로 발병하는 경우가 많다.

세균성이질에 의해 전 세계적으로 해마다 60만 명 이상의 사망자가 발생하며 그 중 40% 이상이 10세 미만으로 보고되고 있다.

개발도상국에서는 *S. flexneri*(약 50%)에 의한 발생이 많으며, 선진국에서는 *S. sonnei*에 의한 발생이 많다. 우리나라의 경우는 *S. sonnei*에 의한 발생이 가장 많은 비중을 차지하고 있다.

3) 증상

*Shigella*가 입을 통해 체내에 들어오면 보통 1~3일간의 잠복기를 거쳐 발병한다. 갑작스런 복통, 고열, 혈액이나 고름이 섞인 묽은 대변 등이 전형적인 증상이다. 설사는 처음에는 수양성이나 1~8일 이내에 혈액과 점액, 고름이 섞인 이질로 진행하고, 심한 경우는 탈수, 장마비, 용혈성 요독증후군, 경련 등을 수반하며 반응성 관절염이 생기기도 한다.

복통과 설사는 거의 모든 환자에서 발생하며 고름이 섞인 변은 환자의 약 50%, 혈변은 약 40%에서 발생하는 양상을 보인다. *S. dysenteriae*가 가장 심한 증상을 보이며 *S. flexneri*, *S. sonnei*로 갈수록 임상증상이 약해진다. *S. dysenteriae*에 의한 감염은 종종 독성 거대결장증이나 용혈성 요독증후군을 일으켜 사망에 이르기도 한다. 고령자, 허약자, 저영양아는 감수성이 높으며 면역저하자는 적은 수의 균으로도 감염된다.

4) 치료 및 예방

환자는 격리치료 해야 하며, 수분과 전해질을 충분히 공급하여 탈수증을 막아야 한다. 항생제 투여는 이환기간, 중증도, 세균 배설 기간을 단축시킨다. 높은 감염력으로 인해 이차발병률이 높지만 유용한 예방접종이 없어 철저한 위생관리가 필요하다. 특히 배변 후와 음식물을 다룰 때 손을 깨끗이 씻는 등 개인위생이 매우 중요하다.

유행지역에서는 물을 반드시 끓여 먹는다. 우유나 식료품은 살균하고, 생산, 보관, 유통을 위생적으로 감독한다. 식품이나 식수를 적절히 냉동하고 항상 청결을 유지하며 오염된 물건은 철저히 소독한다. 유아기에는 모유 영양을 장려하고 모든 우유나 물을 소독한다. 감염자나 보균자는 식품을 취급해서는 안 된다.

2.3. 콜레라(Cholera)

콜레라균(*Vibrio cholerae*)의 감염에 의한 급성설사 질환으로 제2급감염병으로 지정되어 있다.

1) 병원체

*Vibrio cholerae*균은 길이가 1.0~5.0㎛, 직경이 0.3~0.6㎛인 그람음성의 간균이며 한 쪽에 편모를 갖고 있어 활발히 운동한다. 통성혐기성으로 아포나 협막은 없다. 저항성은 약한 편으로 pH 6.0 이하나 56℃에서 15분간 가열하면 사멸된다. 분변에서는 보통 1~2일 이내에 사멸한다. 그러나 실온에서는 약 2주, 물에서는 수일간, 그리고 하천과 해수에서는 더 오래 생존한다.

2) 감염경로

콜레라균은 주로 환자 · 보균자의 분변이나 구토물로 오염된 식수, 음식물, 과일, 채소 등에 의해 감염된다. 최근에는 오염된 바다에서 잡은 어패류의 섭취에 의해 감염된 예가 많다. 감염에는 1억~1000억 개에 이르는 많은 수의 균이 필요하므로 환자 · 보균자의 분변이나 구토물과의 직접 접촉에 의한 전파는 드물다.

3) 증상

잠복기는 6시간~5일이며, 보통 24시간 내외에 발병한다. 전형적인 증상은 하루에 10~30회(약 15~20 *l*)에 이르는 쌀뜨물 같은 심한 설사로 탈수 현상이 현저하고 종종 구토를 동반한다. 복통과 발열은 거의 없으나 심한 경우 동반하기도 한다. 극심한 설사로 인해 심한 탈수현상을 초래하므로 적절한 치료를 하지 않으면 사망할 수도 있다.

4) 치료 및 예방

환자는 격리 치료해야 하며, 경구 또는 정맥으로 수액 및 전해질을 신속히 보충해줘야 한다. 항생제 사용은 반드시 필요하지 않으나 병의 중등도를 경감시키고 수분손실을 줄여주며 균 배출시간을 단축시킬 수 있어서 보조적으로 사용할 수 있다.

예방을 위해서는 상하수도 완비와 음료수 정화, 염소 소독 등 식수의 철저한 위생 관리가 중요하며, 배변 후와 음식을 조리하기 전에 반드시 손을 깨끗이 씻도록 한다. 모든 우유나 식료품은 살균하고, 상업용 우유의 생산 · 보관 · 유통을 위생적으로 감독한다.

유행지역에서는 물을 반드시 끓여 먹고, 조리사나 식품 유통업자는 식품을 적절히 냉동하고 항상 청결을 유지한다. 보균자는 식품을 다루는 업무나 환자의 간호에 종사해서는 안 된다.

2.4. 장티푸스(Typhoid fever)

장티푸스는 살모넬라 티푸스균(*Salmonella typhi*)의 감염에 의해 일어나는 급성 전신성 열성 질환으로 제2급감염병이다. 주로 소화기 임파조직에 특유의 병변을 일으킨다.

1) 병원체

*Salmonella typhi*는 길이가 2~3㎛, 직경이 0.6㎛인 그람음성의 간균으로, 아포와 협막이 없지만 편모가 있어 운동을 한다. 저항력이 비교적 강하여 분변에서는 60시간 내외, 물에서는 5~15일, 얼음에서는 3개월 동안 생존한다. 생존기간이 비교적 길고 추위에도 강하기 때문에 위생상태가 나쁜 지역에서 지속적으로 유행되고 있다. Phage형에 따라 106종으로 구분된다. *S. typhi*는 O항원과 H항원이 있어서 분류나 진단에 이용된다.

2) 감염경로

환자나 보균자(회복기보균자, 만성보균자, 영구보균자)의 대소변에 오염된 음식이나 물을 먹으면 감염된다. 4계절을 통하여 발생하나 주로 8~9월에 가장 많이 발생한다. 위생시설이 완비된 도시에서는 이환율이 적으나 밀집되고 불결한 생활을 하는 지역에서는 이환율이 높다.

균수가 1백만~10억 개 정도면 감염을 일으킨다. 오염된 바다에서 자란 갑각류나 어패류(특히 굴), 배설물이 묻은 과일 등도 감염원이 된다. 환자나 보균자의 손에 의해 오염된 우유나 유제품도 원인이 되며 파리가 오염물로부터 다른 음식물에 세균을 전파하기도 한다.

3) 증상

잠복기간은 보통 1~3주 전후이다. 잠복기 후 오한 두통 증세가 나타나며, 발열은 단계적으로 상승하여 첫 주에 40℃ 전후까지 오르고 약 1~2주간 지속되다가 그 후 점차 해열되는 특징적인 열 형태를 갖는다. 치료하지 않을 경우 병의 경과는 3~4주 정도이다. 일반적으로 설사보다 변비가 많으며 맥박이 느려지고, 비장의 종창, 백혈구의 감소, 피부에 조그만 장미모양의 발진이 나타난다. 치료하지 않을 경우 회장의 파이어판에 궤양이 생겨서 장출혈과 장천공이 발생하기도 한다. 중증에서는 의식장애와 난청과 같은 중추신경계 증상도 생긴다.

사망률은 10%이지만 조기에 항생제로 치료하면 1% 이하로 감소시킬 수 있다. 감염된 사람의 약 2~4%가 영구보균자가 되며, 장티푸스균은 담낭(90~95%), 장, 신장, 루관 등에서 생장한다.

4) 치료 및 예방

환자는 chloramphenicol과 같은 항생제로 치료하며, 예방을 위해서는 환자의 조기격리, 철저한 개인위생, 식품관리, 분변관리가 중요하다. 장기 보균자에 대해서는 2년간 보균검사를 실시하며, 고위험군에 대해서는 예방접종을 실시한다.

2.5. 파라티푸스(Paratyphoid fever)

살모넬라 파라티푸스균(*Salmonella paratyphi*)의 감염에 의해 일어나는 질환으로 제2급감염병이다. 장티푸스와 같은 열병으로 유사한 증세를 나타내지만 발병기간이 짧고 증세가 경미한 것이 특징이다.

1) 병원체

장티푸스와 같은 속인 *Salmonella paratyphi*는 길이가 2~3㎛인 그람음성의 간균으로, 아포와 협막은 없으나 편모가 있어 운동을 한다. 혈청반응과 발효반응에 따라 A, B, C형으로 구분되며, A와 C형이 사람에게 감염을 일으킨다.

Phage형에 따라 세분화할 수 있으며, *S. paratyphi* A는 8종, *S. paratyphi* B는 48종의 phage형이 있다. 항원은 O항원과 H항원이 있어서 분류나 진단에 이용된다. 대변에서는 60시간 내외, 물에서는 5~15일, 고여 있는 물에서는 6개월 이상 생존 가능하다.

2) 감염경로

보균자나 환자의 대소변이 감염원이 되며 이들과 직접 또는 간접적으로 접촉할 때 전파된다. 주로 환자나 보균자의 대소변에 오염된 조개류, 우유 및 유제품 등의 음식물을 섭취한 경우에 감염된다. 병원체가 배설되는 감염기는 보통 초발 증상의 발현시기부터 회복기까지로 대개 1~2주 정도이며 영구보균자가 되는 빈도는 장티푸스보다 훨씬 적다.

3) 증상

잠복기는 장염형은 1~3주, 위장염형은 1~10일이다. A형에 의한 감염은 증상이 장티푸스와 거의 같으나 사망률이 낮다. B형에 의한 감염은 사망률이 훨씬 낮으며 식중독과 같이 급성으로 나타난다. 지속적인 고열, 두통, 비장증대, 발진, 설사 등 장티푸스와 유사한 증상을 보이나 경과가 짧고 경미하며, 치명률이 낮다.

4) 치료 및 예방

치료 및 예방 방법은 장티푸스와 같다.

2.6. 디프테리아

디프테리아균(*Corynebacterium diphtheriae*) 감염에 의한 호흡기 점막과 피부의 국소 질환으로 제1급감염병이다.

1) 병원체

*Corynebacterium diphtheriae*는 길이가 1~8㎛, 직경이 0.3~0.8㎛인 그람양성의 간균으로 아포와 협막이 없으며 운동성도 없다. 현미경으로 관찰하면 V자형 또는 Y자형으로 배열되어 있으며 균의 양 끝은 다소 둥근 편으로 환경 조건에 따라 형태와 크기가 매우 달라진다.

독소 생산균주는 gravis, intermedium, mitis의 3가지로 이 중 gravis가 가장 중증질환을 유발한다고 알려져 있다. 햇빛, 열, 화학약품에 대한 저항성이 비교적 약하다.

2) 감염경로

주로 환자나 보균자의 호흡기에서 배출되는 균과의 직접 접촉에 의해 감염된다. 간혹 피부병변 접촉에 의한 전파가 일어나기도 하며, 오염된 생우유가 원인이 되기도 한다. 전파기간은 다양하며, 항생제 치료를 하지 않으면 2~4주간 균의 배출이 지속된다. 일부 만성보균자는 6개월 이상 배출하기도 한다.

밀집된 지역의 빈곤층에서 많이 발생하며, 특히 예방접종을 하지 않은 10세 이하의 어린이에게 감염 및 감염이 잘된다. 우리나라에서는 1950년대 이후 백신의 도입으로 발생률이 급격하게 감소하였으며, 1987년 이후 발생된 사례가 없다.

3) 증상

병원체는 인두의 점막이나 상피세포에 증식하여 체외독소를 생성한다. 잠복기는 2~5일로 인두, 후두, 코, 때로는 다른 점막과 피부, 극히 드물게는 결막, 음부 등에 침범하여 병변을 일으킨다.

편도선이 빨갛게 붓고 인후두에 흰 막이 생기며 38℃ 내외의 발열을 동반한다. 흡수된 체외독소에 의한 후기 증상은 2~6주 후에 나타나서 뇌신경, 지각을 마비시키는 등 전신 중독증을 일으킨다. 사망률은 5~10%이나, 영유아나 노인층에서는 더 높다.

4) 치료 및 예방

항독소 혈청과 항생제 투여에 의해 치료한다. 환자의 조기 발변 및 격리, 소독이 필요하며 예방접종이 중요하다.

예방접종으로는 순환독소(toxoid)가 이용되며 1차 접종은 DTaP로 생후 2개월, 4개월, 6개월에 한 번씩 3회에 걸쳐서 하며, 2차 접종은 15~18개월에, 3차 접종은 만 4~6세에 실시한다.

2.7. 폴리오(Polio)

중추신경계의 손상으로 영구적인 마비를 일으키는 급성감염병으로 제2급감염병으로 지정되어 있다. 소아에게 주로 감염되어 소아마비라고도 불린다.

1) 병원체

Enterovirus속의 poliovirus 1, 2, 3형으로, 발생빈도는 poliovirus 1형이 많고, 3형이 그 다음으로 많다.

2) 감염경로

환경위생이 좋지 않은 곳에서 환자나 불현성 감염자의 장관에서 증식된 poliovirus가 분변 중에 배설되어 오염된 물과 우유를 통해 경구로 전파된다. 환경위생이 잘 정비된 지역에서는 인두 · 후두 분비물로 감염된다.

백신 도입 전에는 전 세계적으로 발생했지만, 현재는 인도를 비롯하여 서아프리카와 중앙아프리카의 일부지역에서만 유행하고 있다. 우리나라에서는 1962년 백신이 보급되면서 예방접종률이 높아 1983년 5명의 환자 발생을 끝으로 현재까지 발생, 보고된 사례가 없다.

3) 증상

잠복기간은 보통 7~14일이며 마비형의 경우 3~35일이다. 감염자의 90% 이상이 무증상을 보이고, 약 4~8%는 경증으로 지나간다. 경증에서는 가벼운 발열, 권태감, 두통, 구토나 설사 증상을 나타내며, 수 시간에서 2~3일 내로 회복된다. 소수의 환자에서는 바이러스가 소화관의 림프절로부터 신경조직으로 침입하여 뇌증상, 근육통, 강직, 비대칭성 사지마비를 유발시킨다. 감염자의 1% 이하에서 마비형 증세가 나타난다고 알려지고 있다.

4) 치료 및 예방

특별한 치료법은 없다. 이환된 신경의 급성 증상에 대해서는 보존적 요법을 행하고, 증상이 호전된 후에는 치유되지 않은 마비에 대한 재활훈련을 시행한다.

무엇보다도 예방접종이 중요하다. 경구용 생백신(OPV)이나 주사용 불활화백신(IPV)이 모두 유용하지만 생백신이 사용에 편리하기 때문에 많이 이용되고 있다. 예방접종 대상은 생후 3~48개월 사이의 유아로 3회 접종 하면 1형, 2형, 3형 모두에 대해 거의 100%의 방어력이 생기기 때문에 보통 3회 이상 접종하고 있다.

2.8. 성홍열(Scarlet fever)

A군 β -용혈성 연쇄구균(*Streptococcus hemolyticus*)의 감염에 의해 발열과 홍반 증세를 보이는 질환으로 제2급감염병으로 지정되어 있다.

1) 병원체

병원체인 A군 β-용혈성 연쇄구균은 그람양성의 구균으로 아포를 형성하지 않는다. A군 용혈성 연쇄구균은 적혈구를 파괴시키는 용혈성(hemolysis)에 따라 α, β, δ의 3가지로 구분되며, 그 중 β-용혈성 연쇄구균은 가장 병원성이 강해 적혈구를 완전히 용혈시킨다. 혈액한천배지에서 배양했을 때 콜로니 주위에 선명하고 무색투명한 용혈환을 형성한다.

2) 감염경로

환자나 보균자와의 직접적인 호흡 접촉에 의해 감염된다. 드물게는 손이나 물건을 통한 간접 접촉에 의해서도 전파된다. 인후분비물에 오염된 우유, 아이스크림이나 기타 음식물을 통해서 전파될 수도 있다. 6~12세 어린이에게 감염 및 감염이 잘되고 늦은 겨울과 초봄에 많이 발생한다.

3) 증상

잠복기는 1~7일이며 갑자기 39~40℃ 내외의 발열을 동반한 두통, 구토, 복통, 오한 및 인후염 증상이 나타난다. 독소에 의해 12시간 이내에 신체에 전형적인 빨간 발진이 생기며, 24~48시간이면 얼굴 이외의 전신에 확대된다.

발진 후에는 피부박리가 얼굴에서 몸통에 이어 손, 발로 진행된다. 중이염, 경부 림프절염, 부비동염, 기관지 폐렴 등의 화농성 합병증과 급성 사구체 신염, 류마티스열 등의 비화농성 합병증이 생길 수 있다. 사망률은 낮다.

4) 치료 및 예방

페니실린과 같은 항생제 투여에 의해 치료한다. 치료 시 증세는 2~3일 만에 없어지나 병원체는 쉽게 전멸되지 않으므로 충분한 기간 치료하지 않으면 재발하거나 보균자가 된다.

예방을 위해서는 화농성 분비물과 오염된 물건은 철저히 소독해야 한다. 유행상태에 있는 환자와 접촉한 가족은 감염 여부를 검사해야하며 잠복기 동안 관찰해야 한다. 우유나 식품이 매개체가 되므로 우유와 식품에 대한 살균을 철저히 해야 하며, 환자나 보균자는 목장이나 식품 취급 장소에서 종사하지 말아야 한다.

2.9. A형 간염(Hepatitis A)

A형 간염바이러스(Hepatitis A virus, HAV)의 경구 감염으로 인한 염증성 간질환으로 제2급감염병으로 분류되고 있다.

1) 병원체

A형 간염바이러스는 직경 27nm 크기를 갖는 구형 모양의 바이러스로 단일사슬 RNA를 갖고 있다. 감염된 환자로부터 바이러스의 배출은 증상발현 2주 전부터 황달 발생 후 2주까지 가장 왕성하다

2) 감염경로

A형 간염은 대부분 공중위생 상태가 좋지 않은 지역에서 오염된 식수와 음식물에 의해 전파되며 환자와의 직접적인 신체접촉을 통해서도 감염된다. 특히 고온다습한 날씨의 여름철에 주로 발생하므로, 장마나 태풍으로 인한 수해지역은 A형 간염의 감염을 특히 주의해야 한다.

3) 증상

A형 간염의 잠복기는 약 4주이며, 대부분의 소아에서는 증상이 없는 불현성 감염(6세 이하에서 약 50%가 무증상)을 보이지만 연령이 증가할수록 증상이 치명적으로 발전하여 성인의 경우 발열, 식욕감퇴, 구역, 구토, 쇠약감, 복통, 설사 등의 증상이 나타난다.

드물지만 전격성 간염, 재발성 간염으로 발전하기도 하며, 심할 경우 A형 간염이 간부전을 동반한 전격성 질환으로 진행돼 사망하는 경우도 있다. 특히 B형이나 C형 등 만성 간염 환자가 A형 간염에 걸리면 간염 증상이 급속도로 악화되고 사망할 수도 있으므로 주의해야 한다.

4) 치료 및 예방

A형 간염은 특별한 치료법이 없기 때문에 철저한 위생관리와 적극적인 예방이 유일한 대안이다. 특히 20세 미만의 연령층에서 항체 보유율이 0~20%로 매우 낮기 때문에 백신 접종과 더불어 평상시 손을 깨끗이 씻고 잘 익힌 음식과 끓인 물 섭취 등 위생관리를 철저히 해야 한다.

장마나 국지성 호우로 침수 피해를 본 지역에서는 수인성 감염병의 확산을 막기 위한 예방 접종이 필수적이며, 그 외 병원 근무자, 혈우병 환자, A형 간염 유행지역의 소아, 불법약물남용자, 만성 간질환 환자, 식품 취급자, 군입대 예정자 등도 예방접종 대상에 포함된다.

3. 인수공통감염병

동물(주로 척추동물)과 사람 간에 상호 전파되는 병원체에 의하여 발생되는 감염병을 인수공통감염병(zoonosis)이라 하며, 현재까지 세계적으로 약 200여 종이 알려져 있다. 질병의 원인은 세균, 바이러스, 리케차, 기생충 등 다양하다. 주요 인수공통감염병으로는 다음과 같은 것들이 있다.

① 세균성 질병 : 브루셀라증, 탄저병, 결핵, 장출혈성대장균감염증, 야토병, 페스트, 렙토스피라증 등

② 바이러스성 질병 : 일본뇌염, 뉴캐슬병, 공수병, 천연두, 황열, 유행성출혈열, 조류인플루엔자 인체감염증, 중증급성호흡기증후군(사스) 등

③ 리케차성 질병 : Q열, 발진열, 쯔쯔가무시병 등

④ 기생충성 질병 : 톡소플라스마증, 트리파노소마증, 간질증, 간흡충증, 폐흡충증 등

⑤ 기타 : 변종 크로이츠펠트-야콥병(vCJD) 등

이들 중 식품위생과 관련되는 것은 식용동물에서 발생하는 감염병으로, 주로 감염동물의 식육이나 우유의 섭취, 감염동물 또는 감염동물의 배설물과의 접촉, 2차 오염된 음식물을 통해서 감염되는 질병이다.

우리나라에서 식품과 관련하여 중점 관리하고 있는 인수공통감염병은 브루셀라증, 장출혈성대장균감염증, 탄저병, 야토병, Q열, 조류인플루엔자 인체감염증, 변종 크로이츠펠트-야콥병(vCJD) 등이 있다. 이 중 특히 브루셀라증이 직업성 고위험군을 중심으로 신고 환자 수가 증가하고 있어 관리 대책 마련이 시급히 요구되고 있다.

인수공통감염병의 예방을 위해서는 다음과 같은 점에 유의해야 한다.

① 가축의 건강관리와 예방접종을 철저히 하여 가축들 사이에서 감염병의 유행을 차단한다.

② 병에 걸린 동물을 조기에 발견하여 격리 또는 살처분하고 소독을 철저히 한다.

③ 도축장이나 우유처리장의 검사를 엄격히 하여 병에 걸린 동물이 식품으로 제공되

거나 판매되지 않도록 한다.

④ 외국에서 수입되는 가축이나 고기, 유제품 등에 대한 검역을 엄격히 실시하고 감시를 철저히 한다.

⑤ 식품의 생산, 저장, 유통단계에서 냉동 · 냉장상태를 유지하고 살균을 철저히 한다.

3.1. 브루셀라증(Brucellosis)

브루셀라균에 감염된 소, 돼지, 개, 산양, 면양을 통해서 인간에게 질병을 일으키는 인수공통감염병으로 제3급감염병으로 지정되어 있다. 브루셀라증은 인수공통감염병 중 세계적으로 가장 많이 발생하고 또한 경제적 피해가 심각한 인수공통감염병중의 하나이다.

1) 병원체

1987년 David Bruce가 발견한 브루셀라균(*Brucella spp.*)은 그람음성의 구·간균으로 협막과 아포를 형성하지 않으며 편모가 없다. 사람에게 감염되는 브루셀라균의 종류로는 *B. melitensis*(면양, 산양) 〉 *B. suis*(돼지) 〉 *B. abortus*(소) 〉 *B. canis*(개)의 4가지 종류로 병원성 역시 위의 순서와 같다. 이 중 국내에서 발생되어 보고된 것은 *B. abortus*와 *B. canis* 두 종류이다.

2) 감염경로

감염된 동물 혹은 동물의 혈액, 대소변, 태반 등에 있던 병원균이 상처난 피부나 결막을 통해 전파되기도 하고, 멸균처리 안된 유제품을 섭취함으로써 사람으로 전파된다. 특히 임신한 소가 사산 또는 난산할 때 혈액이나 태반 추출물 등과 접촉되어 감염되는 것이 대부분으로 축산업자나 수의사 등의 직업병으로 알려져 있다. 유행 지역의 수의사는 거의 100%가 항체를 갖고 있다.

질병관리청에 따르면 2002년 10월 경기도에서 첫 환자가 확인된 이래, 2005년 158명, 2006년에는 215명의 환자가 크게 발생하였지만, 그 이후로 점진적으로 감소하여 2015년에는 5명까지 해마다 감소하고 있는 것으로 나타났다. 환자가 발생이 높았던 2006년

전체 발병환자 215명 중 축산업자 188명, 수의사 22명, 실험실 종사자 2명, 기타 3명 등으로 보고되었다. 축산업 관련 종사자가 아닌 환자들은 육회나 소의 생간을 먹고 감염되거나 소와 직접 접촉하지 않은 가축 부산물 상인으로 판명되었다.

3) 증상

잠복기는 5~60일이며 통상은 1~2개월이다. 초기에는 감기증상과 비슷한 오한 · 발열 등의 증세가 나타나며, 심하면 관절염과 골수염을 일으킬 수 있다. 증상은 수주부터 수개월까지 계속되며 치료하지 않으면 몇 년씩 계속되거나 재발한다. 치료하지 않을 경우 감염자 중 2% 이내는 심내막에 염증이 생겨 사망할 수도 있다.

브루셀라균에 감염된 가축의 경우 암컷은 유산 · 사산 · 불임이 발생하고 수컷은 고환염 · 뒷다리 마비 등의 증세가 나타난다.

4) 치료 및 예방

항생제로 6주 정도 치료하면 완치가 가능하다. 예방을 위하여 다음과 같은 적절한 대책이 요구된다.

① 농장 내 위생적인 관리와 철저한 방역대책을 수립한다.
② 병에 걸린 동물을 조기에 발견하여 격리 또는 살처분하고 소독을 철저히 한다.
③ 감염된 동물의 혈액과 소변, 유산으로 배출된 태아 · 태반 조직과의 접촉을 피한다.
④ 감염을 막기 위해 축산업 관련자들은 보호안경, 보호장갑, 보호복을 착용한다.
⑤ 축산업 관련자들은 정기적으로 1년에 1회 이상 감염 여부를 확인한다.
⑥ 감염이 확인됐을 경우 감염경로에 대한 철저한 역학조사를 실시한다.
⑦ 감염된 소가 유통되지 않도록 철저히 감시해야한다.
⑧ 살균되지 않은 우유나 유제품을 섭취하지 않도록 주의한다.

3.2. 탄저병(Anthrax)

탄저병은 탄저균에 의한 급성 인수공통감염병으로 제1급감염병으로 지정되어 있다.

1) 병원체

1877년 Robert Koch에 의해 발견된 탄저균(*Bacillus anthraxcis*)은 아포를 형성하는 그람 양성 간균으로, 운동성은 없다. 균은 토양에 존재하며 일차적으로 초식동물에게 병을 일으키며, 사람이나 육식동물은 기회숙주이다. 질병을 일으키는데는 탄저균에 의한 병독소가 관여한다.

2) 감염경로

소, 염소, 말, 돼지, 면양, 산양 등 초식동물이 보유 숙주이며, 가축이나 야생 동물도 보유 숙주이다. 초식동물이 감염되는 것은 탄저균에 오염된 풀이나 사료를 먹기 때문이며, 감염된 동물이 사망하였을 때 균을 주위에 퍼뜨리게 된다. 사람은 주로 피부상처를 통하여 병원체에 감염된다.

피부감염은 감염 동물의 사체와 접촉하여 발생하지만, 파리의 매개에 의한 경우도 있다. 양모나 모피를 다루는 공장에서 생성된 아포 에어로졸의 흡입에 의해 호흡기 감염이 발생하기도 한다. 인후감염이나 장감염은 탄저균에 감염된 고기를 먹어서 발생한다. 사람과 사람사이의 전파는 매우 드물다.

탄저병에 걸린 동물이 많은 남아메리카, 아시아, 동유럽, 아프리카 등지의 농업지역에서는 풍토병으로 발생한다.

드물지만 선진국에서는 농 · 축산업 종사자, 동물 처리업자, 수의사 등에서 발생하기도 한다. 우리나라에서는 제1급감염병으로 지정된 이후 보고된 사례가 없다.

3) 증상

피부 탄저의 잠복기는 1~7일로 균이 상처를 통해 피부로 침범하여 악성농포를 만들고 주위에 침윤 · 부종, 중심부에 궤양, 주위에 림프선염을 일으킨다. 흔한 병변부위로는 머리, 이마, 손 등이다. 신속히 치료하지 않을 경우 림프절과 혈액에 침입하여 중증 패혈증과 수막염을 일으킬 수 있으며, 사망률은 5~20%이다.

탄저병 중 가장 무서운 유형인 호흡기 탄저는 5~60일의 잠복기를 거쳐 발생하는데 초기에는 감기와 비슷한 경미한 증상으로 시작되지만, 몸 속에서 급속히 조직세포를 파괴하는 독소를 생성하여 3~5일 사이에 고열, 호흡곤란, 청색증, 목과 흉부의 피하부종, 쇼크로 진행하여 70~80%가 사망하게 된다.

장탄저는 오염된 고기를 섭취하는 것에 의해 발생하며, 주요 증세로 복통 · 설사 등의 위장증상이 나타나며, 균이 혈관에 침입하면 패혈증을 일으키고 사망하기도 한다. 장탄저의 잠복기는 보통 2일 이내이다.

4) 치료 및 예방

항생제 투여에 의해 치료하며, 피부 탄저인 경우 환자는 이환기간동안 접촉격리를 하고 폐 탄저의 경우 이환기간 동안 호흡기격리를 해야 한다. 탄저병을 예방하기 위해서 다음과 같은 적절한 대책이 필요하다.

① 이환 동물의 조기 발견, 격리, 치료를 실시한다.
② 탄저가 의심되는 동물 사체는 혈액을 채취하여 감염여부를 확인해야 한다.
③ 이환동물의 사체는 소독을 철저히 하고 분비물과 혈액 등이 토양에 오염되지 않도록 한다.
④ 아포는 내열성이 강하기 때문에 소독은 소각 또는 고압증기멸균에 의한다.
⑤ 탄저병에 걸릴 위험이 있는 가축에 대한 예방접종을 실시한다.

3.3. 야토병(Tularemia)

야토병은 인수 공통의 급성감염병의 하나로 토끼를 비롯한 설치류와 가축에 감염되는 감염병으로 야토병균(*Pasteurella tularensis*)에 의해 발생하며 우리나라에서는 제1급감염병으로 지정되어 있다. 1921년에 미국의 E. 프랜시스가 캘리포니아주 툴래르에서 이 질병을 발견하고 지명에 연관 지어 툴라레미아라고 이름 붙였다.

1) 병원체

*Pasteurella tularensis*는 그람음성의 작은 구·간균으로 호기성이며 협막을 형성하나 편모와 아포는 없다. 산에 대한 저항성이 강하여 상온에서도 상당히 오래 생존한다.

2) 감염경로

산토끼를 비롯한 설치류와 고양이, 돼지 등에서 볼 수 있으며 동물 사이의 감염은 벼룩, 진드기 등의 흡혈곤충을 매개로 감염된다. 사람의 경우 병든 산토끼와의 접촉에 의해 피부 점막을 통해 균이 체내에 침입하여 감염되는 일이 많다. 주로 산토끼를 취급하는 사람, 특히 수렵인 등에서 발병률이 높다.

때로는 병원체에 오염된 음식물을 섭취하였을 때 감염되는 경우도 있다. 미국, 유럽, 아시아 등 전 세계적으로 분포하지만 정확한 발생 규모는 알려져 있지 않으며 우리나라에서는 현재까지 보고된 사례가 없다.

3) 증상

잠복기는 1~14일(보통 3~5일)로 갑작스런 발열, 오한, 두통, 설사, 근육통, 관절통, 마른기침의 증세를 나타낸다. 균이 피부로 침입하면 농포가 생기고 궤양으로 진행하기도 한다. 야토병에 의한 사망률은 2% 미만이다.

4) 치료 및 예방

사람에서 사람으로 전파된 예는 보고가 없기 때문에 격리나 검역조치는 필요하지 않다. 중증인 경우가 많으므로 안정과 보온을 취하고 스트렙토마이신 등의 항생제를 투여하며, 농포는 외과적으로 제거한다.

예방을 위해서는 비누와 온수를 사용한 손 씻기 등 개인위생을 철저히 하고, 음식물을 충분히 익힌 후 섭취하며, 유행지역에서는 안전한 물을 음용해야 한다. 산토끼를 취급하는 사람은 예방접종이 요구된다.

3.4. Q열(Q-fever)

Q열은 *Rickettsia*과에 속하는 *Coxiella burnetti*의 감염에 의해 발생하는 감염병으로 우리나라에서는 제3급감염병으로 지정되었다.

1) 병원체

*Coxiella burnetti*는 길이가 0.4~1.0㎛, 직경이 0.2~0.4㎛으로 난형 또는 간균 등 여러 가지 형을 이루고 있으며 운동성이 없다. 구조는 세균세포와 비슷하지만, 일반 세균과 달리 살아 있는 세포 내에서만 증식이 가능하며, 발생란의 난황에서 잘 자란다. 높은 감염력을 가지고 있으며 포자형태로 존재하기 때문에 열, 압력, 건조 상태와 여러 표준 소독제에 강한 내성을 나타낸다.

2) 감염경로

감염된 소, 양, 염소 등의 출산 시 양수 및 태반을 통해 병원체가 고농도로 배출되므로 태반물질, 양수, 기타 체액 등에 오염된 먼지를 흡입하였을 때 감염위험이 높다. 멸균처리 안된 유제품이나 오염된 음식을 섭취할 경우에도 발생한다. 진드기에 물려서 감염되는 경우나 사람간의 전파는 드물다.

Q열에 의한 인체감염은 전 세계적으로 분포하지만 정확한 발생 규모는 알려져 있지 않으며, 우리나라에서는 2006년 1월 법정감염병으로 지정된 이후 2006년 6명에서 2014년까지는 매년 20명이하로 발생되었지만, 2015년 25명, 2016년 상반기에 이미 34명으로 환자가 발생되어 점진적으로 증가하는 추세로 보고되었다.

3) 증상

잠복기는 2~3주로 감염된 사람의 약 반 정도에서만 증상이 나타난다. 사망률은 보통 1% 미만이지만 만성 Q열로 인한 심내막염의 경우 37%까지 보고되고 있다. 불현성 감염 이외에 급성 또는 만성 Q열의 증상을 나타낸다.

(1) 급성 Q열

발병 시 갑작스런 고열, 두통, 근육통으로 증상이 시작된다. 발열은 1~2주 동안 지속되며 상당기간 동안 체중감소를 보이기도 한다. 또한 감기와 비슷한 증상을 보이면서 폐렴, 고열, 오한, 권태감, 안구 후부의 통증, 심한 두통, 무기력 등의 증상이 1~2주에 걸쳐 진행된다. 환자의 30~50%는 폐렴으로 진행하며 상당수의 환자에서 간염이 발생한다. Q열에 의한 사망률은 1~2%이다.

(2) 만성 Q열

때로는 급성감염자의 1~11%는 만성으로 경과되어 감염 1~20년 후 심각한 합병증인 심내막염 증세를 나타내기도 한다. 주로 기존 심장판막질환 환자나 혈관이식술을 받은 환자에서 발생하며 장기 이식환자, 암환자, 만성신장질환 환자는 만성 Q열의 발생 가능성이 높다.

4) 치료 및 예방

Tetracycline 및 doxycycline과 같은 항생제를 사용하여 환자를 치료한다. 예방을 위해서는 감염된 소, 양, 염소 등의 출산 적출물을 적절히 처리하고 소독해야 한다. 수의사, 육류가공공장 종사자, 양 및 낙농 종사자, 실험실 연구원 등 고위험군은 작업 시 보호 장구의 착용이 필수적이다. 우유나 유제품은 반드시 살균한다. Q열에 대한 인체 백신은 고위험군을 대상으로 사용되기도 한다.

3.5. 조류인플루엔자(Avian Influenza)

1) 병원체

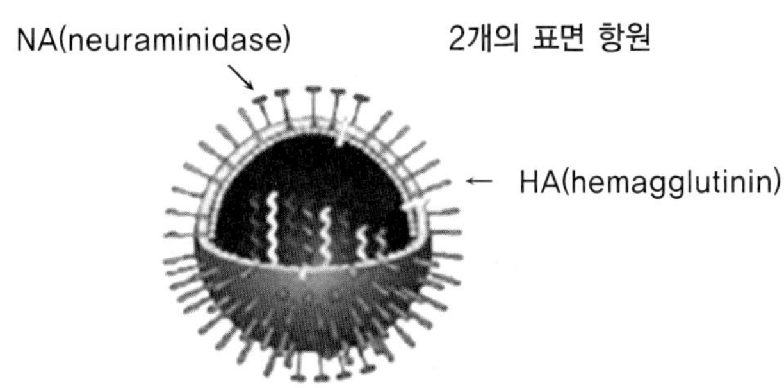

〈그림 7-1〉 인플루엔자 바이러스의 구조

일반적으로 인플루엔자 바이러스는 단일사슬을 갖는 나선형의 RNA 바이러스로 HA와 NA의 표면항원유전자와 6개의 내부유전자를 포함하는 8개의 RNA분절로 구성되어 있다.

인플루엔자 바이러스의 표면에는 세포 내로 침투하는 역할을 하는 hemagglutinin(HA)과 세포 내에서 복제를 마친 바이러스들이 세포 밖으로 나오는 데 중요한 역할을 담당하는 neuraminidase(NA)라는 두 가지 단백질이 존재한다〈그림 7-1〉.

HA는 16종, NA는 9종으로 이론상으로는 두 가지 단백질의 조합에 따라 모두 144종류(=16×9)의 인플루엔자 바이러스가 존재한다. 사람에게 인플루엔자 감염을 일으키는 바이러스의 형태로는 3종류의 HA(H1, H2, H3)와 2종류의 NA(N1과 N2)가 보고되고 있다. 조류의 인플루엔자 감염은 주로 H5형이나 H7형과 관련이 있으며, 이 중 H5N1 바이러스가 고병원성으로서 집단 발생의 원인이 되고 있다.

2)조류감염

가금류에서 인플루엔자 바이러스로 인한 감염은 병독성의 고저에 따라 저병원성과 고병원성인플루엔자로 구분된다. 야생오리와 같은 철새들은 조류인플루엔자 바이러스의 자연 병원소로서 조류간의 전파에 중요한 역할을 한다. 철새들의 조류인플루엔자 바이러스는 저병원성 형태로 증상이 약하거나 없는 경우가 대부분이지만, 가금류 사이에서 전파되면서 고병원성 형태로 변이가 일어나는 것으로 알려져 있다.

특히 닭의 경우에는 저항력이 상대적으로 낮아 감염이 되면 호흡곤란, 설사, 산란율의 급격한 감소, 벼슬 등 머리부위에 청색증을 나타낸다. 폐사율은 바이러스의 병원성에 따라 0~100%로 다양하며 산란율도 40~50% 저하 또는 산란중지로 다양하다. 오리, 거위, 메추리 등은 비교적 저항성이 강해 임상증상이 잘 나타나지 않으나, 분변으로 바이러스를 배출하여 전파한다.

조류인플루엔자는 바이러스에 감염된 조류의 콧물, 호흡기 분비물, 분변에 의해 조류들 사이에 급속히 전파되며, 감염된 조류의 분변이나 분비물에 오염된 기구, 매개체, 사료, 새장, 옷 등을 통해서도 전파된다.

분변 속에 있는 바이러스는 최소한 4℃에서 35일 이상 생존이 가능하며, 바이러스에 오염된 분변 1그램은 약 100만마리의 닭을 감염시킬 수 있다. 고병원성 조류인플루엔자가 발생한 경우에는 우리나라를 포함하여 전 세계의 대부분 국가들이 살처분하고 있으며 발생국가에서는 양계산물을 수출할 수 없다. 조류인플루엔자는 국제수역사무국

(OIE)에서 A급 질병으로 분류하고 있으며, 국내에서는 제1종 가축감염병으로 지정되어 있다.

3) 인체감염

조류인플루엔자는 정상적으로는 조류에서 유행하는 질병이지만, 최근 들어 인체감염의 사례가 지속적으로 발생하고 있다. 1997년 홍콩, 2003년 이후 태국과 베트남, 캄보디아, 중국, 인도네시아, 라오스 등의 아시아 국가와 유럽국가(아제르바이잔, 터키), 아프리카(지부티, 이집트, 나이지리아)에서 H5N1 인플루엔자에 의한 인체감염 사례가 발생하여 2020년 기준 총 4개국 1명이 발생하였다〈표 7-3〉. 우리나라에서는 현재까지 인체 감염사례는 확인된 바 없다.

〈표 7-3〉 조류인플루엔자 인체 감염 사례(2020년 WHO 발표자료)

국 가	2016		2017		2018		2019		2020		총 계	
	발생	사망	발생	사망	발생	사망	발생	사망	발생	사망	발생	사망
캄보디아	0	0	0	0	0	0	0	0	0	0	0	0
중 국	0	0	0	0	0	0	0	0	0	0	0	0
라오스	0	0	0	0	0	0	0	0	1	0	0	0
베트남	0	0	0	0	0	0	0	0	0	0	0	0
총 계	0	0	0	0	0	0	0	0	1	0	0	0

Avian Influenza Weekly Update 2020.10.23

대부분의 인체감염사례는 조류인플루엔자 바이러스에 감염된 가금류(닭, 오리, 칠면조 등)와의 접촉 또는 감염된 조류의 배설 · 분비물에 오염된 사물과의 접촉을 통해 발생하였다. 감염된 사람의 대부분은 양계업이나 살처분에 종사하여 조류와 밀접한 접촉을 했던 사람들로 이들의 경우 특별한 주의가 필요하다. 현재 매우 드물게 사람간의 전파가 보고되고 있으나 향후 바이러스의 변이 등을 통해 사람간의 전파가 용이해질 가능성도 있다.

4) 인체감염의 증상

잠복기는 7일 정도로, 38℃ 이상의 고열, 기침, 근육통 등 전형적인 인플루엔자 유사증상(Influenza-like illness)을 보이며, 안구감염, 폐렴, 급성호흡기부전 등 중증 호흡기 질환의 증상도 나타난다. 감염시 사망률은 50%로 매우 높다.

5) 치료 및 예방

바이러스성 감염병으로 특별한 치료방법이 없기 때문에 철저한 위생관리와 적절한 예방대책이 필요하다.

① 닭이나 오리를 사육하는 사람은 작업 시에 장갑과 마스크 등을 착용하고 작업이 끝난 후에는 반드시 목욕을 한다.
② 항상 사육장을 청결히 하고 자주 소독을 하며, 사육중인 닭이나 오리가 이상 증상을 보이면 즉시 방역당국에 신고한다.
③ 조류인플루엔자가 발생했던 농장에서 일한 사람, 가금류의 살처분에 참여했던 사람, 조류인플루엔자가 유행하는 지역을 여행했던 사람이 감염된 가금류에 최종적으로 노출된 후 7일 이내에 고열이 나거나 기침, 인후통, 호흡곤란 등의 호흡기 증상을 경험하면 즉시 보건소에 신고한다.
④ 조류인플루엔자는 75℃ 이상에서 5분 이상 가열할 경우 사멸되기 때문에 닭이나 오리를 충분히 익혀 먹을 경우 감염의 우려가 없다.
⑤ 손 씻기 등 개인위생을 강화하고 의료인의 경우 개인보호구을 착용한다.

3.6. 소해면상뇌증(Bovine Spongiform Encephalopathy)과 변종 크로이펠트-야콥병(vCJD)

1) 소해면상뇌증

소해면상뇌증(BSE : Bovine Spongiform Encephalopathy)은 감염성해면상뇌증(TSE : Transmissible Spongiform Encephalopathy)의 일종으로 소에서 발생하는 만성 신경성 질병이며 일명 광우병으로 알려져 있다. 이 질병은 변형 프리온 단백질 감염에 의한 신경세포의 공포변성과 중추신경조직의 해면상 변화가 특징으로 2~5년의 긴 잠복기와 불안, 보행장애, 기립불능, 전신마비 등 임상증상을 보이다가 결국은 100% 폐사되는 치명적인 만성 진행성 질병이다. 원인체가 변형 프리온이라는 동질성 때문에 감염성해면상뇌증(TSE)으로 분류되고 있으며, 동물의 종에 따라 소해면상뇌증(BSE), 양 및 산양의 스크래피(Scrapie), 사슴류의 만성소모성질병(Chronic Wasting Disease : CWD)으로 구분한다. 소해면상뇌증은 국제수역사무국(OIE)에서 B급 질병으로 분류하고 있으며, 국내에서는 제2종 가축전염병으로 지정되어 있다.

소해면상뇌증(BSE)의 경우 현재까지 밝혀진 전파방법은 스크래피에 걸린 면양이나 소해면상뇌증에 감염된 소의 육골분 등이 함유된 사료를 섭취함으로써 감염이 이루어지는 것으로 보고되어 있다.

접촉감염은 일어나지 않으며 수직전파의 가능성은 매우 낮지만 정확한 것은 밝혀져 있지 않다. 85년 영국의 소에서 최초로 발견된 이후 유럽지역에서 발생하던 BSE가 일본과 이스라엘로 확산되어 2006년까지 25개국에서 총 19만 마리 이상의 광우병 소가 발생하였다. 특히 영국에서 가장 많이 발생하여 18만 4천 마리 이상의 광우병 소가 확인되었으며, 최근 적극적인 영국정부의 관리정책으로 인해 발생이 감소하고 있는 추세다.

〈그림 7-2〉 **소해면상뇌증(BSE)이 발생한 지역〈자료 : 국제수역사무국(OIE)〉**

2) 변종 크로이펠트-야콥병(vCJD)

사람의 퇴행성 뇌질환인 크로이츠펠트-야콥병(Creutzfeldt-Jakob disease, CJD)은 전파성 해면양뇌병증(transmissible spongiform encephalopathy, TSE)의 한 형태로 세계적으로 인종, 문화, 경제적 수준 등에 무관하게 일정한 수준으로 발병하며 발생률은 백만 명당 0.5~1명의 수준이다. 각국의 CJD 발생률은 양 스크래피의 존재 여부 및 발생률과 무관하며 양고기 섭식 여부와도 무관하게 일정하다.

이에 비하여 변종 크로이펠트-야콥병(vCJD)은 광우병에 걸린 쇠고기 등을 섭취함으로써 발생되는 인간광우병으로 알려지고 있다. 2006년 11월 현재 기준 총 확인된 vCJD 환자는 전 세계적으로 200명으로, 이 중 164명은 광우병소의 발생이 가장 많은 영국에서 보고되었다.

3) 병원체

병인체에 대해서는 여러 학설이 있지만 변형 프리온 단백질이라 여겨지고 있다. 프리온은 분자생물학적으로 정상신경세포막에 존재하는 당단백질로서 정상프리온단백질(PrPc)은 α-helix 구조가 많고 β-sheet 구조가 적으나 변형 프리온(PrPsc)은 α-helix 구조가 β-sheet 구조로 변형된 것이 특징이다. 변형 프리온은 단백분해효소(proteinase)에 의해 분해되지 않으며 열, 자외선, 화학물질에 강한 저항성을 갖고 있다. 133℃에서 20분, 2% 차아염소산나트륨(sodium hypochlorite), 2N 가성소다(sodium hydroxide)로 처리하면 감염력이 불활성화된다.

4) 광우병소의 증상

소해면상뇌증의 특징적 증상은 다음과 같다.

① 감염된 소는 축사입구나 착유장 등 좁은 문을 통해 들어가기를 꺼려하고 착유 중 뒷발로 차는 등 외부자극에 민감하다.
② 침울하고 매우 불안한 상태를 보인다.
③ 병이 진행되면 투명한 침을 많이 흘리며, 이를 갈기도 한다.
④ 스크래피만큼 뚜렷하지는 않지만 가려움증을 보이며 자그마한 소리에도 매우 민감하게 반응한다.
⑤ 제대로 서 있지 못하고, 뒷다리를 절고 잘 넘어지며, 심한 경우 후지마비 증상을 보이다가 기립불능상태로 되어 결국 폐사하게 된다.

5) 변종 크로이츠펠트-야콥병(인간광우병)의 증상

변종 크로이츠펠트-야콥병(vCJD) 환자의 증상은 다음과 같다.

① CJD환자에 비해 vCJD환자는 전반적으로 긴 발병기간을 보인다.
② CJD환자들과는 달리 초기부터 우울증, 불안감, 정신위축, 초조감, 공격적 성향, 무감동증 등과 같은 정신 증상이 나타난다.
③ 발병 후 평균 6~8개월 경에 운동 실조증과 이상 운동증이 나타나며, 전반적인 인지장애가 나타난다.
④ 말기의 증상은 CJD와 비슷하여 인지장애가 점차 진행하여 운동불능, 무언증의 상태가 되고 증상 발현 후 평균 14개월이 경과되면 사망에 이르게 된다.

6) 예방

현재 우리나라에는 소해면상뇌증이 발생하고 있지 않으므로 국내에 이 질병이 유입되지 않도록 하는 것이 최선의 방역대책으로, 철저한 검역을 통하여 소해면상뇌증 발생국으로부터 반추류 동물이나 그 생산물(우유 및 유제품, 원피 제외)이 수입되지 않도록 해야 한다.

의심되는 임상증상이 나타나는 환축의 발생시에는 방역기관에 즉시 신고하여 최단시간 내에 정밀진단이 이뤄져야 하며, 즉각적으로 도살하고 시체를 소각해야 한다.

4. 신종감염병

4.1. 중동호흡기증후군(MERS, Middle East Respiratory Syndrome)

중동호흡기증후군은 코로나바이러스(MERS-CoV)감염에 의한 급성호흡기 질환으로 감염 시 주로 38℃ 이상의 발열을 동반한 호흡기증상(기침 또는 호흡곤란 등)을 보이며, 사우디아라비아를 비롯한 중동지역에서 집중적으로 발생하여 Middle East Respiratory Syndrome를 줄여 메르스라고 불리고 있다. 신종 베타코로나 바이러스에 의한 감염증으로 2003년 발생한 중증급성호흡기증후군(SARS)과 유사하나 치사율은 30% 정도로 높은 편이며 제1급감염병이다.

메르스는 2012년부터 중동지역 아라비아 반도를 중심으로 나타났으며, 2015년까지 천 명 이상의 감염자와 400명 이상의 사망자가 발생하였다. 또 다른 변종 코로나바이러스가 원인인 사스(SARS)보다 전염성은 떨어지며, 치사율은 30~40%로 사스(약 9.6%)보다 높다. 우리나라는 2015년 메르스 사태로 감염된 사람은 총 186명이며, 그중 38명이 사망해 치사율은 20.4%로 나타났다. 또한 메르스로 인해 총 16,693명이 시설 혹은 자가격리 되었으며 완치되어 퇴원한 환자는 145명이다.

1) 원인

신종 코로나 바이러스인 MERS-Corona 바이러스가 그 원인 바이러스이다. 유전자 염기서열이 박쥐에서 발견되는 것과 유사하다 하여 박쥐를 원인 동물로 보고 있으며, 매개 동물이 낙타일 수 있다는 연구보고도 있다.

2) 임상적 특성

대부분 환자가 중증급성하기도질환(폐렴)이나 일부는 무증상을 나타내거나 경한 급성상기도질환을 나타나는 경우도 있으며, 주 증상으로는 발열, 기침, 호흡곤란이 있다. 그 외에도 두통, 오한, 인후통, 콧물, 근육통 뿐만 아니라 식욕부진, 오심, 구토, 복통, 설사 등이 있다. 합병증은 호흡부전, 폐혈성 쇽, 다발성 장기 부전 등이 있으며, 신부전을 동반하는 급성신부전 동반 사례가 사스 보다 높다. 그리고 기저질환(당뇨, 만성폐질환, 암, 신부전 등)이 있는 경우와 면역기능 저하자는 MERS-CoV 감염이 높고 예후도 불량하다고 보고되고 있다. 일반적 검사소견 : 백혈구감소증, 림프구감소증, 혈소판감소증, LDH 상승하며, 잠복기는 5일(최소 2일 - 최대 14일)정도 소요되고 있다. 감염경로는 명확한 감염경로는 밝혀지지 않았으나 사우디아라비아 내 낙타접촉에 의한 감염전파가 되고 사람 간 밀접접촉에 의한 전파(대부분 병원내 감염, 가족간 감염)가 된다고 보고되고 있다.

3) 치료

아직 예방 백신이나 치료약이 개발되어 있지 않으며, 증상에 따른 대증 요법을 시행하기도 한다.

4) 예방 및 주의사항

사람이 밀집된 공공장소는 최대한 피하고 특히 발열이나 호흡기 증상이 있는 사람과의 접촉을 피하는 것이 좋다. 손으로 눈이나 입 등을 만지는 것을 피하고 손을 자주 씻고 개인위생을 철저히 하도록 한다. 발열이나 기침 등 호흡기 증상이 있는 경우 마스크를 착용하고 가까운 병원의 진료를 받도록 한다

4.2. 코로나바이러스감염증-19(COVID-19)

코로나바이러스(Coronavirus)는 일반적으로 조류 뿐만 아니라 사람을 포함한 다양한 포유류에서도 발견되며 그 종이 다양하고, 바이러스(병원체)의 특성과 숙주에 따라서 호흡기와 소화기 감염병을 모두 유발하는 것으로 알려져 있다. 2019년 12월 중국 우한에서 발생한 신종 코로나바이러스감염증(일명 우한 폐렴)은 인체 감염 7개 코로나바이러스 중 하나로 알려져 있으며, 세계보건기구(WHO)는 우한에서 집단 발병한 폐렴의 원인이 코로나바이러스로 확인(COVID-19)되었다고 밝혔으며, 감염확진자 중 많은 사망자가 발생하고있다.

아직 정확한 감염원 및 전파 경로가 파악 되고 있지는 않지만 기존 코로나바이러스가 공기 전파가 아닌 비말(침 방울)전파인 것으로 볼 때 이 바이러스 또한 침이나 손을 통해 감염되는 것으로 추정되고 있다.

1) 감염

코로나바이러스감염증-19는 감염자의 비말(침방울)이 호흡기나 눈 · 코 · 입의 점막으로 침투될 때 감염되며, 비말감염은 감염자가 기침 · 재채기를 할 때 침 등의 작은 물방울에 바이러스 · 세균이 섞여 나와 타인에게 감염되는 것으로 통상 이동거리는 2m로 알려져 있다. 눈의 경우 환자의 침 등이 눈에 직접 들어가거나, 바이러스에 오염된 손으로 눈을 비비면 눈을 통해 전염될 수 있다. 다만 보건 당국 은 공기 중 전파 가능성에 대해서는 아직 확인된 바 없다고 밝히고 있다.

세계보건기구(WHO)는 신종 코로나 바이러스의 전파력이 사스(SARS · 중증급성호흡기증후군)보다는 낮지만, 메르스(MERS · 중동호흡기증후군)보다는 높은 것으로 파

악한다고 밝혔다.

2) 증상 및 진단

바이러스에 감염되면 약 2~14일(추정)의 잠복기를 거친 뒤 발열(37.5도) 및 기침이나 인후통, 호흡곤란 등 호흡기 증상, 폐렴이 주 증상으로 나타나며, 또한 일부 환자에게서는 근육통과 피로감, 설사, 탈수, 기력감퇴, 구토, 식욕부진 증상이 나타나기도 한다. 잠복기는 24-36시간으로 매우 짧고, 구토를 하며 설사는 감염 후 1-3일 까지 분변은 점액성, 수분을 포함하며 녹황색, 오렌지색 악취가 나는 혈변을 배출하기도 한다.

그러나 임상 증상이 불현성 감염이 많고 증상이 있다 하더라도 미약하게 나타나며, 단독 감염시는 치사율이 낮고, 면역력이 떨어진 사람들에게는 호흡 부전이나 쇼크 등의 심각한 폐렴 증상이 나타날 가능성이 더욱 높다. 진단은 의료기관이나 보건소에서 신단시약키트를 사용한 검사로 6시간 이내에 진단 결과를 알 수 있다.

3) 치료

신종 코로나바이러스감염증의 백신이나 치료제는 아직까지 개발되지 않았으며, 환자로 확진되면 기침 · 인후통 · 폐렴 등 주요 증상에 따라 항바이러스제나 2차 감염 예방을 위한 항생제 투여 등의 대증치료(대증요법)가 이루어지고 있다. 따라서 예방과 미리 면역력을 관리를 하는 것이 가장 좋은 방법이라 할 수 있다.

4) 예방

확진환자와 접촉을 피하고 감염을 예방하기 위해서는 흐르는 물에 30초 이상 손 씻기를 꼼꼼히 하고, 외출하거나 의료기관에 방문할 때는 마스크 착용 같은 예방 수칙을 지켜야 한다. 세면대가 없는 곳에서 활동할 때는 알코올 손 세정제로 수시로 씻는 것이 좋다고 권고하고 있다.

마스크의 경우 식품의약품안전처가 정하는 보건용 마스크 [(KF80(황사용) · KF94 · KF99(이상 방역용)]를 사용하면 되는데, 숫자가 높으면 미세입자가 차단되는 효과가 크지만, 산소투과율이 낮아 숨쉬기가 어려운 단점이 있다. 또한 관련 증상이 나타날 경우 질병관리청 콜센터(1339)나 보건소에 상담이 필요하다.

제8장 기생충과 위생동물

1. 식품과 기생충

기생충은 독립적으로 영양을 섭취하여 생활하지 아니하고, 다른 생물에 침입하여 영양을 섭취하여 기생생활을 하는 생물을 일컫는다. 또한 숙주란 이러한 기생충이 기생하는 상대 생물을 일컫는 말이다.

식품위생상 문제가 되는 기생충은 회충, 구충, 요충, 동양모양선충, 편충 등의 선충류와 유구조충, 무구조충 등의 조충류, 간흡충, 폐흡충, 요코가와흡충 등의 흡충류, 이질아메바 등의 원충류가 있다. 이들은 분류학상으로 여러 가지 특징 및 생활사 등이 있으며, 중간숙주나 종말숙주의 선택 경로도 다양하며, 우리 인체에 미치는 감염경로나 피해양식도 여러 가지다.

기생충의 감염경로는 경구, 경피 및 태반감염 등으로 나눌 수 있으며, 특히 경구감염을 일으키는 경우 식품위생과 더욱 밀접한 관련성을 가진다. 기생충의 충란이나 유충이 오염된 식품을 사람이 섭취하여 감염되기도 하며, 또는 기생충에 감염된 동물의 고기를 섭취함으로써 식육 내에 기생한 기생충이 그대로 사람에게 감염되기도 한다.

기생충의 숙주인 인체에 대한 건강피해로는 첫째, 숙주의 체내에 다수 기생함으로써 빈혈 및 영양장해를 일으키며, 둘째, 분비한 독소에 의해 발열 및 신경 증상을 일으키기도 하며, 셋째, 기생충이 단순히 인체에 기생하고 있거나, 인체 내에서 구멍을 뚫으며 이동하여 문제를 일으키는 경우 등으로 나누어 볼 수 있다.

1.1. 기생충의 특징 및 감염실태

과거 1970년대 초에는 우리나라의 기생충 감염율은 80% 대의 높은 수치를 보이며 풍토병의 양상을 보였으나, 1997년 제 6차 전국 장내 기생충 실태조사 결과는 2.4%로 급격히 감소하였다. 그러나 2004년 7차 조사 시에는 오히려 3.7%로 약간 증가하는 경향을 보이는 것으로 보아 기생충에 대한 주의는 계속되어야 할 것으로 생각된다.

〈표 8-1〉 장내 기생충 실태조사 연도별 감염현황(감염률) 1971~2013년, 총 8차

년도	피검자수	충란	회충	구충	편충	간흡충	폐흡충	장흡충	유무구조충
제1차('71)	24,887	84.3	54.9	10.7	65.4	4.6	0.09	0	1.9
제2차('76)	27,178	63.2	41.0	2.2	42.0	1.8	0.07	0	0.7
제3차('81)	35,018	41.1	13.0	0.5	23.4	2.6	0	1.2	1.1
제4차('86)	43,590	12.9	2.1	0.1	4.8	2.7	0.002	1.0	0.3
제5차('92)	46,912	3.8	0.3	0.01	0.2	2.2	0.0	0.3	0.06
제6차('97)	45,832	2.4	0.06	0.007	0.04	1.4	0.0	0.3	0.02
제7차('04)	20,541	3.7	0.05	0.0	0.3	2.4	0.002	0.5	0.0
제8차('12)	23,956	2.6	0.03	0.0	0.41	1.9	0.000	0.26	0.04

과거 한국인의 기생충 감염은 회충, 편충, 구충 등 토양매개성 기생충이 주종을 이루었으나 최근 30년간 이들은 급격히 감소했다. 반면 간흡충과 같이 식품을 매개로 한 기생충은 감소추세가 뚜렷하지 않고 최근에는 약간 상승하는 경향이 있다.

간흡충은 담수어류에 의해 감염되므로 이러한 감염경로를 차단하기 위해 민물고기의 생식 습관을 버리도록 예방 교육을 하는 것이 필요하다.

민물고기에 기생하는 것으로 알려진 광절 열두조충, 유극악구충, 장흡충 등에도 관심

을 가져야 한다. 그 밖에도 2005년도에 식품의약청 안전처에서 수입 연어에 기생하는 것으로 알려진 아니사키스의 감염실태를 전면적으로 조사한 바 있다. 조사 결과 검출 사례가 보고되지는 않았으나, 각종 해산물의 위생적 처리 및 생식의 식습관에 대해서도 주의를 늦추지 않아야 한다.

1.2. 주요 식품 매개 기생충

1) 채소류에 의한 기생충 감염

(1) 회충(roundworm, *Ascaris lumbricoides*)

회충은 세계적으로 가장 널리 분포된 기생충으로, 우리 나라의 농촌 지역에도 감염률이 높다.

일반적으로 소장에 기생하며, 성충의 크기는 수컷은 15~31cm이며 암컷은 20~35cm로서 장관에 기생하는 선충류 중 가장 크다. 암컷 한 마리는 하루에 10~20만 개의 충란을 산란한다. 분변과 함께 배출된 충란은 늦은 봄부터 초가을의 적당한 온도 조건에서 열흘간 발육하여 감염성 성숙란이 된다.

이는 섭취한 음식물과 함께 몸 안으로 들어가 십이지장에서 부화하여 장간막, 정맥 또는 임파관, 간 폐동맥, 폐를 거쳐 기관, 식도, 위를 통과하여 소장에서 성충이 된다. 감염성 성숙란의 형태로 감염된 후 다시 산란할 수 있는 성충이 되기까지 60~75일이 걸린다.

회충이 인체에 미치는 건강장해로는 담관, 췌장관, 충수 등에 침입하여 장폐색을 일으키며, 회충성 폐염이 나타나기도 한다. 또한 두통, 오심, 현기증, 복통, 설사, 두드러기와 같은 알러지 증상, 기침, 천식, 간질 등의 증상이 있다.

회충의 열에 대한 저항성은 약한 편이지만, 채소 속에 들어 있을 때에는 내부까지 열이 전달되는데 많은 시간이 소요되므로, 사멸되기 위해서는 꽤 오랜 열처리 시간을 요하게 되므로 채소를 여러 번 잘 씻은 후 열처리하는 것이 좋다.

최근 식약처는 국내 유통 김치류에 대한 기생충란 검사를 실시한 결과, 수입 및 국내

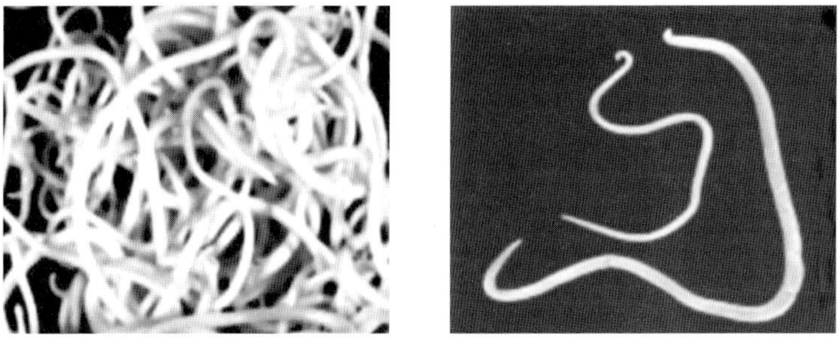

〈그림 8-1〉 회 충

산 김치에서 회충란 등이 검출되었다고 밝힌 바 있다. 이는 농작물의 재배과정에서 퇴비나 동물의 배설물이 묻어 오염된 것으로 추정되며, 김치 원재료 관리에 대한 안전수칙을 제작 배포하고, 농작물 재배 과정에서 기생충란에 오염되지 않도록 생산 및 유통과정의 위생관리를 철저히 하도록 지시하였다. 또한 김치의 출하 전에 자가품질검사를 통하여 기생충 및 기생충란의 잔류 여부를 확인하도록 하였다.

(2) 구충(hookworm)

구충은 십이지장충이라고도 하며 전세계적으로 분포되어 있다. 우리 나라에서는 감염률이 감소하고 있다.

성충의 크기는 수컷이 8~10mm, 암컷이 10~13mm이며, 소장의 상부에 기생한다. 충란이 분변과 함께 배출되면 적당한 조건에서 부화하여 자충이 되며, 그 후 두 번 탈피하여 감염형의 피낭자충이 된다. 구충의 감염은 피낭자충이 오염된 식품이나 물을 섭취함으로써 발생하는 경구감염의 형태나, 또는 피낭자충이 피부를 뚫고 들어가는 경피감염을 통해서도 발생한다.

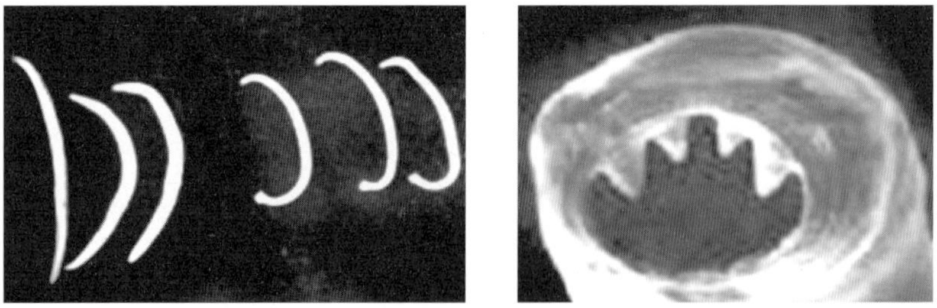

〈그림 8-2〉 구충 성충

구충감염의 주요 증상은 빈혈, 특히 뇌빈혈이 잘 일어나며, 식욕이 감퇴되고, 생쌀이나 흙을 먹기도 하는 토식증(geophagia)을 일으키기도 한다. 어린이의 증상이 심할 경우 신체발육이나 지능의 저하를 초래하며, 각종 병원균에 대한 저항력이 떨어지기도 한다.

예방대책으로는 회충의 경우와 비슷하며, 경피감염의 우려가 있으므로 분뇨 처리한 밭에 맨발로 다니지 않도록 한다.

(3) 동양모양선충(*Trichostrongylus orientalis*)

사람의 위에서 발견되었으며, 섬세한 털 모양이며 담홍회백색을 띄며, 성충은 소장 상부 점막에 교착되어 있으며 다수가 기생하지 않는 한 뚜렷한 증상은 없다고 한다. 분변에 섞여 나온 충란이나 토양에서 부화된 감염형 유충에 오염된 채소나 손을 통해 경구감염된다. 감염형 유충은 열이나 화학약품에 비교적 저항력이 강하며, 김치를 통해 감염되기도 한다.

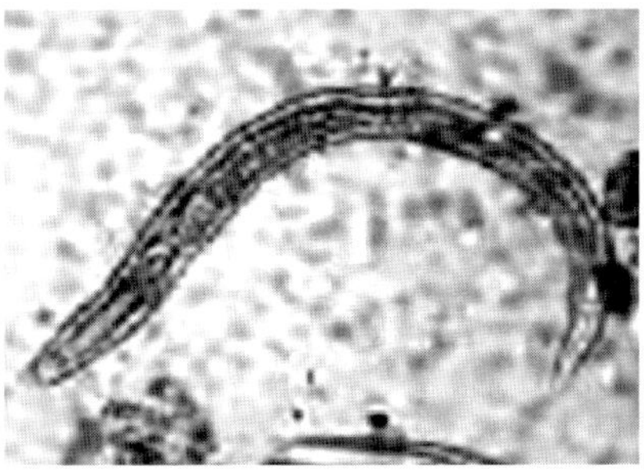

〈그림 8-3〉 **동양모양선충**

(4) 편충(whipworm)

세계 각처에서 발견되며, 우리 나라에서도 감염률이 높은 기생충이다. 십만 마리 이하가 기생할 경우에는 증상이 거의 나타나지 않기 때문에 크게 주의를 하지 않는 경향이 있다. 다수의 충체가 기생할 경우 나타나는 증상은 복통, 오심, 구토, 식욕부진, 설사, 빈형 등이 있으며, 예방대책으로는 매개체가 되는 채소류의 철저한 세척과 열처리이다.

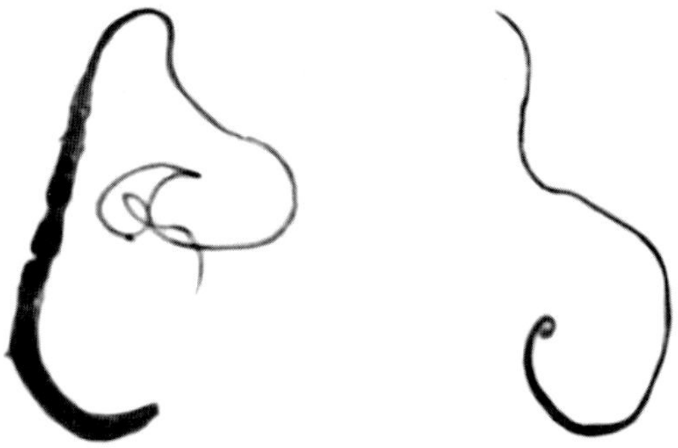

〈그림 8-3〉 편충 암컷(좌) 수컷(우)

(5) 요충(pinworm, *Enterobius vermicularis*)

전세계적으로 널리 분포되어 있으며, 다른 기생충과는 달리 도시지역에도 감염률이 높은 편이며 특히 어린이의 감염률이 높다. 맹장, 충수돌기 및 결장에 기생하며 암컷은 산란기에 항문 주위로 나와 산란하면 충란은 몇 시간 내에 감염유충이 된다.

가려워서 항문을 손으로 긁을 경우 손을 통해 가족의 감염은 물론 자신도 재감염된다. 증상으로는 가려움증으로 인한 수면장애, 식욕감소, 불쾌감, 신경과민과 발작까지도 나타나며, 복통, 구토 설사와 직장부의 궤양이나 장카타르 및 만성 충수염의 원인이 되기도 한다.

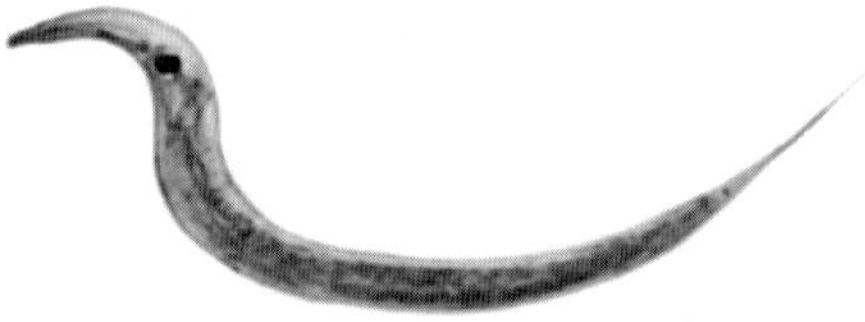

〈그림 8-5〉 요 충

2) 식용동물에 의한 기생충 감염

(1) 무구조충(민촌충, *Taenia saginata*)

전세계적으로 분포하며, 특히 쇠고기 생식지역에서 높은 감염율을 보였으나, 최근 감소하고 있다. 자웅동체이며 길이가 4~10m이고, 약 20mm 정도의 체절로 잘라져서 감염자의 분변과 함께 배설된다. 배설된 체절이 목초에 붙어서 소에게 섭취되면 소의 근육, 임파선, 신장, 식도 등에 낭충을 형성하고 이것을 사람이 생식하면 감염된다.

예방법은 소의 도축검사를 철저히 하며 감염된 소를 식용하지 않도록 하며, 쇠고기 생식을 금하고 충분히 익혀 먹어야 한다.

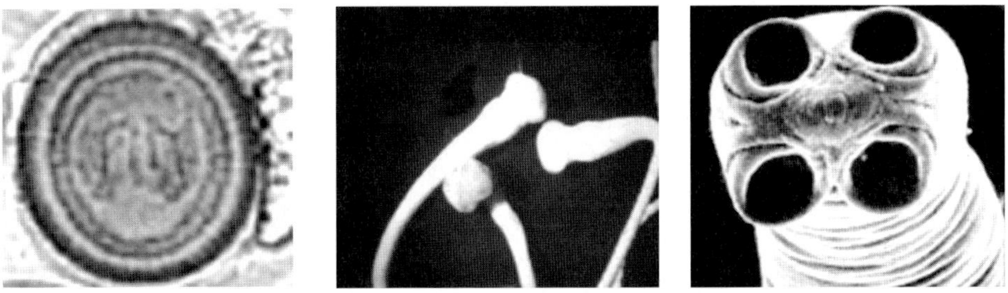

〈그림 8-6〉 **무구조충의 알(좌) 성충(중) 두절(우)**

(2) 유구조충(갈고리 촌충, *Taenia solium*)

두절에 갈고리가 있어 갈고리 촌충이라고도 하며, 돼지를 중간숙주로 하는 경우가 많아 돼지고기를 많이 먹는 슬라브족에 감염율이 많은 것으로 알려져 있다. 성충이 2~8m이고 70~1,000개의 편절로 이루어져 있다. 분변과 같이 배출된 체절이나, 충란이 중간숙주인 돼지나 사람, 기타 포유동물에 섭취되면 소장에서 부화되어 유구유충이 유리되며 장벽을 뚫고 혈류를 따라 각 조직으로 이동하여 유구낭충으로 된다.

성충 기생으로 인해 복부 불쾌감, 설사, 구역, 구토, 식욕항진이 일어나며, 기생부위에서 유충이 낭충을 형성하여 발생하는 낭충증의 증상은 성충의 경우보다 심하여 두통, 구토, 마비, 경련, 시력장애, 간질증상을 일으키며, 안구에 기생할 경우 안구통, 변시, 실명 등을 일으킨다.

낭충의 저항력은 강한 편이며, 예방을 위해서는 돼지고기를 생것이나 불완전하게 가열한 것을 먹지 않아야 하며, 돼지의 정밀 도축검사가 필요하다.

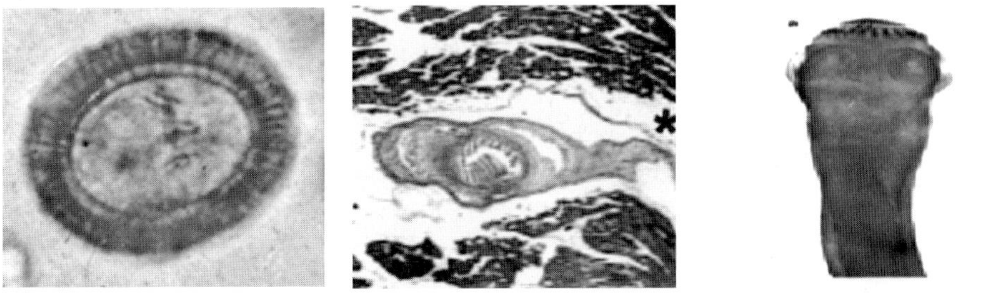

〈그림 8-7〉 **유구조충의 알(좌) 낭미충(중) 두절(우)**

(3) 선모충(*Trichinella spiralis*)

선충류에 속하며, 감염율은 낮으나 전세계적으로 분포한다. 중국이나 일본에서 보고된 일은 있으나 우리나라에서 보고된 예는 없다. 사람은 주로 돼지고기에 의해서 감염된다. 피낭유충을 가진 고기를 섭취하면 소장에서 성충이 되고, 암컷은 1~2주에 공장 윗부분의 점막 내에 침입하여 자충을 낳으며, 이 자충은 장벽의 혈관과 임파관을 통하여 신체 각 부분의 근육에 분산된다.

증상은 위장증상과 발열이 있고 근육통을 일으킨다. 심해지면 눈 주위 조직의 팽창과 근육의 경직이 일어나며 사망을 초래할 수도 있다.

예방은 죽은 쥐를 돼지가 먹지 않도록 하며 돼지 사육위생에 주의하며, 돼지고기를 분홍빛이 보이지 않도록 충분히 가열해서 먹도록 한다.

〈그림 8-8〉 **선모충**

(4) 톡소플라스마증(*Toxoplasma gonidii*)

톡소플라스마 원충은 형태학상으로 증식형과 포낭형으로 나뉜다. 고유 숙주는 고양이, 토끼, 쥐, 개, 양, 조류 등 광범위하며, 중간숙주는 특이성이 없으며, 사람을 포함한 거의 모든 온혈동물이다.

인체에 기생하는 심각한 사례는 모체로부터 감염된 신생아에서 볼 수 있으며, 어른들의 경우는 거의 불현성 감염이다. 임산부에 있어서는 유산이나 조산의 원인이 되며 특히 임신초기에 감염되면 사산을 일으키는 경우가 있다.

여러 가지 경로를 거쳐 사람에게 감염될 수 있으나, 주로 돼지고기와 달걀이 매개가 된다. 또한 고양이의 분변과 함께 배출된 접합자낭에 오염된 물이나 식품을 통해서 감염이 되기도 한다. 이 기생충은 적색육, 특히 돼지고기, 양고기, 사슴고기, 쇠고기에서 발견되며, 과일과 채소는 이들의 변에 오염될 수 있다.

예방을 위해서는 가축이나 애완동물의 위생에 각별히 유의하여야 하며, 임산부나 어린이의 경우에는 더욱 더 주의한다. 생고기나 덜 익힌 고기의 섭취를 피하며, 생고기와 채소를 취급한 후 손을 씻고, 날음식과 조리된 음식의 교차오염을 막는다.

(5) 간흡충(*Clonorchis sinensis*)

동남 아시아와 극동 아시아에 주로 분포하며, 우리나라의 낙동강, 영산강, 섬진강유역에서 민물고기를 즐겨 먹는 성인 남자에게서 높은 감염율을 보인다.

사람을 비롯한 육식동물의 담관에 기생하고 있는 성충이 배출한 충낭은 분변과 함께 밖으로 나와 물속으로 들어 간다. 충낭은 제1중간숙주인 왜우렁이, 제2중간숙주인 담수어에서 발육하여 피하조직이나 근육조직에서 피낭유충이 된다. 우리나라에서는 붕어, 잉어, 피라미 등의 거의 모든 민물고기가 중간숙주이며, 이를 날로 먹으면 소장에서 껍질을 벗고 담관에 들어가 한 달 정도 지나면 성충이 된다. 담관을 막으면 소화기계 증상이 주로 나타나며, 간과 비장의 비대, 복수, 부종 설사, 소화장애, 황달, 빈혈 등이 주요 증상이다.

간흡충의 피낭유충은 열에 약하여 끓는 물에서 1분 이상 가열하면 죽는다. 따라서 예방을 위해서는 민물고기를 생식하지 않도록 한다.

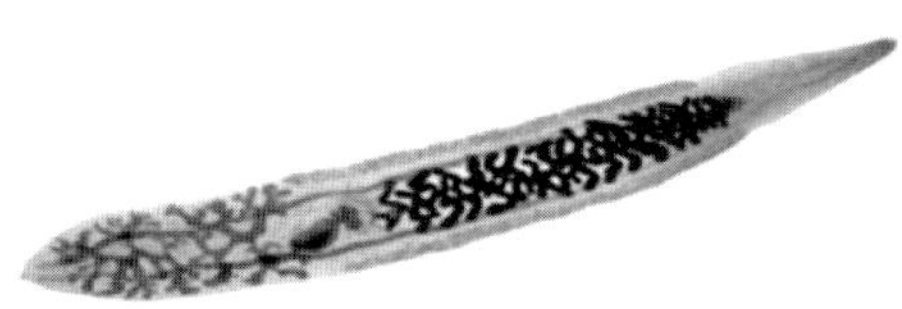

〈그림 8-9〉 간흡충

(6) 폐흡충(*Paragpmous westermani*)

전세계에 분포하며, 한국, 일본, 대만, 필리핀 등에 많고, 우리나라의 경우 산간지대에서 발병율이 높았으나 1997년 이후에는 거의 발견되지 않고 있다.

성충은 사람뿐만 아니라 육식동물의 폐조직에 충낭을 형성하여 기생하고 있으나 충란은 객담 또는 대변과 함께 밖으로 배출된다. 물 속에서 부화하여 제1중간숙주인 다슬기에 침입한 후 유낭유충으로 발육한 후 제2중간숙주인 가재나 게에 침입하여 아가미나 근육 등에서 피낭유충이 된다.

사람이 이러한 게나, 가재를 생으로 먹으면 감염되며, 십이지장에서 탈낭되어 폐에 침입한 후 성충으로 발육한다. 뇌에 들어가 기생할 경우 간질과 비슷한 증상을 나타낸다. 우리나라에서는 홍역의 치료를 위해 가재 생즙을 먹는 민간요법으로 인해 감염되는 사례가 있었다.

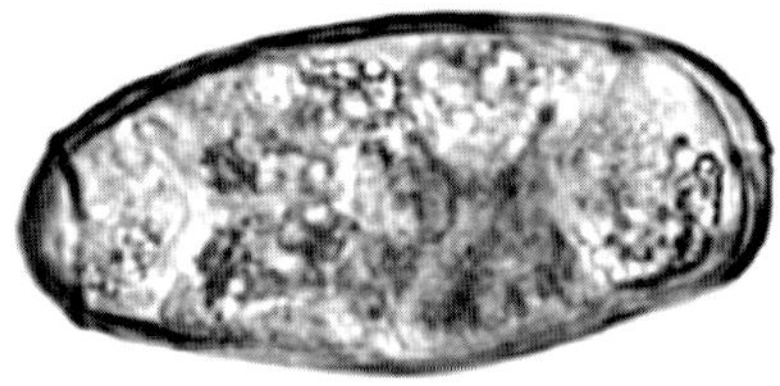

〈그림 8-10〉 **폐흡충**

(7) 요코가와 흡충(*Metagonimus yokogawai*)

장흡충이라고도 하며 우리 나라에서는 1914년 이후 발견되고 있으며, 특히 섬진강 유역에서 높은 감염율을 보인다. 성충의 크기가 1~2mm로 자웅동체이다. 산란시 이미 난각 내에 유모유충이 형성되어 있으며 물 속에서는 부화되지 않고 제1중간숙주인 다슬기에 섭취되어 부화되고 탈출한 후 제2중간숙주로서는 은어, 붕어, 참붕어 등이 있다. 이러한 민물고기를 생식할 경우, 피낭유충이 소장에서 탈낭하여 성숙된 후 기생한다. 예방법은 은어의 생식을 금하는 것이 좋다.

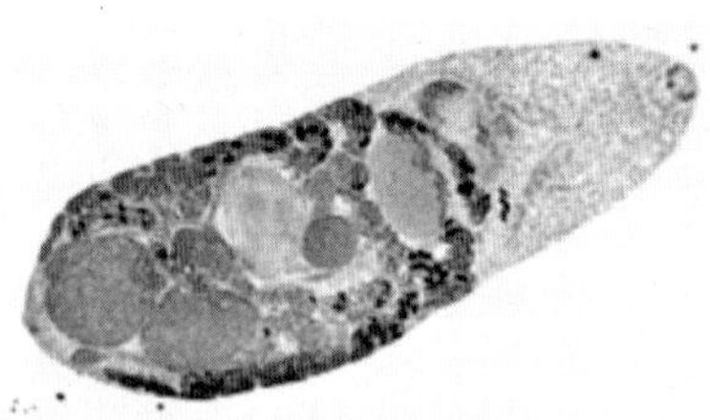

〈그림 8-11〉 **요코가와 흡충**

(8) 광절열두조충(긴촌충, *Diphyllobothrium latum*)

인체에 기생하는 조충 가운데 가장 길어서 긴촌충이라고 한다. 우리나라에서는 아직까지 사례 보고가 많지는 않지만 점차 증가하는 추세라고 한다. 소장에 기생하며 충란은 분변과 같이 배출되어 물 속에서 15일 정도 후 부화되어 조충으로 된다. 이는 제1중간숙주인 물벼룩에 섭취된 후, 다시 제2중간숙주인 담수어 또는 반담수어인 연어, 숭어, 농어, 꼬치어의 근육이나 간에서 성장한다.

어육 속의 유충은 건조, 염지, 냉동에는 강하나 열에는 약하다. 따라서 사람은 감염된 연어나 송어를 생식할 경우 감염될 수 있으며 증상은 식욕감퇴, 복통, 오심, 구토, 설사 등의 증상을 나타낸다.

〈그림 8-12〉 **광절열두조충**

(9) 아니사키스(Anisakis)

아니사키스는 생선에 존재하는 선충류의 일종이며, 일본에서 감염사례 보고가 많다. 해산어류 중에서 제1중간숙주인 고등어, 전갱이, 청어, 가자미, 갈치, 대구, 오징어 등에서 유충이 발견되며, 제2중간숙주인 해산 포유류, 고래와 돌고래의 소화관에서 기생하는 성충이 발견된다.

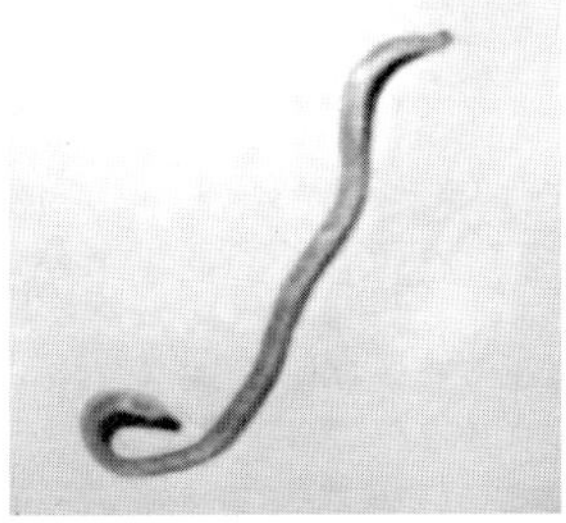

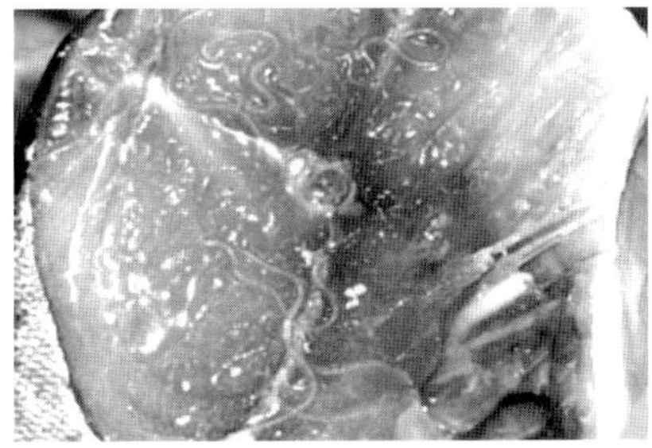

〈그림 8-13〉 **아니사키스(좌) 생선의 단면에서 관찰된 아니사키스(우)**

사람은 이러한 생선이나 고래의 고기를 생식함으로써 감염되며 유충이 각 조직을 이행하며 장애를 일으킨다. 증상은 주로 구토와 복부통증이다. 목에 부착되면 기침이 나고, 대장에 부착되면 맹장염의 증세와 유사한 날카로운 통증과 고열이 나타난다.

예방법은 수산물의 검사를 철저히 하고, 해산어류의 생식을 금하고 충분히 열처리하여 섭취하는 것이다.

1.3. 기생충의 예방관리와 대책

- 매개체가 되는 동물의 분변을 완전 위생 처리하여 기생충란을 없앤다.
- 정기적인 집단 검변 실시로 조기에 구충한다.
- 용변은 반드시 지정된 처리시설을 갖춘 곳에서 보도록 한다.
- 쥐, 파리, 바퀴, 모기 등의 위생동물과 위생해충을 방제한다.
- 소, 돼지, 닭고기 등의 도축검사를 철저히 한다.
- 손을 깨끗이 씻는다.
- 마실 물은 반드시 끓여서 먹는다.
- 농작물 재배시 인분 비료를 사용하지 않는다.
- 채소와 과일은 깨끗한 물에 잘 씻어서 먹는다.
- 육류나 생선은 충분히 익혀서 먹는다. 특히 민물고기의 생식을 삼간다.
- 말라리아나 기타 기생충 풍토병 지역을 여행할 때는 예방약을 복용한다.

2. 식품과 위생동물

위생동물이란 직접, 간접적으로 인간의 건강에 해를 끼치는 동물을 말하며, 쥐류와 파리, 바퀴 등의 위생해충류, 진드기류로 크게 나눌 수 있다. 위생동물은 병원성 미생물의 보유로 인해 접촉한 식품을 섭취한 사람에게 식중독 유발 등 위생상 위해를 끼치는 것뿐 아니라, 상품의 가치 저하 및 경제적 손실을 초래한다.

2.1. 위생동물의 특징 및 감염실태

첫째, 위생동물은 각종 병원 미생물을 매개함으로써 질병을 초래한다.

둘째, 위생동물은 직접 인체내에 침입하여 위해를 초래하기도 한다.

셋째, 위생동물은 식량을 먹어 치우거나 식품을 변질시키기도 한다.

넷째, 위생동물은 식품의 외관이나 미각, 식감 등을 손상시키거나 악화시킨다.

다섯째, 위생동물은 방역이나 구제 경비부담으로 인해 경제적 피해를 준다.

여섯째, 위생동물 방역에 사용되는 화학약제로 인해 안전사고가 발생하기도 한다.

일곱째, 위생동물은 충체나 분변, 털 등을 식품에 혼입시킴으로써 불결감을 준다.

〈표 8-2〉 식품위생상의 주요 위생동물의 종류, 그들에 의한 해 및 방제대책

종 류		해	방제대책
쥐	시궁쥐 지붕쥐 생쥐	식품에 의한 병원균의 매개(보균하고 있어서 그 분뇨에 의하여 오염된다) 식품의 식해에 의한 경제적 피해	환경대책 약제대책 건축물의 구조대책
파리	집파리 쉬파리 검정파리	불결감, 승저충증 병원체의 기계적 전파에 의한 감염병 식중독의 발생, 기생충의 전파	발생원 대책 약제대책 건축물의 구조대책
바퀴	독일바퀴 이질바퀴 검정바퀴 일본바퀴	불쾌감 병원체의 기계적 전파에 의한 감염병 식중독의 발생, 기생충의 전파	환경대책 약제대책
진드기	가루진드기 먼지진드기 설탕진드기	식품의 품질 저하 피부염, allergy성 해소(천식) 인체 진드기증	밀봉 건조 가열

〈표 8-3〉 식품위생상 주요 위생동물이 매개하는 감염증

동물의 종류	감 염 증
쥐	세균성 식중독, 페스트, Weil' s disease, 신증후성 출혈열
파리	세균성 소화기 감염증(파라티푸스, 세균성 이질, 콜레라, 장티푸스),
바퀴	세균성 식중독, 소아마비, 결핵, 화농성 질환 세균성 소화기 감염증, 아메바성 이질, 세균성 식중독,
진드기	소아마비, 결핵, 화농성 질환 산토끼병(야토병), 회기열, 진드기 뇌염, 콜로라도 진드기 열

2.2. 주요 식품 감염 위생동물

1) 쥐류(Rats)

쥐는 포유동물의 쥐목에 속하는 동물로서 설치동물이라고도 한다. 전세계적으로는 2,000여 종이 있으나 우리나라에는 20여 종이 있는 것으로 알려져 있다. 편의상 집쥐, 곰쥐, 생쥐, 들쥐 등이 있다. 쥐는 잡식성으로 곡류, 육류, 생선, 과일 등을 좋아하나, 환경에 따라 바퀴를 잡아 먹기도 하고, 풀을 뜯어 먹기도 한다.

쥐는 생후 2~3개월에 교미하기 시작하여 22일간의 임신기간을 거쳐 5~12마리의 새끼를 낳는데 일반적으로 쥐 한 쌍이 연간 1,500마리의 새끼를 낳을 수 있다.

쥐에 의한 피해로는 곡물 피해와 질병 매개, 쥐벼룩 등 해충의 매개처가 될 뿐 아니라 목재의 손상, 누전에 의한 화재, 가스중독의 원인이 되기도 한다. 쥐가 매개하는 질병은 실로 다양하여, 살모넬라 식중독, 유행성 출혈열, 흑사병, 발진티푸스, 쯔쯔가무시병, 렙토스피라증, 서교증, 리케치아증, 감염형 황달 등이 있으며, 선모충, 왜소조충 등의 기생충을 사람에게 옮기기도 한다.

쥐들은 야행성이라 낮에는 쥐를 직접 보기가 어려우므로 쥐들이 서식하고 있다는 증거를 찾는 것이 중요하다. 쥐의 배설물은 쥐가 서식하고 있다는 가장 결정적인 증거이다. 또한 쥐들은 한정된 구역해서만 서식하며 조심스러워서 정해진 길로만 다니므로 통행로와 은신처인 굴이나 구멍을 찾는 것이 도움이 된다. 그밖에도 문지른 표시, 갉은 이빨 자국, 발자국이나 소변의 자국을 찾는 것이 쥐의 구제에 결정적 단서가 된다.

2) 위생 해충류(Sanitary bugs)

위생해충은 대체로 식품에 부착하여 영양을 섭취하여 살아가며, 또한 병원미생물을 매개운반하면서 위생상 위해를 일으키는 곤충이다. 특히 파리와 바퀴가 위해가 크며, 모기, 벼룩, 개미, 바구미, 나방 등이 있다. 위생해충은 말라리아, 사상충증, 흑사병 등의 질병 매개체 역할을 하는 이외에도 독나방과 같이 가루에 의한 항원 작용으로 기관지 천식이나 피부의 알레르기 반응을 일으키기도 한다.

그 밖에도 파리, 쥐, 벼룩 등은 식품에 이물질을 혼입시킴으로써 불결함과 경제적 손실을 초래하며, 거미와 같이 곤충공포증을 일으켜 정신적 피해를 초래하는 것도 있다.

곰쥐(*Rattus rattus*)

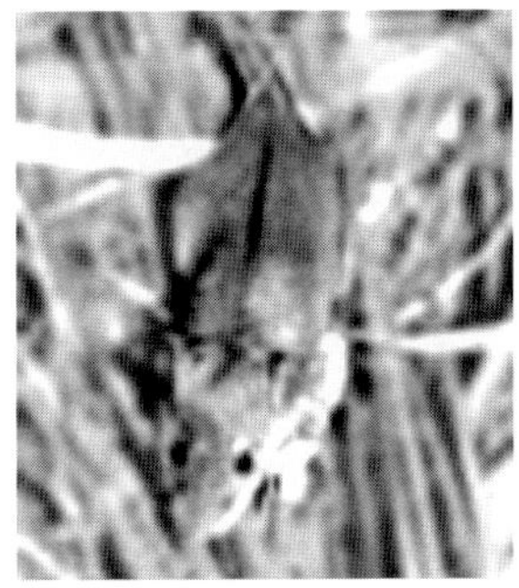
등줄쥐(*Apodemus agrarius ningpoensis*)

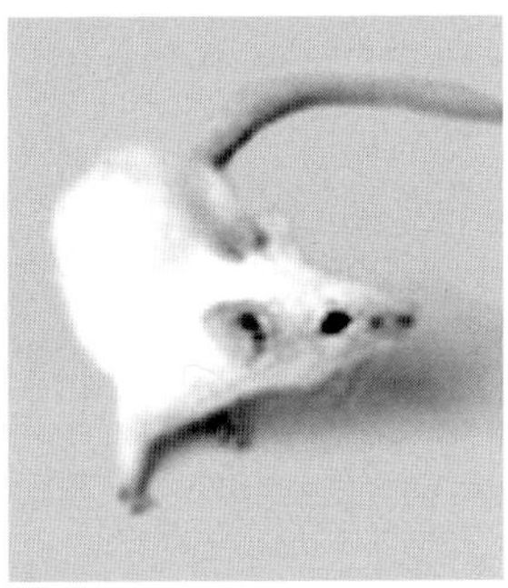
생쥐(*Mus musculus*)

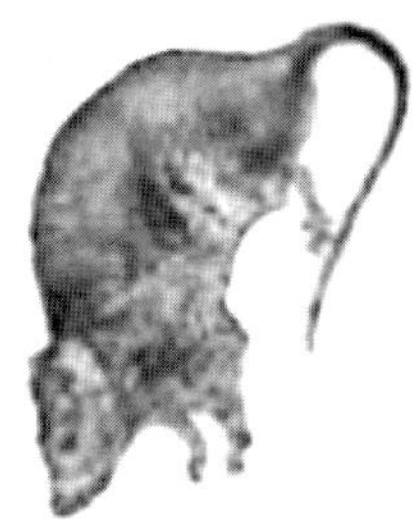
집쥐(*Rattus norvegicus*)

(1) 파리(Flies)

파리는 쌍시목에 속하는 곤충으로서 그 종류가 수천 종에 이른다.

집파리는 우리 나라에서 가장 흔한 가주성 파리로서 도시보다 농촌에 많고 쓰레기, 퇴비, 축사 등에서 많이 발생된다. 쉬파리는 흔히 똥파리라고도 하며 화장실에서 발생되는 구더기는 대부분 이것의 유충이다. 또한 돼지우리, 닭우리 등에서도 발생되며, 생선에 구더기가 생겨 불쾌감을 준다.

검정파리는 분변, 쓰레기, 동물의 시체 등에서 발생되고, 봄, 가을에는 집 주변에 많으나 여름에는 산으로 이동한다. 파리는 일생동안 5~6회에 걸쳐, 한 번에 50~150개 정도 산란한다. 유충 기간은 3~10일이며 성충의 수명은 계절에 따라 차이가 있으나 20~60일 정도이다.

파리는 이질, 콜레라, 장티푸스, 파라티프스 등의 소화기계 감염병과 살모넬라 식중독을 감염시키며, 회충이나 구충 등의 기생충을 전파하기도 한다. 그 밖에도 결핵, 나병,

화농성 질환이나 급성회백수염의 전파에도 관련된다.

금파리 (*Lucilia caesar*) 쉬파리 (*Sarcophagidae*) 집파리 (*Musca domestica*) 초파리 (*Drosophilidae*)

〈그림8-15〉 **파리의 종류**

(2) 바퀴(Cockroaches)

바퀴는 약 4,000종이 있지만, 병원체를 매개하는 것으로 확인된 것은 16종이다. 우리나라에는 7종이 분포하며, 이 가운데 집안에 거주하는 것은 독일바퀴, 이질바퀴, 검정바퀴와 일본바퀴의 4종이다.

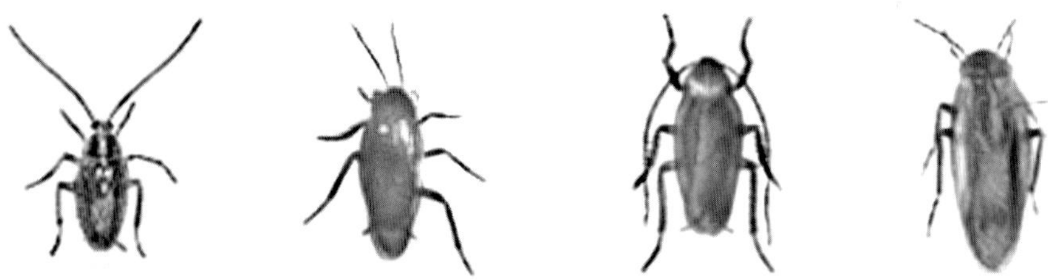

독일바퀴 (*Blattella germanica*) 먹바퀴 (*Periplaneta fulginosa*) 미국바퀴 (*Periplaneta americana*) 일본바퀴 (*Periplaneta japonica*)

〈그림 8-16〉 **바퀴의 종류**

바퀴는 식당, 여관, 아파트, 제과점 등에 많으며 낮에는 주방의 벽 틈, 찬장 뒤, 설합 밑, 라디에이터 뒤 등에 숨어 있다가 밤이 되면 먹이를 찾아 활동한다. 초저녁에 가장 활발하게 움직이며 행동이 상당히 빠르다. 다리에 흡판이 있어서 벽이나 천정 또는 미끄러운 곳에서도 활동할 수 있다.

바퀴는 보기에도 불쾌하며, 분변이나 오물을 먹을 뿐 아니라, 발에 묻혀서 이리저리

돌아 다니므로 불결하기 짝이 없다. 떼지어 사는 습성이 있으며, 콜레라균, 장티푸스균, 이질균, 결핵균, 소아마비 바이러스, 살모넬라균 등의 병원균을 퍼뜨리고 기생충의 중간 숙주가 되기도 한다.

3) 진드기류(Mite & Tick)

진드기류는 몸길이 1mm 전후의 작은 것(mite)이 많고, 1~2cm의 타원형의 큰 진드기(tick)도 있다. 세계적으로 1만여 종이 있으며 식품에 관계되는 것으로 100여 종이 있다.

진드기는 자유생활을 하는 종류가 많으며, 사람이나 가축, 식물, 식품 등에 기생하며 이들을 영양원으로 해서 번식하므로 식량의 손실을 가져오고 식품의 외관을 나쁘게 할 뿐 아니라 병원균이나 곰팡이로 이들을 오염시켜서 사람에게 식중독이나 피부염 등을 유발시킨다.

진드기는 식품 중에서 볼 수 있는 것이 많으며, 식품위생상 중요한 의의를 가진다. 식품 중에서 번식하는 주요 진드기로는 가루진드기류에 보리가루진드기, 송곳다리진드기, 설탕진드기, 집고기진드기, 작은가루진드기, 고노수수겡이진드기, 가루살갖진드기 등이 있다. 또한 먼지진드기류와 전기문류 등도 있다.

진드기가 식품에 번식하면 불쾌감을 줄 뿐만 아니라 식품을 손상, 변질시켜 식품의 가치를 저하시킨다. 진드기가 식품과 함께 인체에 침입하면 진드기증(acariasis)을 일으킨다. 기생부위에 따라 복통, 설사 등을 일으키는 소화기계 진드기증, 혈뇨, 부종, 일과성발열이 있는 비뇨기계 진드기증, 급성기관지천식이나 폐렴과 비슷한 증상을 나타내는 호흡기계 진드기증 등이 있으며 이들 환자의 오줌이나 객담에서 진드기류가 검출된 보고가 있다.

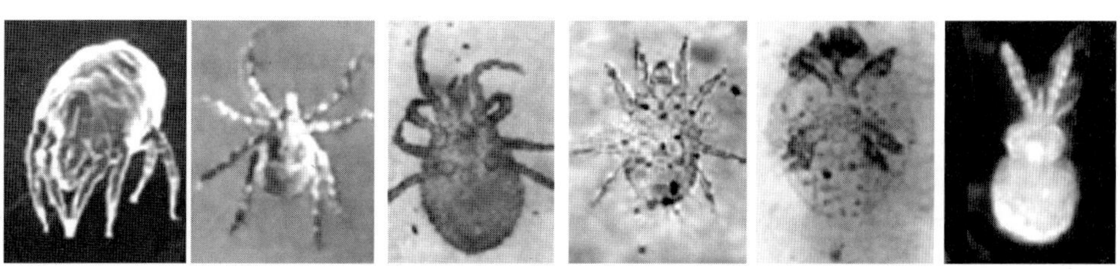

집먼지진드기　진드기　집진드기　가루진드기　개선진드기　응애

〈그림 8-17〉 진드기 종류

2.3. 예방관리와 대책

1) 해충 방역

병균을 옮기고 음식에 해를 입히는 해충으로는 파리, 바퀴벌레, 나방 등이 있다. 성공적인 해충 방역프로그램의 가장 중요한 요소는 예방이다. 효과적인 예방을 위해서는 우선적으로 해충의 출입을 막아야 하며, 식품이나 물을 치우고, 이들이 숨을만한 장소를 제거해야 하며 종합적인 해충 방역프로그램을 실행한다.

– 미국의 종합방역관리(integrated pest management : IPM) 사례 –

식음료업장의 해충을 박멸하기 위해 최근에 미국에서 사용하는 시스템으로서, 살균소독과 기계적, 화학적 방역법의 복합시스템이다. 화학약품만을 사용했을 때보다 비용 대비 효과적이다. 화학적 살충제는 최후의 수단으로 사용하는 것이며 연방 법규에 허가된 업체만을 이용하며, IPM의 다른 프로그램을 더욱 효과적으로 하기 위하여 최소한의 양만 사용한다. 국가방역관리협회는 IPM을 위해 다음과 같은 5단계의 프로그램을 추천하고 있다.

1. 검사
2. 확인
3. 소독
4. 두 개 이상의 방역관리프로그램 적용
5. 방역 프로그램 적용 이후의 효과 평가

(1) 파리의 구제

파리의 구제를 위해 가장 바람직한 방법은 근본적으로 파리가 발생하지 못하도록 환경위생의 개선으로 발생원 자체를 제거하는 것이다. 쓰레기, 변소, 퇴비, 축사 등의 발생지의 위생관리를 철저히 한다. 쓰레기통은 뚜껑을 꼭 맞게 잘 닫고, 쓰레기는 바로바로 치우며, 변소는 수세식으로 하고 창이나 급취구에 방충망을 설치하고, 축사나 그 주변 환경의 청결에 힘쓴다.

Diazinon, malathion, sumithion 등의 살충제를 뿌리기도 하나 사용상 제약이 따르고 일시적인 효과에 그칠 수도 있다.

사용할 경우에 동물이나 식물, 식품, 식기 등에 위해가 생기지 않도록 유의한다. 그 밖에도 파리병, 파리포지 등을 사용하기도 한다.

(2) 바퀴의 구제

바퀴가 발생하기 쉽거나 숨기 쉬운 곳을 제거하거나 깨끗이 하고 먹이가 되는 음식물을 철저히 관리하는 것이 무엇보다도 중요하다.

Phenitrothion, bytex, diazinon 등의 살충제를 물로 10배 희석하여 뿌리는 방법, 바퀴구제전용 도포제를 이용하는 방법, DDVP나 pyrethrine 등에 의한 훈증법과 붕산단자나 dipterex를 넣은 독먹이를 바퀴가 잘 모이는 곳에 놓아 먹게 하는 방법 등이 있다.

(3) 진드기의 구제

진드기는 건조한 상태에서는 번식하지 않고 섭씨 20도 이상, 습도 75%이상, 식품의 수분함량 13% 이상일 때 잘 증식한다. 진드기의 발생을 방지하려면 평소에 환경을 깨끗이 하고 부엌, 천장, 식품의 저장장소 등의 통풍을 잘하여 방습에 힘쓰고 식품의 보관을 잘 하여야 한다.

곡분, 과자 등은 수분함량이 10% 이하가 되도록 충분히 건조시켜 방습용기에 보존하고 곡물 등은 습도를 60% 이하로 보존한다. 식품에 따라서는 가열, 냉동, 저온보존 등의 방법을 이용한다.

진드기는 섭씨 50~60도로 5~7분 동안 가열하면 사멸하고 냉동하면 대체로 죽으나, 섭씨 0도 정도의 저온보존에서는 증식이 억제될 뿐 완전히 사멸되지는 않는다.

약제에 의한 방제로는 malathion, diazinon, DDVP 등의 살충제가 유효하나, 식품에 직접 뿌릴 수는 없고 다만 외부살포만이 가능하다.

2) 쥐 방역

쥐를 예방하기 위해서는 건물이나 야외에 쥐가 살 수 있는 서식처나 먹을 음식을 없애야 한다. 음식쓰레기, 재활용품이나 폐기물, 사용하지 않는 기기나 도구, 잡초 및 풀더미 등이 식품을 다루는 곳 가까이에 없도록 해서 쥐들이 숨어서 서식하지 않도록 한다. 쥐는 경계심이 특히 강하고 적응능력이 좋으며 학습력이 높아서 한 번 구제에 실패하면 더욱 어려워지므로 방역에 더욱 세심한 주의를 기울여야 한다.

쥐들은 아주 작은 구멍만 있어도 건물 내부로 들어갈 수 있으므로 모든 입구와 식재료 하역소 등에 자동으로 닫히는 문을 설치하고, 망을 바닥의 배수구에 설치할 때에도 뚫린 구멍이 없도록 한다.

기구에 의한 구제법으로서 쥐틀이나 쥐덫을 이용하기도 하고, 천적을 이용하는 방법으로서 고양이, 족제비, 살쾡이, 매, 개, 부엉이, 뱀 등을 사육하여 이용하기도 한다.

살서제로서 황린제, 인화아연, 비소제와 같은 급성독제를 오래 전부터 이용해 왔으나 인축에 대해서 맹독성이므로 극히 주의해야 한다. 인축에 대해 비교적 안전한 것으로 인화수소, methyl bromide, chloropicrin 등으로 훈증하기도 한다. 식음료업장에 가루 형태의 살충제를 사용하지 말아야 한다. 음식, 식기, 식탁보 등을 오염시킬 가능성이 있기 때문이다.

살서제가 갖추어야 할 조건은 다음과 같다.

① 쥐에 대하여 독성이 강할 것
② 기피성이 적을 것
③ 인축에 안전할 것
④ 죽은 쥐의 발견이 쉬울 것
⑤ 사용에 편리할 것
⑥ 경제적일 것

제9장 방사선 조사식품 및 유전자 재조합 식품

1. 방사선 조사식품

식품 또는 식품원료를 본래의 상태에 가깝게 보존하거나 위생적 품질을 개선할 목적으로 이온화 방사선(방사선 에너지)을 일정시간 동안 처리한 식품을 방사선 조사식품(irradiated food)이라 한다. 식품의 방사선조사는 가장 최근에 등장한 새로운 식품 보존 기술이며 온도를 높이지 않고도 살균이 가능하여 cold sterilization으로 알려져 있다.

전 세계적으로 방사선 조사에 이용되는 방사선은 Co-60(^{60}Co) 또는 Cs-137(^{137}Cs) 방사성 동위원소에서 방출되는 감마선, 전자가속기(Electron linear accelerator)에서 발생되는 10 MeV 이하의 전자선 및 기계적으로 발생되는 5 MeV 이하의 X선 등이다.

국내에서 식품의 방사선 조사에 이용되는 방사선원은 ^{60}Co이다. 방사선 물질의 발견은 이미 오래전이며 1950년대에 들어서면서 부터는 방사선 조사의 유용성, 문제점, 안전성 등 다각적인 면에서의 연구가 활발히 진행되었다.

그 결과 1980에는 국제식량농업기구(Food and Agriculture Organization), 국제원자력기구(International Atomic Energy Agency), 세계보건기구(World Health Organization) 등에서 안전성에 문제가 없는 조사선량에 대해 결론을 지었으며 현재에는 수십 국가에서 방사선 조사를 허용하고 있다.

우리나라에서도 1987년부터 ^{60}Co을 이용한 방사선조사를 허용하고 있다. 그러나 방사선 조사식품의 안전성에 대한 소비자의 의구심은 여전히 존재하므로 표시기준의 철저한 준수를 통해 소비자의 알권리를 존중해야 할 것이다.

1.1. 식품의 방사선 조사효과

세계보건기구(WHO) 및 국제식량농업기구(FAO)에 의해 1988년 채택된 방사선 조사량의 식품에 대한 기준 및 조사목적을 〈표 9-2〉에 정리하였다.

1) 발아억제

저 선량의 감마선을 조사하면 감자, 고구마, 양파, 마늘, 생강, 밤 등의 발아가 억제된다. 감자, 고구마의 발아 억제 선량은 0.08~0.04 kGy(일본 등), 양파, 마늘의 발아 억제 선량은 0.03~0.12 kGy, 대맥아의 발아 억제 선량은 0.25~0.50 kGy이다. 0.01~0.1 kGy의 선량을 대맥에 조사하면 오히려 발아가 촉진되어 맥아제조기간을 단축시킬 수 있다.

〈표 9-1〉 식품의 방사선 조사연혁

1921년	육류의 기생충 오염문제를 해결하기 위해 최초로 특허 취득(미국)
1930년대	식품의 장기 안전보관을 위해 이용(프랑스)
1940년대	제2차 세계대전동안 분유와 채소류의 안정성과 저장을 위해 이용(네덜란드)
1950년대	식품 조사에 대한 본격적인 연구가 시작됨
1960년대	군 비축식량 및 우주인 식사 프로그램에 이용
1970년대	방사선 조사를 물리적 처리법으로 공식적으로 인정 농산물 저장목적(구근류의 발아억제, 과실의 숙도 지연)
1980년대	WHO 방사선 조사식품 안정성 평가 공동 전문가 위원회에서 10 kGy로 조사된 모든 식품은 독성학적 장해를 일으키지 않고 더 이상의 독성시험이 필요하지 않다라고 발표함. 조사식품에 대한 CODEX 일반규격과 조사 시설운전에 필요한 국제기준을 마련함
1990년대	WHO에서 가능하면 감마선으로 처리된 신선하고 냉동 된 가금류(닭, 새고기)을 선택하여야 한고 발표함. 병원성대장균 O-157:H7 방지목적으로 쇠고기, 돼지고기 등 적색 육에 사용허가(미국식품의약품청, 97. 12)
2000년대	수출 및 자국 내 유통되는 모든 육류 및 부산물에 감마선 조사기술 도입 인정(미국식품의약품청 및 농무성, 2000. 2)
2010년 이후	우리나라는 재료, 완제품 구분 없이 방사선을 조사하는 경우에는 표시를 의무화하고 감자, 양파, 마늘, 환자용 음식과 된장·고추장 분말과 고춧가루·홍삼 등 26개 식품에 방사선 조사 허용

2) 해충구제

선량 0.5 kGy의 조사는 저장 곡류의 충란과 유충을 비롯하여 모든 경우의 해충을 죽이거나 불임화시킬 수 있다. 따라서 건조과일 등 물리, 화학적 방법의 적용이 적당치 않은 식품의 해충을 효율적으로 구제할 수 있다.

〈표 9-2〉 방사선 조사량의 식품에 대한 기준(WHO/FAO, 1988년 채택)

분 류	목 적	조사량(kGy)	적용식품
저 선량 (1 kGy 이하)	(1) 발아억제	0.05~0.15	감자, 양파, 마늘, 생강 등
	(2) 해충, 기생충의 구제	0.15~0.50	곡류, 콩, 생과일, 건조과일, 건조어류, 생 돼지고기 등
	(3) 성숙의 지연	0.50~1.00	과일, 야채 등
중 선량 (1~10 kGy)	(1) 선도의 연장	1.00~3.00	생선, 딸기 등
	(2) 병원균, 부패균의 살균	1.00~7.00	생선수산물, 냉동수산물, 생육, 냉동육, 생가금육, 냉동기금육 등
	(3) 식품특성의 개선	2.00~7.00	포도(과즙의 수율향상), 건조채소(조리시간 단축) 등
고 선량 (10~50 kGy)	(1) 멸균, 온건한 가열의 병용	30~50	육류, 가금류, 수산물, 가공식품, 환자식
	(2) 식품소재 또는 첨가물의 살균	10~50	향신료, 효소제제, 천연 검 등

〈표 9-3〉 해충 및 미생물의 방사선 조사에 대한 감수성

감수성	해충 〉 대장균군 〉 무포자형성균 〉 포자형성균 〉 포자 〉 바이러스				
종 류	화랑곡나방, 권련벌레, 가루진드기, 바퀴벌레, 딱정벌레, 바구미 등 저장 해충류	대장균, 살모넬라, 장티푸스균, 리스테리아, 이질균, 폐렴균 (레지오넬라)	비브리오균, 녹농균, 탄저균, 고초균, 포도상구균, 연쇄상구균 각종 곰팡이	포자, Endotoxin, Exotoxin, Mycotoxin, 보툴리눔독 등 독소생성 억제	구제역, 에볼라 등 각종 바이러스
사 멸 선 량	0.5~3 kGy	1~5 kGy	5~10 kGy	10~20 kGy	30 kGy 이상

3) 살균에 의한 보존성 연장

식품조사의 중요한 이용 목적의 하나는 식품의 부패라든가 변질을 일으키는 미생물의 멸균에 있다. 미생물을 억제한다든가 완전히 없애는데 필요한 선량은 대상이 되는 미생물의 감마선 감수성과 식품의 미생물 오염정도에 따라 결정된다.

많은 과실, 야채, 육류, 닭고기, 생선, 해산물의 보존성 연장은 냉장과 저 선량조사를 병용함으로써 크게 연장할 수 있으며, 이와 같은 처리를 하여도 맛과 향에 변화는 일어나지 않는다.

4) 식중독 예방

식품에 변화를 일으키지 않는 정도의 선량 조사를 통해 *Salmonella, Campylobacter, Yersinia, Bacillus*균 등 비아포성 식중독 균을 살균할 수 있다. 최근에는 집단 식중독의 원인 병원체로 문제가 되고 있는 Norovirus, *E. coli* O157:H7 등도 방사선 조사를 통해 안전하게 살균할 수 있음이 밝혀져 학교급식 등 단체급식소에서 식중독을 예방하고 안전한 식자재를 공급할 수 있는 방법이 될 것이다.

5) 기생충 구제

저 선량 조사로 돼지고기 또는 소고기에 기생하는 선모충, 촌충, Toxoplasma, 물고기에 기생하는 디스토마 등을 구제할 수 있다.

6) 과일, 야채의 숙성지연

어떤 종류의 과실이라든가 야채에 저 선량의 감마선을 조사하면 숙도가 지연되어 보존성이 연장된다. 0.3~1.0 kGy의 조사로 망고는 약 1주, 바나나는 약 2주간의 보존성을 연장할 수 있다. 조사에 의한 성숙지연의 정도는 선량과 조사 시의 성숙도에 따라 차이가 있다.

1.2. 방사선 조사기준

1) 국내의 방사선 조사기준 및 대상 식품

식품 위생법에서 허용된 방사선 조사기준 및 대상 식품은 아래와 같이 야채류, 곡류, 분말 장류, 인삼제품류 및 환자식 등이며 아직 식육 및 가공품에 대하여는 법적으로 허용하지 않고 있다.

(1) 사용방사선의 선원 및 선종은 ^{60}Co의 감마선으로 한다.

(2) 식품의 발아억제, 살충, 살균 및 숙도 조절의 목적에 한하여, 식품의 방사선을 조사할 경우 다음의 기준에 적합하여야 한다.

① 허용대상 식품별 흡수량

- 감자, 양파, 마늘 : 0.15 kGy 이하
- 밤 : 0.25 kGy 이하
- 생 버섯, 건조버섯 : 1 kGy 이하
- 난분, 가공식품 제조원료용 곡류, 두류 및 분말 조미식품 제조원료용 전분 : 5 kGy 이하
- 가공식품 제조원료 용 건조식육 및 어패류 분말, 된장 분말, 고추장 분말, 간장 분말, 가공식품 제조원료용 건조 채소류, 효모 · 효소식품, 조류식품, 알로에 분말, 인삼(홍삼 포함) 제품류 : 7 kGy 이하
- 건조 향신료 및 이들 조제품, 복합조미식품, 소스류, 침출차, 분말차, 2차 살균이 필요한 환자식 : 10 kGy 이하
- 된장분말, 고추장분말, 간장분말 : 7 kGy 이하
- 조미식품 제조원료용 전분 : 5 kGy 이하
- 가공식품 제조원료용 건조채소류 : 7 kGy 이하
- 효모 · 효소식품 : 7 kGy 이하
- 알로에 분말 : 7 kGy 이하
- 인삼(홍삼 포함)제품류 : 7 kGy 이하
- 2차 살균이 필요한 환자식 : 10 kGy 이하

(3) 일단 조사한 식품을 다시 조사하여서는 아니 되며 조사식품을 원료로 사용하여 제조 · 가공한 식품도 다시 조사하여서는 아니 된다.

(4) 조사식품은 용기에 넣거나 또는 포장한 후 판매하여야 한다.

(5) 조사도안

조사 처리된 식품에는 다음과 같은 도안을 제품 포장 또는 용기에 직경 5cm이상의 크기로 표시하여야 한다.

2) FAO/WHO/CODEX의 방사선 조사기준

(1) 방사선 조사에 이용되는 방사선으로 코발트-60(^{60}Co) 또는 세슘-137(^{137}Cs) 방사성 동위원소에서 방출되는 감마선, 전자가속기(Electron linear accelerator)에서 발생되는 10 MeV 이하의 전자선 및 기계적으로 발생되는 5 MeV이하의 X선으로 규정한다.

(2) 최대 흡수선량은 합법적으로 기술적인 목적을 달성할 필요가 있을 때를 제외하고는 10 kGy를 넘지 말아야 한다.

(3) 식품의 방사선 조사는 당국으로부터 방사선 조사의 목적으로 허가받고 등록된 시설에서 실시하여야 한다.

(4) 직접 소비를 목적으로 포장된 식품은 방사선 조사처리 되었다는 것을 코덱스 일반표시기준에 적합하게 표시하여야 하며, 벌크상태로 최종소비자에게 판매되는 제품의 경우 국제적인 로고와 "irradiated 혹은 "treated with ionizing radiation" 용어를 제품이름과 함께 용기위에 표시하여야 한다.

1.3. 각국의 방사선 조사현황

현재 식품조사는 세계 39개국 이상에서 200여 개의 시설이 약 230여 종의 식품군에 다양한 목적으로 조사처리 되고 있으며 점점 증가 추세에 있다.

〈표 9-4〉 방사선 조사식품의 허가국 및 종류

국가	종류	국가	종류	국가	종류	국가	종류
미 국	55	체 코	5	베 트 남	7	아르헨티나	13
벨 기 에	13	이탈리아	3	네덜란드	20	한 국	16
유 고	23	우루과이	1	스 페 인	2	파키스탄	24
크로아티아	30	영 국	47	중 국	22	인 도	5
이 란	18	덴 마 크	2	시 리 아	21	필 리 핀	5
브 라 질	24	헝 가 리	13	러 시 아	16	인도네시아	12
일 본	1	이스라엘	26	프 랑 스	41	코스타리카	15
방글라데시	20	멕 시 코	34	핀 란 드	2	쿠 바	16
카 나 다	7	칠 레	18	폴 란 드	6	우크라이나	16
노르웨이	3	태 국	28	남아연방	92		

〈표 9-5〉 방사선 조사식품의 허가국과 허가품목

미 국 (55)	쌀, 밀, 배, 향신료, 조미건조채소, 건포도, 자두, 감자, 사과, 밀 가공품, 귤, 여지, 마늘, 닭고기, 샤롯, 부분가금육, 딸기, 토마토, 파파야, 견과류, 뿌리 및 괴경, 건조완두콩, 건조 살구, 건조과일, 가금육(생 또는 냉동), 복숭아, 살구, 붉은 건포도, 과일, 옥수수분말, 건조버섯, 대추야자, 커피콩, 돼지고기, 코코아 콩, 버섯, 허브, 밤, 두류, 건조 콩, 체리, 망고, 옥수수, 곡류분말, 건조대추, 채소, 건조효소제제, 건조채소, 포도, 식물성식품, 구근류, 적육
영 국 (47)	쌀, 밀, 곡류분말, 배, 건조버섯, 샤롯, 망고, 딸기, 버섯, 양파, 건포도, 자두, 어육, 토마토, 밀 가공품, 견과류, 귤, 옥수수, 조미건조채소, 건조채소, 부분가금육, 과일, 사과, 새우, 냉동해양식품, 여지, 마늘, 포도, 건조어육, 건조두류, 건조과일, 체리, 닭고기, 대추야자, 건조 살구, 붉은 건포도, 조미료, 어패류, 살구, 가금육, 복숭아, 건조완두콩, 나무딸기, 건조대추, 향신료
프랑스 (41)	곡류, 곡류분말, 가금육, 동물 혈병, 건조완두콩, 동물혈장, 난백, 동물 피, 개구리다리, 허브, 건조야채, 곡분, 대추야자, 딸기, 건포도, 건조무화과, 켐버트 치즈, 아라비아 껌, 닭고기, 감자, 양파, 마늘, 카제인, 샤롯, 옥수수, 향신료, 곡류 후레이크, 건조야채, 조미용 건조야채, 부분가금육, 곡류씨앗, 마늘분말, 새우, 건조버섯, 난백, 건조대추, 건조과일, 양파분말, 건조 살구
네덜란드 (20)	곡류 후레이크, 두류, 건조과일, 허브, 향신료, 가금육, 조미건조용 야채, 개구리다리, 아라비아 검, 건조야채, 부분가금육, 건조완두콩, 대추야자, 닭고기, 건조버섯, 건조인디안 대추, 건포도, 새우, 두류, 환자식

미국에서는 향신료만 약 4만 톤 이상 처리되고 있고, 일본에서는 감자만 2만 톤 이상 처리되고 있으며, 러시아는 약 40만 톤 이상의 곡물을 처리하고 있다. 그 밖에 중국이나

프랑스 등에서 수많은 조사시설에서 수십만 톤 이상의 식품들이 조사처리 되는 것으로 알려져 있다.

조사식품의 판매정도는 미국에서 돼지고기는 물론 닭고기 등이 연간 300만 톤 이상 레스토랑이나 상설시장에서 팔리고 있으며, 프랑스, 영국, 네덜란드 등에서도 딸기, 바나나, 새우, 햄, 소시지 등이 판매되고 있다.

1.4. 방사선 조사의 영향 및 안전성

방사선 조사식품의 안전성에 대하여 1992년 WHO/FAO/IAEA/IOCU(국제소비자연맹)는, 영양학적, 미생물학적, 독성학적 변화 또는 위험을 초래하지 않는다고 결론을 내렸다.

1) 영양학적인 변화

방사선 조사에 의해 식품 중의 영양소가 파괴될 것이라는 우려가 있으나 1 kGy 이하의 방사선조사는 식품의 영양가에 영향을 미치지 않으며 단백질, 탄수화물, 지방 등의 거대 영양소는 10 kGy까지의 선량에서도 비교적 안정하다고 밝혀졌다.

무기질 성분도 변화가 없는 것으로 알려져 있다. 비타민의 경우, 종류에 따라 차이가 있으나 고온 및 산소의 존재 하에서는 다소의 손실이 있다.

한편 개개의 영양소는 감마선 조사에 의해 손실이 있으나 복합계인 식품의 경우에는 반대로 보호효과가 있다는 사실도 관찰되었다.

일반적으로 조리나 가열 등으로 파괴되는 영양소의 손실이 오히려 크며 살균방법별 총 아미노산 함량을 비교한 결과, 대조군(17.25) 〉 감마선처리(16.88) 〉 훈증처리(15.77) 〉 가열처리(13.13) 순으로 나타났다.

WHO/IAEA/FAO 방사선 조사식품 안전성평가 공동전문가위원회는 1980년 평균 10 kGy 이하로 조사된 모든 식품은 독성학적 장해를 전혀 일으키지 않으며, 영양학적 및 미생물학적 문제도 일으키지 않는다고 발표하였다. 또한 1997년에는 평균 75 kGy(10~100 kGy)의 고 선량 조사식품 또한 미생물학적, 독성학적, 영양학적으로 안전하고 건전하다고 발표하였다.

2) 유해물질의 생성

고 선량 조사에 의해 유해한 화학물질의 생성 가능성에 대한 보고도 있으나 저 선량 조사에서는 문제가 없는 것으로 알려졌다. 한 연구보고에 의하면 60 kGy를 조사한 식품에서 약 60종의 방사선 분해 생산물이 검출되었으나 소량이었으며 이러한 화합물은 여러 가지 비 조사식품에서도 검출되었다.

한편, 1968년 미국에서 고 선량으로 조사한 베이컨과 햄을 투여한 실험동물에서 번식능력 저하, 사망률 증가, 종양 발생률 증가 등이 나타나 허가가 취소된 일이 있었다. 이후 미국을 비롯한 각 나라에서 조사식품의 안전성에 대한 연구가 급속히 확산되었다.

그러나 현재까지의 연구에 의하면 저 선량 및 중 선량의 조사에서 발암성 또는 발암유인성 물질이 생기지 않는 것으로 밝혀졌다. 뿐만 아니라 식품 및 식품원료의 살균, 살충 등을 위해 사용되어 오던 보존료 또는 에틸렌옥사이드, 메틸브로마이드 등의 화학 훈증제의 발암성과 환경유해성이 밝혀지고 사용이 제한 또는 금지되는 상황에서 방사선 조사가 대체방안으로 제시되고 있다.

3) 유도 방사능의 생성

현재 식품조사에 사용하는 선량에서는 방사능이 유도될 가능성은 없다. 참고적으로 우리는 우주방사선과 지구지각 외부의 우라늄(^{238}U), 토륨(^{232}TH), 포타슘(^{40}K), 라돈(^{226}Ra)에서 방출되는 방사선에 의해 매년 실질적인 선량을 받는다.

사람들이 가장 많이 받는 방사선 선량은 암석과 토양 안에 있는 라돈(^{226}Ra)이 대기환경 중으로 방출하는 방사선에 의한다. 또한, 담배연기, TV, 공항 검사대, 의료용 X-선 검사기, 건축자재 등에서도 방사선이 나온다.

4) 미생물에 대한 영향

전리 방사선은 미생물을 죽이거나 불활성화시킬 수 있는 화학적 변화를 미생물 내부에 일으켜서 식품 내 미생물의 수와 종을 상당히 감소시킨다. 또한 방사선조사에 의하여 생존하는 미생물은 손상을 받아 미생물의 생육에 바람직하지 못한 식품저장조건에 의하여 용이하게 사멸되거나 조리에 의하여 사멸되기 쉽게 된다.

국제적으로 권고되고 있는 10 kGy 이하 선량의 조사가 모든 병원성 균을 사멸시키지는 못하므로 다른 살균식품처럼 적정 제조기준에 따라서 취급, 포장, 저장해야 한다. 이렇게 함으로써 병원성 미생물의 독소생성을 저지한다. 30~60 kGy의 방사선 조사는 식품 속에 존재하는 미생물을 모두 죽일 수 있다.

5) 관능적 영향

식품에 대하여 저 선량이라 할지라도 바람직하지 않은 반응을 야기시킬 때도 있다. 우유라든가 일부의 유제품은 저 선량이라도 감지할 수 있는 정도의 이상한 냄새가 난다. 멸균에 필요한 고 선량의 방사선을 조사하면 육류에서도 바람직하지 않은 냄새의 변화가 일어난다.

이 변화는 적색 육에서 많이 발생하며 돼지고기보다 쇠고기에서 더 많이 발생된다. 그러나 이 냄새는 조사 직후 높아지나 식품을 저장하든가 요리하는 동안에 감소하거나 소멸된다. 저온에서 육류를 조사할 경우에는 냄새의 변화가 적으며 효소를 불활성화하여 -30℃에서 50 kGy로 조사한 육류에서는 어떠한 냄새의 변화도 감지할 수 없다.

방사선 조사된 감자나 전분이 함유된 스프의 점도가 저하되기도 하는데 이 현상은 발아 방지나 해충방제 등에 필요한 비교적 저 선량의 방사선을 조사하면 발생하지 않으나 1 kGy이상의 방사선을 조사하였을 때 발생한다.

전체적으로 현재의 식품조사에 이용되는 10 kGy 미만의 선량은 식품의 관능적 품질(색, 맛, 풍미) 등에 아무런 영향도 미치지 않는다고 WHO에서 발표하였다.

2. 유전자 재조합식품

유전자 재조합이란 한 종으로부터 유전자를 얻은 후에 이를 다른 종에 삽입하는 기술을 말한다. 이와 같은 방식으로 새롭게 만들어진 생명체를 GMO(Genetically Modified Organisms), 유전자 재조합 생물체라고 부른다.

유전자 재조합이 벼나 감자, 옥수수, 콩 등의 농작물에 행해지면 유전자 재조합농작물이라 부르고, 이 농산물을 가공하면 유전자 재조합식품이라고 한다.

식품위생법에서는 "생물의 유전자중 유용한 유전자만을 취하여 다른 생명체의 유전자와 결합시키는 등의 유전자 재조합 기술을 활용하여 재배 · 육성된 농 · 축 · 수산물 등을 원료로 하여 제조, 가공한 식품 또는 식품첨가물"로 정의한다.

전통적인 육종 교배 기술과 비교할 때 좀 더 사람에게 유용한 품질의 식품을, 좀 더 많이 얻기 위한 것이라는 것이 공통점이라면, 차이점은 전통적인 육종 교배 기술은 교배에 의존하기 때문에 절대로 교배가 불가능한 생명체에서 유전자를 옮겨 올 수 없지만, 유전자 재조합 기술은 교배가 불가능한 생명체 사이에서도 유전적 성질을 옮겨 올 수 있다는 점이다.

이렇게 유전자 재조합된 농산물들은 농산물 자체로 이용되기도 하고 가공한 상태로도 이용된다. 국내에서 유전자 재조합식품이라는 용어는 유전자 변형 물질, 유전자 조작 식품, 유전자 교환 농산물로도 표현되고 있다.

2.1. 유전자 재조합 농산물의 의의

세계 인구는 끊임없이 증가하여 UN의 세계인구 예측에 따르면 1997년에는 60억에 이르렀으며, 2070년에는 100억에 이를 것으로 추정된다. 한편, 인구증가에 따라 세계의 식량수요도 계속 증가하여 왔다.

지금까지는 식량증산을 위하여 경지면적을 확대하고 화학비료와 농약을 사용하며 통일벼와 같은 다수확 품종을 재배하는 방법 등을 이용해왔다. 그러나 이용할 수 있는 농지면적은 한정되어 있으며, 화학비료나 농약 사용은 잔류농약 등에 의한 안전성문제도 있어 이러한 방법에 의한 식량증산에는 한계를 보이게 되었다.

또한 소비자의 식품기호에 대한 욕구도 증가하여 식량자원의 품종개량에 대한 중요성과 필요성이 증가했다. 이에 육종학자들은 새로운 품종을 효율적으로 개발하기 위하여 유전자재조합 기술을 이용하게 되었다.

2.2. 유전자 재조합 품종의 특성

1) 제초제 저항성 품종

제초제에 강한 품종을 만들어 재배기간 동안 투입해야 하는 노동력을 줄이기 위해 개발된 것이다. 대표적인 품종으로는 미국 Monsanto사의 Round-up Ready 콩과 AgrEvo사의 Liberty Link 유채 등이 있다.

2) 내충성 품종 : Bt 품종

해충에 의해 수확량이 낮아지고 외양이 망가져 상품성이 떨어지는 문제를 해결하기 위해 개발되고 Bt 독소를 이용한다. Bt 독소는 *Bacillus thuringiensis*에 의해 생성되는데, 특정 곤충의 애벌레가 이를 먹으면 내장의 신경계를 마비시켜 죽게 한다. Monsanto사의 YieldguardTM 옥수수나 목화 등이 이에 속한다.

3) 품질개선 품종

품질개선 품종은 익어도 오랫동안 물러지지 않는 토마토, 개화기간을 대폭 연장할 수 있는 카네이션, 당도가 높은 과채류, 종자나 기름의 성분이 개량된 유채, 나쁜 맛을 줄인 과일 등을 들 수 있다. 제초제 저항성이나 내충성에 비해 거부감이 적어 개발이 활발해질 것으로 예상된다.

4) 내병성 품종

바이러스와 곰팡이 병에 대한 내병성 육종이 주를 이룬다. 바이러스와 곰팡이는 작물의 수확량만 감소시키는 것이 아니라 품질을 훼손시켜 농가에 막대한 손실을 안겨준다.

바이러스에 대한 내병성 형질 전환은 외피단백질(coat protein), 이동단백질(movement protein), 위성 RNA(satellite RNA) 등 원래 바이러스 자신의 것을 합성하는 유전자를 목적유전자로 하는 것이 특징이다.

곰팡이 병에 대해서는 키티네이즈(chitinase), 글루카네이즈(glucanase) 등 곰팡이의 세포벽을 공격하는 효소를 합성하는 유전자가 목적유전자로 가장 많이 쓰인다.

2.3. 유전자 재조합식품의 개발현황

1) 개발현황

상업적 목적으로 유전자변형 농산물의 판매를 허용한 최초의 국가는 미국으로 1994년 미국의 Calgene사는 'Flavr Savr'라는 상표의 토마토를 시장에 유통시켰다.

〈표 9-6〉 시판 중인 유전자변형 작물(미국) : 15작물 52종

작물명	특 성	개발회사	품목수
옥수수	제초제저항성, 해충저항성, 알칼리토양내성, 병저항성, 해충/제초제저항성	AgrEvo(2), American Cyanamid(1), Dekalb(3), Monsanto(2), Mycogen(2), Garst Seed(3)	13종
콩	제초제저항성, 고올레익산, 저리놀레닉산, 불포화지방산 함유	Novartis(1), Monsanto(4)	5종
토마토	저장성개선, 고펙틴함유, 해충저항성	Calgen(6), DNAP(1), Monsanto(2), Afritope(1), Zeneca(1)	11종
면화	제초제저항성, 해충저항성, 병저항성, 해충/제초제저항성	Monsanto(3), Calgen+Monsanto(1)	4종
유채	제초제저항성, 품질개선	AgrEvo(1), Calgen+Monsanto(1), American Cyanamid(1)	3종
해바라기	고 올레익산 함유	Mycogen(1), Optimum QualityGrains+Monsanto(1)	2종
땅콩	고 올레익산 함유	Mycogen	1종
벼	제초제저항성	AgrEvo	1종
단옥수수	해충저항성	Novartis	1종
파파야	바이러스저항성	U. of Cornell(1)	1종
애호박	바이러스저항성	Upjohn(1), Asgrow(1)	2종
사탕무	제초제저항성	AgrEvo(1), Novartis(1)	2종
아마	제초제저항성	U. of Saskatchewan	1종
감자	해충저항성, 바이러스저항성	Monsanto(4)	4종
치커리	웅성불임성	Bejo(1)	1종
계		15작물 52종	

(국립농산물품질관리원 작성)

토마토는 숙성과정에서 무르게 되는데, 이 과정에 관여하는 유전자 중의 하나를 변형하여 수확 후에도 상당 기간 단단한 상태를 유지하는 토마토를 개발한 것이다. 1996년에는 미국 Monsanto사가 자회사의 제초제인 Round-up에 내성을 갖는 Round-up Ready Soybean이라는 콩을, 스위스 Novartis사가 병충해 내성을 지닌 Bt maize라는 상표의 옥수수를 개발하여 판매하기 시작하였다.

2003년까지 개발된 유전자 재조합 농작물은 16개 작물 80여 종으로 옥수수 21, 대두 5, 감자 6, 유채 17, 토마토 7, 면화 7, 카네이션 3, 벼 3, 호박 2, 사탕무 2, 담배 2, 치커리 1, 아마 1, 메론 1, 파파야 1, 밀 1개 종이며, 초기단계에는 단일유전자를 도입한 제초제저항성, 병충해저항성 등 재배상의 편익위주로 개발하였으나, 최근에는 소비자의 수요를 고려한 영양, 맛 등 품질 면에서도 개발이 활발히 추진되고 있다. 미국에서 개발되어 판매중인 작물은 〈표 9-6〉과 같다.

2) 유전자 재조합 농산물의 재배 현황

GMO 재배면적은 지속적으로 증가하는 추세이다. 2003년 GM 작물의 재배면적은 2002년에 비해 15% 증가한 6,770만 헥터로 상업적 생산이 본격화된 1996년 170만 헥터에 비하면 무려 40배 정도 증가하였다. GMO 재배국가도 꾸준히 늘어 2003년 현재 총 18개국, 700만 농가에서 GM 작물을 재배하고 있다.

국가별로 보자면 미국이 4,280만 헥터로 압도적 1위를 차지하고 있고, 다음으로 아르헨티나(1,390만 헥터), 캐나다(440만 헥터), 브라질(300만 헥터 추정), 중국(280만 헥터), 남아공(40만 헥터)이 뒤를 잇고 있다. 이 6개국이 전세계 GMO 시장의 99% 이상을 차지하고 있다.

최근 두드러진 경향은 전 세계 GMO 재배면적에서 아르헨티나, 중국 등 개발도상국이 차지하는 비중이 97년 14%, 98년 16%, 99년 18%, 2000년 24%로 날로 증가하고 있다는 사실이다. 중국의 GMO 재배면적은 98년 10만 헥터에서 99년 30만 헥터, 2000년 50만 헥터로 3년 사이 5배나 늘었다.

우리나라는 GMO를 직접적으로 재배하고 있지 않으나 현재 국내에서는 농촌진흥청 등 연구기관, 대학, 식품 및 제약회사 등에서 유전자변형농작물을 연구 개발 중에 있다.

농촌진흥청에서는 벼 게놈사업과 곤충 및 바이러스 저항성 식물개발 등의 연구를 수행하고 있으며 벼, 고추, 배추 등을 개발 중에 있다.

종묘회사, 식품회사, 제약회사 등에서도 고급단백질 생산, 의약용 항체생산, 항 바이러스성 고추 개발 등에 주력하고 있으며, 생명공학연구소에서는 인공씨감자 및 바이러스 저항성 감자, 한국인삼연초연구원에서는 담배 모자이크바이러스 저항성 연초 품종을 개발 중에 있다.

국내의 유전자 재조합식품 수입신고 현황은 〈표 9-7〉과 같다.

〈표 9-7〉 유전자 재조합식품 수입신고 현황

구분		계			GMO 표시			GMO 무표시 제품		
		건수	중량	금액	건수	중량	금액	건수	중량	금액
농산물	대두	706	1,306,591	469,221	49	1,030,329	354,668	657	276,262	114,553
	옥수수	773	1,951,837	553,791	6	99	63	767	1,951,737	553,729
	소계	1,479	3,258,427	1,023,012	55	1,030,428	354,730	1,424	2,227,999	668,282
가공식품		11,937	188,996	348,526	3,357	8,551	20,144	8,580	180,445	328,382
계		13,416	3,447,423	1,371,538	3,412	1,038,979	374,874	10,004	2,408,444	996,664

2.4. 주요 국가의 GMO 표시관리 현황

우리나라를 포함한 세계 주요국가의 GMO에 대한 표시기준 중 주요한 내용을 요약하면 다음과 같다.

1) 미국 · 캐나다

GMO 표시제를 의무화하고 있지 않으며, GM식품이 그 영양성분 또는 알레르기 유발 등 기존의 식품과 다른 경우에 한해 이를 표시토록 규정하며 그 외에는 자발적 표시를 권장하고 있다.

2) EU

1) 1998년 9월부터 GMO 표시규정에 따라 최종소비자에게 판매되는 유전자변형농

산물을 원료로 한 식품 중 GMO로부터 유래한 DNA 또는 단백질이 존재하는 식품에 대해 "유전자변형~"으로 표시하도록 의무화하였다.

2) 2004년 4월부터는 GMO를 이용한 제품은 최종 제품에서의 검출 유 · 무와 관계없이 표시하도록 하였으며, 비의도적 혼입허용치를 0.9%로 정하였다.

3) 일 본

(1) 농림수산성은 2001년 4월부터 GM 농산물과 식품에 대한 표시제를 시행하고 있다. 표시대상품목은 일반소비자에게 판매되는 신선식품 및 가공식품 중 후생성이 안전성을 확인하여 승인한 콩, 옥수수, 감자, 유채, 면화 등의 농산물과 두부, 된장 등 콩과 옥수수를 원료로 한 가공식품 등이다.

(2) 표시기준은, 유전자 재조합 농산물은 "유전자조환" 또는 "불분별된 유전자조환"으로 표시한다. 한편, GMO 표시대상 농산물 및 식품이 생산 · 유통단계에서 철저하게 분별 유통되지 않은 것은 "불분별"로 표시하고, GMO 표시대상 농산물 및 식품이 생산 · 유통단계에서 철저하게 분별 유통되고 증명서로 입증이 가능하다면 표시를 하지 않거나 "유전자조환이 아닌 것을 분별" 또는 "유전자조환이 아님" 등으로 임의 표시가 가능하다.

(3) 비의도적 혼입율 허용치를 5%로 하고 있다.

4) 중 국

(1) 중국 농업부는 2001년 6월 농업유전자변형생물 안전관리조례를 제정 · 공표하고, 관리규정으로 농업유전자변형생물 표지관리방법을 고시하여 2002년 3월부터 시행하고 있다. 대상품목은 대두, 옥수수, 유채, 면화종자, 토마토(해당품목 종자포함)와 대두, 옥수수, 유채, 토마토 가공식품 등이다.

(2) 표시기준은, "유전자변형", "유전자변형 가공품", "가공원료는 유전자변임"으로 한다. 다만, GMO 또는 GMO 성분을 함유한 가공품이지만 최종상품에는 검출되지 않은 상품의 경우에는 "본 제품은 유전자변형 으로 가공되었으나 본 상품에는 이미 유전자변형 성분이 포함되지 않았음" 등으로 표시한다.

5) 기타 국가

(1) 대만은 식품위생관리법에 따라 유전자변형 콩, 옥수수와 그 분말에 대해 2003년 1월부터 표시제를 시행하고 있다.

(2) 호주 · 뉴질랜드는 2001년 12월부터 최종식품에 새로운 DNA 또는 단백질이 포함된 식품 및 식품성분을 대상으로 표시제를 시행 중이며, 허용 혼입율을 1% 이하로 규정하고 있다.

6) 국내의 표시기준

유전자재조합식품 등의 표시기준

[시행 2019. 10. 28. 식품의약품안전처고시 제2019-98호]

제1조【목적】

이 고시는 「식품위생법」 제12조의2, 「건강기능식품에 관한 법률」 제17조의2 및 「식품등의 표시 · 광고에 관한 법률 」 제4조 관련 「식품등의 표시기준」(식품의약품안전처고시) 및 「농수산물 품질관리법 시행령」 제20조에 따른 유전자변형식품등의 표시대상, 표시의무자 및 표시방법 등에 필요한 사항을 규정함으로써 소비자에게 올바른 정보를 제공함을 목적으로 한다.

제2조【용어의 정의】

이 고시에서 사용하는 용어의 뜻은 다음과 같다.

1. "유전자변형식품등"이란 다음 각 목의 것을 말한다.
   가. 「식품위생법」 제12조의2제1항의 유전자변형식품 및 유전자변형식품첨가물
   나. 「건강기능식품에 관한 법률」 제17조의2의 유전자변형건강기능식품
   다. 「축산물 위생관리법」 제2조제2호에 따른 축산물 중 유전자변형농축수산물을 원재료로 하여 제조 · 가공한 축산물
   라. 「농수산물 품질관리법」 제2조제11호의 유전자변형농수산물(콩나물, 콩잎처

럼 해당품목의 종자를 싹틔워 기른 채소 등을 포함한다. 이하 같다)

2. “원재료”란 인위적으로 가하는 물을 제외한 식품(건강기능식품, 농축수산물을 포함한다. 이하 같다) 또는 식품첨가물의 제조 · 가공에 사용되는 물질로서 최종 제품 내에 들어 있는 것을 말한다. 다만, 가공보조제(「식품첨가물의 기준 및 규격」(식품의약품안전처 고시)에 따른 가공보조제로써 식품의 제조 과정에서 기술적 목적을 달성하기 위하여 의도적으로 사용되고 최종 제품 완성 전 분해, 제거되어 잔류하지 않거나 비의도적으로 미량 잔류할 수 있는 식품첨가물), 부형제(식품 성분의 균일성을 위하여 첨가하는 물질), 희석제(식품의 물리 · 화학적 성질을 변화시키지 않고, 그 농도를 낮추기 위하여 첨가하는 물질), 안정제(식품의 물리 · 화학적 변화를 방지할 목적으로 첨가하는 물질)의 용도로 사용한 것은 제외한다.
3. “구분유통증명서” 란 종자구입 · 생산 · 제조 · 보관 · 선별 · 운반 · 선적 등 취급 과정에서 유전자변형식품등과 구분하여 관리하였음을 증명하는 서류를 말한다.
4. “정부증명서”란 제3호와 동등한 효력이 있음을 생산국 또는 수출국의 정부가 인정하는 증명서를 말한다.
5. “검사불능”이란 PCR 검사에서 내재유전자의 증폭산물이 검출되지 않은 경우를 말한다.
6. “비의도적 혼입치”란 농산물을 생산 · 수입 · 유통 등 취급과정에서 구분하여 관리한 경우에도 그 속에 유전자변형농산물이 비의도적으로 혼입될 수 있는 비율을 말한다.
7. “주표시면” 이란 용기 · 포장 등의 표시면 중 상표, 로고 등이 인쇄되어 있어 소비자가 식품 또는 식품첨가물을 구매할 때 통상적으로 소비자에게 보여지는 면을 말한다.

제3조【표시대상】

① 「식품위생법」 제18조에 따른 안전성 심사 결과, 식품용으로 승인된 유전자변형농축수산물과 이를 원재료로 하여 제조 · 가공 후에도 유전자변형 DNA 또는 유전자변형 단백질이 남아 있는 유전자변형식품등은 유전자변형식품임을 표시하여야 한다.

② 제1항의 표시대상 중 다음 각 호의 어느 하나에 해당하는 경우에는 유전자변형식품임을 표시하지 아니할 수 있다.

1. 유전자변형농산물이 비의도적으로 3%이하인 농산물과 이를 원재료로 사용하여 제조 · 가공한 식품 또는 식품첨가물. 다만, 이 경우에는 다음 각 목의 어느 하나에 해당하는 서류를 갖추어야 한다.

가. 구분유통증명서

나. 정부증명서

다. 「식품 · 의약품분야 시험 · 검사 등에 관한 법률」 제6조 및 제8조에 따라 지정되었거나 지정된 것으로 보는 시험 · 검사기관에서 발행한 유전자변형식품등 표시대상이 아님을 입증하는 시험 · 검사성적서

2. 고도의 정제과정 등으로 유전자변형 DNA 또는 유전자변형 단백질이 전혀 남아 있지 않아 검사불능인 당류, 유지류 등

제4조【표시의무자】

유전자변형식품등의 표시의무자는 다음 각 호와 같다.

1. 유전자변형농축수산물 : 유전자변형농축수산물을 생산하여 출하 · 판매하는 자, 또는 판매할 목적으로 보관 · 진열하는 자
2. 유전자변형식품 : 「식품위생법 시행령」 제21조에 따른 식품제조 · 가공업, 즉석판매제조 · 가공업, 식품첨가물제조업, 식품소분업, 유통전문판매업 영업을 하는 자, 「수입식품안전관리 특별법 시행령」 제2조에 따른 수입식품등 수입 · 판매업 영업을 하는 자, 「건강기능식품에 관한 법률 시행령」 제2조에 따른 건강기능식품 제조업, 건강기능식품유통전문판매업 영업을 하는 자 또는 「축산물 위생관리법 시행령」 제21조에 따른 축산물가공업, 축산물유통전문판매업 영업을 하는 자

제5조【표시사항)】

유전자변형식품등의 표시사항은 다음 각 호와 같다.

1. 표시는 한글로 표시하여야 한다. 다만, 소비자의 이해를 돕기 위하여 한자나 외국어를 한글과 병행하여 표시하고자 할 경우, 한자나 외국어는 한글표시 활자크기와

같거나 작은 크기의 활자로 표시하여야 한다.

2. 표시는 지워지지 아니하는 잉크 · 각인 또는 소인 등을 사용하거나, 떨어지지 아니하는 스티커 또는 라벨지 등을 사용하여 소비자가 쉽게 알아볼 수 있도록 해당 용기 · 포장 등의 바탕색과 뚜렷하게 구별되는 색상으로 12포인트 이상의 활자크기로 선명하게 표시하여야 한다.
3. 유전자변형농축수산물의 표시는 "유전자변형 ○○(농축수산물 품목명)"로 표시하고, 유전자변형농산물로 생산한 채소의 경우에는 "유전자변형 ○○(농산물 품목명)로 생산한 ○○○(채소명)"로 표시하여야 한다.
4. 유전자변형농축수산물이 포함된 경우에는 "유전자변형 ○○(농축수산물 품목명) 포함"으로 표시하고, 유전자변형농산물로 생산한 채소가 포함된 경우에는 "유전자변형 ○○(농산물 품목명)로 생산한 ○○○(채소명) 포함"으로 표시하여야 한다.
5. 유전자변형농축수산물이 포함되어 있을 가능성이 있는 경우에는 "유전자변형 ○○(농축수산물 품목명) 포함가능성 있음"으로 표시하고, 유전자변형농산물로 생산한 채소가 포함되어 있을 가능성이 있는 경우에는 "유전자변형 ○○(농산물 품목명)로 생산한 ○○○(채소명) 포함가능성 있음"으로 표시할 수 있다.
6. 유전자변형식품의 표시는 소비자가 잘 알아볼 수 있도록 당해 제품의 주표시면에 "유전자변형식품", "유전자변형식품첨가물", "유전자변형건강기능식품" 또는 "유전자변형 ○○포함 식품", "유전자변형 ○○포함 식품첨가물", "유전자변형 ○○포함 건강기능식품"으로 표시하거나, 당해 제품에 사용된 원재료명 바로 옆에 괄호로 "유전자변형" 또는 "유전자변형된 ○○"로 표시하여야 한다.
7. 유전자변형여부를 확인할 수 없는 경우에는 당해 제품의 주표시면에 "유전자변형 ○○포함가능성 있음"으로 표시하거나, 제품에 사용된 당해 제품의 원재료명 바로 옆에 괄호로 "유전자변형 ○○포함가능성 있음"으로 표시할 수 있다.
8. 제3조제1항에 해당하는 표시대상 중 유전자변형식품등을 사용하지 않은 경우로서, 표시대상 원재료 함량이 50%이상이거나, 또는 해당 원재료 함량이 1순위로 사용한 경우에는 "비유전자변형식품, 무유전자변형식품, Non-GMO, GMO-free" 표시를 할 수 있다. 이 경우에는 비의도적 혼입치가 인정되지 아니한다.

9. 유전자변형농축수산물이 모선 또는 컨테이너 등에 선적 또는 적재되어 화물(Bulk) 상태로 수입 또는 판매되는 경우에는 표시사항을 신용장(L/C) 또는 상업송장(Invoice)에 표시하여야 하고, 화물차량 등에 적재된 상태로 국내 유통되는 경우에는 차량과 운송장 등에 표시하여야 한다.

제6조【표시사항의 적용특례】

다음 각 호의 어느 하나에 해당하는 경우에는 제5조의 규정에도 불구하고 다음과 같이 표시할 수 있다.

1. 즉석판매제조 · 가공업의 영업자가 자신이 제조 · 가공한 유전자변형식품을 진열판매하는 경우로서 유전자변형식품 표시사항을 진열상자에 표시하거나, 별도의 표지판에 기재하여 게시하는 때에는 개개의 제품별 표시를 생략할 수 있다.
2. 두부류를 운반용 위생 상자를 사용하여 판매하는 경우로서 그 위생 상자에 유전자변형식품 표시사항을 표시하거나, 별도의 표지판에 기재하여 게시하는 때에는 개개의 제품별 표시를 생략할 수 있다.

제7조【재검토기한】

「행정규제기본법」 및 「훈령 · 예규 등의 발령 및 관리에 관한 규정」에 따라 2014년 1월 1일을 기준으로 매 3년이 되는 시점(매 3년째의 12월 31일까지를 말한다)마다 그 타당성을 검토하여 개선 등의 조치를 하여야 한다.

2.5. GMO 관련 쟁점

인구증가에 비해 식량생산량이 턱없이 부족한 현실에서 G M식품은 21세기 식량문제 해결의 유일한 대안으로 평가받고 있다. 특히 각국이 앞다퉈 G M개발에 투자하는 것은 이것이 다음 세기 중요한 국가경쟁력수단이 될 것이기 때문이다. 하지만 실제 G M기술을 미국 등 선진국의 거대기업들이 독점해 정작 필요한 개발도상국은 이 기술에서 제외되어 있어 일방적으로 수입해야 할 입장에 처해 있다 .

GMO와 관련되어 진행되고 있는 쟁점들은 환경적 측면, 인체 유해성 측면, 경제적 측면, 사회적 측면 등 다양하며, 각 쟁점들마다 GMO의 유해성 및 부작용을 주장하는 쪽과 이에 반박하여 GMO의 안정성 및 순작용을 주장하는 쪽이 대립하고 있다. 아래에 환경적 측면과 인체에 미치는 유해성에 관한 주요 쟁점을 찬 · 반 의견으로 나누어 예를 들었다.

1) 환경적 측면

(1) 반대 의견

- 제초제 내성 유전자가 야생잡초에 전이되어 제초제 효과가 없는 수퍼잡초가 증가하므로 더욱 강력한 제초제를 더 많이 살포하여 생태계와 농산물의 환경 오염도가 증가할 것이다.
- 해충 및 제초제 저항성 유전자의 영향으로 돌연변이가 출현하여 생태계가 교란되어 생태계의 순환구조가 파괴되고, 높은 저항성을 가진 작물만을 재배할 경우 그 이전까지 재배되던 자연 상태의 작물들은 도태되어 잡초화되는 등 생물의 다양성이 획일화될 것이다.
- 바이러스 유전자 일부를 도입한 GM작물이 유전자를 전이시켜 야생 바이러스가 신종 바이러스로 된다.
- GM작물이 생산한 물질이 표적이 아닌 야생동식물에도 위험을 초래한다. 예를 들어, 살충성 GM옥수수는 해충뿐만 아니라 익충도 죽임으로서 해충의 이상발생을 초래하였다.

(2) 찬성 의견

- GMO 유전자의 생태계 전이의 근거가 불충분하며, GMO는 해충과 제초제에 대한 높은 저항성을 가지고 있으므로 제초제 및 살충제의 사용이 줄어들어 환경에 위해를 가하는 요소가 감소할 것이다.
- 열등한 종의 생물이 도태되는 것은 이미 그 진화 과정에서 자연스럽게 이루어지고 있는 것이며, 오히려 대기업들이 GMO 사업에 참여하면서 경쟁이 심화되면 다양한 품종이 개발되어 종의 다양성이 확보될 것이다.

2) 인체 유해성

(1) 반대 의견

- 한 유전자가 다른 종에 도입되는 경우 새로운 물질이 생산되므로 독성을 나타내거나 알레르기 반응이 일어날 가능성이 높아질 것이다.
- 항생제 내성 유전자가 장내 균에 확산되면서 인체의 항생제 내성이 증대할 것이다.
- 수평적 유전자 이전과 재조합에 의해 다양한 병원균 사이에 병독성이 확산됨과 동시에 새로운 병원성 세균과 바이러스가 창출할 수 있다.
- GMO는 개발의 역사가 짧아 그 장기적인 영향이 확인된 바 없으므로 앞으로 인체가 GMO에 어떻게 반응할지 예측할 수 없다.

(2) 찬성 의견

- GMO가 인체에 끼칠 수 있는 부작용이나 위해성은 사전 안전성 검사를 시행함으로써 사전에 방지할 수 있으며, 알레르기 반응을 일으키는 유전자를 포함한 GMO 또는 항생제 내성을 가진 유전자가 사용된 GMO의 유통을 금지하는 철저한 제도적 안전장치를 마련함으로써 그 위험을 충분히 막을 수 있다.

제10장 식품안전관리인증기준 제도의 개요

1. 식품안전관리인증기준 제도(HACCP system)의 의의와 목적

HACCP는 'Hazard Analysis Critical Control Point'의 약자(略字)로 우리나라 식품위생법 제48조에 의거한 식품안전관리인증기준에 의하면 "식품의 원료, 제조 · 가공 및 유통의 전 과정에서 위해물질이 해당 식품에 혼입되거나 오염되는 것을 사전에 방지하기 위하여 각 과정을 중점적으로 관리하는 기준"이라고 정의하고 식품별로 정하여 이를 고시할 수 있다라고 했다.

즉, HACCP는 식품의 최종 검사단계에서 발생되는 문제점에 대한 대응이 아니라 식품위생상의 위해요소의 발생을 최소화시키고자 하는 예방적 차원의 관리 방식이다.

심각한 환경오염과 식품의 수출입 증대, 새로운 형태의 식중독 미생물의 출현, 다양한 오염물질에 의한 중독 등 국제적으로 식품의 안전성과 위생적 관리에 대한 관심이 고조되고 있으며, 식생활의 다변화에 따른 가공식품의 다양화와 외식의 증대로 대형화되어 가는 식중독사고의 방지와 식품으로 인한 위해를 방지하기 위해서는 종래의 위생관리방법이나 최종제품에 대한 검사만을 통해서는 식품의 안전성을 보장하기는 어렵다.

즉, 식품의 원재료 생산에서부터 최종적으로 소비자가 소비할 때까지의 모든 단계에서의 식품의 안전성을 확보하기 위하여 예방적 차원에서 식품공정을 체계적으로 관리하고자 미국에서 시작된 것이 HACCP system이다.

2. HACCP제도의 역사적인 고찰

식품에 대한 HACCP의 이용은 1959~60년대 미항공우주국(NASA)이 우주개발에 따른 우주식의 안전성 확보 차원에서 미생물학적으로 안전한, 특히 병원미생물에 대한 대책을 목표로 개발한 관리방법으로 Pillsbury사와 미육군 NATICK 연구소가 공동으로 위생관리방법의 모델을 제시하였으며, 1971년 미국식품보호위원회(National Conference of Food Protection)에서 처음으로 그 개요를 발표하였다. 그 이후 1973년 미국식품의약청(Food and Drug Administration, FDA)에 의하여 저산성 통조림 식품의 적정제조기준(Good Manufacturing Practice, GMP)에 이 방법을 적용하기 시작하였다.

〈표 10-1〉 HACCP의 역사

연도	고찰 내용
1959~ 60년	미국 NASA의 Apollo project용 우주식 위생관리방법 모델을 육군 NATICK와 Pillsbury사와 공동개발
1971년	미국 국립식품보호위원회에서 처음으로 HACCP개념의 모델을 제시
1973년	미국 FDA에서 저산성 통조림식품에 GMP방법적용
1985년	미국 과학아카데미(NAS)가 행정당국과 식품업체에 HACCP system 채택 권고
1989년	미국 식품 미생물기준 자문위원회(NACMCF)가 HACCP 7원칙 제시
1992년	미국 식품 미생물기준 자문위원회(NACMCF)가 HACCP지침의 수정판 제시
1993년	유엔 FAO/WHO의 Codex가 HACCP 지침(가이드라인) 제시
1996년	한국 보건복지부 고시(1996-75호) HACCP제도 도입
1997년	한국 축산물가공처리법 개정, 도축장 및 축산물가공장(식육포장처리업 포함)에 동 제도를 도입
2006~09년	HACCP 도입근거를 마련 2006~2009년까지 돼지 농장, 소 농장, 닭 농장, 오리 농장 등 단계적으로 HACCP 적용 추진

그 후 1988년 미국과학아카데미(National Academy of Science, NAS)의 식품보호위원회의 권고로 행정기관, 식품과학 및 미생물관련 전문가로 구성된 식품의 미생물기준에 관한 자문위원회(National Advisory Committee on Microbiological Criteria for Food Production)가 설치된 후 위원회는 WHO의 국제규격에 HACCP 도입을 권고하였다. 1889년 NACMCF는 HACCP 지침을 제시하였는데 여기에

HACCP의 7원칙이 포함되어 있다.

그 후 1993년 국제식품규격위원회(CODEX) 제20차 총회에서 'HACCP system의 적용지침'을 채택함으로써 우리나라도 1996년 12월 3일 보건복지부 고시 제1996-75호에 의거 식품위생법 제32조의 2에서 '위해요소 중점관리기준(HACCP)'을 제도적인 법으로 규정하게 되었다. 이러한 HACCP의 역사적 고찰을 요약하면 〈표 10-1〉과 같다.

3. 종래의 위생관리와 HACCP제도에 의한 위생관리 비교

과거 사용되었던 종래(기존)의 위생관리와 HACCP제도에 의한 위생관리를 비교해 보면 〈표 10-2〉와 같다.

〈표 10-2〉 종래(기존)의 위생관리와 HACCP제도의 위생관리의 비교 및 효과

항목 구분	종래의 위생관리 및 효과	HACCP제도의 위생관리 및 효과
1. 위생관리 방식	① 주로 최종 제품 관리 및 실험실 관리(무작위 채취후 실험) ② 문제발생 후 반작용 관리 ③ 시험분석과 개선조치 시 장시간 소요 및 많은 비용 소요 ④ 문서화 및 기록·보전이 미흡	① 주로 공정관리(시간과 온도 포함) 및 실험실 검사 최소 ② 문제발생 전 사전 선 조치 ③ 시험분석과 개선 조치 시 단시간 내지 즉각적 조치 및 비용 저렴
2. 시설 및 설비 측면	식품위생법에 의한 기본 시설기준에 적합	식품위생법에 의한 기본시설 이외 오염구역과 비오염구역의 구분 등 수십 가지 추가항목 필요
3. 종사자와 제품 안전성 관리자 측면	① 종사자의 수동적 작업 분위기 ② 제품안전성 관리자의 숙련공만 가능 ③ 종사자 등의 초기 위생의식 교육과 훈련의 저조	① 종사자의 능동적 작업 분위기 쇄신 ② 제품 안전성 관리자는 비숙련공도 관리 가능 ③ 종사자 등 초기 위생의식 교육과 훈련이 철저해야함
4. 투자비용 측면	투자비용이 적으나 시설개선 등에 소요되는 비용의 합리적 사용이 어려움	시설개선, 전문교육, 유지관리 등 초기 투자비용이 크나 장기적으로는 생산원가의 절감, 매출증대 등으로 이익 창출
5. 소비자 측면	식품안전에 대한 전반적인 불안감 상존	안전한 식품 확보와 HACCP제도를 인증받음으로써 소비자 신뢰도 향상
6. 영업자 측면	자신이 제조한 제품에 대한 안전성에서 확신이 적고 식품 사고발생시 일방적 부담	자신이 제조한 제품에 대한 안전성에서 근거자료를 통한 확신과 식품 사고발생시 증빙자료의 제시 및 확인가능
7. 식품산업의 국제적 지위 측면	수출에 장애(국제적 인증 결여로)	국제경쟁력 확보(국제적 인증 확보로)

4. HACCP제도의 7원칙과 관련 용어 및 대상

4.1. HACCP제도의 관계 법규

HACCP제도의 관계법규는 유엔 산하 국제규격인 CODEX지침을 근거로 참고하여, 식품위생의 안전에 대한 규제와 관리 등을 우리나라에서는 정부 각 부처별 기존 법(시행령, 시행규칙, 처 고시)에 최초 도입하였으나 현재는 독립적으로 구체적인 세부사항을 규정하고 있다. 이에 대한 HACCP의 관계 법규를 보면 〈표 10-3〉과 같다.

〈표 10-3〉 HACCP제도의 관계 법규

관련 부서	관 계 법 규
유엔 및 외국	UN CODEX FOOD STANDARDS, 미국의 FDA CFR(code of federal regulations)등
식품의약품안전처	식품위생법 제48조, 제48-2조, 제48-3조. 식품안전 관리인증 기준
해양수산부	농수산물품질관리법 제70조. 위해요소중점관리기준 (수출을 목적으로 하는 수산물 및 수산가공품에 한정).

4.2. HACCP제도의 7원칙

HACCP는 위해요소분석(hazard analysis, HA)과 중점관리기준(critical control point, CCP)의 두 부분으로 구성되어 있는데, 여기서 위해요소라 함은 식품위생법 제4조의 규정에 의한 인체의 건강을 해할 우려가 있는 생물학적, 화학적 또는 물리적 인자를 말하며, 중요관리점이란 HACCP를 적용하여 식품의 위해를 방지, 제거하거나 안전성을 확보할 수 있는 단계 또는 공정을 말한다.

그러나 HACCP는 식품의 안전성을 확보하기 위한 예방적 차원의 관리기법이기 때문에 위해분석을 하고 CCP를 설정하는 것만으로 목적이 달성되는 것이 아니라 각 CCP에서의 위해요인을 제거, 감소 또는 방지하기 위하여 감시해야 할 사항에 대하여 정확하게 모니터링(monitoring)하는 것이 중요하다.

이러한 모니터링 사항으로는 pH, 온도, 시간, 압력 및 유량 등과 같은 단시간에 정확한 결과를 얻을 수 있으며 연속적으로 감시할 수 있는 항목이 이상적이며, 미리 설정하여 둔 허용범위인 한계기준(critical limit, CL)을 넘지 않도록 정확하게 감시하는 것이 필요하다. 여기에는 허용범위 초과 시의 개선조치와 효율성에 대한 검증 및 기록 방법과 보존 등도 포함된다.

HACCP는 초기에 우주식의 안전성 확보와 위생적 관리를 위한 방법의 성공적 사례에서 시작되었기에 HACCP의 7원칙이란 그 성공적 사례에 적용된 방법을 말하며, HACCP는 〈표 10-4〉에서 보는 바와 같이 7가지 원칙을 기본으로 하고 있다.

〈표 10-4〉 HACCP제도의 7원칙

원칙 1 : Conduct a hazard analysis
(위해분석을 실시할 것)

원칙 2 : Determine the critical control points(CCPs)
(중요관리점을 결정할 것)

원칙 3 : Establish critical limit
(각 CCP에 대한 허용한계기준을 설정할 것)

원칙 4 : Establish monitoring procedure
(CCP에 대한 감시, 기록 및 보고절차를 수립할 것)

원칙 5 : Establish corrective actions
(허용한계기준을 벗어났을 경우의 개선조치를 수립할 것)

원칙 6 : Establish verification procedures
(HACCP 계획 및 실시에 따른 검증절차를 수립할 것)

원칙 7 : Establish record-keeping and documentation procedures
(적용된 HACCP에 대한 기록유지와 문서화 절차를 수립할 것)

4.3. HACCP제도의 관련 용어의 정의

식품안전관리인증기준(식약처 고시 제2014-192호) 제2조(정의)에서 보면 다음과 같다.

(1) 식품안전관리인증기준(Hazard Analysis and Critical Control Point : HACCP)은 식품의 원료 관리, 제조 · 가공 · 조리 · 소분 · 유통의 전 과정에서 위해물질이 해당 식품에 혼입되거나 오염되는 것을 방지하기 위하여 위해요소를 확인 · 평가하여 중점적으로 관리하는 기준을 말한다.

(2) '위해요소(hazard analysis : HA)'라 함은 식품 및 식품첨가물의 위해식품 등의 판매 등 금지(식품위생법 제4조)에서 정하고 있는 인체의 건강을 해할 우려가 있는 생물학적 · 화학적 또는 물리적 인자를 말한다.

(3) '중요관리점(critical control points : CCPs)'이라 함은 HACCP를 적용하여 식품의 위해를 방지 · 재고하거나 안전성을 확보할 수 있는 단계 또는 공정을 말한다. 더불어 관리점(control point)은 위해요소를 관리할 수 있는 단계 혹은 지점을 말한다라고 할 수 있다.

(4) '중요관리점의 한계기준(critical limits : CL)'이라 함은 위해요소의 관리가 한계치 설정대로 충분히 이루어지고 있는지 여부를 판단하는 기준을 말한다.

(5) '감시(모니터링 : monitoring)'라 함은 위해요소의 관리여부를 점검하기 위하여 실시하는 일련의 관찰이나 측정수단을 말한다.

(6) '개선조치(corrective actions)'라 함은 모니터링의 결과가 중요 관리점의 한계 기준으로 관리되지 못할 경우에 취하는 조치를 말한다.

(7) '검증(verification)'이라 함은 해당 업소에서 HACCP의 계획이 적절한지 여부를 정기적으로 평가하는 조치를 말한다.

(8) 'HACCP 적용업소'라 함은 식품의약품안전처장이 고시한 HACCP을 적용·준수하여 식품을 제조·가공·조리·소분·유통하는 업소를 말한다.

4.4. HACCP제도의 적용대상

HACCP의 실시에는 비용이 발생하기 때문에 무엇보다도 HACCP 실시를 위한 정부나 경영자의 의지가 필요하다. 다음 〈표 10-5〉는 주요 국가의 HACCP 적용제도 비교이다.

〈표 10-5〉 주요 국가의 HACCP 적용제도 비교

국가명	적 용 대 상	적용 의무	비 고
미 국	도축장, 식육처리장, 식육제품, 도계처리장, 수산식품, 우유 및 유제품	강제적용	적용대상 이외는 식품업계가 자발적으로 이행
EU (유럽)	식육 및 식육제품, 우유 및 유제품	강제적용	모든 식품에 적용을 추진 중
캐나다	식육, 생란 및 가공란(액란) 및 유제품, 가공채소, 가공과일류	정부가 승인	모든 식품에 적용을 추진 중
일 본	도축장, 식육제품, 유유제품, 레토르트식품, 어육연제품, 통병조림, 청량음료, 곡류	후생노동성이 승인	적용대상 이외는 식품업계가 자발적으로 이행
한국	①어육가공품 중 어묵 · 어육소시지, ②냉동수산식품 중 어류 · 연체류 · 조미가공품, ③냉동식품 중 피자류 · 만두류 · 면류, ④과자류 중 과자 · 캔디류 · 빙과류, ⑤음료류(비가열음료,유제품), ⑥레토르트식품, ⑦김치류 중 배추김치, ⑧빵 또는 떡류 중 빵류 · 떡류, ⑨코코아가공품 또는 초콜릿류 중 초콜릿류, ⑩면류 중 국수 · 유탕면류, ⑪특수용도식품, ⑫즉석섭취 · 편의식품류 중 즉석섭취식품, ⑬전년도 총 매출액이 100억원 이상인 영업소에서 제조 · 가공하는 식품	의무적용	적용기준 미 설정 식품은 영업자가 스스로 기준을 마련후 식약처의 평가로 HACCP업소를 지정함
	해양수산부 : 수출수산식품	의무적용	

이러한 HACCP의 성공적 적용을 위해서는 이를 뒷받침할 수 있는 기반이 되는 프로그램들이 갖추어져야 하는데, 이는 HACCP적용에 앞서 위생적으로 안전한 식품생산의 기초가 되는 식품제조시설의 제조여건을 관리할 수 있는 단계나 절차 등이 요구되는데, 여기에는 청소 및 살균, 시험 및 측정장비의 검사와 교정, 방역, 위생교육 및 훈련, 시설 및 장비에 대한 사전 정비, 제품에 대한 식별과 추적 가능성, 원재료 공급자에 대한 평가, 일반적 위생관리 프로그램, GMP(Good Manufacturing Practice, 적정제조기준) 및 SSOP(Sanitation Standard Operating Procedure, 표준 위생운영절

차) 등과 같은 적절한 제조환경이 바탕이 되어야만 효과적으로 수행될 수 있다.

우리나라는 초기에는 HACCP의 관리가 보건복지부에서 일원화되어 관장하다가 그 이후 식품의약품안전처의 '식품안전관리인증기준' 농수산물 품질관리법 제70조2항에 따라 생산 · 출하전단계 수산물에 대한 위해요소중점관리기준을 정하여 분리되어 관리 · 운영되고 있다.

5. HACCP제도의 12절차(순서)

HACCP제도의 12절차 · 7원칙	지정신청서류
절차 1단계 : HACCP팀의 구성 Assemble the HACCP team	**(1) HACCP팀의 구성**
↓	
절차 2단계 : 제품의 특징 및 분배(유통)에 대한 기술(記述) Describe the Food and its Distribution	**(2) 제품설명서 작성**
↓	
절차 3단계 : 제품에 대한 소비자의 사용의도(방법)의 기술(記述) Describe the Intended Use and Consumers of the Food	**(3) 제조·가공(조리) 공정도(제조공정 흐름도)**
↓	
절차 4단계 : 제도공정도 흐름도(시설도면·표준작업 매뉴얼)의 작성 Develope a Flow Diagram Which Describes the Process	**(4) 작업장 평면도(시설도면)**
↓	
절차 5단계 : 공정도에 대한 검증 Verify the Flow diagram	**(5) 내용의 현장확인**
↓	
절차 6단계 : 위해요소의 분석(원칙 1) Conduct a hazard analysis	**(6) 위해요소분석 관계서류**

절차 7단계 : 중요관리점(CCP)의 식별 및 결정(원칙 2) Determine the critical control points(CCPs)	**(7) 관리기준 관계서류**
↓	
절차 8단계 : 각 CCP별로 한계기준의 설정(원칙 3) Establish critical limits	**(8) 감시(모니터링)의 방법**
↓	
절차 9단계 : CCP별 감시(monitoring)방법 수립(원칙 4) Establish monitoring procedure	**(9) 개선조치의 방법**
↓	
절차 10단계 : 개선조치 수립(원칙 5) Establish corrective actions	**(10) 문서 및 기록유지 방법**
↓	
절차 11단계 : 검증절차의 수립(원칙 6) Establish verification procedures	**(11) 검증의 방법 (실시상황 자체 평가표)**
↓	
절차 12단계 : 문서화 및 기록의 유지(원칙 7) Establish record-keeping and documentation procedures	**(12) 위생관리의 방법**

〈그림 10-1〉 HACCP의 적용순서

HACCP의 적용단계는 1993년 FAO/WHO의 합동 국제식품규격위원회(Codex)가 제시한 지침에 의거 실시되고 있는데, Codex 지침은 다음 표에서 보는 바와 같이 12단계(절차)로 되어 있다.

1단계에서 5단계까지는 HACCP계획에 있어서 예비 작업 단계이며 6단계에서 12단계까지는 HACCP의 7가지 원칙에 따라 구성되어 운영 · 관리되어 있다.

5.1. HACCP 지정을 위한 업소의 예비준비단계 (절차 1~절차 5단계)

1) HACCP팀의 구성 (절차 1단계)

HACCP의 적용에서 제일 먼저 해야 할 일은 HACCP팀의 구성이다. HACCP는 위생담당자 한 사람으로 수행되는 것이 아니라 제품 생산에 따르는 전 공정에 대한 이해와 관련 지식을 바탕으로 식품의 안전성을 확보하기 위한 팀 활동이기 때문이다. 따라서 HACCP의 팀 구성에는 제품공정도상의 각 분야에서의 전문지식과 기술을 갖춘 사람들로 구성하여야 한다.

이때 자체 내에 필요한 전문가가 없을 경우에는 외부 전문가의 지원을 받도록 한다. 팀이 구성되면 구성원 가운데 회사 내에서 선임적 위치에 있는 사람을 팀장(공장장이상)으로 선임하고 HACCP의 범위와 목적을 결정한다. 작성할 내용은 다음의 항목을 참조한다.

(1) 조직 및 인력현황
(2) HACCP팀 구성원별 역할
(3) 교대근무 시 인수 · 인계방법

2) 제품의 특징 및 분배(유통)에 대한 기술(記述) (절차 2단계)

HACCP팀의 제품에 대한 완전한 이해와 위해요소의 식별을 돕기 위하여 제품에 대한 상세한 설명을 작성하여야 한다. 제품설명서에 다음 내용을 포함하여 제품설명서 양식을 작성한다.

(1) 제품명 · 제품유형 및 성상
(2) 품목제조보고 연 · 월 · 일(해당제품에 한함)
(3) 작성자 및 작성 연 · 월 · 일
(4) 성분(또는 식자재) 배합비율 및 제조(조리)방법
(5) 제조(포장)단위(해당제품에 한함)
(6) 완제품의 규격
(7) 보관 · 유통상(또는 배식상) 주의사항

(8) 유통기한(또는 배식기간)

(9) 포장방법 및 재질(해당제품에 한함)

(10) 표시사항(해당제품에 한함)

(11) 기타 필요한 사항(저장방법 및 사용법 등)

3) 제품에 대한 소비자의 사용의도(방법)의 기술(記述) (절차 3단계)

제품의 사용 의도는 소비자에 의하여 통상적으로 사용되는 형태를 말한다.

예를 들면, 제품을 완전히 가열하지 않은 상태에서 제공, 간단히 가열 후 취식, 충분히 조리 후 취식, 추후 재가공 후 제공 등의 의도를 조사한다.

또는 제품의 최종 소비자, 즉 일반 소비자를 대상으로 할 것인지, 위해요소에 민감한 영 · 유아 또는 노인, 임산부 및 병약자, 특이 체질자(알레르기 등) 등을 대상으로 할 것인지를 파악하고 제품의 사용의도를 확인한다.

4) 제조공정을 설명할 수 있는 공정도의 작성 (절차 4단계)

HACCP팀이 제품생산에 대한 공정을 이해할 수 있도록 첫째, 제조(조리)공정 흐름도(flow chart)를 작성하고, 둘째, 작업장 설계도면을 작성함으로써 오염발생의 잠재적 위험요소의 식별과 교차오염의 위험이 있는 공정 및 구역을 식별할 수 있게 해준다. 시설도면은 위해분석을 준비하기 위하여 작성하는 문서이다.

아울러 식품위해요소중점관리기준법 제6조에서 제조공정 설비에 포함될 내용을 다음과 같다.

(1) 제조(또는 조리) 공정도(공정별 가공방법)

(2) 작업장 평면도

(작업특성별 구획, 기계 · 기구 등의 배치, 제품의 흐름과정, 세척 · 소독조의 위치, 작업자의 이동경로, 출입문 및 창문 등을 표시한 평면도면)

(3) 환기 또는 공조시설 계통도

(4) 용수 및 배수처리 계통도

그리고 셋째로 표준작업 매뉴얼을 작성한다. 표준작업 매뉴얼이란 여러 가지 작업을 하는데 필요한 매뉴얼을 말한다. 다시 말해, 작업절차를 표준화한 지침서로서 실제 현장에 적용할 수 있는 것이라야 한다. 기재할 항목을 보면 다음과 같다.

공정명 · 작업명, 사용하는 기계 및 기구류의 성능과 사양, 각 공정별 작업내용, 작업시간 및 주된 작업단위별 실무책임자, 중점관리점 및 중점관리점이 되는 이유 등

아울러 표준작업 매뉴얼의 작성요령은 ① 작업의 분류(분석) → ② 최선의 작업방법의 작성 → ③ 주된 작업단위 및 중점관리점의 결정 → ④ 표준작업의 확인 → ⑤ 표준작업 매뉴얼의 작성으로 대부분 이루어지고 있다.

5) 공정도에 대한 검증 (절차 5단계)

공정도의 정확성 검증을 위하여 HACCP팀은 작업시간 중에 공정도에 대한 현장검증을 실시하고, 필요하면 공정도를 수정, 보완하여야 한다. 이는 다음 단계인 위해요소의 분석에 있어서 필수적이기 때문이다.

5.2. HACCP제도의 7원칙과 세부사항 및 관리

1) 위해분석(Hazard analysis)

(절차 6단계 : 원칙 1)

각 공정 단계별로 잠재적 위해요소(危害要素)를 분석, 파악하고 그 위해요소의 발생가능성 및 발생 시 위해의 심각성을 고려하여 중대한 위해요소를 판단한 뒤 이를 관리할 수 있는 예방책을 식별해야 한다.

위해(hazard)는 HACCP의 초기에는 미생물에 의한 위해만을 대상으로 하였으나 1989년 11월 미국 식품미생물기준자문회의(National Advisory Committee on Microbiological Criteria on Food, NACMCF)에서 공포한 HACCP제도 지침서인 "HACCP-식품제조에 관한 원칙(HACCP-Principle for Food Production)"에 의하면 위해(危害)란 소비자에게 건강장애를 유발할 우려가 있어 허용될 수 없는, 즉 관리(control)되어야 할 생물학적, 화학적, 물리적 특성을 말한다.

아울러 위해리스트(list)의 작성순서를 보면 ① 위해리스트의 작성[모든 작업공정마

다 위해발생의 가능성이 있는 원재료, 생산(조리)공정, 원인물질, 발생요인, 방지조치 등을 기재함] → ② 위해 및 그 발생조건에 관한 정보수집(위해발생 가능성, 위해의 중요도, 발생빈도, 증상, 사망률 등) → ③ 위해의 평가(HACCP 계획 중에 포함시켜야 할 사항을 결정하고 이를 조정할 수 있는 방법을 확실히 할 것)하여 이루어진다.

따라서 위해요소의 분석은 원료의 발육, 생산 및 제품의 제조 · 가공공정뿐만 아니라 수송, 판매, 소비에 이르는 모든 단계에서 발생할 수 있는 잠재적인 생물학적, 화학적, 물리적 위해요소와 위해의 원인을 분석하고 문서화하여 그 위해요소의 발생가능성과 위험도(risk) 평가를 통하여 중대한 위해요소의 판단과 그 예방책을 식별하여야 한다. 앞의 책 내용이 모든 요소가 될 수 있으므로 간략하게 요약한다.

(1) 생물학적 위해요소(Biological hazards) : 세균, 곰팡이, 바이러스 및 기생충 등에 기인하는 생물학적 위해는 주로 공장에 반입되는 원재료나 작업자와 관련이 있으며, 이들 병원세균의 대부분은 식품의 가열공정 중에 사멸되거나 불활성화되며 저장이나 유통과정의 냉각에 의하여 현저한 저장성을 갖게 한다. 그러나 내열성 포자는 고열처리하지 않으면 위해가 발생할 수 있다.

(2) 화학적 위해요소(Chemical hazards) : 식품에 있어서의 화학적 위해는 화학적 오염이 식품의 제조공정 중에 자연적으로 발생되거나 혼입될 수 있는데, 이들의 함유량은 식품에 기인하는 급성중독이나 만성중독과 관련이 있다.

(3) 물리적 위해요소(Physical hazards) : 외부로부터 식품에 혼입된 금속조각, 유리조각, 나무조각 등 딱딱한 물질에 의한 손상 또는 장애로 식품원재료의 생산이나 수확에서 유통을 거쳐 최종적으로 소비자에 이르는 단계의 많은 부분에서 오염되거나 잘못된 공정에 의해 발생할 수 있다.

〈표 10-6〉 식품의 위해요소 분석표

일련번호	원부자재명/공정명	구분	위해요소		위험도평가			예방조치 및 관리방법
			명칭	발생원인	심각성	발생가능성	종합평가	
1		B						
		C						
		P						

2) 중요관리점(Critical Control Points, CCPs)의 식별 및 결정

(절차 7단계 : 원칙 2)

중요관리점은 위해요소 분석에 의하여 관리되지 않을 경우 식품의 안전성에 중대한 문제를 일으킬 수 있는 단계나 절차 또는 지점을 의미하는 것으로, CCP는 관리가 가능하고 위해요소를 예방 또는 제거할 수 있거나 허용수준 이하로 감소시킬 수 있는 단계나 지점이어야 한다. CCP의 식별과 결정은 중요관리점에 해당되는지를 식별한 다음 팀원간의 합리적이고 일관성 있는 토의를 통하여 CCP를 결정한다.

3) 각 CCP별 허용한계기준(Critical limit, CL)의 설정

(절차 8단계 : 원칙 3)

결정된 CCP에서의 위해를 예방하기 위한 위해 허용한계기준(限界基準)의 설정은 식품의 안정성 확보를 위한 절대적 한계치를 설정하는 것이다. 위해허용한계에는 위해요소와 물리적, 화학적, 생물학적 위해 허용한계를 설정할 수 있으나 생물학적 위해 허용한계는 결과 확인에 많은 시간이 소요되므로 잘 사용되지 않는다.

따라서 위해 허용한계의 설정은 주로 온도, 시간, 형태 및 색깔, pH, 수분활성도(Aw), 염도 등 결과의 확인에 많은 시간이 소요되지 않는 것을 허용한계로 설정한다. 또한 설정된 허용한계에 대한 이유를 설명할 수 있어야 하며, 설정된 허용한계가 실제 위해요소를 관리할 수 있는가에 대한 확인을 해야 한다.

4) CCP별 감시(Monitoring)방법 절차 수립

(절차 9단계 : 원칙 4)

모니터링(monitoring)은 각 CCP가 관리 하에 있는가를 확인하고 평가하기 위한 관찰이나 측정을 하는 것으로 정확한 모니터링을 하여야 한다. 이러한 모니터링은 CCP의 관리이탈이나 문제의 원인에 대한 정확한 분석 및 문제 발생의 예측, HACCP 실시에 대한 검증, 나아가 업무의 수행증거를 목적으로 하게 된다.

따라서 모니터링은 무엇을, 어떻게, 언제, 누가 할 것인지를 명확하게 하여야 하며, 모니터링에 대한 교육을 받은 사람으로 편견을 갖지 않고 데이터를 기록할 수 있는 인원을 지정하여 관찰이나 측정을 통하여 모니터링을 해야 한다. 또한 연속적 또는 비연속적으로 모니터링을 할 수 있으나 연속적인 모니터링이 바람직하며, 비연속적인 겨우 CL의 이탈을 빨리 감지하기 위해서는 가능한 한 모니터링을 하는 주기를 짧게 하는 것이 좋다.

5) 허용범위를 벗어났을 경우의 개선조치(Corrective Action) 수립

(절차 10단계 : 원칙 5)

개선(시정)조치는 CCP에 대한 모니터링 결과 설정한 CL을 벗어나는 경우에 취한 시정조치방법을 미리 문서화하여 두는 것을 말하는 것으로, 한계기준(CL)에서 벗어났을 때 신속하게 식별하여 한계기준을 관리하는, 즉 허용한계 이하로 옮기고 제품의 손실과 위해를 최소화시킬 수 있어야 한다.

또한 시정조치에는 CL을 벗어난 시점부터 생산된 제품에 대한 적절한 조치가 포함되어야 한다. 개선조치에는 공정을 CL 이하로 옮기기 위한 재조정 및 한계기준을 벗어난 제품의 처리와 같은 즉시적 조치와 재발 방지를 위한 예방적 조치가 있다. 이렇게 이행된 시정조치는 자세히 기록하여 문서화하여야 한다.

6) HACCP 계획 및 실시에 따른 계통적 검증(Verification) 절차의 수립

(절차 11단계 : 원칙 6)

적용된 HACCP가 적정하게 실시되고 있는지를 판단하기 위한 방법이나 절차 등을 설정하는 것으로, HACCP 계획의 확인(validation)과 중요관리점에 대한 검증, 제품시험 및 감사 등이 포함된다.

7) 적용된 HACCP에 대한 기록유지(Record-keeping)와 문서화(documentation) 절차수립

(절차 12단계 : 원칙 7)

HACCP적용을 위해서는 효과적이고 정확한 기록유지가 필수적이며 이를 문서화하여야 한다. 따라서 HACCP 실시에 따른 모든 단계에서의 관련 기록의 유지와 문서화 및 효과적인 기록, 보존방법을 정해 두어야 한다.

제11장 식품시설의 위생관리

최근 국민소득의 향상과 wellbing시대에 따라서 식품위생과 안전에 대한 국민의 관심이 높아지면서 식품공장의 최대의 사명은 안전하고 위생적인 식품을 소비자에게 제공하는 데 있기 때문에 식품시설에서 위생관리의 중요성은 아무리 강조하여도 지나침이 없다. 그러나 식품의 위생관리에 대하여는 설비, 환경, 작업방법 등 개선의 필요성은 인식하면서도 구체적인 대책이 실시되지 않고 있는 것이 식품시설의 위생관리 현실이다.

생활수준이 향상될수록 가공식품의 수요는 증가하고 식품공장은 소비자의 요구에 맞는 제품을 만들어 공급하게 되므로, 제품의 종류는 다양해지고 식품의 가공 기술은 높아지게 마련이다.

식품의 위생을 제대로 유지하면서 안전성을 확보하기 위한 조건으로 사용하는 원료, 취급하는 사람, 제조하는 시설이 위생적으로 안전하게 관리되어야 한다. 그러나 아무리 건강한 식품취급자가 위생적인 원료를 사용하여 음식물을 위생적으로 다룬다 할지라도 식품의 제조, 가공 시설이나 재료의 보존시설들이 위생적으로 확보되지 않으면 위생적이고 안전한 식품을 만든다는 것은 불가능한 일이다.

이러한 점에서 식품관계의 영업은 업종별로 시설기준이 마련되어 있으며(식품위생법 제36조), 그 영업의 규정에 의한 시설기준을 위반하였을 때는 시설의 개수나 영업정지를 내릴 수 있는 등 법적인 규제(식품위생법 제74조)가 이루어지고 있다.

최근 우리나라 식품위생법과 건강기능식품법에 의한 법률적인 식품위생관리 강화 방침에 따라서 HACCP, GMP, ISO 지정 식품산업체가 증가하고 있는 실정이다.

따라서, 각 식품 업소에서 갖추어야 할 위생적인 시설은 그 업종에 따라 다르므로 각종 업소에 있어서 공통적인 요구되는 시설의 위생, 설비와 기구 위생, 급수 및 오물처리의 위생, 개인의 위생, 집단급식의 위생, 식품공장의 위생관리 대책 및 그 사례 등에 대하여 기술하기로 한다.

1. 시설의 위생관리

식품의 생육, 생산, 제조에서부터 유통, 소비될 때까지의 모든 단계에서 식품의 안전성, 건전성 및 완전성을 확보하기 위한 모든 조치가 식품위생의 관리를 의미하는 것이다.

식품의 위생을 확보하기 위해서는 신선하고 안전한 식품재료의 선택, 식품재료를 다루는 시설과 기계의 위생상태 유지, 식품취급자의 개인위생 유지, 생산된 식품의 보존과 유통단계에서 위생관리가 모두 만족되어야 한다.

식품 위생을 확보하기 위한 노력은 소비자 보호나 식품관련 산업이나 업종의 발전을 위하여 무한한 경쟁을 필요로 한다. 식품위생법은 식품위생을 확보하기 위해 필요한 최소한의 조치를 법규로 규정한 것으로서 식품을 다루는 식품처리 시설에 관해서는 영업의 허가나 신고, 업종별 시설기준, 시설의 위생 유지 · 관리 의무, 영업자의 준수 사항 등을 규정하고 있다.

특히 식품접객업소에 대해서는 위생 등급기준을 두고, 모범업소와 일반 업소를 구분하여 식품시설의 위생 수준에 큰 비중을 두고 있다. 시설위생의 대상이 되는 식품시설은 여러 가지가 있으며, 식품의 위생상의 단계에서 구분하면 〈표 11-1〉과 같이 크게 4종류로 분류할 수 있다.

1.1. 건물의 입지 조건

1) 건물의 위치

식품 시설을 설계할 경우 제조 시설의 위치는 〈표 11-1〉과 같은 건물입지 조건에 맞도록 선정하는 것이 바람직하다.

〈표 11-1〉 식품 시설의 종류와 식품업소

시설의 종류	식품 업소
식품생산 시설 및 집단시설	•도축장 및 식육시장 •착유장(젖소 사육농가 및 목장) •어시장 및 채소 시장 •어선 •수산물시장 생산해역 및 집합 장소 •얼음채취장, 얼음제조공장
식품의 처리·가공 및 저장시설	•식품의 냉동 및 냉장시설 •간장·된장 및 소스류 제조 공장 •청량음료수 제조 공장 •우유 처리장(집유장 포함) •아이스크림(빙과류) 제조공장 •유제품 제조공장 •유산균 음료공장 •주류 제조공장 •두부제조공장 •마가린 제조공장 •식육제품 제조 공장 •어육연제품 제조공장 •통조림 및 병조림식품 제조공장 •과자류 제조공장 •앙금류 제조공장
식품의 조리·판매 및 급식시설	•음식점(식당·요리점·여관·하숙집·다방·열차식당) •집단급식시설(학교·공장·기숙사·회사의 부설) •우유류 판매점 •식육 판매점 •어패류 판매점 •얼음 판매점 •기타식품 판매점
기타 시설	•식품첨가물 제조공장 •음식용 기구·용기·포장의 제조 공장

- 주위환경의 공기가 깨끗한 곳
- 음료수 또는 식품공업 용수로도 적당한 양질의 물을 풍부히 얻을 수 있는 곳
- 폐수 및 폐기물의 처리에 편리한 장소
- 운수 및 교통이 편리하고 전력 사정이 좋은 곳이어야 한다.

따라서 유독가스나, 쥐, 곤충 등이 발생하기 쉽고 먼지나 매연이 들어오며 습기가 있는 곳은 부적합하다. 특히, 양질의 물을 풍부히 얻을 수 있는 곳을 선정하는 것이 무엇보다도 중요하며 이 조건에 부적합한 곳은 우선 식품시설의 설정을 피해야한다.

2) 작업장의 면적(크기)

작업장의 면적은 취급하는 업종, 대상 제품의 수량과 제조 방법에 따라 차이가 있겠지만 설비를 제대로 갖추고, 제조 과정에 방해를 주지 않고, 작입자가 원활히 일할 수 있을 정도의 적당한 면적이 필요하며 작업자 한 사람당 평균 1평 이상인 것이 바람직하다.

예를 들면, 도축장의 경우는 큰 동물 1마리당 2명이 작업하여 1시간당 4~5마리 처리시에 $4\times3m^2$의 바닥 면적이 표준이다. 통조림 공장의 경우는 1일 약 400개 통조림 제조시의 작업면적은 $220m^2$이 적당하다고 한다.

1.2. 건물의 구조와 관리

식품시설의 건물 구조는 불 침투성의 것으로 내구성이 가한 것으로 설계하는 것이 원칙이며 만일, 불 침투성이 아닌 경우에는 건물이 파손되면 청결을 유지하기가 곤란하므로 목조건축 보다는 내구성이 높은 콘크리트의 반영구적인 건축으로 하는 것이 좋다.

종업원의 작업 능률을 향상시키기 위하여 내부구조는 간단하면서 인적, 물적인 작업동선을 고려하고 제조공정 흐름도에 따라서 작업장이 설계되어야 하며, 식품위생을 유지관리하기 위해서는 작업 과정별로 적당한 구획으로 구분되어야 한다.

특히 오염작업 구역(일반구역)과 비 오염작업 구역(청정구역)을 구분하여 불결한 작업과 청결한 작업 간에 상호 교차(cross connection)를 방지하여 효율적인 위생관리가 되도록 배치하여야 한다. 건물의 내부 구조에서 바닥 · 배수로 벽 · 천장 및 급수시설에 대하여 위생상 일정한 기준이 요구된다. 또 환기 · 공조 · 조명 · 채광 · 방서 · 방충

등의 작업조건이 명확하게 설정되어야 한다.

1) 바닥 및 배수로

바닥은 식품재료, 흙, 먼지 등으로 오염되기 쉬우므로 표면은 미끄러워 청소하기 용이하고, 물이나 오물이 고이지 않도록 되어 있어야 하며, 배수가 잘 되어서 배수로를 깨끗하게 유지할 수 있어야 한다. 그러므로 바닥은 지면에서 20㎝ 정도로 높게 하여 콘크리트로 구축하고 표면은 타일을 입히는 것이 좋다. 특히 출입구의 바닥은 콘크리트로 하여 발자국이 나거나 흙 등에 의해서 오염되지 않도록 하는 것이 좋다.

또 바닥은 배수가 잘 되도록 배수로를 향해서 완만한 구배를 두어 물고임을 방지하여야 한다. 구배는 업종에 따라서 차이가 있으나 1m에 대하여 2~4㎝ 정도가 적당하다. 구배가 심하면 물은 잘빠지지만 종업원이 피로하기 쉽다.

배수로는 단면이 직각이 되지 않도록 U자형으로 하는 것이 청소하기 좋고 오물도 잘 고이지 않는다. 벽과 평행으로 15㎝ 정도 떨어진 곳에 설치하되 깊이는 15㎝ 정도가 적당하며 둥근관인 경우에는 안지름이 10㎝ 이상 되게 하는 것이 좋고 구배는 1m에 3㎝ 이상으로 하여 밖으로의 배수가 빠르게 배출되도록 한다.

실내배수와 실외배수로가 통하는 곳에는 금속망 등에 의한 방서수단을 강구하여 쥐가 하수구로 부터 침입하지 못하도록 한다〈그림 11-1〉.

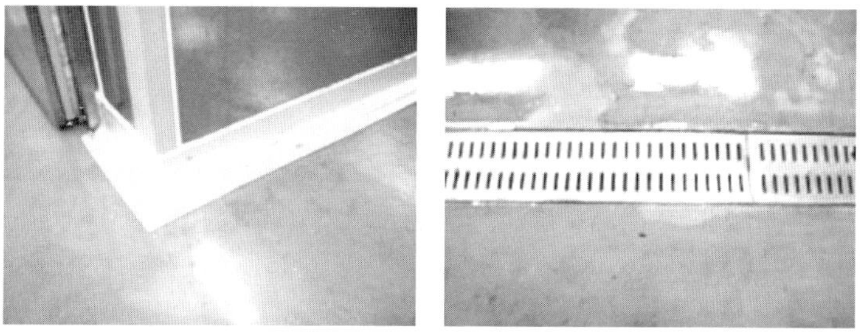

바닥벽면 배수구

〈그림 11-1〉 바닥면과 배수구 모습

2) 벽, 창문 및 천장

벽은 불 침투성의 재료로 구축하는 동시에 표면은 미끄러워 청소하기 편리하여야 하고, 내벽은 바닥으로부터 1.5m까지 밝은 색의 내수성 자재로 설비하거나 방균 페인트로 도색하여 실내를 밝고 쾌적하게 일할 수 있게 하는 것이 좋다. 벽은 수분이 침투되지 않고 표면이 고르고 매끄러우며, 마모나 부식에 저항성이 있어야 한다.

특히 전처리실, 조리실 등 물을 많이 쓰는 곳의 벽은 강한 세척제에 의해서도 견딜 수 있는 재질이어야 한다. 물을 많이 사용하면서 미생물의 민감한 제품을 생산하는 공정의 벽은 청결도를 높이기 위해서 세라믹 타일로 처리하며 양조공장, 음료수공장, 유제품공장의 작업장 벽은 바닥에서부터 1.5m 이상을 유약 처리된 타일을 붙이는 것이 표준 방법으로 되어 있다.

내벽과 바닥이 만나는 모서리 부분은 〈그림 11-2〉와 같은 최소한 반경 2.5㎝ 이상의 곡면처리하도록 한다. 곡면 타일 혹은 몰딩을 이용하여 곡면처리하면 좋으나 이러한 재료가 없을 경우 흙손으로 직접 곡면을 만들어야 하는 어려움이 있다.

최근 HACCP와 GMP 기준에서도 위생적인 관리를 위하여 소위 위생적인 모서리(sanitary corner)를 만들도록 의무화하고 있다.

창문은 작업장 내에서 발생하는 악취 · 유해가스 · 매연 및 증기 등을 환기시키기에 충분하도록 바닥면적의 5% 이상 되는 창문을 갖추거나 환기시설을 설치하여야 한다. 그리고 벽에 부착되는 창문의 접촉부는 〈그림 11-2〉와 같이 50° 경사지게 설치하여 먼지의 축적과 곤충의 서식을 방지할 수 있도록 하고 창문에는 쥐 또는 해충을 막을 수 있는 설비를 하도록 한다.

출입문, 창문, 채광창, 중간 창, 환기구 등은 완전히 밀착되어 구멍이 없어야 하며 밖으로 뚫린 구멍은 방충망, 환기팬이나 기타 적절한 장치를 하여 해충이 출입할 수 없도록 한다.

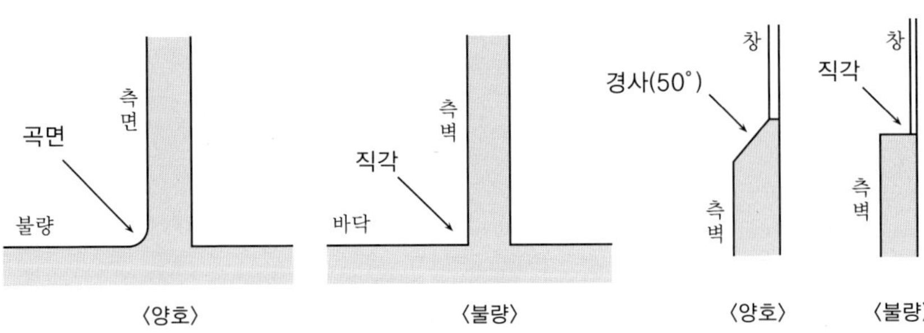

〈그림 11-2〉 **바닥, 벽 및 창문의 접속부 구조**

천장은 표면이 고르고 매끈하며 청소하기 쉽고, 비, 쥐, 벌레 및 공중 낙하균을 막을 수 있도록 틈 없고 잘 밀착되어 있어야 한다. 특히 천정에 수증기가 응축하는 곳에서는 그 방지시설이 필요하고 천정이 파손하여 쥐똥 같은 것이 떨어지지 않도록 유의하여야 한다.

천장도 벽과 같이 밝은 색으로 칠하여 햇볕을 반사해서 방안이 밝게 하고 쾌적하게 일을 할 수 있게 한다. 또 천장은 벽을 향해서 완만하게 경사지도록 하여 천정에 응축된 물방울이 직접 떨어져서 식품을 오염시키지 않게 한다.

3) 채광과 조명

조명은 작업과정에서 발생될 수 있는 재해를 방지하고 작업능률의 향상을 위해서 필요할 뿐만 아니라 작업장의 청결유지를 위해서도 중요하므로 작업장의 내부는 충분히 밝아야 한다.

한편, 작업장의 적당한 밝기를 유지하는 것은 청소나 장치 · 기계 · 기구의 세정 및 살균을 하는 데 필요할 뿐만 아니라 종업원의 피로를 적게 하기 위해서도 필요한 일이다. 조도(lux)는 작업의 종류에 따라 차이가 있으나 식품 업소에서는 50 lux 이상인 것이 좋다.

주간에는 창으로부터 자연광선을 이용하는 것이 좋으며, 창의 면적은 벽 면적의 70%, 바닥면적의 20~30%로 하는 것이 좋다. 그리고 창의 높이와 인접 건물과의 관계 등도 고려하여 설치하여야 한다〈그림11-3〉.

만일 자연채광이 곤란한 경우에는 인공조명 시설을 갖추어 작업장 내부를 효과적으로 점검하여 작업을 할 수 있도록 충분히 밝게 하며, 특히 학교 급식시설에서 조리실의 조명은 200Lux 이상이 되도록 한다.

또한 채광 · 조명설비 등으로부터 유리가 파손되어 식품오염을 유발하지 않도록 수지로 보호장치를 설치하여 항상 청결하게 유지 관리해야 한다. 일본 조명학회에서는 바닥에서 80㎝ 되는 작업대의 밝기를 100~200lux로 함을 표준으로 삼고 있다. 식품시설의 밝기의 표준은 〈표 11-2〉와 같다.

〈표 11-2〉 식품시설의 조명 표준

작업 장소	조도(lux)	작업 장소	조도(lux)
식 당	30~60	사 무 실	60~120
사 입 장	50~100	식료품 수납장	100~200
조 리 실	50~100	창 고	15~30

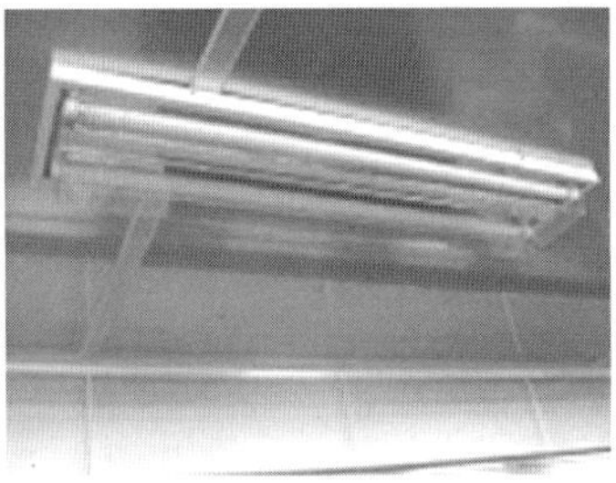

조명 안전 시설

살균 및 공조 시설

〈그림 11-3〉 조명 및 공조 시설

4) 환기 및 통풍

식품의 제조, 가공 및 조리 과정에서 원재료를 취급하거나 제조 가공 중에 열기, 분진, 가스, 매연, 증기, 악취 등이 발생되어 작업장을 오염시키며 종업원에게 유해하게 작용하여 작업환경을 나쁘게 할 수 있다. 따라서 작업 능률 향상과 원료나 시설 등에 오염을 방지하기 위하여 창이나 천장은 수증기, 연기 및 가스를 빠르게 배출할 수 있는 시설로 설계되어야 하며, 그 밖에 배기팬, 통풍기 등을 이용하여 인공적으로 환기를 한다.

창이나 천정은 수증기나 폐기(연기, 가스) 등이 빨리 배출될 수 있게 해야 하므로 매시간당 최소 공기 순환 회수를 보면 주방 20회, 식품저장실 6회, 화장실 · 세척실 8회, 복도 · 기타 4회가 표준이다.

식품을 가열 조리하는 작업장은 증기와 열기로 인하여 온도가 상승하게 된다. 특히 여름철 온도와 습도가 높아지므로 환기시설과 냉방시설을 잘하여 온도와 습도를 조절해야 한다. 적정 조리실 온도는 21~22℃이며, 습도는 50~75%가 적당하다. 환풍기의 세기는 주방에는 체적 $1m^3$당 $20\sim30m^3/hr$이며, 식품보관실은 체적 $1m^3$당 $5m^3/hr$의 흡입력이 있도록 설치하여야 바람직하다.

조리장의 열기구 위에는 환기장치로 배기 후드(hood)를 설치한다. 배기후드는 스테인리스 스틸로 제작하며 크기는 열기기보다 사방 15cm 이상 크게 하고, 30°~40° 의 각도를 가지는 깔때기 모양으로 만들며 아래 끝의 높이가 160cm 정도 되게 하는 것이 좋다.

또한 식품공장 내에서 필요한 공기의 양은 처리되는 식품의 종류, 종업원 수 등에 따라 크게 차이가 나지만 보통 공기공급량은 1,500ft^3/분/인으로 알려지고 있다. 공장에 따라서는 환기의 횟수를 정하는데 증기발생이 많은 경우 계속 환기를 하거나 필요에 따라 수회에서 수십 회에 이르기도 한다.

보통 공장 내부에 공기압을 약간 높게 양압을 유지하면 오염물질을 밖으로 배출시키는데 도움이 되며 외부로부터 오염유입도 방지될 수 있다.

일반적으로 식품공장에 공기공급이 중요하지 않다고 생각하기 쉬우나, 가공공정이 까다로워지고 우수한 제품을 생산하기 위하여 미생물 수를 극히 제한하고 있는 제품의 경우 공기 중 미생물관리가 필수적이며, 이에 따라 공장에 공급하는 공기 중 미생물 수를 규제해야 한다.

특히 저온유지가 필요한 가공공장의 경우 냉각된 공기를 공급해야 하는 바 이때 공기의 온도와 미생물 오염 정도가 관리 대상이 된다. 보통 작업장 내 미생물의 생균수는 10^2~10^3이하, 대장균은 음성을 기준으로 하고 있다.

한편, 공장 내부의 공조(air condition)에 의한 온도 · 습도관리는 물론 외부공기가 직접 식품가공 중에 접촉되지 않도록 외부 공기 흡입구의 여과장치는 물론 실내 공기의 청정도와 공기순환횟수, 실내 미생물 관리에 세심한 위생관리가 HACCP, GMP 관리 수준 이상으로 필요할 것이다.

5) 방충 및 방서

쥐와 곤충의 출입을 방지하기 위해서는 작업장 내외의 배수구와 출입구 또는 화장실과 출입구에는 방서 설비를 하고 조리장과 화장실의 창구에는 30mesh 정도의 방충 · 방서용 금속망을 설치해야 한다. 특히, 위생동물의 습성을 잘 조사하여 침입 통로를 완전히 차단하여야 한다.

또한 쥐는 주로 벽이 파손된 곳, 지붕 밑, 천정의 창가, 수채구멍, 하수도 등을 통하여 출입하므로 작업장이나 조리장의 창문에 금속망을 치는 것 외에는 건물의 내벽을 튼튼하게 하여 틈이나 파손된 곳이 없도록 한다.

특히 식품창고가 목조인 경우에는 내부의 천정, 벽, 바닥 등을 모두 주석판이나 양철판으로 깔아서 쥐가 구멍을 뚫지 못하게 한다. 특히 바닥과 벽에 이은 곳이나 기둥의 구석 등에 주의한다. 또 조리장이나 식당 등의 문을 자동개폐식으로 하는 것이 쥐의 침입을 막는데 효과적이다. 또 식품창고의 문을 열어 둘 경우에는 방서판을 설치하여 외부로부터 쥐가 들어오지 못하게 한다.

6) 기타 위생시설

출입문은 가급적 자동문을 설치하고 청소가 용이한 재질과 위생동물의 침입을 방지하기 위한 방충 · 방서시설 또는 에어 샤워기 등을 설치한다. 출입구에는 작업장 전용의 신발로 갈아 신기 위한 신발장, 신발 소독조와 수세 시설을 갖춘다. 유수식 신발 세정장과 소독액을 담은 얕은 통이나 소독액으로 전신 매트를 놓고 그곳을 지나가면서 신발을 깨끗하게 소독한 다음 조리실이나 작업장에 들어가도록 한다.

소독조의 소독액은 락스 희석액이나 역성비누를 사용하며 소독조 내부에 플라스틱 깔판을 비치하여 위생화 바닥의 이물질을 제거할 수 있게 한다. 신발 소독조는 작업장 출입구 이외의 출입구, 오염구역과 비오염 구역의 경계면에도 설치하는 것이 좋다.

식품 원료 창고는 식품재료를 보관하므로 항상 청결한 상태를 유지하여야 한다. 환기가 잘되고 온도와 습도 조절이 정확하게 이루어지며 먼지, 곤충, 쥐 등의 침입을 방지할 수 있는 시설을 갖춘다. 또한 환기시설과 충분한 보관 선반 등이 설치 되어야 한다.

보관 선반은 청소 및 통풍이 용이하도록 바닥과 벽으로부터 15㎝ 이상 띄어야 한다. 일반적으로 저장고의 온도는 10~15℃이고 상대 습도는 70~80%가 표준으로 되어 있으나 식품의 종류에 따라 차이가 있다.

화장실은 작업장과 거리를 두고 분리하여 설치하며 작업장을 통하지 않도록 한다. 청소가 용이한 구조로 하되 항상 소독약 및 청소용구 등을 청결하게 비치하며 수세시설, 소독대, 건조대, 수건걸이를 설치한다. 또한 통풍이 잘 되도록 외부로 통하는 환기시설을 갖추며, 창문에는 방충망을 설치하여 유해곤충의 침입을 막을 수 있도록 한다. 작업을 시작할 때와 끝난 후 샤워를 할 수 있도록 샤워시설도 함께 갖추는 것이 좋다.

탈의실과 화장실의 올바른 설치는 식품공장 전체의 위생 수준을 향상시킬 수 있다. 작업자의 개인 소지품과 평상복을 안전하게 보관해 놓을 수 있는 장소가 직접 작업장과는 분리된 곳에 있어야 하고, 일반적으로 탈의실은 샤워장과 수세대를 구비하며 화장실에 인접하게 한다.

탈의 후, 작업장에 들어갈 때 위생 작업복으로 갈아입어서 외출복에 묻어있는 균을 작업장에 묻혀 들어가지 않도록 출입구의 위생 통로를 일원화하여 점검하게 한다.

1.3. 식품제조 · 가공업의 시설기준

식품위생법의 시행규칙 제36조 업종별 시설기준 중에서 식품제조 · 가공업의 시설기준은 다음과 같다.

① 식품의 제조시설과 원료 및 제품의 보관시설 등이 설비된 건축물(이하 "건물" 이라한다)의 위치 등

- 건물의 위치는 축산폐수 · 화학물질 기타 오염물질의 발생시설로부터 식품에 나쁜 영향을 주지 아니하는 거리
- 건물의 구조는 제조하고자 하는 식품의 특성에 따라 적정한 온도가 유지될 수 있고 환기가 잘 될 수 있어야 함

② 작업장

- 독립된 건물이거나 식품제조 · 가공외의 용도로 사용되는 시설과 분리(벽 · 층 등에 의하여 별도의 방으로 구별되는 경우를 말한다. 이하 같다)
- 원료 처리실 · 제조가공실 · 포장실 및 기타 식품의 제조 · 가공에 필요한 작업실을 말하며, 각각의 시설은 분리 또는 구획(칸막이 · 커튼 등에 의하여 구별되는 경우를 말한다. 이하 같다)

※ 제조공정의 자동화 또는 시설 · 제품의 특수성으로 인하여 분리 또는 구획할 필요가 없다고 인정되는 경우로서 각각의 시설이 서로 구분(선 · 줄 등에 의하여 구별되는 경우를 말한다. 이하 같다.)

- 작업장의 바닥 · 내벽 및 천장은 다음과 같은 구조로 설비
- • 바닥은 콘크리트 등으로 내수처리를 하여야 하며, 배수가 잘되도록 함
- • 내벽은 바닥으로부터 1.5미터까지 밝은 색의 내수성으로 설비하거나 세균방지용 페인트로 도색
- • 작업장 안에서 발생하는 악취 · 유해가스 · 매연 · 증기 등을 환기시키기에 충분한 환기시설
- • 작업장에는 쥐 · 바퀴등 해충이 들어오지 못하도록 할 것

③ 식품취급시설 등

- 식품을 제조 · 가공하는데 필요한 기계 · 기구류 등 식품취급시설은 식품의 특성에 따라 식품 등의 기준 및 규격에서 정하고 있는 제조 · 가공기준에 적합한 것
- 식품취급시설 중 식품과 직접 접촉하는 부분은 위생적인 내수성 재질[스테인레스 · 알루미늄 · 에프알피 · 테프론 등 물을 흡수하지 아니하는 것을 말한다. 이하 같다]로서 씻기 쉬우며, 열탕 · 증기 · 살균제 등으로 소독 · 살균이 가능한 것
- 냉동 · 냉장시설 및 가열처리시설에는 온도계 또는 온도를 측정할 수 있는 계기를 설치하여야 하며, 적정온도가 유지되도록 관리

④ 급수 시설

- 수돗물이나 「먹는물관리법」 제5조의 규정에 의한 먹는 물의 수질기준에 적합한 지하수 등을 공급할 수 있는 시실
- 지하수 등을 사용하는 경우 취수원은 화장실 · 폐기물처리시설 · 동물사육장 기타 지하수가 오염될 우려가 있는 장소로부터 20미터 이상 떨어진 곳에 위치

⑤ 화장실

- 작업장에 영향을 미치지 아니하는 곳에 정화조를 갖춘 수세식화장실을 설치하여야 하나, 인근에 사용하기 편리한 화장실이 있는 경우에는 화장실을 따로 설

치하지 아니할 수 있음

- 콘크리트 등으로 내수처리를 하여야 하고, 바닥과 내벽(바닥으로부터 1.5미터까지)에는 타일을 붙이거나 방수 페인트로 색칠

⑥ 창고 등의 시설

- 원료와 제품을 위생적으로 보관 · 관리할 수 있는 창고를 갖추어야 하며, 그 바닥에는 양탄자를 설치하려서는 아니 됨
- 창고에 갈음할 수 있는 냉동 · 냉장시설을 따로 갖춘 업소에서는 이를 설치하지 아니할 수 있음

⑦ 검사실

- 식품 등의 기준 및 규격을 검사할 수 있는 검사실을 갖추어야 한다. 다만, 다음 각호의 1에 해당하는 경우에는 이를 갖추지 아니할 수 있다.
- 법 제31조 제2항에 따라 식품위생검사기관 등에 위탁하여 자가 품질 검사를 하고자 하는경우
- 검사실을 갖추어야 하는 경우에는 자가 품질 검사에 필요한 기계 · 기구 및 시약류를 갖추어야 함

2. 설비와 기구의 위생관리

식품공장이나 집단급식 등 식품처리시설을 능률적으로 운영하고 위생적으로 관리하기 위하여 제반기구 및 관련용기들은 충분한 규모와 물량을 비치하여야 한다. 그리고 이들 설비와 기구들을 위생적으로 안전하게 보존하고 유지 관리하는 습관이 필요할 것이다.

2.1. 기구 및 용기 · 포장의 일반 기준

① 기구 및 용기 · 포장은 물리적 또는 화학적으로 내용물이 오염되기 쉬운 구조이어서는 안 된다.

② 전분, 글리세린 등 식용물질이 식품과 접촉하는 면에 접착되어 있는 용기 · 포장에 대하여는 증발 잔류물의 규격적용을 제외할 수 있다.

③ 식품과 접촉하는 기구 및 용기 · 포장의 제조 또는 수리에 땜납을 사용하여서는 안 된다.

④ 전류를 직접 식품에 통하게 하는 장치를 가진 기구의 전극은 철, 알루미늄 및 백금 이외의 금속을 사용해서는 안 된다.

⑤ 동제 또는 동합금제의 기구 및 용기 · 포장은 그 식품에 접촉하는 부분을 전면 주석도금 또는 광택 처리를 하여 위생상 위해가 없도록 적절하게 처리해야 한다. 다만, 고유의 광택을 가지고 녹이 슬지 않는 것은 제외한다.

⑥ 기구 및 용기 · 포장의 제조에 있어 화학적 합성품인 착색료를 사용하는 경우에는 식품위생법상 허용된 착색료 이외의 착색료를 사용하여서는 안 된다. 다만 유약, 유리 또는 법랑에 녹이는 방법, 기타 식품에 혼화할 우려가 없는 방법에 의한 경우는 제외한다.

⑦ 용기 · 포장 제조 시 인쇄하는 경우 인쇄잉크를 충분히 건조하여야 하며 식품과 접촉하는 면에는 인쇄를 하지 않아야 한다.

⑧ 기구 및 용기 · 포장의 제조 시에는 디옥틸프탈레이트(di-octyl-phthalate, DOP)를 사용하여서는 안 된다.

※ 각 재질별 규격은 기구 및 용기포장의 기준 및 규격에 제시되어 있다.

2.2. 설비와 기구 · 용기의 관리

식품의 생산 · 처리 · 가공 · 조리 · 운반 · 저장 · 판매에 사용되는 기계 · 기구의 종류는 매우 많으며 다양하다. 이러한 여러 가지 식품시설을 효율적으로 가동하고 생산성을 제고하는 일은 우리 모두의 관리 책임인 것이다. 식품제조에 사용되는 설비와 기구는 대상 업종과 규모에 따라서 다양하므로 식품위생상 다음과 같이 설비 및 기구의 관리에 유의하여야 한다

① 기구·용기류는 사용목적에 따른 적절한 크기와 충분한 수량을 구비하여야 하며항

시 약 20% 정도를 여유분으로 준비하여 두는 것도 좋다(기구·용기의 크기와 수량).

② 대형기계는 벽이나 다른 기구와 적어도 50~60㎝의 간격을 두고 바닥에서 15㎝ 높이로 배치하여 청소 관리가 용이하도록 한다(대형기계 · 기구의 관리).

③ 기구 · 용기류는 내구성이 있고 특히 식품과 접촉하는 부분은 유해성 금속을 용출하지 않는 내수성 재질로 되어 있으며 녹이 쓸지 않고 모서리, 자루, 이은 부분 등은 되도록 둥글게 하며 앉아서 씻거나 관리하기 편리한 것을 선택한다(기구 · 용기의 재질과 구조).

④ 이동성 기구 · 용기류는 오염을 방지하기 위해서 식기장, 선반, 걸판 등을 마련하여 보관할 필요가 있는데 이들 보관설비는 녹슬지 않는 튼튼한 금속재료로 만들어서 곤충이나 쥐 등의 출입을 방지할 수 있게 한다(기구 · 용기의 보관).

동결 건조 시설

분쇄 및 포장시설

〈그림 11-4〉 **동결건조 및 포장시설**

2.3. 시설 및 기구의 위생적 취급요령

식품을 직접 조리 · 가공하는 조리사, 식품(산업)기사, 위생사 등을 비롯하여 관리자 또는 보조원 등 식품관련 종사자가 식품, 시설, 기구 등을 얼마나 위생적으로 다루느냐가 식품을 위생적으로 관리하고 안전하게 제조하는데 크나큰 영향을 미친다.

아무리 시설이 훌륭하더라도 위생적 취급요령에 따라 제조하지 못하면 품질이 보장된 제품을 만들지 못하므로 소비자의 불만처리는 물론 부정 · 불량식품을 만드는 결과를 초해할 것이다.

① 시설의 청결을 위하여 실내, 바닥, 선반 등은 적어도 매일 1회, 천정이나 벽은 매주 1회 청소한다. 쥐나 곤충의 침입을 방지하기 위하여 금속망을 한 창이나 하수구, 벽 또는 바닥의 구멍이나 균열 등에 항상 주의하여 수리한다. 또, 조리장, 식당, 창고 등의 출입문은 필요한 때 이외에는 쓸데없이 열어 놓지 않는다.

② 식품용 기구는 매일 1회 꼭 온탕과 세제를 사용하여 깨끗하게 닦아주고 살균 · 소독을 하여 항상 위생적으로 안전하게 유지한다.

③ 제품은 뚜껑이 달린 용기에 넣어서 청결하고 안전하게 유지하며 오염되지 않도록 망을 친 음식장에 넣거나 그 외의 적절한 방법으로 안전하게 보관하고 되도록 만든다음 먹을 때까지의 시간이 길지 않도록 유의한다.

④ 재료의 종류, 가공방법, 목적 등에 따라 열이 내부까지 충분히 침투할 수 있는 온도로 처리하고 저장도 식품의 종류에 따라서 냉장, 냉동 등 적절한 방법으로 하여야 한다.

⑤ 소독제, 살충제, 쥐약 같은 위험약제는 식품 취급 장소 이외의 일정한 장소를 정하여 보관하되 주의를 환기하게끔 표시를 명백하게 하여 음식물과 혼동하지 않도록 한다.

⑥ 식품이나 시설, 기구 등을 다룰 때는 항상 손을 깨끗이 씻는다.

2.4. 기구 · 용기의 세정 · 살균 및 소독

식품제조 과정 전반에 걸쳐서 설비, 기구, 용기 등 식품처리 시설의 위생관리가 철저하게 이루어져야 함은 물론 작업장이 청결하고 안전한 상태로 유지관리되어야 한다.

장치 · 기계 · 기구 · 용기가 식품과 직접 접촉되는 부분의 세정 및 살균은 중요한 일이며, 세정 및 살균이 불완전하면 미생물에 의한 2차 오염을 받게 되므로 식품의 품질을 보장할 수 없게 되는 것이다.

1) 세정(洗淨)

일반식품은 지방질, 단백질, 탄수화물, 무기질, 비타민 등으로 복잡하게 구성되어 있다. 식품을 취급하는 장치, 기계, 기구류도 그 재질이 금속, 목재, 유리, 기타 여러 가지로 되어 있어 이러한 것에 부착되어 있는 때나 찌꺼기를 제거하는 것은 쉬운 일이 아니다. 따라서 기구류를 세정할 때에는 대상물에 적합한 세제의 종류를 선택하는 것이 중요하다〈표 11-3〉.

기계, 기구, 용기의 종류 및 재질, 그곳에 부착되어 있는 식품의 종류에 따라 세정하는 방법이 다르나 일반적으로 통용되는 세정 조작 및 순서를 보면 다음과 같다.

〈표 11-3〉 식품공업에 사용되는 세제의 종류

분 류		세제종류	비 고
계면활성 세제	이온형	• 이온 계면활성제 • 양성 계면활성제 • 음이온 계면활성제 • alkylbenzene sulfonate • dialkylsulfomagnesite • 알코올황산에스테르	계면활성제는 물이나 다른 용매에 미량용해되어 용매의 표면장력을 저하 시켜 발포·침투·유화·현탁·세정·가용화 등 의 여러 성질을 향상시킨다.
	비 이온형	• 비이온 계면활성제 • alkylphenol • polydeoxychelate • alcoholpolyoxychelate	
무기성 세제	알칼리류	• 수산화나트륨 • 탄산나트륨 • 인산나트륨	옛날부터 많이 사용 되어온 세제이며 계면활성력이 없기 때문에 계면활성력을 가진 세제와 함께 사용한다. 수산화나트륨은 지방제거에 일반적으로 사용된다. 산류는 무기염류의 침착을 제거하기 위해 사용된다.
	산류	• 염산 • 황산 • 질산 • 차아염소산수	

① 용수에 의한 세정(수세) : 먼저 충분한 양의 물로서 씻어 표면에 부착되어 있는 잔사와 불결한 물질을 제거한다.

② 온수에 의한 세정 : 수세한 후 40~50℃의 온수로 솔을 사용하여 부착된 잔사와 불결한 물질을 세척한다. 이것은 지방분을 용해하고 단백질이나 탄수화물을 연화시켜기계적인 세척으로 제거하는 조작이다.

③ 세제에 의한 세정 : 온수세정 후 식품에 알맞은 세제를 선택하여 수세용 솔로 세정한다. 세제는 식품 전반을 통하여 알칼리성 세제와 계면활성제가 주로 사용되며 우유용 세제로 산성세제가 사용되는 경우도 있다. 비누는 지방성 찌꺼기를 흡착하여 제거하거나 때를 제거하는 능력이 좋아 손을 씻거나 식기류, 용기 등의 세정에 사용된다. 최근에는 세정력이 강한 세제가 많이 개발되어 채소류, 과일류, 식기류 등에 중성세제가 사용되고 있다.

④ 온수 및 정수에 의한 세정 : 끝으로 잔존하는 세제를 제거하기 위하여 온수와 충분한 물로 씻는다.

2) 살균 및 소독

세정에 의하여 장치 · 기계 · 기구 · 용기 · 포장 및 식품 등의 표면에 부착되어 있는 미생물은 완전하게 제거되지 않으므로 살균 · 소독할 필요가 있다〈그림 11-5〉.

소독(disinfection)은 병원 미생물을 죽이거나 병원성을 약화시켜 감염력을 없애는 처리방법을 말하고, 살균(sterilization)은 모든 미생물을 완전히 죽이는 조작을 말한다. 따라서 살균 · 소독을 통하여 기구 · 용기 및 식품 등에 존재하는 미생물을 사멸하거나 안전한 수준으로 감소시켜야 한다.

살균 및 소독을 실시하기 위해서는 사전에 미생물을 안전한 수준으로 감소시키기 위한 살균방법, 소독제의 선택, 농도, 침지시간을 결정하고 사용방법을 반드시 숙지하는 것이 식품안전과 위생관리를 위하여 대단히 중요한 것이다.

에어샤워 시설 손 소독 시설

〈그림 11-5〉 **소독 및 살균 시설**

소독액은 사용 직전에 당일(1일 1회) 제조하여 사용하고, 소독제는 반드시 식품과 구분하여 안전한 장소에 따로 보관하여 취급에 유의해야 한다.

따라서 미생물의 살균 · 소독을 위하여 열에 의한 살균, 자외선에 의한 살균, 그리고 화학약품에 의한 살균 방법 등으로 분류한다.

(1) 열에 의한 살균

열에 의한 살균은 증기 캐비넷 · 열풍 캐비넷을 이용하며, 분사증기를 직접 주입하는 방법, 열탕조로 자비 살균하는 방법들이 실제로 이용된다. 이러한 경우 살균에 유효한 온도 · 시간 등은 시설과 미생물의 종류에 따라 다르다.

① 열탕소독법 : 80°C 이상의 열탕 중에서 20분 이상 또는 끓는 물(100°C) 중에서15분 이상 유지하는 것으로 포자는 죽일 수 없기 때문에 완전멸균은 불가능하다. 소형기구, 초자기구, 금속제품, 내열성수지, 식기, 용기와 행주 등에 이용되며 통조림 식품에 이용하기도 한다. 자비소독법이라고도 한다.

② 증기소독법 : 습열에 의한 수증기를 이용하여 살균하는 방법으로 그 적용대상이나 멸균조건은 열탕법과 같으며 식품공장에서는 수증기 발생장치에서 나오는 수증기를 이용하여 조리대, 기구 등에 대규모 소독을 하고 있다. 상압 하에서 끓고 있는 물의 수증기를 100°C에서 30분간 이용하여 가열, 살균하는 상압증기 소독법과 고압에서 121℃, 15~20분간 고압멸균기(autoclave)를 이용하여 완전 살균하는 방법이 있다.

③ 화염소독법 : 화염 연소에 의한 가열살균법으로 재이용이 불편한 지류, 목제품, 감염병 사체 등을 대상으로 한다. 소각에 의하여 살균시키므로 소각법이라고도 한다.

④ 건열소독법 : 건열멸균기를 이용하거나 멸균장치 내에서 환풍기로 열풍을 순환시켜 구석구석까지 열기를 유통시켜서 건열로 살균 · 소독하는 방법으로 그 대상이나 조건은 열탕법의 경우와 비슷하나 목제기구나 유리기구, 행주 등 섬유류 등에는 이용할 수 없다.

(2) 자외선에 의한 살균

강력한 살균력을 나타내는 파장 2,537 Å 의 광선을 이용하는 살균방법이다. 자외선을 이용한 살균은 공기와 물, 조리실, 포장실, 식당, 창고 및 기구류 등의 조사되는 표면의 살균에 주로 이용된다. 살균력은 조사량과 조사시간의 곱에 관계가 있다.

자외선 살균 등은 모든 균종에 효과가 있으며, 대상물에 거의 품질 변화를 주지 않으며, 사용법이 간단하고 살균효과가 크다는 장점을 가지고 있으나 그늘진 곳에서는 효력이 떨어지고 단백질과 같은 유기물이 공존하는 경우에는 흡수되어 효과가 현저히 줄어들며, 조사하는 동안만 효과가 있고 잔류효과는 없다는 단점이 있다. 뿐만 아니라 사람이 자외선을 직접 보면 결막염, 각막염 등을 일으키며, 반사광이라 할지라도 피부에 닿으면 가벼운 화상과 유사한 상처를 주고, 지방에 장시간 조사하면 산패취가 생기 수 있으므로 유의하여야 한다.

자외선의 살균력은 균의 종류에 따라 차이가 있으며 대장균은 15W 살균등으로 50cm 거리에서는 2분 이내, 10cm에서는 약 6초면 죽는다. 이질균, 티푸스균 등도 대장균과 같은 정도이고 그 외의 세균은 1.5~5배, 효모류는 3~6배, 곰팡이는 5~50배 정도의 살균시간이 걸리며 곤충류는 잘 죽지 않는다고 보고되고 있다.

(3) 화학약품에 의한 살균

장치, 기계, 기구류의 세정 후 살균소독을 위하여 화학약품에 의한 살균제가 사용된다. 시설의 위생관리에 필요한 약제로는 보통 염소살균제(염소수, 차아염소산나트륨, 표백분, chloramine), 역성비누 등에 한정되어 사용되고 있다〈표 11-4〉.

화학약품 소독은 작업대, 기기, 도마, 생채소 및 과일을 소독하는데 이용된다.

미국 FDA에서 승인된 식품접촉 표면 살균제는 염소계, 이산화염소 또는 산화염소 혼합물, 요오드계, 4급 암모늄염, 산-음이온계 계면활성제, 카르복실산제, 과산화물계, 페놀 화합물 등으로 분류되어 있다. 화학약품에 의한 살균제의 종류는 〈표 11-5〉와 같다.

〈표 11-4〉 소독제의 종류와 주요 작용 및 농도

종류	사용농도	주요작용	용도
금속류	• $HgCl_2$ 0.1~0.5% • 유기수은제 Merthiolate 0.02% Mercurochrome 2% • $AgNO_3$ 0.1% • $CuSO_4$ • Organic ccopper compound	단백질의 SH와 결합 단백질 침전 단백질 침전·변성	소독제(비금속성기구) 피부방부제(백신방부제) 피부방부제(백신방부제) 신생아 안질예방 조류 살균제 식물소독
할로겐 (halogen)	• I_2+KI • Cl_2 gas • $CaOCl_2$, NaClO 0.2~0.4ppm • Chloramine	단백질의 할로겐화 효소와 단백질의 불활성화 세포벽과 효소단백질과 결합, 산화작용	피부방부, 의료기구 소독 음료수 소독, 하수 소독 음료수 소독 식품과 낙농공업의 일반소독
석탄산 유도체 (phenol)	• Phenol 3~5% • Cresol 1~3% • Creosote 0.1%	단백질 변성 세포벽의 손상	피부, 의료기구소독 피부방부, 오물(배설물)소독 구강 소독
지방족 화합물	• Ethanol 70% • Isopropylalcohol 30~70% • Formaldehyde 1~1.5%	단백질 변성 세포벽의 손상 탈수, 지질 용매작용	피부방부 의료기구 소독 소독제(금속성 기구)
양이온성 청정체 (cationic detergent)	• 제4급암모늄	단백질 변성 세포벽의 손상	비누, 화장품, 식기류 소독제 손소독제

① 염소소독제로 차아염소산나트륨(NaOCl), 표백분($CaOCl_2$), 이염화이소시아눌산나트륨(sodium dichloroisocyanurate) 및 이산화염소 등이 있으며, 이들은 수용액 중에서 차아염소이온(ClO-)이 생겨서 살균작용을 나타내게 된다. 염소제는 식기류, 용기, 기구, 물수건 등을 세제로 씻은 후 사용하는 것이 좋다. 씻기 전에 사용하면 기구 등에 묻어 있는 때, 우유, 지방과 같은 유기물질과 작용하여 유효농도가 떨어지기 때문이다.

생채소와 과일의 소독에 100ppm 이상의 유효염소가 함유된 24℃ 이상의 염소용액에 최소 5분간 침지시키고 식품 접촉면은 200ppm에서 1분 이상 소독한다. 차아염소산나트륨의 사용 예를 〈표 11-5〉에 나타내었다. 소독제의 농도 환산법은 다음과 같다.

$$\frac{\text{화성농도(ppm)}}{1,000,000} = \frac{\text{소독액의 양}(ml)}{\text{물의 양}(ml)} \times \text{소독액의 유효염소 (\%)}$$

〈표 11-5〉 차아염소타트륨 (NaOCl, 4~6%)의 사용 예

용도별	용도 예	희석배수	소요시간
살균 소독	음료수 채소, 과일 식품가공용 기구, 용기	6,000 500 500	1분 이상 5분 이상 1분 이상
의료 소독	법정감염병의 소독 국부세정	4 1,000	
가축, 가금	우유처리기구 축사의 소독, 탈취	250 100~200	1분 이상 1분 이상
세탁, 표백	흰 무명, 흰 마직물 등의 표백 가제, 붕대 소독, 표백	200 60~200	15분 이상 15분 이상

② 역성비누(invert soap)는 계면활성제의 일종으로 제4급 암모늄염의 유도체로 보통 비누와 반대로 해리하여 양이온이 비누의 주체가 되는 것으로서 양성비누라고도 한다. 살균력이 강하고 물에 잘 녹으며, 냄새가 없고 자극성과 부식성이 없어 손이나 식기의 소독뿐 아니라 식품공장의 살균에 이용된다.

살균력이 뛰어나며 석탄산계수가 200~500으로 보통 10% 액이 원액으로 시판되고 있다. 손의 소독에는 원액(10%)을 100~200배 희석하여 2~3분 이상 씻거나 원액을 손바닥에 묻혀 잘 문지른 다음 흐르는 수돗물로 잘 씻어낸다. 식기나 용기 등의 소독에는 원액을 200~500배로 희석하여 5분 이상 담근 후 흐르는 물로 잘 씻어낸다.

③ Ethyl alcohol 액은 70% 수용액이 사용되며 손의 살균을 비롯하여 금속제 기구, 용기, 초자기구 등에 분무하여 살균한다.

④ Iodine tincture는 70% alcohol 1000ml 중에 I_2 60g, KI 40g을 녹인 용액인데 작업자의 상처 소독에 쓰인다. 기구나 용기를 소독할 때 pH5이하, 24℃이상에서 25ppm 요오드용액에 1분간 침지하여 사용한다.

⑤ Mercurochrome액은 2% 수용액이 상처나 점막의 소독에 사용된다.

⑥ 과산화수소(Hydrogen peroxide)는 3% 수용액으로 만들어서 손 등의 소독용으로 일반적으로 많이 사용된다.

⑦ Acrinol액은 황색의 결정으로 물에 녹아 황색이 되며, 수용액은 녹색의 형광을 나타낸다. 피부의 살균 소독에 0.2~0.05% 수용액이 쓰인다.

3. 급수 및 오물 처리의 위생관리

물은 지구상에서 가장 풍부한 자원 중의 하나이며 많은 곳에 존재한다. 인간과 모든 생물은 물이 없이는 존재할 수 없으며 모든 식품성분 중 가장 함량이 높으며 인체의 구성도 물이 주성분이다.

산업이 발전하고 인간 문화수준이 향상됨에 따라 물의 수요가 계속 증가하며, 특히 식품가공공장은 어느 제조업보다도 많은 양의 물을 사용하며 가장 양질의 물을 필요로 한다. 따라서 식품공장 건설 위치 선정에서 가장 중요하게 검토하는 것이 양질의 물을 충분히 얻을 수 있는가 여부이다.

식품위생의 견지에서 식품의 원재료, 용기, 기구, 기계의 세척에 사용하는 물 및 조리에 사용하는 물은 음용에 적합한 위생적인 물이 아니면 아니 된다. 보통 우리들이 사용하는 물은 수돗물 아니면 우물물로서 장소에 따라서는 간이수도가 이용된다.

따라서 식품을 취급하는 시설에서는 사용하는 물에 대하여 검사기관에 의하여 수질검사를 받아 먹는 물 수질기준에 적합하여야 한다. 또한 식품공장에서는 원료의 선별과정에서 발생하는 각종 폐기물이 발생한다. 이들 폐기물과 폐수는 각종 유기물이 많이 들어있어 적절히 위생 처리하지 않으면 부패되고 악취를 내어 공장 전체를 오염시키고 작업환경을 해치게 된다.

적절히 처리되지 않는 폐수를 방류하는 경우, 하천을 오염시키며 폐기물을 방치하는 경우 부패에 의한 오염은 물론이고, 각종 곤충의 서식으로 공장 전체에 영향을 미칠 수 있으므로 급수 및 오물처리의 위생적 관리가 식품가공공장에서 중요한 위생관리 중 하나일 것이다.

3.1. 급수 관리

생활수준이 높아짐에 따라 물의 사용량은 급격히 증가된다. 1일 1인당의 급수량은 우물을 사용할 경우 40~60 *l* , 비교적 청결한 생활을 할 경우 90~100 *l* , 간이수도 150~250 *l* , 대도시 생활 250~450 *l* 정도이다. 그리하여 대량의 물이 급수되면 비교적 위생적으로 안정성이 확립되는 것이다.

작업장에서 사용하는 용수에 대하여 제조용수의 이화학적 시험, 순도 시험, 미생물학적 시험 등을 하여 용수의 규격을 정하고 정기적인 검사를 실시하여 급수의 수질을 유지관리하여야 한다.

급수관리의 주안점은 수원의 종류와 특질, 정수방법과 그 규모, 급수구역과 급수 인구, 1일 1인당의 급수량, 배수계통, 잔류염소의 분포 등에 대하여 명확한 계획을 세워야 한다. 식품취급시설에서 사용하는 물은 원칙적으로 상수도 물이어야 안전하다.

만일 상수도 물을 이용할 수 없을 때는 사용하는 우물, 샘물 등에 대하여 검사기관에서 연 2회 이상 수질검사를 받아서 음용수로서 적합여부 판정을 받은 물을 급수하고 살균소독에 안전을 기하여 위생적으로 관리하여야 한다.

※ 급수에 사용되는 우물물의 유의 사항은 7.5m 이상의 비교적 깊은 우물로서, 오염원(변소, 하수 등)으로부터 적어도 15~20m 이상, 배수관, 배수구로 부터 3m이상 떨어져 있어야 하며, 변소, 오물이나 하수 등의 침입이 불가능한 구조이어야 하다.

우물의 주변은 콘크리트로 다져서 빗물이나 지표수가 스며들지 못하도록 하고, 급수관(펌프 등)은 녹이 슬거나 화학변화를 일으키지 않도록 주의하여야 한다.

3.2. 먹는 물의 수질기준(제2조 관련)

식품처리시설에서 사용하는 물은 상수도물로 급수하여야 하지만 물의 사용량이 많아지고 지표수는 물론 지하수까지 오염되는 경우가 많아 지하수나 지표수를 사용하는 경우, 식품취급시설의 음용수는 검사기관에서 음용수의 적부검사를 정기적으로 받게 되어 있다.

먹는물검사규칙(2021. 9. 16. 타법개정)에 의한 먹는 물의 수질 기준은 다음과 같다.

1) 미생물에 관한 기준

가. 일반세균은 1mL 중 100CFU(Colony Forming Unit)를 넘지 아니할 것. 다만, 샘물 및 염지하수의 경우에는 저온일반세균은 20CFU/mL, 중온일반세균은 5CFU/mL를 넘지 아니하여야 하며, 먹는샘물, 먹는염지하수 및 먹는해양심층수의 경우에는 병에 넣은 후 4℃를 유지한 상태에서 12시간 이내에 검사하여 저온일반세균은 100CFU/mL, 중온일반세균은 20CFU/mL를 넘지 아니할 것

나. 총 대장균군은 100mL(샘물 · 먹는샘물, 염지하수 · 먹는염지하수 및 먹는해양심층수의 경우에는 250mL)에서 검출되지 아니할 것. 다만, 제4조제1항제1호나목 및 다목에 따라 매월 또는 매 분기 실시하는 총 대장균군의 수질검사 시료(試料) 수가 20개 이상인 정수시설의 경우에는 검출된 시료 수가 5퍼센트를 초과하지 아니하여야 한다.

다. 대장균 · 분원성 대장균군은 100mL에서 검출되지 아니할 것. 다만, 샘물 · 먹는샘물, 염지하수 · 먹는염지하수 및 먹는해양심층수의 경우에는 적용하지 아니한다.

라. 분원성 연쇄상구균 · 녹농균 · 살모넬라 및 쉬겔라는 250mL에서 검출되지 아니할 것(샘물 · 먹는샘물, 염지하수 · 먹는염지하수 및 먹는해양심층수의 경우에만 적용한다)

마. 아황산환원혐기성포자형성균은 50mL에서 검출되지 아니할 것(샘물 · 먹는샘물, 염지하수 · 먹는염지하수 및 먹는해양심층수의 경우에만 적용한다)

바. 여시니아균은 2L에서 검출되지 아니할 것(먹는물공동시설의 물의 경우에만 적용한다)

2) 건강상 유해 영향 무기 물질에 관한 사항

가. 납은 0.01㎎/L를 넘지 아니할 것

나. 불소는 1.5㎎/L(샘물 · 먹는샘물 및 염지하수 · 먹는염지하수의 경우에는 2.0㎎/L)를 넘지 아니할 것

다. 비소는 0.01㎎/L(샘물 · 염지하수의 경우에는 0.05㎎/L)를 넘지 아니할 것

라. 셀레늄은 0.01㎎/L(염지하수의 경우에는 0.05㎎/L)를 넘지 아니할 것

마. 수은은 0.001㎎/L를 넘지 아니할 것

바. 시안은 0.01㎎/L를 넘지 아니할 것

사. 크롬은 0.05㎎/L를 넘지 아니할 것

아. 암모니아성 질소는 0.5㎎/L를 넘지 아니할 것

자. 질산성 질소는 10㎎/L를 넘지 아니할 것

차. 카드뮴은 0.005㎎/L를 넘지 아니할 것

카. 붕소는 1.0㎎/L를 넘지 아니할 것(염지하수의 경우에는 적용하지 아니한다)

타. 브롬산염은 0.01㎎/L를 넘지 아니할 것(수돗물, 먹는샘물, 염지하수 · 먹는 염지하수, 먹는해양심층수 및 오존으로 살균 · 소독 또는 세척 등을 하여 먹는물로 이용하는 지하수만 적용한다)

파. 스트론튬은 4mg/L를 넘지 아니할 것(먹는염지하수 및 먹는해양심층수의 경우에만 적용한다)

하. 우라늄은 30㎍/L를 넘지 않을 것[수돗물(지하수를 원수로 사용하는 수돗물을 말한다), 샘물, 먹는샘물, 먹는염지하수 및 먹는물공동시설의 물의 경우에만 적용한다)]

3) 건강상 유해 영향 유기 물질에 관한 기준

가. 페놀은 0.005㎎/L를 넘지 아니할 것

나. 다이아지논은 0.02㎎/L를 넘지 아니할 것

다. 파라티온은 0.06㎎/L를 넘지 아니할 것

라. 페니트로티온은 0.04㎎/L를 넘지 아니할 것

마. 카바릴은 0.07㎎/L를 넘지 아니할 것

바. 1,1,1-트리클로로에탄은 0.1㎎/L를 넘지 아니할 것

사. 테트라클로로에틸렌은 0.01㎎/L를 넘지 아니할 것

아. 트리클로로에틸렌은 0.03㎎/L를 넘지 아니할 것

자. 디클로로메탄은 0.02㎎/L를 넘지 아니할 것

차. 벤젠은 0.01㎎/L를 넘지 아니할 것

카. 톨루엔은 0.7㎎/L를 넘지 아니할 것

타. 에틸벤젠은 0.3㎎/L를 넘지 아니할 것

파. 크실렌은 0.5㎎/L를 넘지 아니할 것

하. 1,1-디클로로에틸렌은 0.03㎎/L를 넘지 아니할 것

거. 사염화탄소는 0.002㎎/L를 넘지 아니할 것

너. 1,2-디브로모-3-클로로프로판은 0.003㎎/L를 넘지 아니할 것

더. 1,4-다이옥산은 0.05㎎/L를 넘지 아니할 것

4) 소독제 및 소독부산물질에 관한 기준(샘물·먹는샘물·염지하수·먹는염지하수·먹는해양심층수 및 먹는물공동시설의 물의 경우에는 적용하지 아니한다)

가. 잔류염소(유리잔류염소를 말한다)는 4.0㎎/L를 넘지 아니할 것

나. 총트리할로메탄은 0.1㎎/L를 넘지 아니할 것

다. 클로로포름은 0.08㎎/L를 넘지 아니할 것

라. 브로모디클로로메탄은 0.03㎎/L를 넘지 아니할 것

마. 디브로모클로로메탄은 0.1㎎/L를 넘지 아니할 것

바. 클로랄하이드레이트는 0.03㎎/L를 넘지 아니할 것

사. 디브로모아세토니트릴은 0.1㎎/L를 넘지 아니할 것

아. 디클로로아세토니트릴은 0.09㎎/L를 넘지 아니할 것

자. 트리클로로아세토니트릴은 0.004㎎/L를 넘지 아니할 것

차. 할로아세틱에시드(디클로로아세틱에시드, 트리클로로아세틱에시드 및 디브로모아세틱에시드의 합으로 한다)는 0.1㎎/L를 넘지 아니할 것

카. 포름알데히드는 0.5㎎/L를 넘지 아니할 것

5) 심미적 영향 물질에 관한 기준

가. 경도(硬度)는 1,000㎎/L(수돗물의 경우 300㎎/L, 먹는염지하수 및 먹는해양심층수의 경우 1,200㎎/L)를 넘지 아니할 것. 다만, 샘물 및 염지하수의 경우에는 적용하지 아니한다.

나. 과망간산칼륨 소비량은 10㎎/L를 넘지 아니할 것

다. 냄새와 맛은 소독으로 인한 냄새와 맛 이외의 냄새와 맛이 있어서는 아니될 것. 다만, 맛의 경우는 샘물, 염지하수, 먹는샘물 및 먹는물공동시설의 물에는 적용하지 아니한다.

라. 동은 1㎎/L를 넘지 아니할 것

마. 색도는 5도를 넘지 아니할 것

바. 세제(음이온 계면활성제)는 0.5㎎/L를 넘지 아니할 것. 다만, 샘물·먹는샘물, 염지하수·먹는염지하수 및 먹는해양심층수의 경우에는 검출되지 아니하여야 한다.

사. 수소이온 농도는 pH 5.8 이상 pH 8.5 이하이어야 할 것. 다만, 샘물, 먹는샘물 및 먹는물공동시설의 물의 경우에는 pH 4.5 이상 pH 9.5 이하이어야 한다.

아. 아연은 3㎎/L를 넘지 아니할 것

자. 염소이온은 250㎎/L를 넘지 아니할 것(염지하수의 경우에는 적용하지 아니한다)

차. 증발잔류물은 수돗물의 경우에는 500㎎/L, 먹는염지하수 및 먹는해양심층수의 경우에는 미네랄 등 무해성분을 제외한 증발잔류물이 500㎎/L를 넘지 아니할 것

카. 철은 0.3㎎/L를 넘지 아니할 것. 다만, 샘물 및 염지하수의 경우에는 적용하지 아니한다.

타. 망간은 0.3㎎/L(수돗물의 경우 0.05㎎/L)를 넘지 아니할 것. 다만, 샘물 및 염지하수의 경우에는 적용하지 아니한다.

파. 탁도는 1NTU(Nephelometric Turbidity Unit)를 넘지 아니할 것. 다만, 지하수를 원수로 사용하는 마을상수도, 소규모급수시설 및 전용상수도를 제외한 수돗물의 경우에는 0.5NTU를 넘지 아니하여야 한다.

하. 황산이온은 200㎎/L를 넘지 아니할 것. 다만, 샘물, 먹는샘물 및 먹는물공동시설의 물은 250㎎/L를 넘지 아니하여야 하며, 염지하수의 경우에는 적용하지 아니한다.

거. 알루미늄은 0.2㎎/L를 넘지 아니할 것

6) 방사능에 관한 기준(염지하수의 경우에만 적용한다)

가. 세슘(Cs-137)은 4.0mBq/L를 넘지 아니할 것

나. 스트론튬(Sr-90)은 3.0mBq/L를 넘지 아니할 것

다. 삼중수소는 6.0Bq/L를 넘지 아니할 것

3.3. 폐수 및 오물처리 위생

1) 폐수처리

폐수는 산업폐수(industrial sewage), 가정하수(domestic sewage), 우수(storm sewage) 및 지하수(ground sewage)로 크게 나눈다. 가정하수에는 유기물 이외에 병원성 미생물이 존재할 수 있으므로 폐수는 농업 · 수산업 등에 공해를 일으키지 않을 정도로 정화하여 방류하여야 한다.

특히, 가정하수에는 인축의 장관세균(intestinal bacteria)이 많으므로 감염병이 유행할 경우에는 오수가 역학적 요인이 되므로 주의하여야 된다. 식품가공공장에는 원료의 세척, 제조 공정, 살균 및 냉각과정과 가공기계의 세척 등에서 많은 폐수가 발생한다.

〈그림 11-6〉 **폐수 처리 시설**

일반적으로 폐수처리는 예비처리와 생물학적 처리로 나눈다. 예비처리는 침사지, 침전제, 스크린에 의하여 침전시간 2시간 정도로서 유기성 물질을 포함한 부유물(SS)을

30~60%, 세균은 25~75% 제거되고 이의 상징액은 염소소독을 하여 방류한다.

예비처리를 끝마친 하수는 생물학적 정화작용을 응용한 시설, 즉 접촉여상법, 살포여상법, 활성오니법 등으로 정화한다.

접촉여상법은 적당한 크기의 돌, 벽돌부스러기, 모래 등을 퇴적한 표면적이 큰 여상에 폐수를 통과시켜 그 표면적과 혐기성 세균의 작용에 의하여 하수의 정화분해를 하는 것이며, 살포여상법은 점적법이라고도 하며, 큰 돌을 퇴적한 여상 위에 하수를 분무상으로 적하하여 폐수가 여과제의 표면을 흘러내리는 동안에 호기성균에 의한 산화분해를 받아 정화 여과되어 나오는 물을 모아 최종 침전조에 도입시켜 침전시킨 후 하천이나 바다에 방류시킨다.

활성오니법은 고도의 생물학적 작용을 이용한 방법으로 유지관리에 고도의 기술을 요하며, 생물로부터 형성되어진 미세한 활성오니를 이용하여 폭기조에 공기량은 하수 1 *l* 당 3~15 *l* 정도 주입하여 정화시키는 방법으로 정화율은 BOD와 SS 85~95%, 세균 90~88%이다.

우리나라 하수도법 시행규칙 제3조에 의하여 공공하수처리시설의 방류수 수질기준은 〈표 11-6〉과 같다.

〈표 11-6〉 우리나라의 일반 하수처리장 방류수의 수질 기준

구분		생물화학적산소요구량(BOD)(mg/ℓ)	화학적산소요구량(COD))(mg/ℓ)	부유물질(SS))(mg/ℓ)	총질소(T-N))(mg/ℓ)	총인(T-P))(mg/ℓ)	총대장균군수(개/mℓ)	생태독성(TU)
1일 하수처리용량 500㎥ 이상	Ⅰ 지역	5이하	20이하	10이하	20이하	0.2이하	1,000이하	1이하
	Ⅱ 지역	5이하	20이하	10이하	20이하	0.3이하	3,000이하	
	Ⅲ 지역	10이하	40이하	10이하	20이하	0.5이하		
	Ⅳ 지역	10이하	40이하	10이하	20이하	2이하		
1일 하수처리용량 500㎥ 미만 50㎥ 이상		10이하	40이하	10이하	20이하	2이하		
1일 하수처리용량 50㎥ 미만		10이하	40이하	10이하	40이하	4이하		

2) 오물처리

오물 처리 시설은 식품 공장에서 분리된 장소에 있고 환기가 잘 되어야 하며, 세척 및 소독이 용이하여야 한다. 쓰레기 모으는 곳은 조리장에서 3m 이상 떨어진 곳에 불 침투성 재료로 만들고 투입구와 수거구는 뚜껑으로 밀폐하여 쥐나 파리 등의 침입을 막는다.

그 주변은 콘크리트로 발라서 오수가 땅속으로 침투하지 못하게 하고 또 가까운 곳에 수도전을 만들고 고무호스를 준비하여 항상 씻어 내려서 청결을 유지할 수 있게 한다.

쓰레기(refuse)는 그 성분에 따라 부엌쓰레기, 잡쓰레기, 재로 나눌 수 있으며, 또 처리하는 입장에서 보면 가연성 쓰레기와 비가연성 쓰레기로 나눌 수 있다. 쓰레기의 배출량은 1일 1인당 500g 전후이며, 생활양식, 계절 등에 따라 크게 변한다.

특히 부엌 쓰레기는 1일 1인당 약 130~180g 정도 배출되며, 수분을 함유하고 있어 연소가 되지 않으며, 부패되기 쉽고 위생해충이나 쥐의 발생원이 되므로 주의하여야 한다.

분뇨에는 소화기계의 감염병원체, 기생충란이 많이 포함되어 있어서, 비위생적으로 처리하면 음료수, 식기, 식품을 오염하는 경우가 많으므로 오물처리로 이의 오염을 차단하여야 한다.

생분뇨 중에 세균수는 대체로 1일 1인당$(7\sim20)\times10^{8}$ 된다. 또한 미처리된 분뇨는 감염병, 기생충감염 뿐만 아니라 악취 발생과 집파리의 운집, 번식으로 위생과 미관상 많은 해독을 끼친다.

식품원료에는 많은 유기물이 함유되어 이들이 물을 오염시키거나 미생물 증식의 원천이 되므로 다른 제조업과 함께 폐기물의 오물처리에 상당한 관심을 두어야 한다.

오물의 적절한 처리는 공장관리 측면에서 중요하지만 환경을 보호하는 측면에서 국가의 법적규제가 점점 강화되고 있어 법의 요구수준을 만족시키기 위해서 오물처리에 상당한 시설과 투자가 되어야 한다.

주류 제조업체의 경우, 오물 처리시설이 가공공장 시설비용에 버금가는 경우가 있고 폐수 처리비용이 원가에 상당한 영향을 주나 법적 요건을 갖추기 위해서는 피할 수 없는 조치일 것이다.

방역은 관련법규(감염병 예방법)에 의거하여 2개월에 1회 이상 실시하고 소독필증을 보관하여야 하며, 필요시 자체방역을 실시하되, 방역약품을 지정된 장소에 보관하고 허가된 제품을 사용하여 안전사고에 주의하고 외부업체에 방역 의뢰 시에는 반드시 공인된 업체를 선정하여 수행한다.

오물 처리법으로 투기, 위생적 매립, 퇴비, 소각, 가축사료 등으로 처리할 수 있으며 특히, 소각의 경우에는 도시 쓰레기 처리로 가장 위생적이라고 하나 연료비 때문에 경비가 든다. 대부분 소각로(incinerator)를 사용하며, 최근 외국에서는 고속 추비화 시설을 권장하고 있다.

식품가공공장에서 발생하는 폐기물의 종류와 양, 그리고 각각의 특성을 정확히 파악하여 적절한 오물 처리대책을 세우는 것이 필요하다.

4. 개인의 위생관리

식품은 생명과 건강에 직결되기 때문에 안심하고 먹을 수 있는 제품을 위생적으로 만드는 것이 식품공장에 종사하는 사람들의 기본적인 책임이다.

안전한 식품을 공급하기 위해서는 무엇보다도 식품가공, 제조, 보관, 유통 및 서비스에 이르기까지 식품과 직접 · 간접으로 접촉하게 되는 개인의 위생관리가 무엇보다도 중요하다. 병원성 미생물이나 유해물질이 식품에 들어올 수 있는 방법은 여러 가지가 있으나 이 중 가장 중요한 것은 사람과 음식물의 접촉이다.

많은 나라에서 음식물과 관련된 위생문제에 있어서 식품취급자의 위생을 중요하게 다루고 있다. 개인위생이란 기본적으로는 개인의 청결함과 식품관련 작업자들의 관련 행위를 의미하는 것이며, 종종 개인적인 청결을 주위와 환경과 결부시킴으로써 강조하고 있다.

식품의 안전성을 확보하기 위해서는 사용하는 원료가 위생적으로 안전하고, 식품을 취급하는 사람이 위생관념을 가지고 있어야 하며, 식품을 취급하는 시설이 위생적으로 관리가 되어 있어야 할 것이다.

이들 중 어느 하나라도 결여되어 있으면 식품의 위생처리는 물론 안전성의 보장이 어렵다. 즉, 아무리 식품 취급자가 건강하고 사용하는 원료가 위생적으로 안전하다 할지라도 식품을 제조, 가공하는 시설이나 보관시설이 위생적이지 못하면 건전한 가공식품의 생산이나 공급은 사실상 불가능할 것이다.

개인위생에 대한 바람직한 태도와 더불어 이와 관련된 시설, 즉 화장실, 탈의실 및 세면시설 등이 HACCP, GMP 관리기준에 의하여 위생관리를 한다면, 사람으로부터 전이되는 식품기인성 병원체〈표 11-7〉를 사전에 예방할 수 있을 것이다.

〈표 11-7〉 사람으로부터 전이되는 식품기인성 병원체

경로	질병	미생물	원천	잠복/급성	회복
피부/코-입	Staphylococcal	Staphylococcus	코 감염	있음	가능
	Enterotoxicosis	St. aureus	혹은 피부		
분변-입	Salmonellosis	Salmonella species	소화관	있음	가능
미상	Escherichia coli	E. coli	정확히 모름	있음	가능
분변-입	Shigellosis	Shigella species	소화관	있음	가능
분변-입	Hepatitis A	hepatitis A virus	소화관	있음	가능

4.1. 종업원의 보건관리

식품제조시설에 종사하는 작업자로부터 제품의 오염을 방지하고 정기적인 건강검진 등을 통하여 종업원의 건강을 유지하도록 관리하는 것이다.

안전한 국민 식생활을 영위하기 위해 많은 나라에서는 식품취급자를 고용하기 전에 신체검사를 받도록 의무화하고 있다. 식품위생법 제40조에서는 식품관련업에 종사하는 영업자 및 그 종업원에 대해 아래와 같이 정기적으로 건강진단을 받도록 규정하고 있다.

즉, 식품위생법 제40조 제1항의 규정에 의하여 건강진단을 받아야 하는 자는 식품 또는 식품첨가물(화학적 합성품인 식품첨가물을 제외한다)을 채취, 제조, 가공, 조리, 저장, 운반 또는 판매하는데 직접 종사하는 자로 한다.

다만, 영업자 또는 종업원 중 완전 포장된 식품 또는 식품첨가물을 운반 또는 판매하는데 종사하는 자는 제외(식품위생법시행규칙 제49조 1항)하고 있다. 그리고 건강진단을 받지 아니한 자나 건강진단 결과 타인에게 위해를 끼칠 우려가 있는 질병이 있다고 인정된 자를 그 영업에 종사시키지 못한다.

건강진단의 실시 방법 등과 제 영업에 종사시키지 못하는 질병의 종류는 식품위생법 시행규칙 제50조에 규정하고 있으며 그 범위는 다음과 같다.

① 「감염병의 예방 및 관리에 관한 법률」 제2조 제4호 나목에 따른 결핵(비감염성인 경우는 제외한다)
② 「감염병의 예방 및 관리에 관한 법률」 제33조 제1항 각호의 어느 하나에 해당하는 감염병
③ 피부병 또는 그 밖의 화농성(化膿性) 질환
④ 후천성면역결핍증(「감염병의 예방 및 관리에 관한 법률」 제19조에 따라 성병에 관한 건강진단을 받아야 하는 영업에 종사하는 사람만 해당한다)

식품위생법 제40조, 식품위생법시행규칙 제49조 제3항의 규정에 의하여 건강진단을 받아야 하는 건강진단 항목 및 진단횟수는 다음 〈표 11-8〉과 같다.

〈표 11-8〉 일반 건강진단 대상자 및 그 항목들

대 상	건강진단 항목	횟 수
식품 또는 식품첨가물(화학적 합성품 또는 기구 등의 살균·소독제는 제외한다)을 채취·제조·가공·조리·저장·운반 또는 판매하는 데 직접 종사하는 사람. 다만, 영업자 또는 종업원 중 완전 포장된 식품 또는 식품첨가물을 운반하거나 판매하는 데 종사하는 사람은 제외한다.	1. 장티푸스 (식품위생관련 영업 및 집단급식소 종사자에 해당한다.)	매년 1회 (건강진단을 받은 날을 기준으로)
	2. 폐결핵	
	3. 전염성 피부질환 (한센병 등 세균성 피부 질환)	

4.2. 종업원의 위생교육

건강진단과 더불어 영업자나 종업원들에게 일정기간마다 식품위생에 관한 전반적인 교육을 실시하여 이들이 식품위생의 중요성을 계속 인식하고 건전한 식생활이 이루어지도록 노력하고 있다. 식품위생법 제41조 규정에 의하여 다음과 같이 위생교육을 받아야 한다.

① 대통령령으로 정하는 영업자 및 유흥종사자를 둘 수 있는 식품접객업 영업자의 종업원은 매년 식품위생에 관한 교육을 받아야 한다.

② 제36조제1항 각 호에 따른 영업을 하려는 자는 미리 식품위생교육을 받아야 한다. 다만, 부득이한 사유로 미리 식품위생교육을 받을 수 없는 경우에는 영업을 시작한뒤에 식품의약품안전처장이 정하는 바에 따라 식품위생교육을 받을 수 있다.

③ 제1항 및 제2항에 따라 교육을 받아야 하는 자가 영업에 직접 종사하지 아니하거나 두 곳 이상의 장소에서 영업을 하는 경우에는 종업원 중에서 식품위생에 관한 책임자를 지정하여 영업자 대신 교육을 받게 할 수 있다.
다만, 집단급식소에 종사하는 조리사 및 영양사가 식품위생에 관한 책임자로 지정되어 제56조 제1항 단서에 따라 교육을 받은 경우에는 제1항 및 제2항에 따른 해당 연도의 식품위생교육을 받은 것으로 본다.

④ 제2항에도 불구하고 조리사 또는 영양사의 면허를 받은 자가 제36조 제1항제 3호에 따른 식품접객업을 하려는 경우에는 식품위생교육을 받지 아니하여도 된다.

⑤ 영업자는 특별한 사유가 없는 한 식품위생교육을 받지 아니한 자를 그 영업에 종사하게 하여서는 아니 된다.

⑥ 식품위생교육은 집합교육 또는 정보통신매체를 이용한 원격교육으로 실시한다. 다만, 제2항에 따라 영업을 하려는 자가 미리 받아야 하는 식품위생교육은 집합교육으로 실시한다.

⑦ 제6항에도 불구하고 식품위생교육을 받기 어려운 도서 · 벽지 등의 영업자 및 종업원인 경우 또는 식품의약품안전처장이 「감염병의 예방 및 관리에 관한 법률」 제2조에 따른 감염병이 유행하여 국민건강을 해칠 우려가 있다고 인정하는 경우 등 불가피한 사유가 있는 경우에는 총리령으로 정하는 바에 따라 식품위생교육을 실시할 수 있다.

⑧ 제1항 및 제2항에 따른 교육의 내용, 교육비 및 교육 실시 기관 등에 관하여 필요한 사항은 총리령으로 정한다.

1) 위생 교육대상자

① 법 제41조 제1항에 의한 영업의 영업자

② 영양사와 조리사를 제외한 종업원

③ 유흥주점의 유흥종사자

④ 집단급식소 설치 · 운영자

⑤ 법 제36조의 규정에 의한 영업을 하고자 하는 자

이러한 규정에 위반한 경우는 100만원 이하의 과태료에 처하는 것으로 벌칙이 규정되어 있다.

식품위생법 제41조 제1항 및 2항의 규정에 의한 위생교육 대상자 중 허가관청 또는 신고관청에서 교육 참석이 어렵다고 인정하는 도서 · 벽지 등의 영업자 및 종업원에 대하여는 식품위생법시행규칙 제53조의 규정에 의한 교육교재를 배부하여 이를 숙지, 활용하도록 함으로써 교육에 갈음할 수 있다.

2) 위생 교육기관

① 식품위생법 제41조 제1항에 따른 식품위생교육을 실시하는 기관은 식품의약품안전처장이 지정 · 고시하는 식품위생교육전문기관, 법 제59조 제1항에 따른 동업자조합 또는 법 제64조 제1항에 따른 한국식품산업협회로 한다.

② 식품위생교육의 내용은 식품위생, 개인위생, 식품위생시책, 식품의 품질관리 등으로 한다.

3) 위생 교육시간

① 식품위생법 법 제41조 제1항에 따라 영업자와 종업원이 받아야 하는 식품위생 교육 시간은 다음과 같다.

- 식품위생법 시행령 제21조 제1호부터 제8호까지에 해당하는 영업자 : 3시간
- 식품위생법 시행령 제21조 제8호 라목에 따른 유흥주점영업의 유흥종사자 : 2시간
- 식품위생법 제88조 제2항에 따라 집단급식소를 설치 · 운영하는 자 : 3시간

② 식품위생법 제41조 제2항에 따라 영업을 하려는 자가 받아야 하는 식품위생 교육시간은 다음 각 호와 같다.

- 식품위생법 시행령 제21조 제1호부터 제3호까지에 해당하는 영업을 하려는 자 : 8시간
- 식품위생법 시행령 제21조 제4호부터 제7호까지에 해당하는 영업을 하려는 자 : 4시간

- 식품위생법 시행령 제21조 제8호의 영업을 하려는 자 : 6시간
- 식품위생법 제88조 제1항에 따라 집단급식소를 설치 · 운영하려는 자 : 6시간

위의 규정에 의하여 신규위생교육을 받은 자가 교육하는 날로부터 2년 이내에 교육을 받은 업종과 동일한 업종 또는 식품위생법시행령의 규정에 의한 휴게음식점 영업, 일반음식점 영업, 단란주점 영업, 유흥주점 영업, 식품제조 · 가공업 · 즉석판매제조 · 가공업, 식품첨가물 제조업 등의 업종 내의 다른 업종으로 영업을 하고자 하는 때에는 신규위생교육을 받은 것으로 본다.

그리고 영업자는 특별한 사유가 없는 한 제1항의 규정에 의한 위생에 관한 교육을 받지 아니한 자를 그 영업에 종사시키지 못하며 이 규정을 위반했을 경우 위반 과태료를 별도로 부과하고 있다.

또한 기존 영업자등의 보수교육은 식품위생법시행령에 의한 영업자는 매년 3시간(집단급식소설치 · 운영자포함), 유흥주점의 유흥종사자와 자동판매 영업자는 매년 2시간의 보수교육을 받아야 한다.

4.3. 종업원의 복장관리

1) 손과 수세

식품의 조리에 있어서 손을 거치지 않는 식품은 거의 없으며 따라서 손은 식중독과 경구감염병균의 침입경로가 되고 있다. 비록 우리 눈에는 직접 보이지 않지만 손에는 직접 · 간접으로 오염된 다양한 미생물이 서식하고 있다.

따라서 조리 관련자는 반드시 손을 깨끗이 씻는다든지 소독을 철저히 하여야 한다. 예를 들어서 원료를 취급한 후에는 손을 씻어야 하며, 조리 전에도 더운 물이나 세정제액을 손바닥에 붓고 소형 솔(brush)로 비비면서 특히 손톱사이에까지 스며들도록 하여야 한다. 이렇게 한 뒤 4~5분 정도 지나면 흐르는 수돗물에 손을 담근 채 다시 솔로 씻어낸 후 깨끗한 수건으로 닦아야 하며 손세척수를 사용할 수 있다〈표 11-9〉.

손을 씻는 빈도는 제품과 업소에 따라 다르나 식품을 직접 접하는 작업자는 적어도 2시간에 한 번씩 씻어야 하며 작업현장을 잠시 떠나 다시 돌아올 때는 반드시 손 세척을

해야 한다.

식품제조 · 가공업자나 조리사들이 손을 깨끗이 관리하여 개인 위생관리에 충실할 수 있도록 작업장 내에 전용 수세시설을 갖춘다. 만일, 작업장 내에 수세시설이 없으면 식품과 기구를 세척하는 싱크대에서 오염된 손을 씻게 되어 식품을 오염시킬 수 있다.

손에는 눈에 보이지 않는 미생물이 존재하여 식품을 취급하는 과정에서 식재료, 기구 및 음식 들이 오염되어 식중독을 일으킬 수 있다. 이러한 미생물을 제거하기 위하여 올바른 수세방법이 무엇보다 중요하다. 손을 씻는 물은 냉수보다 40℃ 정도의 온수가 좋으며 고인 물보다 흐르는 물로 씻게 되면 손에 있는 미생물이 많이 제거된다.

〈표 11-9〉 손 씻는 효과의 비교

씻는 조건	방 법	균수		제거율 (%)
		씻기 전	씻은 후	
우물물	담아놓은 물	2,400	1,500	37.5
	흐르는 물	〉30,000	6,400	〈78.7
수돗물	담아놓은 물	4,400	1,600	63.6
	흐르는 물	〉40,000	4,800	〈88.0
뜨거운 물	담아놓은 물	5,700	750	86.8
	흐르는 물	3,500	58	98.3
비누사용, 수돗물	흐르는 물(간단히)	849	54	93.6
	흐르는 물(철저히)	3,500	8	99.8
비누, 3%크레졸 사용, 수돗물	흐르는 물(간단히)	〉40,000	2,080	〈94.8
	흐르는 물(철저히)	8,500	13	99.8

2) 모발 관리

모발로부터 오염되는 것을 방지하기 위해서 식품을 조리 · 가공하는 현장에 들어가는 사람들은 위생모인 머리쓰개를 일상적으로 착용하는 것을 의무화한다. 모든 형태의 모발은 대개 미생물로 심하게 오염되어 있다.

이 미생물들의 대부분은 피부에 흔히 있던 것들이며, *Staphylococcus aureus* 같은 식품 매개성 병원균도 포함되어 있다. 보건 위생적인 관심과 더불어 음식물에 머리카락이 들어 있는 것은 외관상으로도 좋지 않다. 따라서 옷에 모발이 붙어 있을 수 있으므로 식품취급업소에서 위생복 착용을 규정하는 것도 모발 관리의 수단일 것이다.

위생모는 머리카락의 모든 면이 종이 망으로 둘러싸여 있어야 하며, 종이로 만들어 사용 후에 폐기시키는 얼굴용 머리쓰개도 사용한다. 전통적인 망사 타입의 머리쓰개는 모발에 대해서 적절한 대처가 되지 못하기 때문에 식품공장에서 사용하는 것을 억제해야 한다.

3) 복장 관리

위생복은 외부환경으로부터 오염을 차단시켜 주는 중요한 역할을 하므로 청결하고 깨끗하여야 하며 불필요한 보석이나 장식물이 달리지 않는 것이어야 한다. 작업자의 복장은 통일하여 단체복으로 지급하는 것이 바람직하다.

복장에 엄격한 규정을 정하여 작업자들이 식품을 취급하는 태도에서 심리적으로 강한 위생적인 관념을 주입하도록 한다. 지저분하고 불결한 위생복은 고객들에게 거부감을 주고 병원성 미생물의 서식처가 될 수 있다.

단체복 착용 시의 주머니는 허리 아래쪽에 위치하도록 하고 단추보다는 지퍼를 사용하는 것이 좋다. 뒷주머니나 옆 주머니는 찍찍이가 달린 주머니 덮개가 있는 것이 좋다.

작업장 내에서는 위생관리 요건 중의 하나로서 반지, 시계, 팔지 등의 보석류나 장신구의 착용을 금지하고 있다.

또한 조리장 내에서는 반드시 위생화를 신으며, 매일 소독하고 주 1회 이상 내부 세척하여 건조 후 사용하도록 한다. 화장실은 전용신발을 비치하여 이용하며, 외부 출입 후에는 반드시 소독판에 위생화를 소독한 후에 출입하도록 한다. 장갑의 착용은 건전한 위생을 위하여 바람직하며 특히, 멸균한 장갑을 착용하면 장갑이 찢어지거나 새지 않는 한 피부의 세균이 식품을 오염시키는 것을 방지할 수 있다〈그림 11-7〉.

전처리실(1)

포장실, 제품 및 자재창고(2)

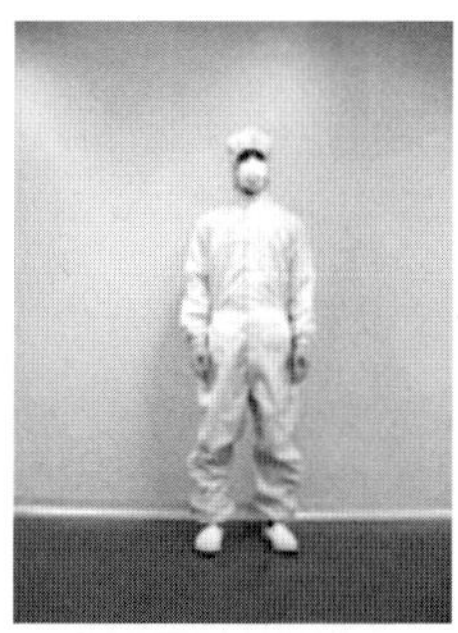
분쇄실, 충진실(3)

〈그림 11-7〉 **작업장의 복장 형태**(1, 2, 3)

5. 집단 급식의 위생관리

현대인의 사회활동과 외식인구의 증가에 따라 여러 형태의 단체 생활이 이루어지면서 집단급식의 증가와 함께 집단급식업체도 증가하고 있는 실정이다.

집단급식에 있어서 위생관리의 목적은 식중독 등 식품위생상의 사고를 방지하고 급식 종사자의 노동재해를 미연에 방지하며 효율적인 급식운영이 이루어지도록 하는 데 있다.

그러므로 급식 종사자는 식중독, 또는 식품의 위생적인 취급을 위한 사전 지식을 가지고 안전한 급식이 이루어지도록 해야 하며 이를 위해 정기적인 건강진단과 위생교육 등을 실시하여 안전하고 맛있는 식사를 공급하기 위한 노력을 해야 한다.

그러나 학교(기숙사), 사업소(기숙사) 및 병원(기숙사 등)의 집단급식에서는 일단 식중독이 발생하면 수십명 내지 수 백명의 환자가 발생할지도 모르기 때문에 일반조리시설보다 위생관리를 보다 강화하여야 한다.

특히 최근에 집단급식에서 많이 문제시되는 병원성 대장균(O-157, O-26)이나 *Listeria*균 식중독 등은 원인이 되는 고기의 위생적 취급도 중요하지만 날고기를 담았던 그릇이나 조리에 쓰인 칼, 도마, 행주, 수세미 등의 소독을 철저히 해야 2차 오염을 막을 수 있다.

학교급식의 경우, 최근에는 전체 학교의 99%, 전체 학생의 92.5%가 급식에 참여하고 있는 것으로 나타나고 있으며, 실제로 학교급식의 식중독 발생 건수와 환자수가 해마다 증가하고 있는 실정이다.

따라서 학교급식을 포함한 집단급식의 위생관리가 철저하지 못하면 식품으로 인한 문제가 발생되므로 사전에 철저한 위생관리가 요망된다.

5.1. 급식 종사원의 위생

집단급식에 종사하는 종사원은 6개월에 1회 정기적인 건강진단을 실시하는 것 이외에도 수시로 건강진단을 받아 안전한 급식이 이루어지도록 해야 한다.

또한 종사원의 손의 청결, 식품과 식기의 오염을 방지하기 위하여 조리작업을 시작하기 전에는 물론, 작업 중에도 오물을 취급하였을 때에나 용변 후에는 반드시 손의 세정과 소독이 필요하다. 올바른 손의 세정, 소독법은 다음과 같다.

- 손목 위에까지 비누로 씻고 오염물을 제거한다.
- 손끝의 세정, 특히 손톱 밑의 세정에 주의하고 손톱솔로 잘 씻는다.
- 비누의 알칼리가 남지 않도록 잘 헹군다.
- 세균을 살균하기 위해 손을 역성 비누로 소독한다.
- 흐르는 물에 잘 헹군다.
- 종이타월이나 공기건조기로 건조시킨다.

급식종사원은 급식실에 들어가기 전에 항상 취사전용의 깨끗한 백색의 가운을 착용하여 복장을 단정히 하고 먼지, 이물, 세균 등이 식기나 음식물을 오염시키지 않도록 주의해야 한다. 또한 조리실에서는 마스크를 조리나 배식 시에 착용하며, 수건이나 위생모를 착용하여 두발이 외부로부터 오염되는 것을 차단한다.

조리종사원 뿐만 아니라 피 급식자의 위생에도 주의해야 한다. 피 급식자는 급식실에서 피 급식자에게 식전의 손씻기를 습관화하도록 교육하고, 불결한 옷으로 급식하지 않도록 하며 식당의 출입에는 청결한 신발을 사용하도록 관리수칙을 정하여 두는 것도 좋은 일이다.

5.2. 식료품의 구매 및 검수

식품재료는 산지에서 생산되어 소비자에게 이르기까지 복잡한 유통과정을 거치는 동안 식품위생과 관련된 문제를 예방 · 해결하기 위해 많은 지식을 가지고 식품재료를 구매하고 철저한 검사를 실시해야 한다.

안전하고 위생적인 급식을 위한 재료나 조리공정의 검토는 대단히 중요하다. 특히 식중독이 많이 발생하는 7월에서 9월 사이의 하절기에는 주의해야 한다.

여름철에 식중독 사고를 일으키기 쉬운 음식으로는 어패류나 그 가공품, 육류, 두류, 난류, 어묵, 팥을 사용한 빵이나 과자류, 감자 샐러드, 마요네즈 샐러드 등이 있으며 이들의 사전 검수는 물론 조리 과정 중의 품질관리가 필요하다.

식료품의 검수는 품질, 선도(색, 냄새), 첨가물의 사용유무, 이물질 혼입유무, 표시를 확인, 제조 연월일, 보존법 등에 유의하여 실시한다. 야채, 어패류, 축육 등은 매일 사용할 양만 구입하고 48시간 이상 급식시설에 두지 않으며 검수가 끝나면 조리장 내에 방치되는 일이 없도록 한다.

효율적이면서 정확한 검수를 위해서는 필요한 기구와 설비를 갖추고 있어야 하고 원재료의 품질검수규격을 설정하여 그 규격기준에 적합성 여부를 판정하고 위생적으로 조리될 수 있도록 종사원을 훈련시켜야 한다.

5.3. 식품의 취급 및 보관

식품을 안전하게 저장하는 데 필요한 시설과 설비를 잘 갖추어야 한다. 식품을 저장하는 동안 각 식품을 보관관리규정에 따라 취급하고 보관할 수 있도록 종업원을 잘 훈련시킨다.

모든 식품의 원료나 조리한 식품은 깨끗한 창고나 진열장과 냉장고에 보관하며, 보관실은 깨끗하고 건조한 장소, 먼지 등 오염원에 노출되지 않는 장소로서 바닥에서 15cm 이상 띄워서 설치한다.

식품의 보존, 보관은 일반적으로 냉장고, 냉동고, 온장고, 식품창고 등을 활용한다.

냉장고는 식품을 0~10℃의 저온으로 보관한다. 가능한 한 냉장고 내의 온도가 5℃ 이하로 유지되도록 하며 2~4℃ 정도가 가장 이상적이다.

냉동고는 식품을 -18℃ 이하로 보존하고 유지 관리해야 한다. 온장고의 경우는 식품을 65~85℃의 고온으로 보존한다. 한번 가열된 조리식품을 고온 그대로 보존하는 시설로 세균의 발육한계온도 이상으로 하는 것이 필요하며 보존식품의 변질에 유의해야 한다. 보관시설은 항상 청결히 하고, 온도관리를 정확히 하여 식품의 적정저장온도를 유지해야한다〈표 11-10〉.

〈표 11-10〉 식품종류의 저장온도

식 품 명	온 도 (℃)	식 품 명	온 도 (℃)
과일류	7~10	육류	1~3
야채·난류	4~7	조류·어패류	0~3
유·유제품	3~4	냉동식품	-25~-18

5.4. 조리와 배식

1) 전처리

구매와 검수가 완료된 식품재료는 식품의 취급과 보관 요령에 따라서 식품조리와 가공을 위하여 즉시 전처리를 실시한다. 식품재료는 조리 전에 가식부분과 비 가식 부분으로 선별한 후 충분히 세정하여 오염을 제거해야 한다.

야채, 과일에 잔류하고 있는 농약을 제거하기 위해 중성세제를 사용하는 경우 0.15~0.25%가 적당하며 세정 후 흐르는 물에 헹군다. 대량을 한꺼번에 흐르는 물에 헹구기 곤란한 경우에는 5회 이상 헹구도록 한다. 또한 채소류를 소독제나 차아염소산나트륨액을 사용하여 소독하는 경우, 5%의 유효 염소를 사용하는 시판품의 50배 희석액에 5분간 담근 후 물로 씻는다.

생선은 머리와 내장을 제거하고 도마와 칼은 야채용과 구분하여 흐르는 물에 씻는다. 또한 전처리용 조리기구와 본 조리기구는 구분하여 사용하고 어패류용, 축육용, 야채용의 기구와 작업장소도 구분한다.

야채, 과실 및 육류들은 조리하기 용이하도록 선별, 탈피, 절단, 데치기, 살균, 분쇄, 압착 등의 전처리 과정을 조리 음식이나 가공하고자 하는 식품의 종류에 따라서 적절하게 선택하여 행하고 필히 전처리 기구나 시설을 구비하여야 한다.

2) 조리와 배식

조리된 식품은 매끼마다 처리하고 다음 번 급식까지 보관하여 사용하지 않으며, 조리 후 배식 시까지의 시간은 가급적 단축시킨다. 조리한 식품의 담기, 배식은 위생적으로 해야 한다. 반드시 마스크를 착용하고, 요리에 직접 손을 대지 않으며 집게나 일회용 위생장갑을 사용하도록 한다.

가능한 한 가열한 요리를 제공하고 두부를 차게 하여 제공하는 경우는 일단 삶아서 살균한 후 차게 하여 제공한다. 날달걀을 사용하는 경우 껍질의 오염을 반드시 제거해야 하고 병조림, 통조림, 건어물, 가공식품 등은 제조일자를 잘 확인한 후 사용한다.

겨울 야채의 세척에 주의하고 식중독이 많이 발생하는 하절기에는 어패류의 조리를 제한한다. 조리된 음식은 반드시 뚜껑을 덮어두고 보관 시에는 보관 온도관리에 유의한다.

음식의 오염방지를 위하여 조리하는 동안 포장되지 않은 식품은 외부의 오염원으로부터 보호되어야 하고, 식품은 위생적으로 조리하며, 조리 후 오염되지 않도록 하고, 조리사는 신체가 음식물에 접촉되지 않도록 유의한다. 조리된 음식과 식품은 조리되기 이전의 재료와 접촉하여서는 안 된다.

또한 음식의 가열 및 재가열 시에 식품의 내부온도를 측정할 수 있는 온도계를 준비하여 가열조리 중 식품내부 온도를 측정하고 생선, 가금류, 식육은 내부가열온도와 시간을 설정하여 골고루 가열 · 조리되어야 한다.

식품의 해동은 식품의 온도가 5℃ 이하로 유지되는 냉장고나 21℃ 이하의 흐르는 충분한 양의 물에 담가 실시하며 전자레인지에 의해 해동한 식품은 즉시 조리한다.

또한 조리한 음식을 배식하기 위하여 식기는 반드시 소독한 것을 사용하고 음식을 식기에 담을 때 집게나 국자 등을 사용하고 식기 안쪽에 손이 닿지 않도록 한다. 배식 후 남는 음식은 아무리 깨끗하여도 다시 사용하지 않는다.

3) 조리 시 유의 사항

- 조리장 밖에서 조리하여서는 아니되며 정해진 조리실에서 조리한다.
- 식품조리대 표면은 사용 후 즉시 뜨거운 물이나 세척제로 씻어낸다.
- 과일 및 채소류는 사용 전에 흐르는 물에 깨끗이 씻어낸 후 조리하여야 한다.
- 육류는 조리 직후 소비하고, 장기간 냉장보관을 피하는 것이 좋다.
- 조개류는 미생물이 많이 부착되어 있으므로 껍질을 깨끗이 닦고 조리하여야 하며, 껍질이 음식에 혼입되지 아니하도록 유의하여야 한다.
- 조리한 음식은 용기에 넣어 뚜껑을 덮든지 찬장, 냉장고, 온장고에 넣는다.
- 식품을 조리하기 전에는 반드시 비누 등으로 손을 깨끗이 씻어야 한다.
- 해로운 식품첨가물이나 이물질이 혼합된 조미료 또는 공업용 빙초산 등을 이용하여 조리하여서는 안 된다.

5.5. 조리기구 및 용기의 위생관리

인체에 유해한 화학성분 또는 미생물에 오염된 식자재, 조리용 기구 · 용기 및 조리종사원의 손으로부터 이러한 유해성분이나 미생물이 오염되지 않은 식품으로 옮겨지는 것을 교차오염이라 한다.

원료 식품 또는 오염된 식품이 닿았던 시설, 설비, 칼, 행주, 도마 등의 조리용 기구 · 용기가 세척 및 소독되지 않은 상태로 제조 · 가공된 식품에 접촉되었을 경우에 해로운 물질이나 미생물이 식품에 전이되어 안전한 식품을 위협하는 교차오염을 방지하기 위해서는 조리용 기구 · 용기의 위생적인 관리가 매우 중요하다.

1) 식기류의 올바른 세척법

- 접시에 남아있는 음식찌꺼기를 깨끗이 제거한다.
- 식기류의 세척은 애벌 씻기, 헹굼, 열탕소독을 3단계로 실시한다.
- 식기류는 흐르는 물에서 여러 번 씻어 세척제 등을 완전히 제거한다.
- 충분히 탈수 · 건조시킨다.
- 건조시킨 식기는 보관고에 저장하여 먼지나 유해곤충의 접촉을 방지한다.

2) 조리용 칼의 위생관리

- 재료를 바꿔 사용할 경우에는 잘 씻고 사용한다. : 2차 오염 방지
- 사용 후 열탕소독을 하여 건조 후 보관한다.

3) 도마의 위생관리

- 재료에 따라 야채용, 생선용 등으로 구분하여 사용한다. : 2차 오염 방지
- 사용 후 소독 세척하여 건조시킨 후 사용한다.

4) 행주의 위생관리

- 10개 이상 비치하여 번갈아 사용토록 하고, 사용 후 세제 등으로 세척 및 소독하여 햇빛에 건조 후 사용한다.
- 행주는 건조 상태로 보관한다.

5) 먹는 물의 위생관리

- 수돗물 : 가능한 끓여 마시고 냉수로 과량 음용 주의한다.
- 지하수 : 먹는 물 관리법에 의한 정기적인 수질검사를 실시한다.
- 정수기 사용 : 주기적으로 청소하고 필터를 교체한다.

6. 식품공장의 위생관리 대책

안전한 식생활을 확보하기 위해서는 식품제조 · 가공에 종사하는 개인의 위생관리와 식품제조시설을 비롯한 주변 환경 위생관리를 철저히 해야 하며, 집단급식의 위생관리 및 소비자의 식품위생에 대한 과학적인 인식이 요구된다.

식품공장의 부정 · 불량식품과 소비자 보호를 위한 위생관리대책을 간단히 설명하고자 한다.

6.1. 소비자 보호와 식품 위생관리

최근 소비자 보호단체들의 적극적인 활동과 식품의 수입자유화에 따라 식품의 품질과 안전성에 대한 논의가 소비자들 사이에서 본격화되고 있다. 식품공업의 발전과정에서는 어느 나라를 불문하고 생기는 일이지만 한국 소비자들은 오랫동안 부정 · 불량식품에 시달려 왔으며 이로 인해 식품에 대한 불신풍조가 만연해 있는 실정이다.

그러나 현 시점에서 볼 때 식품산업에서도 괄목할 만한 개선이 이루어져 과학적인 식품위생관리를 위한 HACCP와 GMP 제도 실시 등으로 인식전환이 이루어지고 있는 실정이다.

국내식품의 안전성에 대하여 소비자들이 어떻게 인식하고 있는지를 알아보기 위해 환경부(1982년), 한국여성단체협의회(1988년), 이화여대(1989년) 및 한국소비자보호원(1990년)에서 조사한 결과를 보면, 응답자의 50% 이상이 식품의 안전성에 대하여 심각하게 인식한 반면 걱정할 것 없다고 응답한 사람은 매우 적었다.

이 응답은 특별한 과학적 통계자료에 의존한 것은 아니지만 많은 국민들이 매일 가까이 하는 식품의 안전성을 신뢰하지 못하고 있다.

또한 식품의 안전성에 가장 문제가 되는 물질을 알아보기 위해 잔류농약, 식품첨가물, 중금속, 합성세제 및 포장 재료를 대상으로 설문 조사한 결과 응답자의 75% 이상이 농약의 오염도가 심각한 것으로 생각하고 있었고 잔류농약, 식품첨가물 및 중금속에 대해 가장 문제시 된다고 생각하는 사람이 전체의 88% 정도로 나타났다.

따라서 이러한 결과의 책임을 소비자들에게만 넘길 것이 아니라 국가에서도 국민들을 합리적이고 과학적인 생각을 할 수 있도록 식품공장의 체계적인 위생교육을 지속적으로 펼쳐야 할 것으로 생각된다.

6.2. 부정 · 불량식품 발생 현황

최근에 이르면서 환경오염 등으로 식품의 유독, 유해물질의 함유 가능성이 커짐에 따라 인체에 해를 끼치는 유해식품도 늘어나고 있다. 또한 소비자는 식품의 안전과 관련된 각종 정보를 쉽게 접할 수 있으므로 소비자의 불안심리가 확산되고 있는 실정이다.

원료의 전처리, 제조과정에서의 위생관리미흡과 유통과정에서의 제품관리소홀로 인한 품질위생관련 피해가 대부분이므로 부정 · 불량식품을 방지하고 소비자를 보호하기 위해서는 식품위생의 중요성을 인식하여야 한다.

따라서 식품으로 인한 소비자의 피해를 막기 위해서는 인체에 각종 유해를 일으킬 수 있는 원인물질이 혼입되지 않도록 위생적인 원료의 선택에서부터 제품의 생산, 유통단계에 이르기까지 위생관리를 철저히 하여 부정 · 불량식품을 사전에 차단하고 소비자를 보호할 필요성이 크게 대두되고 있다.

2019년 한국 소비자원에서 발행한 식품관련 소비자 불만 및 피해 구제 연보 및 사례집에 따르면 피해구제 신청되어 39,911건이 접수되어 처리되었는데, 연도별 피해 접수 건수를 살펴보면 2017년 38,303건에서 2018년 37,026건으로 3.3% 감소세를 보였으나 2019년에는 전년대비 7.8% 증가하였다.

〈표 11-11〉 연도별 피해구제 접수 실적변화 추이

구분	2017년	2018년	2019년
건수	38,303 (-)	37,026 (▼ 3.3)	39,911 (▲ 7.8)

일반식품(건강식품 제외)분야의 피해구제 접수 건은 601건으로 2018년 569건 대비 5.6% 증가하였다〈표11-12〉.

각 품목별로는 기타식품 · 기호품이 216건(35.9%)으로 가장 많았고, 빵 · 과자류가 58건(9.7%), 음료가 52건(8.7%), 어패류 · 어패류가공식품이 50건(8.3%), 과일 과일가공식품과 채소 채소가공식품이 각 45건(7.5%)등의 순으로 나타나고 있다〈표11-13〉.

〈표 11-12〉 일반식품 피해구제 접수 현황(건강식품 제외)

구분	2017년	2018년	2019년
건수	435	569	601
증감	-	134 (30.8)	32 (5.6)

〈표 11-13〉 일반식품 품목별 피해구제 현황(건강식품 제외)

구분		건수	비율(%)
1	기타식품·기호품[1)]	216	35.9
2	빵·과자류	58	9.7
3	음료	52	8.7
4	어패류·어패류가공식품	50	8.3
5	과일·과일가공식품	45	7.5
6	채소·채소가공식품	45	7.5
7	육류·육류가공식품	41	6.8
8	유란류·유란류가공식품	39	6.5
9	곡류·곡류가공식품	23	3.8
10	조미식품	17	2.8
11	주류	10	1.7
12	해조류·해조류가공식품	3	0.5
13	식용종자·식용버섯류	2	0.3
계		601	100.0

1) 다이어트식품, 담배 등

일반식품 피해 유형별 분류를 보면 품질 A/S 관련 피해가 246건(40.9%)으로 가장 많았으며 다음으로 전자상거래로 구입한 식품 또는 다이어트 식품의 계약해제 · 해지 및 청약철회 거부 등 계약관련 피해가 222건(37.0%), 안전 관련 피해 69건(11.5%), 표시 · 광고 관련 피해 41건(6.8%) 등의 순으로 나타났다〈표-14〉.

〈표 11-14〉 일반식품 피해 유형별 현황(건강식품 제외)

구분	품질·A/S	계약 관련[1]	안전 관련	표시·광고	부당 행위	가격 요금	기타	계
건수	246 (40.9)	222 (37.0)	69 (11.5)	41 (6.8)	10 (1.7)	8 (1.3)	5 (0.8)	601 (100.0)

1) 계약해제 · 해지, 청약철회, 위약금, 계약불이행 등

2019년 건강식품의 피해구제 접수 건은 158건으로 2018년 98건 대비 61.2% 증가한 것으로 나타났다〈표11-15〉.

〈표 11-15〉 건강식품 피해구제 접수 현황

구분	2017년	2018년	2019년
건수	93	98	158
증감	–	5 (5.4)	60 (61.2)

건강식품 피해 유형별로는 청약철회 거부 등 계약관련 피해가 85건(53.8%)으로 가장 많았으며, 품질 A/S 관련 피해가 31건(19.6%), 표시 광고 관련 피해가 15건(9.5%) 등의 순으로 나타났다〈표11-16〉.

〈표 11-16〉 건강식품 피해 유형별 현황

구분	계약 관련[1]	품질·A/S	안전 관련	표시·광고	부당 행위	가격 요금	기타[2]	계
건수	85 (53.8)	31 (19.6)	15 (9.5)	12 (7.6)	8 (5.1)	3 (1.9)	4 (2.5)	158 (100.0)

1) 계약해제 · 해지, 청약철회, 위약금, 계약불이행 등
2) 거래관행, 단순문의 · 상담, 부당채권추심 등

6.3. 식품위생 관리 대책

1) 식품 제조 가공 측면

- 신선하고 위생적인 재료를 식품 제조 원료로 사용하고 식품의 제조 · 가공단계에서유독 화학물질 및 식중독을 발생시키는 유해한 미생물이 식품에 오염되지 않도록 한다.
- 보관, 유통단계에 있어서도 청결하고 위생적인 환경조건에서 취급한다.
- 사용한 첨가물 및 성분의 표시, 보관상의 주의, 유통기한 등 위생상 필요한 표시를 준수한다.
- 영양성분의 표시로 소비자들의 제품선택에 도움을 주도록 한다.
- 각 제조업체에서는 식품위생법, 축산물위생처리법 및 KS규격보다 더 엄격한 품질기준을 설정하여 자체 관리하고 품질향상을 위해 지속적으로 노력한다.

2) 식품 소비자 측면

- 식품관련 상품정보에 대해 지속적으로 관심을 가지며 제공된 정보에 대해서는 정확히 이해하고 판단할 수 있도록 지식 함양을 위해 노력해야 할 것이다.
- 식품류의 구입 시 유통기한, 보관상태, 부패, 변질 여부 등을 세심히 관찰한다.
- 건강식품의 경우 과대광고에 현혹되지 않도록 할 것이며 신중히 구매하도록 한다.
- Claim 발생 식품에 대한 원인을 즉시 파악하고 유해 불량식품을 근절할 수 있도록 감시자 차원에서 노력한다.

3) 행정당국 측면

- 식품감시 및 정기검사를 강화할 뿐만 아니라 부정 · 불량식품의 제조 또는 판매자에 대해서는 보다 엄격한 행정처분을 받도록 식품위생법의 규정을 강화할 필요가 있다.
- 수입 개방화(FTA)와 더불어 국내 생산품의 질적 향상과 더욱 안전한 제품이 소비자에게 공급될 수 있도록 HACCP, GMP 제도를 확대 실시한다.
- 수입농산물 및 수입식품의 안전성 확보를 위하여 정보관리의 강화로 유해성이 높

은 물질을 우선 검사하는 중점검사 체계를 보다 강화한다.

- 식품을 취급하는 사람을 대상으로 식품의 취급요령 및 식품위생에 관한 교육을 확대한다.
- 식품의 안전 및 유통관리 강화, 부정 · 불량식품 판별요령, 식품구입 요령 등을 홍보하고 사회적으로 안전성에 문제가 제기되는 사안에 대해서는 신속히 대응하고 홍보하여 소비자의 불안심리를 해소하도록 노력해야 할 것이다.

7. 제조 · 시설의 위생관리 사례

식품의 원료 · 제조, 가공 및 유통의 각 단계에서 발생할 수 있는 위해요소를 분석 · 관리하여 식품의 안전성을 확보하기 위하여 1995년 식품위생법 제32조 제2항의 규정으로 HACCP(식품위해 요소 중점관리기준)의 법적 기틀을 마련하였다.

또한 2002년 건강기능식품에 관한 법률 제22조의 규정에 의하여 우수 건강기능식품 제조기준 및 교육 · 훈련 등 이의 운영에 관하여 필요한 사항을 규정함으로써 우수 건강기능식품을 제조, 공급하기 위하여 GMP(우수건강 기능식품제조기준) 관리기준을 발표하여 시행하고 있다.

따라서 제조 · 시설의 위생관리 측면에서 최근에 동결건조식품 전문 산업체인 (주) SAFCO의 GMP 관리규정의 제조위생관리 기준을 중심으로 그 현장 사례들을 소개하고자 한다. 먼저 GMP 관리규정에 의한 제조위생관리의 준수사항은 다음과 같다.

- 작업장의 시설 및 기구는 항상 청결을 유지하여야 한다.
- 위생관리에 필요한 시설 · 기구 등은 위생적으로 유지하여야 한다.
- 작업장에 종사하는 작업원은 개인청결을 유지한 상태에서 해당 작업에 필요한 복장을 착용하여야 한다.
- 신체질환 등으로 인하여 건강기능식품에 위해를 끼칠 우려가 있는 작업원은 제조 등에 직접 종사시켜서는 아니 된다.
- 폐기물, 폐수처리 시설은 작업장과 떨어진 곳에 설치 · 운영하여야 하며, 그 관리에 대한 기록을 작성 · 유지하여야 한다.

- 폐기물은 매일 연속적으로 반출하여 방치되지 아니하도록 하고, 폐기물 용기는 자주 소독 및 세척을 하여야 한다.
- 작업장 내에서 쥐와 곤충의 구제는 건강기능식품에 대한 오염을 막기 위한 예비조치를 취한 후 제한된 장소에서만 허용되어야 한다.
- 살충제 등과 같은 유독성 물질과 인화성물질은 취급주의 표시를 하여 격리된 장소에 안전하게 관리 및 보관되어야 한다.
- 작업원에 대하여 제조위생관리를 지도하고 교육하여야 한다.

7.1. 작업원의 보건관리

1) 목적

작업원으로부터 제품의 오염을 방지하기 위하여 건강기능식품 제조에 종사하는 작업원의 건강 및 위생 상태를 점검한다.

2) 일반수칙

- 건강기능식품 전문제조업체로서의 보건관리 규정은 모든 제조공장에서 작업자에 의한 제품의 오염을 방지하기 위하여 필요한 모든 조치를 취할 수 있는 상태로 작성되어야 한다.
- 보건관리규정은 작업자의 건강진단, 확고한 작업자의 위생개념교육, 그 외 설정된 기준의 시행을 통한 제품의 오염을 방지하는데 주된 목적을 가지고 있다.
- 보건관리규정은 생산직원뿐 아니라, 보통 제품과 접촉하는 품질담당 공정검사자 등 제품 오염의 가능성이 있는 모든 종업원에게도 적용된다.
- 감염성 질환을 갖고 있는 작업자나 보균자 및 노출 부위에 피부 질환을 앓고 있는 작업자는 모든 생산 공장에 투여되지 않도록 하여야 한다.

3) 작업원의 위생관리

① 신입사원 건강진단 : 감염성 질병 및 고질성 피부 질환자는 채용하지 아니한다.

② 종업원의 정기적 건강관리

- 전 종업원을 1년 1회 이상 회사에서 정기적으로 실시하는 건강진단을 받고 기록은 3년간 보관한다.
- 제조관리책임자는 건강진단을 통해 감염성 질환이나 피부질환으로 판명된 작업자에 대해 해당 작업에서 배제하며 장기간의 치료가 요망되는 경우 필요한 조치를 취한다.
- 화농질환자는 경중에 따라 제품의 직접 생산과 관련 없는 작업을 하도록 조치한다.

③ 작업원의 자진신고 : 원료, 재료, 반제품, 제품, 시설 및 기구에 감염성 및 발열성질환 등 오염시킬 우려가 있다고 판단되는 경우 자진하여 작업 전에 책임자에게 신고하여 재배치를 받도록 한다.

④ 점검표에 의한 점검 : 매일 작업자위생관리점검표에 의한 작업원의 위생, 건강상태 점검

4) 개인 청결

① 수세 시기 : 작업자는 매 작업 전후에 수세함을 원칙으로 한다.

- 탈의실에서 작업장으로 들어갈 때
- 작업장에서 일반 지역으로 나올 때
- 제품생산 시 품목 또는 작업장이 바뀔 때

② 소독 시기

- 제품생산 중에 작업원은 제품과 직접 접촉해야 할 경우는 75% 알코올 또는 규정된 소독액으로 소독한다.
- 기타 미생물의 오염이 우려될 경우

③ 손 씻기 및 필요시 소독방법 : 공장위생관리지침서 2.3) 손 위생에 따른다.

개인위생상태 점검표

기록자 : **일자 :** 20 **년 월 일**

성 명	건강상태	복장위생				손위생상태			개선조치
	감염성질환 유무	위생복	위생모	위생화	앞치마	손의상처	손톱상태	반지등 부착물	
○○○									
관리기준	- 감염성 질환 : 설사, 고열, 구토, 피부발진/습진, 인후염, 결핵, 눈□귀□코에 진물, 알레르기 질환, 피부감염자(화상,화농성 질환 또는 상처)								
개선조치	- 시정, 작업배제, 작업변경, 복장교체 등 조치								

확인일자 : 20 . . . (요일) **확 인 자 : 담당 성명 인**

7.2. 작업 복장 관리

1) 목적

작업장의 작업종류에 따라 착용할 작업복과 작업모, 작업화, 장갑, 마스크 등에 대한 규격과 그 착용방법을 명시함으로써 청결하고 위생적인 작업 복장을 착용하도록 함으로써 우수한 제품의 생산에 기여하도록 하기 위함이다.

2) 작업 복장 기준

- 작업 시에는 정해진 위생복 및 위생구를 착용한다.

- 모자의 착용 시에는 모발이 밖으로 나오지 않도록 한다.
- 상의를 입는 경우 상의와 소매가 잘 맞는지 확인하고 소매 끝은 단추를 이용하여 벌어지지 않도록 한다.
- 장갑은 필히 착용하며 소매끝에 덮이도록 하여 피부가 노출되지 않아야 한다.
- 외부 방문객은 작업장 출입을 허용하지 않는 것이 원칙이나 부득이 출입할 경우는 규정 복장을 갖추어야 한다.

3) 작업복의 착용기준(그림 11-7 참조)

① 전처리실 : 위생복, 위생모, 위생장화, 고무장갑 착용, 기타 필요 시 (앞치마, 토시, 속 면장 등)

② 탈팬실, 분쇄실, 충진실 : 위생복, 위생모, 위생화, 방진마스크 착용, 기타 필요시(마스크, 방진복, 방진모자, 보안경, 고무장갑, 속 면장갑 등)

③ 장실, 완제품 보관창고, 자재 보관창고 : 위생복, 위생모, 위생화 착용. 하절기에는 청색 반팔티셔츠 착용 가능, 기타 필요 시(앞치마, 토시, 고무장갑, 면장갑 등)

④ 시설관리 부서 : 작업복, 위생모, 안전화 착용, 작업장에서는 작업복 대신 위생복 착용, 기타(면장갑 등)

⑤ 품질관리 부서 : 흰색가운, 위생모, 위생장화, 위생화 등1

⑥ 외부인 복장 : 전 처리실 - 흰색가운 또는 일회용 가운(부직포), 일회용 위생모, 방문자용 위생장화 착용, 후 처리실 - 흰색가운 또는 일회용 가운(부직포), 일회용, 위생모, 위생화 착용

7.3. 작업장 출입관리

1) 목적

공장 내로 출입하는 작업자들의 출입방법을 규정함으로써 작업장별로 설정된 청정도와 작업자간의 교차오염을 방지하기 위함이다. 건강기능식품제조에 종사하는 작업자, 비 작업자, 외부 방문객에 적용한다.

2) 일반수칙

- 제조공정에 참여하는 작업자는 물론 생산 작업장에 출입하는 사람은 누구나 표준 출입 방법을 준수하여야 한다.
- 타 부서의 직원의 작업실 출입 시는 해당 작업실 책임자의 허락을 받고 출입한다.
- GMP 작업장 출입 시에는 (6.작업장 출입기준 및 방법)에 준하여 출입한다.
- GMP 작업장 내에서는 작업 중 위생관리 기준서에 준하여 행동한다.

3) 공기청정도 및 온도, 습도

청정도는 아래와 같이 구분하며 공중낙하균은 공중낙하균 모니터링 기록서에 기록, 관리한다.

구역 구분	대상 작업실	청정도 기준	온도(℃)	습도(RH)
청정구역	전 작업실	공중낙하균 (CFU/hour, 1시간정치) : 100 CFU/hour 이하	20~10	55~45
일반구역	작업장입구, 화장실	기준 없음	기준 없음	기준 없음

4) 작업장 출입기준 및 방법

① 작업자 및 업무에 관련 있는 비 작업자

- 탈의실 입구에서 외부 신발을 벗어 정해진 신발장에 넣는다.
- 탈의실에서 정해진 복장을 착용한다. 복장 착용방법 및 기준은 작업복장관리 규정에 따른다.
- 지정된 수세장소에서 수세 및 손 소독을 한 후 위생장화 또는 위생화를 착용한 후 에어샤워를 통해 입실한다.
- 비 작업자는 제조관리 책임자의 승인 하에 출입한다.
- 수세 및 소독에 관한 사항은 수세 및 소독관리 규정에 따른다.

② 외부 방문객

- 외부 방문객은 사전 승인 없이 제조 작업장에 출입할 수 없다.

- 부득이 출입할 경우에는 GMP 총괄책임자 또는 제조관리 책임자의 사전 승인 하에 관계자의 안내에 의해 정해진 복장을 착용하고 출입한다. 복장 착용방법 및 기준은 작업 복장관리규정에 따른다.
- 지정된 수세장소에서 수세를 하고 에어샤워를 통해 입실하고 수세 및 소독에 관한 사항은 수세 및 소독관리 규정에 따른다.

원료 투입구(외부)

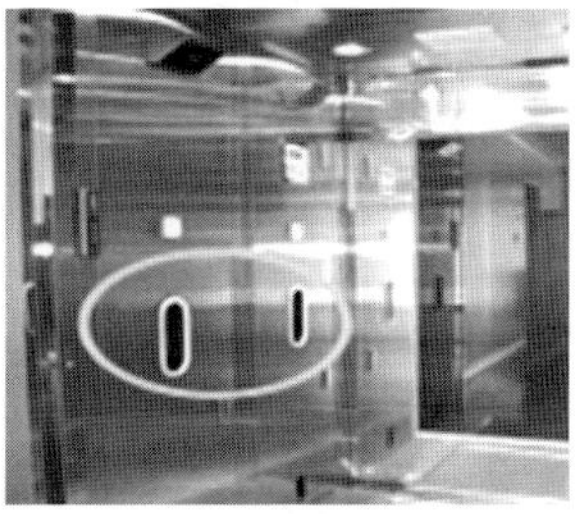

에어샤워실(출입구)

〈그림 11-8〉 작업장의 출입 시설

7.4. 수세 및 소독관리

1) 목적

이 규정은 작업장 출입 시 위생 및 소독약품을 관리하기 위한 규정이다. 출입 시 수세 및 소독은 작업자 및 비 작업자 등 작업장에 출입하는 모든 사람(방문객 포함)에 대하여 적용하며 소독관리는 작업장에서 사용하는 모든 소독약품에 대하여 적용한다.

2) 출입자 수세, 소독(그림 11-9)

- 지정된 수세장소에서 물비누를 사용하여 수세하며, 수세방법은 수세장소에 부착된 30초 손 씻기 방법을 원칙으로 하며, 손의 물기를 털고 손 건조기를 이용하여 건조하며 손 소독기를 이용하여 손 소독 후 입실한다.
- 몸 소독은 입실 시 에어샤워에서 실시하며, 필요 시 작업장에 비치된 알코올분무 소독기를 이용하여 한 번 더 소독한다.
- 수세, 소독은 작업장 입실 시, 화장실 사용 후, 기타 오염이 우려될 경우 실시한다.

- 사용 소독제는 75% 알코올 용액으로 한다.
- 제조위생관리 책임자 또는 시설관리담당은 수세, 소독기구, 에어샤워 등을 일일 점검한다.

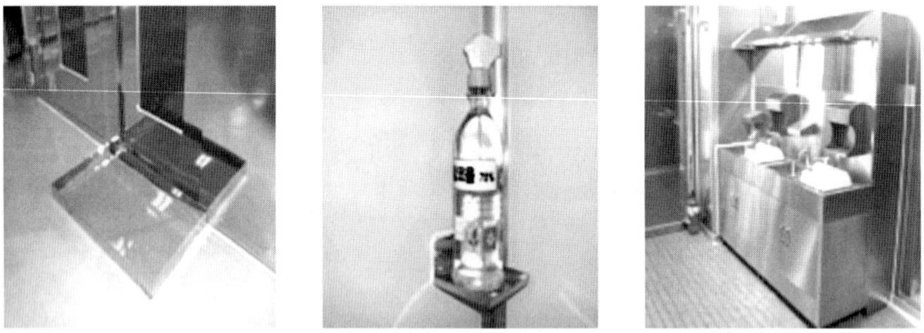

신발소독 알콜소독 수세시설

〈그림 11-9〉 수세 및 소독 시설

3) 소독약품 종류

소독약품	제조방법	사 용 처	비 고
발효주정	75% 희석	손소독기, 알코올 분무기, 몸소독기(에어샤워) 원료소독	알코올 95%
진콜에스	직접 사용		알코올 75%
차아염소산 나트륨	50~200 PPM	청소용 소독 살균용	식품 첨가물 염소 소독제
새니가드	100~300 PPM	부유균 살균기, 위생구 소독, 원료소독	식품첨가물 염소계 소독액
그린 후레쉬	직접 사용	소독용 분무기 기계장치 살균용	식품첨가물 살균제 (경인식약청 101호)

4) 소독설비 및 소독약품 관리

① 소독설비

시설 관리 담당은 매일 소독시설을 점검하여 소독시설의 고장 및 소독액 주입 필요시 조치시킨 후 그 결과를 확인하며, 그 기록은 시설환경관리 점검일지에 기록 관리한다.

② 소독약품

- 소독약품은 식품과 접촉하지 않는 별도의 장소(전처리 소도구실)에 구획 관리한다.
- 제조위생관리 담당 및 책임자는 작업 시 마다 소독약품을 관리하며 그 기록을 소독제 사용일지(첨부)에 기록하며 3년간 유지한다.

소독제 사용법 및 주의사항

1) 소독제 사용법

용도	새니가드	진콜에스/ 그린후레쉬	발효주정	차아염소산액	비고
손소독(장갑)	100PPM 이하	직접분무	75% 희석		
앞치마/장화	100PPM 이하				
기구·기기소독	100~150PPM	직접분무	75% 희석		
원료소독	200~300PPM				
청소(바닥등)				100~150PPM	
청소도구세척				100PPM 이하	
※ 전처리 – 그린후레쉬 분무 후처리 – 알코올 분무					

2) 주의사항 및 응급조치

▷ 용도에 맞도록 사용하며, 적정농도로 사용할 것(도표이용)

▷ 작업 중 수시로 개인소독(장갑, 앞치마 등)할 것

▷ 소독제가 피부에 접촉하거나 눈에 들어가지 않도록 주의할 것

▷ 위의 경우 즉시 흐르는 물에 15분 이상 씻어낼 것

▷ 흡입 시에는 즉시 신선한 공기가 있는 곳으로 이동할 것

7.5. 제조시설 청소관리

1) 목적

작업장은 청정도 구분에 따라 청소 방법, 청소에 사용되는 소독약품, 기구, 청소상태 평가방법 등을 구체적으로 설정하여 준수함으로써 구역별 청정도를 유지하며 제품의 오염을 방지하기 위함이다.

2) 제조설비 청소관리

- 건강기능식품과 직접 접촉하는 제조설비 및 자재는 식품을 변질시키거나 인체에 유해한 재료가 아닌 재질로 되어 있어야 한다.
- 제조 시 이용되는 제조설비는 가능한 이물이 발생치 않는 재질로 되어 있어야 하며, 청결도를 지속적으로 유지하여야 한다.
- 제조설비(기계, 기구)는 상태에 따라(사용 중, 청소대기, 청소완료 등) 표시가 되어 구분되어야 한다(제조공정관리규정 참조).
- 제조설비는 작업 후 청소를 원칙으로 하며, 청소 후 소독한다.

3) 작업장 청소방법 및 평가

<table>
<tr><th>청소장소</th><th>주기(횟수)</th><th>청소방법</th><th>소독약품 및 도구</th><th>담당자</th><th>평가방법</th></tr>
<tr><td>후처리실</td><td rowspan="2">1회/일
또는 수시</td><td>- 빗자루 또는 진공청소기를 이용하여 먼지제거
- 마포걸레 이용하여 세척
- 벽, 통로는 1회/주 주기로 시행</td><td>빗자루, 마포걸레
진공청소기,
소독액
(차아염소산액)</td><td rowspan="2">청소
담당자</td><td rowspan="2">육안검사</td></tr>
<tr><td>전처리실</td><td>- 호스를 이용하여 물청소
- 마포걸레 이용하여 세척
- 배수로/배구 청소는 1회/주 주기로 시행</td><td>호스, 마포걸레,
소독액
(차아염소산액,
그린후레쉬)</td></tr>
<tr><td>조정실 및
기계실</td><td>1회/주
또는 수시</td><td>- 빗자루 이용하여 이물질 제거 후 마포걸레 이용하여 세척</td><td>빗자루, 마포걸레,
소독액
(차아염소산액)</td><td>시설 관리
담당</td><td></td></tr>
</table>

화장실	1회/일	- 호스를 이용하여 물청소 - 소독액 분무	호스, 락스 소독액 (그린후레쉬)	청소 담당자	육안검사
탈의실		- 빗자루 및 마포걸레 이용 - 소독액 분무	빗자루, 마포걸레 소독액 (그린후레쉬)		
보관창고	1회/일 1회/주	- 마포걸레 및 손걸레 이용하여 청소 - 주 1회 점검	손걸레, 마포걸레, 소독액 (차아염소산액)	보관 담당자	
동결실	1회/분기	- 고압세척기 물청소 후 소독	소독액	시설관리 담당	

7.6. 제조용수 관리

1) 목적

작업장에서 사용하는 용수에 대하여 용수의 이화학적 시험(순도시험), 미생물학적 시험 등을 하여 용수의 규격을 정하고 정기적인 점검을 함으로써 수질을 유지 관리함에 있다.

2) 수질관리

① 외부 검사

제조용수는 지하수를 사용함을 원칙으로 하며, 먹는 물 관리법에 준하여 1회/년 주기로 이화학적 및 미생물학적 실험을 실시하여 적부 판정을 받은 후 사용한다.

② 자가 검사

품질관리 담당은 월 1회 이상 pH, 미생물, 대장균군 등 미생물학적 검사를 실시하며, 제조용수 및 정제수 미생물 모니터링 기록서에 기록하며, 검사방법은 미생물 시험 관리규정에 준한다.

③ 물탱크 관리 및 청소

- 시설관리 담당은 물탱크는 오염물질의 유입을 방지하기 위하여 잠금장치를 설치하고, 누수 및 오염여부를 월 1회 이상 점검한다.
- 품질관리 담당은 물탱크 오염여부를 확인하기 위하여 물탱크 용수를 월 1회 이상 검사하며, 제조용수 및 정제수 미생물 모니터링 기록서에 기록하고 검사방법은 미생물 시험 관리규정에 준한다.
- 물탱크 청소는 1회/6개월 주기로 시행하며, 자체적으로 실시하거나, GMP총괄책임자의 승인을 득하여 외부 전문 기관에 의뢰하여 청소한다.
- 자가 청소 시 물탱크 내의 물을 모두 빼낸 후 중성세제 및 새니가드용액(250ppm)을 사용하여 청소하며 물탱크 청소관리대장에 기록한다.

7.7. 방충 · 방서 관리

1) 목적

건강기능식품제조 시설내로 침입하거나 서식할 수 있는 벌레 또는 쥐의 침입을 방지하거나 제거함으로써 건강기능식품 제조의 위생관리에 만전을 기하는데 그 목적이 있다.

2) 방충 · 방서 방법

① 방충설비 : 방충망, 에어커튼, 포충등, 음파 해충 퇴치기

② 방서설비

- 쥐의 출입이 예상되는 통로에 방서용 기구를 설치한다. (하수구 U자형 트랩, 덮개 등)
- 쥐의 흔적이 발견될 시 쥐 끈끈이 및 방서제를 설치한다.
- 건물 내부에는 쥐가 들어올 수 없도록 문을 항상 닫는다.
- 바닥과 문틈은 쥐가 들어올 수 없도록 최대한 간격을 줄여 설치되어야 한다.

점검	월	주

방충, 방서 점검표

결재	방충 담당자	제조책임자

	점 검 항 목	주기	월	화	수	목	금	토	일
1	문은 잘 닫혀 있는가?	1회/일							
2	방충망은 이상이 없는가?	1회/일							
3	포충등은 정상작동 되는가?	1회/일							
4	음파 발생기는 이상이 없는가?	1회/일							
5	에어커튼은 정상작동 되는가?	1회/일							
6	작업장내 곤충이 발견되는가?	1회/일							
7	쥐가 다닌 흔적이 있는가?	주1회							
8	쥐의 배설물은 발견되는가?	주1회							
9	탈의실 방충소독을 실시 하였는가?	월1회							
10	화장실 방충소독을 실시하였는가?	월1회							
기 타 사 항									
범 례	양호: ○ 불량: X 조치후 양호 : △ 해당없음 :								

3) 방충, 방서의 일반원칙

① 건물내부

- 작업장과 외부로 통하는 출입구 및 원료, 자재 투입구는 이중문과 포충등 등으로 인하여 곤충이 침입할 가능성이 거의 없으므로 작업장 내에는 살충제를 투여하지 않는 것을 원칙으로 한다.
- 제조시설, 원료의 출입구 및 창문은 필요 시 이외에는 닫아 놓는다.
- 공장건물 내에 쥐가 발견되면, 침입경로를 파악하여 적절한 조치를 취한다. 필요 시 외부에 위탁하여 즉시조치를 취한다.

② 건물주변

- 배수로, 폐기물 처리장 등을 청결히 관리한다.
- 배수로는 물이 고인 곳이 없도록 관리하여 해충의 서식지를 차단한다.
- 수목 잔디 등 곤충의 발생 원인을 배제한다.
- 건물 주변에 유휴설비 및 자재, 제품, 원료 등을 방치하지 않도록 한다.

4) 방충소독

① GMP 적용 작업장(청정구역)

- 살충제를 살포하지 않는 것을 원칙으로 하며 필요 시 위탁방역업체에게 소독을 위탁한다.
- 소독전 제품에 영향이 미치지 않도록 사전 조치한다.

② GMP 작업장을 제외한 곳(일반구역)

- 탈의실, 화장실 등은 1회/월 주기적으로 방충과 관련된 소독을 실시한다. 살충제는 에프킬라 유제품을 사용하며, 유기인제는 사용하지 않는다.
- 필요 시 주기에 상관없이 실시한다.
- 외부업체에 위탁하여 소독할 시 인체에 무해한 소독액을 사용한다.

③ 방충방법

- 규정된 사용약제를 사용한다.
- 마스크, 고무장갑 등을 착용, 가능한 피부노출을 막고 소독 후 반드시 세척한다.

- 소독 시 제조관리책임자는 현장을 확인하며, 일과 후 소독을 원칙으로 한다.
- 소독이 완료되면 밀폐하여 1시간 이상 방치한 후, 적절한 청소를 한다.

④ 방서제의 투여

- 자사투여(작업장 제외지역) : 적당한 약제를 선택하고 방서제의 설치는 작업장을 제외하고 건물 주위, 폐기물 집합장, 정원내외, 기타 서식 가능성이 있는 옥외장소에 설치한다.
- 위탁투여(작업장) : 방서제를 투여하지 않는 것을 원칙으로 하며 필요 시 위탁방역 업체에게 위탁한다. 방서제 투여하기 전에 관련 직원에게 사전 통보한다. 투여한 방서제는 일주일 후 전량 회수하여 폐기하며, 죽은 쥐는 수거하여 폐기한다. 방서제 투여 시 제조관리 책임자는 현장을 확인한다.

7.8. 폐기물 및 폐수처리 관리

1) 목적

작업장에서 발생하는 폐기물 및 폐수처리에 대한 방법을 규정하여 악취 및 오염원의 차단, 위해 곤충 및 동물과의 차단을 위함이다.

2) 폐기물 및 폐수처리의 관리(그림 11-6 참조)

- 원재료 부산물에 대한 폐기물 배출은 1회/일 작업 후 배출을 원칙으로 하며, 폐기물은 지정된 폐기물 보관 장소에 보관한다.
- 원재료 부산물에 대한 폐기물 처리는 자가 처리와 위탁처리로 구분되며, 자가 처리는 필요 시마다 실시하고, 위탁처리는 전문 업체에 위탁하여 1회/월 실시하는 것을 원칙으로 하며, 필요 시 마다 실시한다.
- 폐유는 전문처리업체와 계약하여 배출 및 처리를 대행한다.
- 폐기물 보관소 및 폐수처리장은 작업장에서 떨어진 건물의 외부에 설치되어야 한다.
- 폐기물 보관소 및 폐수처리장의 관리 및 처리는 중부제일물류에서 대행한다.

작업시설 위생점검표

년 월 일 ~ 년 월 일

결재	확인	팀장

담당자:

확인자:

○ 양호 △ 조치후 양호 X 불량

항목	명칭	소독 및 청소방법	점검시기	월	화	수	목	금	토	일
동결실	급속동결실	바닥 : 차아염소산 액으로 살균된 마포사용 청소 그린후레쉬 분무	1회/일							
		내부 : 그린후레쉬 분무	1회/일							
건조판	건조관 1~4호	건조관 고압분무 수세 후 열매체 공급 (90℃)하여 건조 후 그린후레쉬 분무 소독	1회/일							
건조실	건조관 전면 바닥 (대차이동로)	차아염소산액으로 살균된 마포 사용하여 청소 그린후레쉬 분무	1회/일							
	제습기	내·외부 차아염소산액으로 수세 후 그린후레쉬 분무 필터 청소	1회/일							
	집진기	내부 필터 청소 및 소독 수세 후 그린후레쉬 분무	1회/일							
자동 소독액 분무장치	그린후레쉬	자동 분무 상태 액 보충상태 공기압 상태 정상 작동상태	1회/일							
분쇄실	냉동기	청소상태, 정상 작동상태	1회/일							
건조관 펌프실	진공펌프 및 건조관 주변	차아염소산액으로 살균된 마포 사용하여 청소 그린후레쉬 분무	1회/일							
	건조관 필터	필터 청소 후 그린후레쉬 분무	1회/일							
기타	전기전검	각기계 전기, 전등 상태 점검	1회/일							
비고										

7.9. 공조 관리

1) 목적

작업장 내의 청정도 구분에 따라 각 구역별로 청정도를 유지하기 위하여 공조시설을 가동하고 이 공조시설을 유효 적절히 점검 · 관리 기록하여 제품의 안전성을 확보하는데 그 목적이 있다.

2) 공조시설 관리 방법 및 기준

① 작업장별 청정도 및 환경기준

<table>
<tr><th>구분</th><th colspan="2">점검사항</th><th>점검기준</th><th>점검주기</th><th>점검자</th></tr>
<tr><td rowspan="5">일상점검</td><td colspan="2">V-belt 와 coupling 의 이상유무</td><td>육안점검</td><td>1회/주</td><td rowspan="3">공조담당자</td></tr>
<tr><td colspan="2">damper의 개폐상태</td><td>육안점검</td><td>1회/주</td></tr>
<tr><td colspan="2">motor, fan 등 기계적 구동부의
소음, 진동, 과열 유무</td><td>접촉점검</td><td>1회/주</td></tr>
<tr><td colspan="2">온·습도</td><td>온도 20±10℃ 습도
RH55±20%</td><td>1회/일</td><td>시설관리담당자</td></tr>
<tr><td colspan="2">차압의 유지</td><td>양압: +1.0mmAq
음압: −0.5mmAq</td><td>1회/일</td><td rowspan="3">공조담당자</td></tr>
<tr><td rowspan="5">정기점검</td><td rowspan="2">FILTER</td><td>pre-filter 외곽
pre-filter 압력</td><td>표면오염정도
30mmAq 이하</td><td>1회/주
1회/월</td></tr>
<tr><td>midium filter 외관
midium filter 압력</td><td>흠이 없을것
40mmAq 이하</td><td>1회/주
1회/월</td></tr>
<tr><td colspan="2">낙하균</td><td>100CFU/40cm²</td><td>1회/월</td><td>품질관리담당자</td></tr>
<tr><td colspan="2">냉각기 및 압축기</td><td>냉매 부족여부</td><td>1회/반기</td><td rowspan="2">공조담당자</td></tr>
<tr><td colspan="2">duct 및 damper</td><td>부식, 누기 유무</td><td>1회/반기</td></tr>
</table>

② filter의 검수관리 : filter가 입고되면 다음 사항을 검수하여 이상이 없으면 사용한다.

- 외부손상과 filter의 정착상태
- filter unit face 양면 주위의 scaling 상태

- 암소에서 강력한 전등을 filter에 비추어 파손, 균열 및 pin hole 여부검사
- gasket strip이 frame에 완전하게 부착되었는지 여부
- medium filter는 제작서의 시험 성적서를 첨부한다.

3) 일반관리 사항

① 기타 제어장치 기능의 이상 유무, 전기계통의 절연저항측정, 개폐기 및 valve의 이상 유무 등을 필요 시 점검한다.

② 점검 결과 이상이 발견 되었거나, 돌발적인 고장이 발생되면 즉시 제조관리 책임자에게 보고하고 조치한다.

③ 정비 및 점검 필요 시 관련부서에 통보하여 공조시설의 이상으로 인한 사고 및 제품의 손상을 예방할 수 있도록 한다.

④ 고장 발견 시 이상은 즉시 수리 정비하고 원인을 규명하여 동일한 고장이 재발하지 않도록 한다.

⑤ 소모성 부품 및 마모 또는 고장 발생율이 높은 부품이나 수선용 자재는 입수기간 동안 사용할 물량을 확보하여야 한다.

4) 차압 유지 관리

① 주요작업장의 차압기준

- 양압 : 청정구역 중 분진 비 발생작업장(포장실, 건조실,탈팬실 등) : +1.0 mmAq
- 음압 : 청정구역 중 분진 발생 작업장(분쇄실, 충진실 등) : -0.5 mmAq
- 상압 : 일반구역(화장실, 탈의실 등) : 기준 없음

② 조치사항

- 공조관리담당자는 차압을 매일 점검하며, 시설환경점검일지에 기록한다.
- 정기점검 결과 이상이 있을 경우 책임자는 원인을 조사하여 조치하여야 한다.
- 정전 시에는 즉시 비상 발전기를 가동하고, 공조기 고장으로 30분 이내 공조기 가동이 중단되었을 경우 1시간 공조기를 가동한 다음 작업을 할 수 있으며, 30분 이상 중단 되었을 경우 기계 기구 등을 소독하고 1시간 공조기 가동한 후 작업을 할 수 있다.

- 작업 종료 후 청소를 완료한 다음 30분 이후에 공조기를 정지한다.

③ 공기청정도 및 온 · 습도 : "작업장 출입관리 기준"에 따른다.

- 온 · 습도(20~10℃, 55~45 RH)는 작업실 별로 매일 1회 이상 기록하며 이상 시에는 공기조화설비 담당자에게 통보 조치한다.
- 공기청정도(100 CFU)는 공중낙하균 시험을 품질관리부서에서 월 1회 이상 실시하며, 부적합할 시에는 청소, 소독하고 재시험을 의뢰하여 그 결과에 따라 조치한다.

5) 제조환경 관리시설 점검관리

① 공기조화 장치 및 공기분배 덕트 속의 청소는 1회/3년 청소 소독하고, 에어 필터는 공정관리규정에 따라 교체 사용한다.

② 집진기는 사용시간 40시간당 1회, 제습기는 주 1회 청소를 원칙으로 하며, 제조 관리책임자가 필요하다고 생각될 시 실시한다.

③ 기타 제조환경관리에 관한 내용은 시설환경관리점검일지(첨부)에 기록, 관리한다.

〈그림 11-10〉 공조 및 살균시설

제12장 식품첨가물

1. 식품첨가물의 개념

1.1. 식품첨가물의 개요

식품은 인류가 생존하기 위해 섭취하는 것으로서 우리는 매일 여러 종류의 식품을 섭취하고 있다. 또한 점차 다양화되어 가는 사회에서 많은 종류의 식품을 생산하게 되었고, 이를 위한 가공식품 제조에는 식품 첨가물이 필수적으로 동반하게 되므로 식품산업의 발전은 더 많은 종류의 특성을 갖는 식품첨가물을 요구하게 되었다.

식품첨가물(Food additives)은 첨가된 상태로 식품과 함께 취하게 되는 것과 최종 식품의 완성 전에 제거되어 식품 중에 잔존하지 않는 것 또는 제조과정에서만 이용되는 것 등으로 분류할 수 있고 "식품을 제조 · 가공 또는 보존하는 과정에서 식품에 넣거나 섞는 물질 또는 식품을 적시는 등에 사용되는 물질"이라고 정의하고 있다. 그러나 근본적으로 식품첨가물을 식품제조나 가공에 첨가할 경우 안전성이 확보되어 소비자들에게 이익이 되어야 한다.

예부터 천연물의 상태로 식품첨가물이 식품에 첨가되어 왔으나 기능의 효과적인 상승과 순도의 극대화를 위해 화학적인 방법을 동원하여 분리, 정제하게 되었고, 과학의 발전은 이에 멈추지 않고 합성의 방향으로 추진되고 있으므로 천연물과 비교하여 안전성 문제를 논하게 되었다.

식품첨가물을 제한성 식품으로 취급하고 있는 것이 현실이나 식품의 부재료로 취급하는 것이 타당하다. 그리고 기능성 식품의 대두는 식품과 건강의 연계성을 인정하기에 이르렀고, 식품과 생리조절기능식품(건강식품 등) 모두가 식품첨가물을 사용함으로써 가능케 되었고, 이들의 성분들을 바탕으로 해결해야 쉽게 접근할 수 있다는 것이 인식됨으로써 식품첨가물의 중요성이 새로워졌다.

식품첨가물은 식품이 유통되어 소비되기까지 필수적으로 요구되는 보존 및 저장의 역할, 즉 유통기한 설정 등에 중요한 지침이 된다. 이를 통하여 소비자는 안전한 식품을 섭취하게 되는 식품첨가물의 발달과 더불어 근래에는 기호성, 기능성 또한 영양 강화의 역할을 목적으로 식품 유통 분야에서는 매우 중요한 분야이다.

오늘날 식품첨가물의 시장은 급진적으로 성장하고 있으며 세계 무역 개방과 더불어 우리나라에서 더욱 많은 연구와 활용이 기대되는 분야이다.

1.2. 식품첨가물 정의

생활수준의 향상에 따라 우리의 식품문화는 날로 고도화되고 다양화되어 가공식품이나 인스턴트식품 등의 보급과 함께 식품첨가물의 사용량과 종류가 증가되고 있다. 이와 함께 최근에는 첨가물의 안전성에 대해서 소비자의 관심도 높아졌다.

식품은 원래 천연 · 자연의 동식물이 주체가 되며 조미료를 포함한 첨가물은 식품이라고는 하지 않는다. 말하자면 식품의 부성분이라고도 한다.

식품첨가물이란 식품의 상품적 가치를 향상시키고 식욕증진, 영양 강화 및 보존 등에 주로 사용하는 넓은 의미로서 식품 본래 이외의 것을 의미한다.

현재 국제적으로 알려지고 있는 첨가물은 어떤 목적을 가지고 첨가하는 의도적인 식품첨가물(intentional food additives)과 오염 또는 혼입되어 식품에 들어가는 무의도적인 식품첨가물(unintentional food additives)로 나누어진다. 그러나 보통 식품첨가물이라 하면 의도적인 식품첨가물을 가리킨다.

무의도적인 첨가물은 적극적으로 첨가한 것이 아니라 환경이나 용기포장 등에서 식품에 부착, 혼입 또는 이행하는 성분으로 잔류농약, 잔류항생물질, 수질 혼탁물질, 대기오염물질 및 용기 포장재료에서 용해되어 이행하는 성분이 있다. 공해에 관련한 환경유해의 오염물질(contaminants)도 식품위생의 입장에서는 광의의 식품첨가물 범위에 들어가는 것이다.

식품첨가물은 여러 가지로 정의되는데, FAO와 WHO의 합동식품첨가물 전문가위원회(Joint FAO and WHO Expert Committee on Food Additives)에서는 "식품의 외관(appearance), 향미(flavor), 조직(texture) 또는 저장성을 향상시킬 목적으로 보통 미량으로 식품에 첨가하는 비영양물질"이라 하였으며, 우리나라에서는 "식품첨가물이라 함은 식품을 제조 · 가공 또는 보존하는 과정에서 식품에 넣거나 섞는 물질 또는 식품을 적시는 등에 사용되는 물질을 말한다. 이 경우 기구(器具) · 용기 · 포장을 살균 · 소독하는 데에 사용되어 간접적으로 식품으로 옮아갈 수 있는 물질을 포함한다." 라고 정의되어 있다.

미국의 국립과학학술원 및 국립연구협의회 산하인 식품보호위원회(Food Protection Commitee of the National Academy of Science National Research Council)에서는 "식품첨가물이란 생산(production), 가공(processing), 저장(storage) 또는 포장(package)의 어느 국면에서 식품에 첨가되는 물질, 또는 이들의 혼합물로서 우발적인 첨가물은 이에 포함되지 않는다."고 정의하고 있다.

이 정의에서 서술된 바와 같은 용도, 목적을 가지고 첨가되는 물질은 천연물이건, 화학적 합성품이건, 또 최종제품인 식품 중에 잔존하거나 어떤가를 불구하고 식품에 사용하는 한 모두 첨가물로서 취급된다. 그러나 우리나라에서 규제 대상으로 하고 있는 것은 화학적 합성품인 첨가물이다.

1.3. 식품첨가물의 기준

식품첨가물은 천연물과 화학적 합성품으로 크게 두 종류로 나눈다. 화학적 합성품은 천연물질이나 동물, 미생물의 생물학적 수단에 의해서 얻어지는 물질, 즉 발효물질을 제외한 화학적 합성품만을 말한다.

우리나라 식품위생법 제2조에서는"화학적 수단으로 원소(元素) 또는 화합물에 분해반응 외의 화학 반응을 일으켜서 얻은 물질을 말한다."라고 정의하고 있다. 즉 자연계의 동 · 식물 등을 원료로 하여 화학물질을 제조할 때 전 제조공정 중에서 한번이라도 합성반응이 행해지는 그 전후의 반응이 분해반응일지라도 이 물질을 화학적 합성품이라 한다.

화학적 합성품은 인체에 해로운 것이 대단히 많고, 또 조금씩 사용하더라도 장기간에 걸쳐서 섭취할 경우에는 인체에 해를 끼칠지도 모르기 때문에 그 취급에는 신중을 기하여야 할 것이다.

그러므로 공중 보건 상 안전을 확보하기 위하여 화학적 합성품 중에서 식품의약품안전처장이 위생상 지장이 없다고 인정하여 지정한 것만을 식품첨가물로 사용하거나 판매할 수 있도록 규정하고 있다(식품위생법 제 7조).

화학적 합성품은 다음 항목에 대하여 검토한 후 식품위생심의위원회의 심의를 거쳐 결정한다.

① 일반적인 사용법에 의할 경우 인체에 대한 안전성이 보장될 것
② 식품에 사용했을 경우 충분한 효과가 있을 것
③ 화학명과 제조방법이 명확할 것
④ 화학적 실험에 안정할 것
⑤ 급성 · 아급성 및 만성 독성시험, 발암성과 생화학 및 약리학적 시험에 안전할 것

식품첨가물은 사용목적이 분명히 있어야 하며, 또한 식품과 공존하므로 기능적 의미를 갖는 비식품으로서 화학적 합성품과 천연물로 크게 나눌 수 있지만, 근래에 와서는 2종 이상의 물질을 혼합한 혼합제제로 분류에 포함하기도 한다. 식품첨가물은 사용목적, 화학적 구조, 사용효과, 제조기준 등에 따라 다양하므로 분류하기가 어려워 기능적 분류와 제조기준에 따라 분류하기도 한다.

식품첨가물로서 분류되기 위해서는 다음과 같은 조건이 적합하여야 한다.

① 인체에 유해한 영향을 미치지 않을 것
② 식품의 제조 · 가공에 필수불가결한 것
③ 식품목적에 따른 효과는 소량으로도 충분할 것
④ 식품에 나쁜 영향을 주지 않을 것
⑤ 식품의 상품가치를 향상시킬 것

⑥ 식품의 영양가를 유지할 것

⑦ 식품성분 등에 의해서 그 첨가물을 확인할 수 있을 것

⑧ 소비자에게는 이롭게 할 것

1.4. 식품첨가물의 용도별 종류

미국, 캐나다, 일본 및 기타 여러 나라에 있어서 식품첨가물에 대하여 법적규제를 가하고 있으며, 우리나라에 있어서는 1962년 1월 20일 식품위생법 그리고 1962년 6월 12일에 각령 제 811호로서 식품위생법시행령이 공포됨으로써 217종의 식품첨가물이 지정되었다. 그 후 시행령에서 시행규칙으로 편입되었고 근래에 이르러 보사부고시로 변경되어 여러 가지 품목이 삭제 또는 추가되어 보사부고시 제 86-8호(1986년 2월 15일)로 335종의 화학적 합성품이 지정되었으며 보사부고시 제 86-9호(1986년 2월 15일)로 21종의 천연 첨가물(기타혼합제재 포함)도 지정되었다.

2018년 식품의약품안전처는 '식품첨가물의 기준 및 규격 전부개정고시'를 통해 식품첨가물에 붙이던 '화학적 합성품'과 '천연첨가물'의 구분을 없앴다. 대신 식품첨가물의 사용 목적을 쉽게 확인할 수 있도록 감미료 · 발색제 · 산화방지제 · 향료 등 용도별 31개로 분류 체계에 맞춰 명시토록 규정했다.

2020년 「식품첨가물의 기준 및 규격」에 수립된 첨가물은 총 618종으로, 우리나라에서 지정된 식품첨가물을 사용목적에 따라 구분하여 보면 다음과 같다.

〈표 12-1〉 식품첨가물의 사용목적에 따른 분류

첨가물 종류	분류
감미료	식품에 단맛을 부여하는 식품첨가물
고결방지제	식품의 입자 등이 서로 부착되어 고형화 되는 것을 감소시키는 식품첨가물
거품제거제	거품 생성을 방지하거나 감소시키는 식품첨가물
껌기초제	점성과 탄력성을 갖는 비영양성의 씹는 물질로서 껌 제조의 기초 원료가 되는 식품첨가물
밀가루개량제	밀가루나 반죽에 첨가되어 제빵 품질이나 색을 증진시키는 식품첨가물
발색제	식품의 색을 안정화시키거나, 유지 또는 강화시키는 식품첨가물
보존료	미생물에 의한 품질 저하를 방지하여 식품의 보존기간을 연장시키는 식품첨가물
분사제	용기에서 식품을 방출시키는 가스 식품첨가물
산도조절제	식품의 산도 또는 알칼리도를 조절하는 식품첨가물

산화방지제	산화에 의한 식품의 품질 저하를 방지하는 식품첨가물
살균제	식품 표면의 미생물을 단시간 내에 사멸시키는 작용을 하는 식품첨가물
습윤제	식품이 건조되는 것을 방지하는 식품첨가물
안정제	두 가지 또는 그 이상의 성분을 일정한 분산 형태로 유지시키는 식품첨가물
여과보조제	불순물 또는 미세한 입자를 흡착하여 제거하기 위해 사용되는 식품첨가물
영양강화제	식품의 영양학적 품질을 유지하기 위해 제조공정 중 손실된 영양소를 복원하거나, 영양소를 강화시키는 식품첨가물
유화제	물과 기름 등 섞이지 않는 두 가지 또는 그 이상의 상(phases)을 균질하게 섞어주거나 유지시키는 식품첨가물
이형제	식품의 형태를 유지하기 위해 원료가 용기에 붙는 것을 방지하여 분리하기 쉽도록 하는 식품첨가물
응고제	식품 성분을 결착 또는 응고시키거나, 과일 및 채소류의 조직을 단단하거나 바삭하게 유지시키는 식품첨가물
제조용제	식품의 제조·가공 시 촉매, 침전, 분해, 청징 등의 역할을 하는 보조제 식품첨가물
젤형성제	젤을 형성하여 식품에 물성을 부여하는 식품첨가물
증점제	식품의 점도를 증가시키는 식품첨가물
착색료	식품에 색을 부여하거나 복원시키는 식품첨가물
청관제	식품에 직접 접촉하는 스팀을 생산하는 보일러 내부의 결석, 물 때 형성, 부식 등을 방지하기 위하여 투입하는 식품첨가물
추출용제	유용한 성분 등을 추출하거나 용해시키는 식품첨가물
충전제	산화나 부패로부터 식품을 보호하기 위해 식품의 제조 시 포장 용기에 의도적으로 주입시키는 가스 식품첨가물
팽창제	가스를 방출하여 반죽의 부피를 증가시키는 식품첨가물
표백제	식품의 색을 제거하기 위해 사용되는 식품첨가물
표면처리제	식품의 표면을 매끄럽게 하거나 정돈하기 위해 사용되는 식품첨가물
피막제	식품의 표면에 광택을 내거나 보호막을 형성하는 식품첨가물
향료	식품의 맛 또는 향미를 증진시키는 식품첨가물
향미증진제	식품에 특유한 향을 부여하거나 제조공정 중 손실된 식품 본래의 향을 보강시키는 식품첨가물
효소제	특정한 생화학 반응의 촉매 작용을 하는 식품첨가물

1.5. 식품첨가물의 규제

1) 식품첨가물의 지정기준

우리나라에서는 화학적 합성품인 식품첨가물에 대해서는 모두 유독 · 유해하다고 하는 전제하에 단'사람의 건강을 해칠 위험이 없는 경우로 식품의약품안전처장이 지정한 것만'을 사용하도록 하고 있다. 이것을 첨가물 지정제도라 하는데 영국, 서독 등 유럽의 여러 나라에서 이 제도를 채택하고 있다.

그러나 미국에서는 허가제도라 하여 신청에 의하여 정부가 안전성에 대해 심사하고, 안전성이 확인된 것을 허가하고 있다.

현재 사용되고 있는 식품첨가물의 수는 일본이 약 350종, 미국이 500여종, 독일이 약 380종 등이며, 각기 그 나라의 사정에 따라 차이가 있다. 그러나 일반적으로 그 수는 점차 증가하고 있고, 식품의 유통도 점차 국제적으로 확대되는 경향을 나타내고 있어서 식품첨가물의 안전대책에 관한 관심이 국제적으로 고조되기에 이르렀다.

한편 식품첨가물의 안전성에 대해서는 국제적으로 공통된 문제로 WHO(세계보건기구)와 FAO(식량농업기구)에서는 합동첨가물전문가위원회(JECFA)를 조직하여 1957년 이래 첨가물의 안전성 검사방법과 세계 각국에서 수집된 안전성에 관한 자료를 기초로 해서 안전성을 검토하여 그 평가결과를 각국에 권고하고 있다.

우리나라에서 이들의 권고를 기초로 하여 식품첨가물 지정기준을 결정하고 그 기준에 따라 작성하였다.

지정기준에 대한 기본적인 사항은

① 식품첨가물은 안전성이 실증되고 있거나 확인된 것이어야 한다.
② 식품첨가물은 그 사용이 식품소비자에게 어떤 의미의 이익을 주어야 한다.
③ 식품첨가물은 그 목적에 관해 충분한 효과가 기대되어야 한다.
④ 식품첨가물은 원칙적으로 첨가한 식품의 화학분석 등에 의해 그 첨가를 확인하여 얻은 것이어야 한다.

그 첨가물에 대해서는 다음과 같이 사용기준에 정해져 있어서 사용목적, 첨가하는 식품, 사용량에 대해 제한을 하고 있다. 사용기준이 없는 첨가물에 대해서는 식품 일반에 대해 필요량을 첨가하도록 하고 있다.

2) 첨가물의 사용량 결정

각 식품에 첨가량은 식품의 1일 섭취량을 고려여 결정한다. 식품의 평균 1일 섭취량은 국민영양조사 성적에 나타난 수치를 사용하고 있는데 다른 곳에도 신뢰할 수 있는 자료가 있으면 그들의 최대치를 이용한다. 더욱이 각자 식품의 섭취량이 연령, 성별, 지역, 계절, 환경, 기호 등에 따라 차이가 있다.

그래서 첨가물의 안전성을 고려할 때는 위와 같은 여러 가지 차이점을 고려하여 1일 평균섭취량에 어떤 계수를 곱한 수량을 1일 섭취량으로 판단한다. 이 계수를 섭취계수라 하며 1~10으로 나눈다. 이 계수는 기본적으로 섭취빈도가 높을 때는 계수가 적고, 낮을 때는 크게 한다.

어떤 첨가물이 1품목의 식품에만 허가된다면 앞에서 설명한 식품의 섭취량과 1일 허용량 ADI에서 사용기준이 결정되지만 첨가물이 여러 품목의 식품 허가될 때는 각각 식품의 1일 섭취량을 고려해서 사용량이 결정되는데 그 합계량이 ADI를 초과해서는 안 된다.

식품첨가물을 사용할 때에는 법의 규정에 맞는 규격품을 사용기준에 맞게 사용하여야 하고, 식품의 성상 또는 품질을 은폐하거나 소비자에게 손해를 주거나, 혹은 적정하지 못한 식품의 제조법과 가공법을 숨기기 위한 목적으로 식품첨가물을 이용하여서는 안 되며, 또 허위표시를 하여서도 안 된다.

2. 식품첨가물 각론

2.1. 보존료(chemical preservatives)

식품이 신선한 상태로 유지시키는 것은, 식품위생상 무엇보다도 중요한 일인데, 제조된 식품이 곧 수요자의 손에 들어가 소비된다는 보장이 없으므로, 이로 인하여 식품이 변질되기 쉽다.

이처럼 미생물의 증식에 의해 일어나는 식품의 부패나 변질을 방지하고, 식품의 신선도를 보존하여 영양가의 손실을 방지하는데 사용되는 물질을 보존료라 한다.

보존료는 식품에 오염되어 있는 미생물에 유해 작용을 할 뿐만 아니라 인체에도 위해를 끼친다. 특히 식품은 매일 섭취하기 때문에 미량씩 섭취하더라도 체내에 축적되면, 유해 작용이 일어나므로 그 선택을 하는데 유의하여야 한다.

보존료제제라 함은 보존료의 한 가지 성분 또는 두 성분 이상을 포도당, 전분, 설탕, 식용유지 또는 물과 혼합 또는 희석하여 사용에 편리하도록 만든 것을 말한다.

우리나라에서 허가된 보존료를 크게 나누면 나프톨 유도체, 벤조산과 염 및 에스테르류, 디히드로아세트산 및 그 유도체, 지방산 및 그 염류 등으로 구분된다. 이들 보존료는 다소의 독성이 있으므로 그 성분규격, 사용기준을 잘 지키도록 하여야 한다.

보존료의 사용기준은

① 변패를 일으키는 각종 미생물의 증식을 저지할 것
② 독성이 없거나 극히 낮을 것
③ 공기, 광선, 열에 안정하고 또 pH에 의해 영향을 받지 않을 것
④ 식품의 성분에 따라 효능의 변화를 받지 않을 것
⑤ 장기간 효력을 나타낼 것
⑥ 무미, 무취하고 자극성이 없을 것
⑦ 사용하기 쉬운 것

또한 보존료의 효과에 영향을 주는 인자는 다음과 같다.

① 미생물의 오염도 : 식품의 미생물 오염도에 의해 보존료의 항균작용이 달라질 수 있으며 또한 2차적 오염에 의해 효과가 저하될 수도 있다. 부패 · 변패 직전의 식품에는 효과가 없다.
② pH : 산성 보존료는 pH가 낮을수록 효과가 크다.
③ 가열 : 가열할 때 보존료를 첨가하면 살균시간이 단축된다. 장기간 저장식품의 경우 보존료 첨가와 함께 가열하는 것이 효과적이다.
④ 용해도 : 미생물은 수용성 영양분을 섭취하기 때문에 보존료를 충분히 용해 분산시켜야 효과가 있다.
⑤ 병용 : 보존료는 2종 이상 혼용하여 사용하면 효과가 크다.

비록 허용된 보존료라 하더라도 식품의 섭취량과 빈도 등을 고려하여 식품에 첨가하는 양을 규제하고, 특정 식품에 한해서만 그 효력을 발휘하는 최소량을 첨가하도록 사용기준이 마련되어 있다. 식품위생법에서 허용된 보존료의 종류와 사용기준 및 주의사항은 〈표 12-3〉과 같다.

〈표 12-3〉 허용 보존료 및 사용기준

보존료명	사용기준		참고
	대상식품	허용량	
니신	가공치즈에 한하여 사용	가공치즈 1kg에 대하여 250mg 이하	
나타마이신	치즈류의 표면에 한하여 사용	사용량은 1mg/dm2 이하	표면으로부터 깊이 5mm 이상에서검출되서는 안됨 (0.020g/kg이하).
데히드로초산 나트륨 (sodiumdehydroaetate)	치즈, 버터, 마가린 외 사용금지	데히드로 초산으로서 0.5g/kg이하	•금속과 결합(복염) •칼슘 강화식품 사용불가
소브산 (sorbic acid) 소브산 칼륨 (po-tassium sorbate) 소브산 칼슘 (calcium sorbate)	1. 치즈 : 프로피온산, 프로피온산 나트륨 및 프로피 온산칼슘과 병행할 때에는 소르브산과 피로피온산의 사용량의 합계	3.0g/kg 이하	•철, 구리 용기 사용금지 밀봉보관 (용기 중 산화 분해)
	2, 식육가공품(포장육, 양념육류, 분쇄가공육제품, 갈비가공품, 식육추출가공품, 식용우지, 식용돈지제외), 경육제품. 어육가공품. 성게젓, 땅콩버터, 모조치즈	2.0g/kg 이하	
	3. 염분 8% 이하의 젓갈류, 된장, 고추장, 춘장, 청국장(단, 비건조제품에 한한다), 혼합장, 어패건제품, 팥 등 앙금류, 절임류(당절임, 식초절임 제외), 식용 알로에겔농축액, 알로에겔가공식품(식용 알로에겔 포함). 플라워페이스트 소스 : 다만, 소스의 경우, 파라옥시안식향산메틸 또는 파라옥시안식향산에틸과 병용할 때 소브산, 파라옥시안식향산으로서 사용량의 합계가 1.0g/kg 이하, 그중 파라옥시안식향산의 사용량은 0.2g/kg 이하	1.0g/kg 이하	
	4. 잼류 : 안식향산, 안식향산나트륨, 안식향산칼륨, 안식향산칼슘, 파라옥시안식향산메틸, 파라옥시안식향산에틸 , 프로피온산. 프로피온산나트륨 및 프로피온산칼슘과 병용할 때에는 소르브산, 안식향산, 파라옥시안식향산 및 프로피온산의 사용량 합계	1.0g/kg 이하	
	5. 건조과일류, 토마토 케첩, 식초절임, 당절임(건조당절임 제외)	0.5g/kg 이하	
	6. 발효음료수(살균한 것은 제외)	0.05g/kg 이하	
	7. 과실주, 탁주, 약주	0.2g/kg 이하	

	8. 마가린 : 안식향산, 안식향산나트륨, 안식향산칼륨 및 안식향산칼슘과 병용할 때에는 소브산 및 안식향산의 사용량 합계가 2.0g/kg 이하, 그 중 안식향산의 사용량이 1.0g/kg 이하	2.0g/kg 이하	
	9. 절임식품 및 마요네즈 : 안식향산, 안식향산나트륨, 안식향산칼륨 또는 안식향산칼슘과 병용할 때 소브산, 안식향산으로서 사용량의 합계가 1.5g/kg, 그중 안식향산의 사용량은 1.0g/kg 이하	1.0g/kg 이하	
	10. 당류가공품(시럽상 또는 페이스트상에 한함), 향신료조제품(건조제품 제외)	1.0g/kg 이하	
	11. 건강기능식품(액상제품에 한하여, 알로에전잎(겔포함)제품 제외)	2.0g/kg 이하	
안식향산 (benzoic acid) 안식향산 나트륨 (sodium benzoic acid) 안식향산 칼슘 (calcium benzoate) 안식향산 칼륨 (potassium benzoate)	1. 과일·채소류음료(비가열제품 제외). 탄산음료(탄산수 제외), 기타음료, 인삼홍삼음료 및 간장	0.6g/kg 이하	pH 3.5에서 효력 상승 한다. • 알코올의 탄수소가 증가할수록 항균작용이 강하다.
	2. 알로에 전잎(겔 포함) 건강기능식품(두가지 이상의 건강기능식품원료를 사용한 경우는 알로에 전잎(겔 포함)건강기능식품 성분의 배합비율적용) : 소브산, 소브산칼륨 및 소브산칼슘과 병용할 때 안식향산, 소브산으로서 사용량 합계 1.5g/kg 이하, 그중 소브산 사용량은 1.0g/kg 이하	0.5g/kg 이하	
	3. 절임식품 및 마요네즈 : 소브산, 소브산칼륨 및 소브산칼슘과 병용할 때 안식향산, 소브산으로서 사용량의 합계가 1.5g/kg, 그중 소브산으로서의 사용량은 1.0g/kg 이하	1.0g/kg 이하	
	4. 잼류 : 소브산, 소브산칼륨, 소브산칼슘, 파라옥시안식향산메틸, 파라옥시안식향산에틸, 프로피온산, 프로피온산나트륨 및 프로피온산칼슘과 병용할 때에는 안식향산, 소브산, 파라옥시안식향산, 프로피온산 사용량의 합계	1.0g/kg 이하	
	5. 마가린 : 소브산, 소브산칼륨 및 소브산칼슘과 병용할 때 소브산, 안식향산의 사용량 합계가 2.0g/kg 이하, 그중 안식향산의 사용량은 1.0g/kg	1.0g/kg 이하	
	6. 망고처트니 : 파라옥시안식향산메틸 및 파라옥시안식향산에틸과 병용할 때 안식향산, 파라옥시안식향산으로서 사용량의 합계	0.25g/kg 이하	

파라옥시안식향산에틸 (ethyl p-hydroxy benzoate) 파라옥시안식향산메틸 (methyl p-hydroxy benzoate)	1. 캡슐류 2. 잼류 : 소브산, 소브산칼륨, 소브산 칼슘, 안식향산, 안식향산칼륨, 안식향산칼슘, 안식향산나트륨, 파라옥시안식향산에틸, 프로피온산, 프로피온산나트륨 및 프로피온산칼슘과 병용할 때 소브산, 안식향산, 프로피온산의 합계 1.0g/kg 이하 3. 망고처니트, 간장 4. 기타 음료, 인삼·홍삼음료 5. 식초 6. 소스 7. 과일·채소류(표피부분에 한함)	1.0g/kg 이하 1.0g/kg 이하 0.25g/kg 이하 0.1g/kg 이하 0.1g/L 이하 0.2g/kg 이하 0.012g/kg 이하	• 알코올이 탄수소가 증가할수록 항균작용이 강하다.
프로피온산 나트륨 (sodium propionate) 프로피온산 칼슘 (calcium propionate) 프로피온산 (propionic acid)	1. 빵류 2. 치즈: 소브산 및 소브산칼슘 및 소브산 칼륨과 병용할 때 프로피온산 및 소브산의 사용량의 합계 3. 잼류 : 소브산, 소르브산칼륨, 소브산칼슘, 안식향산, 안식향산칼륨. 안식향산칼슘, 안식향산나트륨, 파라옥시 안식향산메틸, 파라옥시안식향산에틸과 병용할 때에는 소브산, 안식향산, 파라옥시안식향산 및 프로피온산의 사용량의 합계	2.5g/kg이하 3.0g/kg 이하 1.0g/kg 이하	• 산성에서 항균력이 강하다.
이초산 나트륨 (sodium diacetate)	1. 빵류 2. 식용유지, 식육가공품(식육추출 가공품 제외), 캔디류, 알가공품 3. 소스류 4, 건과류, 스프류	0.4% 이하 0.1% 이하 0.25%이하 0.05% 이하	

1) 데히드로초산 나트륨(sodium dehydroacetate)

데히드로초산 나트륨(sodium dehydroacetate ; DHA-S) 또한 백색의 결정성 분말로서 맛은 없고 냄새도 거의 없다. 물(33g/100g)과 글리세린(15g/100g)에는 잘 녹으나 알코올, 에테르, 아세톤 등에는 잘 녹지 않는다. 수용액은 거의 중성 또는 약 알칼리성이고, 광선이나 열에 대하여 비교적 안정하다.

데히드로초산 나트륨의 사용기준은 치즈, 버터 및 마가린에 대하여 데히드로초산으로서 0.5g/kg 이하를 첨가할 수 있도록 규정되어 있다.

2) 소브산 및 소브산 칼륨, 소브산 칼슘 (sorbic acid, potassium sorbate, calcium sorbate)

소브산(sorbic acid)은 무색의 침상결정 또는 백색의 결정성 분말로서, 냄새가 없거나 조금 자극적인 냄새가 있으며, 물에 잘 녹지 않고, 알코올, 에테르, 아세톤 등에는 잘 녹는다. 그러나 공기 중에 오래 방치하면 산화되어서 착색되기 쉽다.

소브산의 미생물에 대한 작용은 주로 정균작용이고, 살균작용은 극히 약하다. 또 산형보존료이므로 그 작용은 비해리 분자에 의하며, 따라서 pH의 영향이 크다. pH가 낮을수록 효과가 크고 pH의 상승에 따라 효력이 저하되지만, 안식향산과는 달리 pH 6~7에서도 어느 정도의 효력을 나타낸다. 젖산균이나 혐기성 포자형성균에는 거의 효과가 없으나 그 외의 세균이나 곰팡이, 효모 등에는 동일하게 작용하며, 그 항균력은 데히드로초산과 같은 정도이다.

소브산칼륨(potassium sorbate)은 무색백색의 인편상결정 또는 백색의 결정성 분말이며, 거의 냄새가 없고, 공기 중에 오래 방치하면 습기를 흡수하며, 또 산화 분해하여 착색한다. 물에는 극히 잘 녹는다.

소브산과 소브산칼륨, 소브산칼슘은 식육제품, 어육제품, 각종 절임 식품, 장류 등 여러 식품에 사용할 수 있으며, 소브산으로서 사용량이 규정되어 있으므로 소브산칼륨은 소브산으로서 계산한 양을 첨가할 필요가 있다.

3) 안식향산 및 안식향산 나트륨, 안식향산 칼슘, 안식향산 칼륨 (benzoic acid, sodium benzoate, calcium / potassium benzoate)

안식향산(benzoic acid)은 광택이 있는 백색의 소엽상 또는 침상의 결정이며 냄새가 없거나 또는 벤즈알데히드 같은 냄새가 조금 있다. 융점은 121~123℃이고, 승화성이며 물에는 녹기 어렵지만 열탕에는 조금 녹으며 알코올에는 잘 녹는다.

공기 중에서는 안정하고 흡습성이 조금 있다. 방부 작용은 산성인 경우 더욱 강하다. 미생물의 살균 및 발육억제 작용이 있으며, pH 3에서 그 작용이 가장 강하다.

안식향산 나트륨(sodium benzoate)은 백색의 입상 또는 결정성 분말로서 냄새가 없으며, 공기 중에서 안정하고 물에 잘 녹으므로 사용하기에 편리하다. 작용기구는 안식향산과 같으며, 안식향산을 유리할 수 있는 조건에서 효력을 발휘하므로 산성이 강한 식품일수록 유효하다. 그러나 안식향산에 비하여 그 효력이 대체로 약한 것으로 알려져 있다.

4) 프로피온산, 프로피온산 칼륨 및 프로피온산 나트륨 (propionic acid, calcium propionate, sodium propionate)

프로피온산(propionic acid)은 기름 같은 액체이고 특이한 냄새를 낸다.

프로피온산 칼륨 및 프로피온산 나트륨(calcium propionate, sodium propionate)은 모두 백색의 결정, 과립 또는 분말이고, 냄새가 없거나 조금 특이한 냄새가 있으며 물에 녹는다.

양자가 모두 산성에서 프로피온산를 유리하여 세균에 대해서 항균력을 발휘하지만, 효모에는 거의 작용하지 않는다. 프로피온산 나트륨의 경우에는 나트륨의 염기성 때문에 빵에 사용할 때에는 효모의 활성을 저하시킨다. 이들은 다른 산형보존료와 마찬가지로 pH가 낮은 식품일수록 효력이 크지만 소르빈산보다는 효력이 약하다.

그러나 미국에서는 식품의 종류나 사용량에 제한이 없다.

5) 파라옥시안식향산에스테르류 (p-oxybenzoic acid esters)

파라옥시안식향산에스테르류로서 식품첨가물로 지정되어 있는 것은 에틸(ethyl), 메틸(methyl)의 2종이다.

이들은 어느 것이나 무색의 작은 결정 또는 백색의 결정성 분말이며 냄새가 없다. 물에는 녹기 어려우나 알코올이나 에테르에는 잘 녹는다. 그러므로 사용할 때에는 알코올이나 초산 또는 수산화나트륨 용액에 녹인 다음에 첨가한다.

파라옥시안식향산에스테르류는 주로 곰팡이나 효모의 발육을 저지하는데 그 작용은 pH의 영향을 별로 받지 않는다. 항균작용은 에스테르를 구성하는 알코올의 탄소수가 많을수록 커지는 것이 보통이다.

그러나 독성은 이와는 반대로 알코올의 탄소수가 적을수록 강해진다. 그러나 안식향산에 비하면 훨씬 독성이 적으며 신장에서 배설되는데 자극성은 거의 없다.

2.2. 살균제(bacteriocides)

살균제는 식품의 부패 원인균 또는 전염병균들을 사멸시키기 위하여 식품에 첨가하거나 또는 식품제조 시에 사용하는 첨가물이다. 살균제는 음식물용 용기, 기구 및 물 등의 소독에 사용하는 것과 음식물의 보존목적으로 첨가하는 것이 있다.

식품에 사용되는 살균료도 그 목적은 보존료와 같이 식품보존에 있지만, 그 작용은 살균이 주가 되며, 독성이 낮고 효력이 강하고 지속성이 있고, 식품에 나쁜 영향을 주지 않으며, 사용법이 용이하여야 한다.

현재 허용되고 있는 살균료는 〈표 12-4〉와 같이 음료수나 식기류 등의 살균에 사용되지만, 때로는 희석액을 만들어 식품에 담그거나 식품에 분무하기도 한다.

〈표 12-4〉 허용 살균제 및 사용기준

살균제명	사용기준	참 고
차아염소산나트륨(sodium hypochlorite) 차아염소산칼슘(calcium hypochlorite) 차아염소산수(hypochlorous acid water) 오존수(Ozone Water)	과일류, 채소류 등 식품의 살균 목적에 한하여 사용하며, 최종 식품의 완성 전에 제거하여야 한다.(차아염소산나트륨은 참깨에 사용해서는 안된다.)	•금속(구리, 니켈)에 의해 분해 pH가 낮을수록 살균력이 크다.

1) 차아염소산 나트륨(sodium hypochlorite)

차아염소산 나트륨(유효염소 2~15% 함유)은 담황록색의 맑은 액체로서 염소냄새를 풍긴다. 살균작용은 해리형인 ClO^-보다는 비해리형인 HClO의 농도에 좌우되는데 pH가 낮을수록 비해리형의 비율이 증가하므로 살균력은 증대된다.

2.3. 산화방지제(antioxidants)

식품은 미생물에 의해서 부패될 뿐만 아니라 공기 중의 산소에 의해서도 변질되므로, 식품의 보존에 있어서는 유의할 필요가 있다.

특히 공기 중의 산소에 의해 일어나는 변질, 즉 유지의 산패에 의한 이미, 이취, 식품의 변색 및 퇴색 등을 방지하기 위하여 사용되는 첨가물이 산화방지제이다.

이와 같은 산화변질현상을 방지하기 위해서는 통조림, 병조림 등의 포장용기에 넣어 공기와의 접촉을 단절하는 방법과 산화방지제를 첨가하는 방법이 있다.

산화방지제에는 에리소르빈산(erythorbic acid), 아스코르빈산(ascorbic acid) 등의 수용성인 것과 몰식자산프로필(propyl gallate), 부틸히드록시아니졸(butyl hydroxy anisole : BHA), 디부틸히드로퀴논(dibutyl hydroxy toluene : BHT), 터셔리부틸히드로퀴논(tertiarybutyl hydroquinone ; TBHQ) 등의 지용성인 것이 있는데, 수용성인 것은 주로 색소의 산화 방지에 사용되고, 지용성인 것은 유지 또는 유지를 함유하는 식품의 산화 방지에 이용된다.

또 산화방지제는 단독으로 사용하기도 하고 다른 산화방지제에 병용하기도 하는데, 일반적으로 병용할 때에는 단독으로 사용할 때보다 그 작용이 증감되는 경우가 많다.

산화방지제의 작용을 증가시키는 효과가 있는 구연산, 말레인산 등의 유기산류나 폴리인산염, 메타인산염 등의 축합인산염류를 산화방지제와 병용하기도 하는데, 이러한 물질은 효력증강제(synergist)라고 한다. 이러한 물질은 촉매역할을 하는 금속을 불활성화시키고, 산화된 산화방지제를 안정시키는 작용이 있다.

천연물 중에도 산화방지작용을 갖는 물질이 있다. 즉, 기름 중의 토코페롤(tocopherol), 참기름 중의 sesamol, 향신료 등 식물계에 널리 분포되어 있는 오미자, 몰식자, 차 등의 성분인 몰식자산 등도 산화방지작용이 있으나 식품첨가물로서 별로 이용되지 않는다. 현재 허용되고 있는 산화방지제의 사용기준와 주의사항은 〈표 12-5〉 다음과 같다.

〈표 12-5〉 허용 산화방지제 및 사용기준

<table>
<tr><th rowspan="2">산화방지제명</th><th colspan="2">사용기준</th><th rowspan="2">참고</th></tr>
<tr><th>대상식품</th><th>허용량</th></tr>
<tr><td rowspan="5">디부틸 히드록시 톨루엔
(BHT : dibutyl hydroxy toluene)

부틸 히드록시 아니솔
(BHA : butyl hydroxy anisole

터셔리 부틸 히드로 퀴논
(TBTQ : tert-Butyl hydro quinone)</td><td>1. 식용유지, 식용우지, 식용돈지, 버터류, 어패건제품 및 어패염장품</td><td>0.2g/kg 이하</td><td rowspan="5">•디부틸히드록아니솔 및 터셔리부틸히드로퀴논과 병용할 때는 사용량의 합계가 허용량과 같아야 한다.

•단독사용보다 유기 산으로 병용하면 효력상승, 산패도가 낮을 때 사용(지방 함량기준)</td></tr>
<tr><td>2. 어패냉동품(생식용 냉동선어패류 및 생식용굴은 제외) 및 고래냉동품(생 식용은 제외)의 침지액</td><td>1g/kg 이하</td></tr>
<tr><td>3. 추잉껌</td><td>0.4g/kg 이하</td></tr>
<tr><td>4.체중조절용 조제식품, 시리얼류</td><td>0.05g/kg 이하</td></tr>
<tr><td>5. 마요네즈 : 부틸 히드록시 아니솔의 사용량은 0.14g/kg 이하</td><td>0.06g/kg 이하</td></tr>
</table>

몰식자산 프로필 (propyl gallate)	식용유지류(모조치즈, 식물성크림제외)	1.0g/kg 이하	• 금속이온과 반응하여 착색 • 단독으로병용하면 효력상승
에리토르브산 (erythorbic acid) 에리토르브산나트륨 (sodium erythorbate)	사용기준 없음		• 철, 구리 등에 의해 산화촉진
L-아스코브산(비타민 C) (L-ascorbic acid) L-아스코브산나트륨 (sodium ascorbate)	사용기준 없음		•열, 빛, 공기에 의해 분쇄
L-아스코빌팔미테이트 (L-ascorbyl palmitate) L-아스코빌스테아레이트 (L-ascorbyl stearate)	1. 식용유지류 : L-아스코르빌스테아레이트와 병용할때 사용량의 합계 0.5g/kg 이하 2. 마요네즈 3. 과자, 빵류, 떡류, 당류가공품, 액상차, 특수의료용도등식품(영·유용 특수조제식품 제외), 체중조절용 조제식품, 임신·수유부용 식품, 주류, 과·채가공품, 서류가공품, 어육가공품류, 기타수산물가공품, 기타가공품 4. 캔디류, 코코아가공품류 또는 초콜릿류, 유탕면, 복합조미식품, 향신료조제품, 만두피 5. 건강기능식품	0.5g/kg 이하 0.5g/kg 이하 1.0g/kg 이하 0.5g/kg 이하 해당 기준 및 규격에 따른다.	•냉, 암소, 밀봉보관
D-a-토코페롤(비타민E) (D-a-tocopherol) D-a-토코페릴아세테이트 (D-a-tocopheryl acetate) D-토코페롤(혼합형) (D-tocopherol Concentrate, Mixed) DL-a-토코페릴아세테이트 (DL-a-tocopheryl acetate) D-a-토코페릴호박산 (D-a-tocopheryl acid succinate)	사용기준 제한 없음		•안전한 산화방지제이다.

이·디·티·에이 칼슘 이나트륨 (calciumdisodium ethylenediamine tetraacetate) 이·디·티·에이 이나트륨 (disodium etylene diamine tetraacetate)	1. 소스, 마요네즈 2. 통조림 또는 병조림식품 3. 음료류(캔 및 병제품에 한하여, 다류, 커피 제외) 4. 마가린 5. 오이초절임 및 양배추초절임 6. 건조과일류(바나나에 한한다) 7. 서류가공품(냉동감자에 한한다) 8. 땅공버터	0.075g/kg 이하 0.25g/kg 이하 0.035g/kg 이하 0.1g/kg 0.22g/kg 0.265g/kg 0.365g/kg 0.1g/kg	•금속과 작용하면 효력이저하된다. •이·디·티·에이 칼슘 이나트륨의 사용기준과 동일하며

1) 디부틸히드록시 톨루엔(dibytyl hydroxy toluene; BHT)

무색의 결정, 백색의 결정성 분말 또는 덩어리로 맛과 냄새가 없다. 물에는 녹지 않으나 유지에는 잘 녹고, 광선이나 열에는 안정하다. 다른 산화방지제에 비하여 안전성이 커서 가열 가공에도 효력이 저하되지 않으므로 효력이행성(carry through effect)이 높다.

이러한 효력이행성은 유지에 대한 용해도가 크기 때문이다. BHA나 유기산과 병용하면 산화방지력이 상승적으로 커지므로 흔히 BHA와 병행한다. BHA와 병용할 때에는 그 사용량의 합계가 각각의 한도 이하이어야 한다.

유지나 버터에는 그대로 첨가하여 균일하게 혼합하며, 버터의 포장지에 도포하여도 유효하다. 그 밖의 식품에는 미리 알코올에 녹여 혼합하는 방법을 많이 이용한다.

2) 부틸히드록시아니솔(buty hydroxy anisole; BHA)

무색 또는 약간 황갈색의 결정 또는 덩어리, 또는 백색의 결정성 분말이며, 석유향의 냄새가 약간 있고, 자극성의 맛이 있다. 물에는 거의 녹지 않으나 알코올, 프로필렌글리콜, 유지 등에는 잘 녹는다. 열에는 상당히 안정하지만 광선에 오래 쪼이면 착색된다.

1982년 약한 발암성을 나타낸다는 것이 확인되어 BHA의 위험성과 유용성의 벨런스가 고려되고 있으며 미국, 일본, 영국, 캐나다 등지에서는 규제의 움직임이 있어 주목되고 있다.

BHA의 효과는 BHT보다 우수한 것으로 알려지고 있다. 다른 산화방지제와 병용하면 효력이 커지므로 BHT와 병용되는 경우가 많고, 그 사용 기준은 모두 BHT와 같다.

3) 몰식자산프로필(propyl gallate)

백색 또는 담황갈색의 결정성 분말이며, 냄새는 없으나 약간 쓴맛이 있고 물에는 녹지 않으나 알코올에는 잘 녹는다. 또 유지에 대한 산화방지력은 강하나 착색되기 쉽고, 유지에 대한 용해도가 낮은 것이 결점이다. 사용량은 0.005%정도이고, 다른 산화방지제나 구연산 등과 병용하면 효과적이다.

4) DL-α-토코페롤(DL-α-tocopherol)

천연품인 DL-α-토코페롤과는 달리 합성품이며, 담황~황갈색의 점조액으로 물에는 녹지 않고, 알코올이나 그 밖의 유기용매에 잘 녹는다. 이것은 비타민의 일종이므로 영양 강화의 목적으로도 사용되지만 유지나 버터 혹은 이들을 사용할 식품의 산화방지제로서 많이 사용된다. 그외 항산화력은 BHA나 BHT보다 떨어지지만, 독성이 매우 낮은 것이 장점이며, 사용의 제한은 없다.

5) 에리토르빈산과 에리토르빈산 나트륨 (erythorbic acid, sodium erythorbate)

에리토르빈산(erythorbic acid)은 백색~대황갈색의 결정 또는 결정성 분말로서, 냄새가 없으며, 유지에는 녹지 않는다. 강한 환원제이고 열이나 광선에 약하며, 중금속 이온에 의하여 산화가 촉진한다.

화학적으로는 L-아스코르빈산의 입체이성체로서 성질도 비슷하므로 일명 이소아스코르빈산 또는 D-아스코르빈산이라고도 하지만, 비타민 C로서의 영양적 효과가 없으므로 산화방지의 목적 이외에는 사용할 수가 없으며, 대상 식품과 사용량의 제한은 없다.

에리토르빈산나트륨(sodium erythorbate)은 백색~대황백색의 입, 세립 또는 결합성 분말로서 냄새는 없지만 약간 짠맛이 있다. 물에는 대단히 잘 녹으나 알코올에는 거의 녹지 않으며, 에리토르빈산과 같은 목적에 사용된다.

6) L-아스코르빈산과 L-아스코르빈산 나트륨 (L-asorbic acid, sodium L-ascorbate)

L-아스코르빈산(L-asorbic acid)은 영양 강화제로도 사용되는 비타민 C이며, 백색의 결정성 분말로서 냄새는 없으나 신맛이 있다. 열, 광선, 공기에 의하여 분해 되지만 건조한 상태에서는 비교적 안정하고, 물이나 알코올에 녹으나 유기용매에는 녹지 않는다. 산화방지제로서 식용제품의 변색방지, 과일 통조림의 갈변방지 또는 기타 식품의 풍미유지 등에 이용되고 있다.

L-아스코르빈산 나트륨(sodium L-ascorbate)은 세입 또는 결정성 분말이고, 냄새는 없으나 짠맛이 조금 있다. 물에는 잘 녹으며 용도는 asocorbic acid와 꼭 같다.

7) 아스코르빌팔미테이트(ascorbyl palmitate)

백색~담황색의 과실향이 나는 분말로서 물이나 식물유에는 녹지 않으나 알코올에는 잘 녹는다. 비타민 C로서의 효력을 갖는 강화 · 산화방지제로서 유지나 유지를 함유하는 식품에 널리 이용된다. L-ascorbic acid는 달리 신맛이 없어서 첨가에 따른 맛의 변화가 없는 것이 특징이다. 보존기준으로 차광한 밀봉용기에 넣어 찬 곳에 보관하도록 되어 있다.

8) 이.디.티.에이 칼슘 이나트륨과 이.디.티.에이 이나트륨 (calcium disodium ethlenediamine tetraacetate,disodium ethylenediamine tetraacetate)

두 화합물이 모두 백색의 분말이며 약간의 짠맛이 있고 물에 잘 녹는다. 각종 금속이온과 결합하여 chelate 화합물을 형성하는 성질이 있으며 유지식품의 변질원인이 되는 금속이온을 봉쇄함으로써 항산화작용을 나타낸다.

2.4. 표백제(bleaching agents)

식품을 가공하거나 제조할 때 식품 중의 색소가 퇴색 또는 착색되어 외관을 나쁘게 하는 경우가 종종 있다. 이와 같은 경우에 색소를 파괴하여 그 식품이 완성되었을 때의 색을 아름답게 하기 위하여 표백제를 사용한다.

표백제는 그 작용에 따라 산화제를 사용하는 방법과 환원제에 의한 방법이 있다.

산화표백제는 산화작용에 의하여 색소를 파괴하는 것으로 과산화수소가 이에 해당되는데 이는 또 살균제로서도 사용된다. 이것은 환원표백제와는 달리 표백제가 잔존하고 있지 않아도 색이 다시 복원되는 일이 없으나, 식품의 조직을 손상시킬 우려가 있다.

환원표백제는 색소를 환원작용에 의하여 표백하는 것이다. 즉 색소 중의 산소를 빼앗아 표백하는 것인데, 식품 중의 표백제가 없어지면 공기 중의 산소에 의해서 색이 다시 복원되는 경우가 많은 것이 결점이다.

환원표백제로서 식품에 사용할 수 있는 허용품은 메타중아황산나트륨 및 메타중아황산칼륨, 아황산나트륨, 산성아황산나트륨, 차아황산나트륨, 무수아황산 등이며, 어느 것이나 아황산에 의한 표백작용이다. 따라서 그 사용기준도 모두 사용 후 식품 중에 잔존하는 아황산의 양으로 규정하고 있으며, 과산화수소는 원래 사용기준이 없었으나 최근에 그 안전성이 문제가 되어서 이를 사용한 식품의 최종제품이 완성되기 전에 분해 제거하도록 규정되었다.

허용된 표백제의 종류 및 사용기준은 〈표 12-6〉과 같다.

〈표 12-6〉 허용 표백제 및 사용기준

표백제명	사용기준	
	대상식품	허용량
메타중아황산칼륨 (potassium metabisulfite) 메타중아황산나트륨 (sodium metabisulfite) 무수아황산 (sulfur dioxide) 아황산나트륨(sodium sulfite) 산성아황산나트륨 (sodium bisufite) 차아황산나트륨 (sodium hyposulfite)	1. 박고지 (박의 속을 제거하고 육질을 잘라내어 건조시킨 것)	5.0g/kg
	2. 당밀 및 물엿	0.3g/kg
	3. 엿	0.4g/kg
	4. 과일주	0.35g/kg
	5. 과일주스 (5배 이상 희석하여 사용하는 농축과일즙, 과일주스 및 과일류·채소류 가공품)	0.15g/kg
	6. 건조과일류	2.0g/kg
	7. 곤약분 (구약나무의 뿌리·줄기를 가공하여 만든 것)	0.9g/kg
	8. 새우살	0.1g/kg
	9. 설탕	0.02g/kg
	10. 양조식초	0.17g/kg
	11. 기타식품(참깨, 두류, 감자류, 과일류, 채소류 및 그 단순가공품 (탈피. 절단 등) 제외에 사용한다.	0.03g/kg

2.5. 밀가루개량제(maturing agents, dough conditioners)

밀가루는 제조 후 그대로 즉시 사용하면 카로티노이드 등의 색소를 함유하고 또 숙성이 안 되어 있으므로 좋은 제품을 얻을 수 없다. 화학물질을 사용하여 밀가루의 표백과 숙성기간을 단축시키고, 제빵 효과의 저해물질을 파괴시켜 분질을 개량하기 위하여 첨가하는 물질을 밀가루 개량제라 한다.

밀가루 개량제의 효과는 그 산화작용에 근거한 표백작용과 숙성작용에 의한 것이지만, 개량제에 따라서는 표백작용이 거의 없고 숙성작용만을 갖는 것도 있다.

현재 허용되고 있는 밀가루 개량제와 그 사용기준은 〈표 12-7〉과 같다.

〈표 12-7〉 허용 밀가루개량제 및 그 사용기준

밀가루 개량제명	사용기준		참고
	대상식품	허용량	
과산화 벤조일(희석) (diluted benzoyl peroxide)	밀가루류에 한하여 사용	0.3g/kg 이하	충격에 의해 폭발 빵의 용적 증가
과황산암모늄 (ammonium persulfate)	밀가루류에 한하여 사용	0.3g/kg 이하	
염소 (chlorine)	밀가루류에 한하여 사용	2.5g/kg 이하	금속부식성 자극취 있다.
이산화염소 (chlorine dioxide)	밀가루류(빵류 제조용에 한함)	30mg/kg 이하	
아조디카르본아미드 (azodicarbonamide)	밀가루류에 한하여 사용	45mg/kg 이하	

과산화벤조일(benzoyl peroxide)은 표백작용이 약하지만, gluten의 성질을 좋게 하여 제빵 효과를 좋게 하는 것이다. 그러나 이들을 지나치게 많이 사용하면 밀가루 중의 비타민류를 파괴하고, 숙성을 지나치게 빨리 진행시켜 오히려 gluten의 질적인 저하에 따른 노화현상을 일으키고 접착력과 색깔이 저하되며, 제품의 품질이 나빠지므로 그 적절한 사용량을 지켜야 한다.

스테아릴젖산칼슘(calcium steroyl lactylate)이나 스테아릴젖산나트륨(sodium stearyl lactylate)은 표백작용은 없으나, 제빵용 밀가루에 약 0.5% 첨가하면 gluten의 안정성과 탄력을 증진시켜서 전분의 효과, 팽윤을 방지하여 빵반죽을 개량하고 제품의 광택을 증가시키며, 노화를 방지하는 효과가 있다.

2.6. 증점제(thickners, gelling agents)

식품에 대하여 점착성을 증가시키고 유화안정성을 좋게 하며, 가공할 때의 가열이나 보존 중의 경시변화에 관여하여 선도를 유지하고 형체를 보존하는데 도움을 주며, 미각에 대해서도 점활성을 줌으로써 촉감을 좋게 하기 위하여 식품에 첨가되는 것이 증점제이며 호료라고도 한다.

식품에 사용할 수 있게 되어있는 종류는 대표적으로 구아검, 로커스트콩검, 산탄검, 아라비아검, 젤라틴, 카라기난, 타나린드검, 펙틴 등이 지정되어 있다.

그러나 그 밖의 것도 순 합성품은 폴리아크릴산나트륨 뿐이고, 다른 것은 천연동물인 동 · 식물을 원료로 해서 화학 처리하여 얻은 것으로 그 용도는 광범위하나 사용량이 규제되어 있다.

허용된 지정 증점제는 〈표 12-8〉와 같이 사용기준이 있는 것과 없는 것이 있다.

〈표 12-8〉 지정 증점제 및 사용기준

호료명	사용기준	참고
알긴산나트륨(sodium alginate) 카제인(casein) 카제인나트륨(sodium caseinate)	사용기준 없음	• 금속이온과 반응하면 탈색 응고한다. • 유화작용이 강하다.
폴리아크릴산나트륨 (sodium polyacrylate)	0.2% 이하	• 금속이온 고정작용
알긴산프로필렌글리콜 (propylene glycol alginate)	1% 이하	
메틸 셀룰로스(methyl cellulose) 카복시메틸셀룰로스나트륨 (sodium carboxymethyl cellulose) 카복시메틸셀룰로스칼슘 (calcium carboxymethyl cellulose) 카복시메틸스타치나트륨 (sodium carboxymethyl starch)	2% 이하 2% 이하 2% 이하 병용할 때에는 그 합계가 2% 이하	• 저온에서 겔화한다. • 흡습성이 강하다. • 용해도가 빠르다. • 금속(납, 구리, 철)에 불용성 침전 • 건강기능식품의 경우 제한받지 아니함

1) 폴리아크릴산나트륨(sodium polyacrylate)

아크릴산나트륨(sodium acrylate)의 중합체로 무취 · 무미의 백색 분말로서, 물에는 잘 녹아 점주성이 큰 액체가 된다. 이 수용액은 칼슘이나 마그네슘 같은 2가 이상의 금속염에 의해서는 백색의 침전이 생겨서 점성을 잃는다. 또 일정 농도의 산(pH 4부근)에 의해서도 침전이 생긴다.

또한 이것은 점성이 커서 첨가량이 적어도 되고, 내열성이 커서 열적 열화가 거의 없으므로 가열처리를 하는 식품에 사용할 수 있으며, 부패나 변질될 염려가 없는 것도 장점의 하나이다. 그 사용량은 식품의 0.2% 이하로 제한되어 있다.

2) 알긴산프로필렌글리콜(propylene glycol alginate)

백색~담황백색의 분말로서 무미 · 무취이다. 산성에서 안정하므로 잼이나 주스 등 산성 식품에도 사용할 수 있으며, 크롬, 철, 동, 납 이외의 금속에는 안정하고, 식염에서는 14%까지 응고하지 않는다.

3) 메틸셀룰로스(methyl cellulose)

무취의 백색~유백색의 분말 또는 섬유상의 물질이다. 그 수용액은 중성인데, 산성이나 알칼리성에서도 비교적 안정하므로 유화제, 안정제 및 보수제 등으로 널리 사용한다. 또 비이온성의 콜로이드를 형성하므로 금속 이온에 의해서도 침전이 생기지 않으며, 식염 같은 무기염이 있으면 점도가 증가한다.

가열하면 gel화하여 젤리 상으로 고화되어 점성이 떨어지나, 냉각하면 다시 처음의 콜로이드상이 되는 가역적 성질을 갖고 있다. 그러므로 가열 처리를 하는 식품에도 사용할 수 있다.

4) 카복시메틸셀룰로스나트륨(sodium carboxymethyl cellulose)

일명 CMC 나트륨이라고도 하며, 무취의 백색~유백색의 분말 또는 섬유상의 물질이다. 물에 녹으면 점주한 액이 되는데 이 액은 비교적 안정하나 알루미늄, 동, 철, 납, 아연 등의 금속 이온에 의해서는 응고한다. 그리고 오래 가열하거나, 산도나 알칼리도가 커지거나, 자외선에 쪼이거나, 미생물이 번식하거나 하면 점도가 저하된다.

5) 카복시메틸셀룰로스칼슘(calcium carboxymethyl cellulose)

백색~유백색의 분말이며, 무취인데 다른 호료와는 달리 식품의 붕괴를 빠르게 하기 위하여 사용된다. 즉 분말주스나 인스턴트커피 등에 첨가하면 용해가 빠르고 비스켓 같은 과자에 첨가하면 입 속에서 빨리 붕괴하여 이에 달라붙는 일이 없고, 소화 흡수를 용이하게 하는 등의 작용이 있다.

6) 카복시메틸스타아치나트륨(sodium carboxymethyl starch)

백색의 분말로 무취하며, 장시간의 보존에 견디고 변질하거나 부패하지 않으며 열이나 광선에도 안정하다. 그러나 칼슘이나 마그네슘 염류에 의해서는 침전이 생기지 않고 식염에 의해서도 침전이 생기지 않으나 점도가 저하한다.

아이스크림의 유화안정제 및 빵 등의 노화방지제로도 사용한다. 독성은 거의 문제가 없다.

7) 알긴산나트륨(sodium alginate)

해조류에서 얻은 알긴산의 나트륨염으로 백색~담황백색의 분말이다. 물에 녹으면 점주한 액이 되며, 가열하면 점도가 저하한다. 또 동, 니켈, 철, 은, 알루미늄 등의 금속 이온이 있으면 반응하여 착색되고 응고한다. 식염이 85% 이상 되는 경우에는 응고하여 점성을 잃는다.

8) 카제인(casein)

우유에서 얻은 단백질로서 백색~담황백색의 분말 또는 알맹이로, 무취 · 무색이다. 물에는 거의 녹지 않으나 알칼리의 농도에 비례하여 용해도가 커진다.

유화안정제로서 아이스크림, 빵, 비스킷 등에 사용되며, 일반적으로 알칼리액에 녹여서 첨가하는데, 과잉의 알칼리에는 풍미를 떨어뜨리며, 구연산이나 과즙으로 만드는 주스나 샤벳에는 카제인이 떠오르므로 적당하지 않으나 카제인 용액은 열에 의해서 응고하지 않고 안정하다.

9) 카제인나트륨(sodium caseinate)

백색~담황색의 입상 또는 분말로 거의 무취 · 무미이다. 물에 녹으므로 카제인 대용으로 이용되며, 단백질로서 중요한 영양원이기도 하다.

2.7. 향료(flavoring agents)

향료란 일반적으로 향료라고 하며, 상온에서 휘발성이 있고 후각세포를 자극함으로써 특유한 방향을 느끼게 하여 식욕을 증진시키는 목적으로 식품에 첨가하는 물질이다.

향료는 천연향료와 합성향료로 분류되며, 천연과실이나 식물 중의 방향성 물질을 추출하여 만든 것을 천연향료라고 하며, 천연향료에는 레몬, 오렌지, 로즈, 쟈스민 등의 정유, 발삼, 계피 등의 방향성 생약, 과실성분 등 식물성인 것과 사향, 용연향, 해성향 등 동물성인 것이 있다.

합성향료에도 천연향료의 유효 성분을 합성한 것과 천연에는 존재하지 않지만 향기가 비슷한 새로운 것을 합성한 순수한 합성향료가 된다. 합성향료는 그 향료의 기초가 되는 주체, 주체와 조화시키기 위해 소량의 향료를 조금 첨가하는 조화제(blender)와 향기를 복잡하게 하기 위하여 성분이 다른 계통의 향료를 소량 첨가하는 변조제(modifier) 및 조합성분이 서로 분리되어 휘발되지 않도록 첨가하는 분자량이 큰 휘발보호제(fixer) 등이 있다.

향료는 단독으로 사용되는 경우는 거의 없고 향기가 약한 천연향료를 배합하여 증강하거나, 천연향료에 가깝게 하기 위하여 수종의 합성향료를 혼합한 종합향료로서 사용된다.

향료의 사용목적은 식품의 냄새를 제거하거나, 변화시키거나 강화하려는 것으로 나누어진다. 형태에 따라 착향료를 분류하면 다음과 같다.

1) 분말향료(powder)

분말향료는 그대로의 향이 약하거나 전혀 느껴지지 않지만 입 속에 넣거나 물에 녹이거나 하면 강한 냄새를 느끼게 한다. 이 분말향료는 제조공정 중에 열을 받으므로 향료의 신선미가 약간 떨어지고, 또 다른 향료보다 값이 좀 비싼 것이 결점이지만, 분말이므로 취급하기가 편리하고, 열이나 광선 등에 안정하며, 식품에 첨가할 때 계량하기도 쉽다.

2) 유화향료(emulsion)

천연의 정유나 합성향료를 유화제와 함께 사용하여 물 속에 분산, 유화시킨 것으로서 사용목적에 따라 음료에 유화와 혼탁을 주는 크라우디 홀레바와 향료를 유화하기 위하여 유액으로 한 것으로 나눌 수 있다.

이것은 내열성과 물에도 잘 섞이는 성질을 가지기 때문에 내열성이 없는 수용성향료나 수분이 많은 식품에는 사용할 수 없는 유성향료 대신 사용할 수 있다.

3) 수용성향료(essence)

유상의 방향성분이 물에 용해되도록 만들어진 것으로, 알코올 등의 용제를 사용하여 조제한 것으로서 에센스(essence)라 한다.

주로 청량음료나 빙과에 사용되나 방향성분이 건조하기 쉬우므로 가열식품이나 건조식품에는 부적당하지만 방향성분이 원래의 형태로 함유되어서 신선한 풍미를 내는 장점이 있다.

4) 유성향료(oil)

천연의 정유 또는 여기에 합성향료를 배합한 것이나 에센스의 방향성분을 프로필렌, 글리콜 등에 녹인 것으로서 오일(oil)이라고 하며, 지용성인 향료이다. 이는 비교적 내열성이 있으므로 캐러멜, 드롭스, 비스킷 등 가열 처리하는 식품에도 사용할 수 있으나 너무 장시간의 가열은 피하는 것이 좋다.

향료로 사용되는 화학적 합성품은 약 3,000품목이나 되며, 비교적 자주 사용하는 약 500품목은 그 성분 규격을 규정하였고, 기타는 포괄적 표현의 종류별 명칭으로 표시하고 있다. 이들은 모두 착향의 목적 이외에는 사용할 수 없도록 규정되어 있다. 그러나 초산에틸은 초산비닐수지의 추출용제로 사용되는 경우만은 예외로 되어 있다.

2.8. 발색제(color fixatives)

발색제는 착색제와는 달리 그 자체가 색을 나타내는 것이 아니고, 식품 중의 색소성분과 반응하여 식품의 색을 보존하든가 또는 발색시키는 물질을 말한다. 예를 들면, 식육제품이나 정육제품, 어육제품의 발색제로 질산염 및 아질산염을 사용하면 고기의 색소가 산화되지 않거나 헤모글로빈 또는 미오글로빈을 결합시켜 식육 고유의 색인 선홍색을 유지시키는 작용을 한다.

현재 허용되어 있는 발색제의 종류와 사용기준은 〈표 12-9〉와 같다.

〈표 12-9〉 허용 발색제 및 사용기준

발색제명	사용기준		참고
	대상식품	허용량	
아질산나트륨(sodium nitrite) 질산나트륨(sodium nitrate) 질산칼륨(potassium nitrate)	1. 식육가공품(포장육, 식육추출가공품, 식용우지, 식용돈지 제외) 및 경육제품 2. 어육소시지류 및 어육햄류 3. 명란젓 및 연어알젓(아질산나트륨) 4. 치즈류(질산나트륨) 5. 대구알염장품(질산칼륨만)	0.07g/kg 0.05g/kg 0.005g/kg 0.005g/kg 0.2g/kg	발색 유효량 100m/kg 대상식품 1,2는 동일하며 3,4,5는 각자 다름
황산제일철 (건조) (ferrous sulfate exsiccated) 황산제일철 (결정) (ferrous sulfate)	사용기준 없음		단백질 응고 부식성이 높다.
소명반 (burnt alum)	된장에 사용하여서는 안된다		

1) 아질산나트륨(sodium nitrite, $NaNO_2$)

아질산나트륨(sodium nitrite)은 백~담황색의 광택이 있는 결정성 분말이거나 입상 또는 봉상의 덩어리로 물에 잘 녹는다. 발색의 유효량은 100ppm이며, 비교적 독성이 강하여 사용 기준이 규정되어 있으므로 WHO에서는 어린이용 식품에는 첨가를 삼가도록 권고하고 있다. 맛이나 외관이 소금과 비슷하나, 맹독이 있기 때문에 취급에 주의하여야 한다.

아질산나트륨은 급성독성으로 혈압의 강하, 갑상선 기능장해, 혈관확장 등을 유발하며 아급성독성으로는 운동성 저하, 심전도의 이상, hematocrit치의 상승, 심장 · 비장의 무게증가 등이 보고되어 있으나 식육제품 등에 첨가함으로써 Clostridium botulinum의 생육을 억제하여 식중독 예방에 도움을 주고 있다(Perigo effect).

2) 질산칼륨(potassium nitrate, KNO_3) 및 질산나트륨 (sodium nitrate, $NaNO_3$)

무색의 결정 또는 백색의 광택이 있는 결정성 분말로 냄새는 없으나 약간 짠맛이 있으며, 물에 잘 녹는다. 이들은 식품 중에서 세균에 의하여 아질산염으로 환원된 다음 발색제로서 작용하며 발색의 유효량은 3,000ppm이다.

사용 제한은 없으나 아질산염의 양이 규정되어 있으므로 간접적으로 제한을 받게 된다. 사용량은 식품의 0.3% 정도 첨가하며, 발색의 목적 이외에 청주에 대하여 발효조정제로서 사용된다.

3) 황산제일철(ferrous sulfate)

건조와 결정의 2종이 있으며 건조 황산제1철($FeSO_4 \cdot 1\sim1.5\ H_2O$)은 회백색의 분말이고, 결정 황산제1철($FeSO_4 \cdot 7H_20$)은 대백록색의 결정 또는 결정성 분말로서 모두 수렴미를 가지고 있으며, 그 수용액은 산성이다.

과채 등의 발색제로서 특히 가지를 소금에 절임할 때 변색방지에 이용되는데, 이것은 과채 중의 천연색소인 anthocyanin 색소류가 철이온과 결합하여 선명한 빛깔을 나타낸다고 한다.

4) 소명반(burnt alum, $AlK(SO_4)_2$

경석상의 덩어리 또는 백색의 분말로서 냄새는 없고, 맛은 약간 달며 수렴성이 있다. 황산제1철과 마찬가지로 과채 중의 anthocyanin 색소류와 결합하여 청색 또는 자색을 나타내는 성질이 있어서 발색제로 이용되며, 그 외에도 합성팽창제의 산성 성분으로 많이 사용된다. 사용기준은 없다.

2.9. 착색료(colouring matters)

식품의 색은 맛이나, 향과 같이 식품에 매력을 느끼게 하므로 기호상 대단히 중요한 요소이며, 상품적 가치를 결정하는 요인이기 때문에 인공적으로 식품을 착색시킨다. 이와 같이 인공적으로 착색을 시켜 천연색을 보완 · 미화하여, 식품의 매력을 높이므로써 소비자의 기호를 끌기 위하여 사용되는 물질을 착색료라 한다.

식품가공상 식품에 착색료를 첨가하는 목적에 따라 다음과 같이 분류할 수 있다.

① 단순히 색채를 아름답게 하여 식욕을 자극할 목적으로 착색
② 천연색소로 착색되어 있는 식품의 색을 보충하기 위하여 착색
③ 균일한 색을 내게 하기 위하여 착색
④ 대용품을 진품과 똑같이 보이도록 하기 위하여 착색

식품의 착색에는 인체에 해가 없는 천연색소를 사용하는 것이 바람직하나, 식품공업이 발전함에 따라 천연색소만으로는 수요를 충당할 수 없게 되어 지금은 주로 값이 싸고 구하기 쉬운 합성착색료가 널리 사용된다. 착색료로서 갖추어야 할 조건은 다음과 같다.

① 인체에 독성이 없어야 함
② 체내에 축적되지 않아야 함
③ 미량으로도 효과가 있어야 함
④ 물리 · 화학적 변화에 안정해야 함
⑤ 값이 싸고, 사용하기에 간편해야 함

천연색소로서 카라멜만이 규격과 기준이 마련되어 있는 정도이고, 우리나라 식품위생법에서 현재 사용 허가된 합성착색료는 tar색소가 9품목, tar색소의 알루미늄레이크가 7품목, 비tar계 착색료가 10품목으로 모두 26품목으로 지정되어 있으며 〈표 12-10〉과 같다.

〈표 12-10〉 허용 착색료 및 사용기준

착색료명	사용기준
식용색소 녹색 제3호(fast green FCF) 식용색소 녹색 제3호 알루미늄레이크 식용색소 청색 제1호(briliant blue FCF) 식용색소 청색 제1호 알루미늄레이크 식용색소 청색 제2호(indigo carmine) 식용색소 청색 제2호 알루미늄레이크 식용색소 황색 제4호(tartrazine) 식용색소 황색 제4호 알루미늄레이크 식용색소 황색 제5호(sunset yellow FCF) 식용색소 황색 제5호 알루미늄레이크 식용색소 적색 제2호(amaranth) 식용색소 적색 제2호 알루미늄레이크 식용색소 적색 제3호(erythrosine) 식용색소 적색 제3호 알루미늄레이크 식용색소 적색 제40호(alura red) 식용색소 적색 제102호(ponceau 4R)	1. 과자 2. 캔디류, 초콜릿류 3. 빵류, 떡류 4. 빙과 5. 잼(기타 잼) 6. 소시지류 7. 어육소시지 8. 과·채음료, 탄산음료, 기타음료 9. 향신료가공품[고추냉이가공품 및 겨자가공품에 한함] 10. 절임류(밀봉 및 가열살균 또는 멸균처리한 제품에 한함. 다만, 단무지는 제외) 11. 아이스크림류, 아이스크림믹스류 12. 추잉껌 13. 만두 14. 기타 코코아가공품 15. 음료베이스 16. 젓갈류(명란젓에 한함) 17. 주류(탁주, 약주, 소주, 주정을 첨가하지 않은 청주 제외) 18. 두류가공품, 서류가공품 19. 당류가공품 20. 기타 수산물가공품, 기타가공품 21. 건강기능식품(정제의 제피 또는 캡슐에 한함), 캡슐류 22. 곡류가공품 23. 즉석섭취식품 24. 커피(표면장식에 한함) 25. 소스 26. 식물성크림 27. 전분가공품 28. 기타 식용유지가공품 29. 기타 설탕, 기타엿, 당시럽류
삼이산화철 (iron sesquixide)	바나나(꼭지 절단면), 곤약 이외의 식품에 사용불가
수용성 안나토(annato water sol) β-아포-8′카로티날 (β-아포-8′-carotenal) β-카로틴 (β-carotene) 카민(carmine)	1. 천연식품(식육류, 어패류(경육포함), 과일류, 채소류, 해조류, 두류 등 그 단순가공품 (탈피, 절단 등)) 2. 다류 3. 커피 4. 고춧가루 또는 실고추 5. 김치류 6. 고추장 7. 식초 8. 향신료가공품(고추 또는 고춧가루에 한함)

철클로로핀린나트륨 (sodiumiron chlorophylline)	1. 천연식품[식육류, 어패류, 과일류, 채소류, 해조류, 콩류 등 및 그 단순가공품(탈피, 절단 등)] 2. 다류 3. 커피 4. 고춧가루, 실고추 5. 김치류 6. 고추장, 조미고추장 7. 식초
동클로로필 (copper chlorophyll) 동클로로필린나트륨 (sodium copper chlorophylline) 동클로로필린칼륨 (potassium copper chlorophylline)	1 채소류 또는 과일류의 저장품: 0.1g/kg 이하 2. 다시마{무수물}: 0.15g/kg 이하 3. 껌, 인삼검 및 캔디류 : 0.05g/kg 이하 4. 완두콩 통조림 중의 한천 : 0.004g/kg 이하
이산화티타늄 (titanium oxide	1. 천연식품[식육류, 어패류, 채소류, 과일류, 해조류, 콩류 등 및 그 단순가공품(탈피, 절단 등)] 2. 식빵, 카스텔라 3. 코코아매스, 코코아버터, 코코아분말 4. 잼류 5. 유가공품 6. 식육가공품(소시지류, 식육추출가공품 제외) 7. 알가공품 8. 어육가공품류 9. 두부류, 묵류 10. 식용유지류(모조치즈, 식물성크림, 기타 식용유지가공품 제외) 11. 면류 12. 다류 13. 커피 14. 과일·채소류음료(과·채음료 제외) 15. 두유류 16. 발효음료류 17. 인삼·홍삼음료 18. 장류 19. 식초 20. 토마토케첩 21. 카레 22. 고춧가루, 실고추 23. 천연향신료 24. 복합조미식품 25. 마요네즈 26. 김치류 27. 젓갈류 28. 절임류(밀봉 및 가열살균, 멸균처리한 절임제품은 제외) 29. 단무지 30. 조림류 31. 땅콩 또는 견과류가공품류 32. 조미김 33. 벌꿀류 34. 즉석조리식품 35. 레토르트식품 36. 특수용도식품 37. 건강기능식품(정제의 제피 또는 캡슐은 제외)

1) 식용 tar 색소

식용 tar 색소를 화학구조별로 분류하면 azo계 색소(적색 2호 · 적색 40호 · 황색 4호 · 황색 5호), triphenylmethane계 색소(청색 1호 · 녹색 3호), xantheine계 색소(적색 3호), indigoid계 색소(청색 2호)로 나눌 수 있으며, 모두 수용성의 산성색소이다. 식용 tar 색소는 합성에 의하여 제조되고, 수용성이므로 물에 용해시켜 착색하며, 식용착색료 중에서 가장 이용률이 높다.

식용 tar 색소 중에는 식품에 사용할 경우 일광, 열, 산, 알칼리, 산화, 환원, 금속 등의 영향을 받아서 변색하거나 퇴색하는 등 견뢰성이 좋지 못한 것이 있다. 따라서 이러한 색소의 성질을 잘 이해하여 효과적으로 사용할 필요가 있다. 또 식용 tar 색소는 두 종류 이상을 혼합하여 천연색에 가까운 색조를 내는 혼합색소와 사용하기 편리하게 황산나트륨이나 포도당 등으로 희석한 희석색소가 사용되기도 한다.

〈표 12-11〉 타르색소 사용상의 문제점과 그 원인

문 제 점	원 인
색소용액이나 착색된 액체식품에서의 침전현상	1. 용해도를 초과하여 사용할 때 2. 용매부족 3. 화학반응 4. 저온 특히 농후한 색소색인 경우
색조의 둔화현상	1. 색소의 과량 2. 고온에 처할 때
베이커리 제품이나 당과류의 착색시 반점이나 얼룩생성	1.색소용액 제조 시 색소의 불완전 용해 2.침전이 생긴 색소액의 사용 3. 지방이 많은 제품을 색소색으로 분산 착색할 때
광선에 의한 퇴색	착색제품의 일광에 과다한 노출
금속류에 의한 퇴색현상	색소의 용액, 취급, 보존시 색소액이나 착색제품과 금속류(아연, 주석, 알루미늄 등)와의 접촉
미생물에 의한 퇴색현상	색소제조 시설의 불결로 인한 환원성 미생물에 의한 오염
과열에 의한 퇴색	너무 높은 가공온도
환원제와 산화제에 의한 퇴색현상	S02나 아스코르브산같은 환원제나 오존, 차아염소산 같은 산화제와 색소의 접촉
강산, 강알카리에 의한 퇴색현상	착색시 강산, 강알칼리에 존재
관포장과 착색탄산음료의 보존성 저하	아조색소의 과량 사용에 의함

2) 식용 tar 색소 알루미늄레이크

황산알루미늄, 염화알루미늄 등 알루미늄에 탄산나트륨 등의 알칼리를 작용시켜 만든 수산화알루미늄에 식용타르색소의 수용액을 가하여 레이크화한 것으로, 색소 함량이 10~30%정도이다. 착색된 식품은 탈색되는 일이 없고, 또 수성식품이나 유성 식품에 관계없이 착색할 수 있는 이점이 있으므로 수용성 tar 색소로는 염착에 시간이 오래 걸리고 균일하게 착색하기 어려운 분미식품, 유지식품, 당의식품, 알사탕, 껌 등에 사용되어 착색효과를 나타낸다.

식용 tar 색소 알루미늄 레이크도 식용 tar 색소와 마찬가지로 단독으로 사용하기도 하고, 다른 식용 tar 색소 알루미늄 레이크와 배합하여 사용하기도 하며, 그 사용량은 일반적으로 0.005~0.5% 정도이다.

3) β -카로틴(β-carotene)

원래 자연계에 널리 존재하는 색소이지만, 합성에 의해서도 얻으므로 그 합성품을 지정한 것이다. 적자색~암적색의 결정성인 분말로서 약간의 특유한 냄새와 맛이 있으며, 화학적으로 안정하며 독성이 낮다.

지용성 색소이므로 유지성 식품에 적합하여 치즈, 버터, 마가린 등에 많이 사용되지만, 수용화시킨 것도 있어서 수성식품에도 사용할 수 있다. 그러나 산이나 광선 등에 의하여 분해되기 쉽고, 산화되기 쉬운 결점이 있다.

4) 삼 · 이산화철(iron sesquioxide; Fe_2O_3)

일명'벤가라'라고 불리는 적색~적갈색의 분말인데, 물에는 녹지 않으며 산에 겨우 녹는다. 착색력이 강하고 광선, 열, 산화 등 여러 조건에 대해서 극히 안정하며, 독성이 거의 없어서 오히려 철제로서 영양 강화에 사용할 수도 있으나, 그러한 목적에는 거의 사용되지 않고 과자와 같은 일부 식품에 때때로 사용할 뿐이다. 다량 사용하면 불쾌한 맛이 나므로 주의해야 한다.

5) 수용성 안나토(annato, water soluble)

이것은 Bixa orellana L.(Bixaceae)이라는 나무의 종자로 색소 성분인 bixin을 가수분해하여 얻은 norbixin의 칼륨 또는 나트륨염의 액체, 덩어리, 분말, paste상 등 여러 가지 형태의 제품이 있지만 대부분은 액상제품으로서 물에는 잘 녹으나 알코올에는 잘 녹지 않는다.

예로부터 서양에서 치즈 칼라로서, 치즈, 버터, 아이스크림 등 각종 식품의 착색에 사용되어 왔으며 특히 소시지의 착색에 많이 사용된다.

6) 철클로로필린 나트륨(sodium iron chlorophylline)

암록색의 결정성 분말로서 냄새가 없거나 약간의 아민취가 있고 물에는 잘 녹는다. 사용 제한이 없어서 식품 전반에 사용할 수 있으나 보통 카라멜, 양갱이 등에 이용된다. 산성식품이나 칼슘을 함유하는 식품에 사용하면 침전이 생기고, 센물에 의해서도 수용성염이 석출된다. 이것은 착색료로서 뿐만 아니라 철제로서 영양 강화의 효과도 기대할 수 있다.

7) 동(구리)클로로필린 나트륨(sodium copper chlorophyllin)

식물체에서 추출된 클로로필은 산, 산소, 열에 의하여 분해되어 황색으로 변하며 알칼리에는 비교적 안정한 클로로필린으로 되어 물에 잘 녹으나, 클로로필 성분 중의 마그네슘을 구리로 바꿔서 안정화시킨 것이다.

그리고 사용 기준이 있어서 그 사용량은 구리의 양으로서 규제하고 있는데, 실제에 있어서는 검의 착색 이외에는 별로 사용하지 않는다. 또한 탈취작용이 있어서 탈취제를 겸한 착색료로서 의약품이나 화장품에 사용되기도 한다.

8) 황산동(황산구리, copper sulfate, supric sulfate)

청색의 결정, 덩어리 또는 청백색의 결정성 분말로, 물에는 잘 녹아서 청색을 띤다. 채소류, 과일류, 다시마 등의 착색료로 많이 사용되는데 황산동의 사용기준은 구리로써 규정되어 있다. 황산동 및 이를 함유하는 제제는 조제분유 및 이유식 이외의 식품에 사용하여서는 아니 된다.

9) 이산화티타늄(titanium oxide; TiO_2)

냄새도 맛도 없는 백색의 분말이며 화학적으로 대단히 안정하고 독성이 매우 낮다. 분말청량음료에 다른 색소 등과 혼합해서 사용하면 부드러운 자연색을 나타내고 당의 또는 초콜릿 당의의 subcoating에 이용하면 제품색깔이 보다 선명하고 아름답게 나타난다. 또 청량음료수의 현탁도를 높여주는 clouding agent로도 이용된다.

10) 카민(carmine)

천연색소 cochineal의 주성분인 carminic acid를 수산화알루미늄으로 처리하여 얻는 카민산알루미늄 또는 칼슘 · 알루미늄레이크 색소이다. 적색~암적색의 조각, 가루 또는 paste상의 물질이며, 약간의 특이한 냄새가 있다. 카민은 잼, 젤리, 캔디 및 토마토 가공품 등에 사용되고 햄, 소시지의 착색에도 이용되며 단백질과 반응하여 자색을 나타내는 성질을 이용하여 팥 앙금의 제조에 이용되기도 한다.

2.10. 향미증진제(seasonings)

맛은 단맛, 신맛, 짠맛, 쓴맛의 사원미로 나눌 수 있으며, 이외에도 매운맛, 떫은맛, 금속미, 청결미 등도 있다.

향미증진제는 식품 본래의 맛을 한층 돋구거나 기호에 맞게 조절하여 미각을 좋게 하는 첨가물인데, 조미료라고도 한다. 맛의 종류에 따라서 감미료, 산미료, 염미료, 신미료 등으로 분류할 수 있다. 그러나 식품 첨가물의 분류상 조미료는 감미료, 산미료 등 다른 것과 구분하여 음식물의 감칠맛을 증진시키려는 목적으로 첨가하는 물질, 즉 정미료를 가리키는 협의의 뜻으로 사용하는 것이 보통이다.

이들 조미료는 〈표 12-12〉과 같으며 대상식품 및 사용량은 기준이 없다.

이들은 아미노산계, 핵산계 및 유기산계로 분류할 수 있는데, 모두 사용 기준이 규정되어 있지 않아서 대상 식품이나 사용량의 제한은 받지 않는다. 그러나 현재 L-글루탐산나트륨(sodium glutamate)의 과다 사용시 인체 유해여부에 대한 논란이 있으므로 필요 최소량을 사용하는 것이 바람직할 것이다.

핵산계 조미료는 단독으로 사용하는 것보다 글루탐산나트륨과 병용하면 상승효과가 있다. 그러나 5'-리보누크레오타이드나트륨 등은 된장이나 절임 식품 등에 사용하면 효소에 의해서 분해되어 효력이 떨어진다. 5'-리보누크레오타이드칼슘은 수용성이 적으므로 어육 연제품의 제조과정에 넣어도 분해하지 않으며, 가열하면 효소가 불활성화하는 동시에 5'-리보누크레오타이드칼슘이 녹으므로 더욱 어육 연제품과 같이 효소를 함유하는 식품의 조미료로서 적합하다.

아미노산인 DL-알라닌과 글리신, 유기산계인 L-주석산나트륨, DL-주석산나트륨, 호박산 등은 합성 청주의 조미료로 사용되고, 구연산나트륨과 DL-사과산나트륨은 짠맛이 있으므로 소금의 대용품으로 사용된다.

〈표12-12〉 허용 조미료 및 주의사항

분 류	조미료명	참 고
핵산계	5' -이노신산이나트륨	katzuobushi의 정미성분, 효모의 핵산을 효소 분해, 밀봉보관
	5' -구아닐산나트륨	표고버섯의 정미성분, 효모의 핵산을 효소분해하여 얻음, MSG와 병용하면 효력상승
	5' -리보뉴크레어 티드 나트륨 및 칼슘	효모의 핵산에서 얻으며 4종의 혼합물, 이들 핵산분해물은 단독 보다도 글루타민산나트륨과 병용하면 효력상승
	5' -시티딜산이나트륨	조제유류에 한하여 0.142g/kg 이하로 사용할 것
	5' -우리딜산이나트륨	조제유류에 한하여 0.099g/kg 이하로 사용할 것 환자용 식품 : 8g/kg 이하
아미노산계	L-글루탐산 L-글루탐산암모늄, 칼슘 및 나트륨	다시마의 정미성분, 탈지대두·소맥분의 분해, 당질의 발효 등에 의하거나 화학적으로 합성하여서 얻는다. 핵산조미료와 병용하면 효력상승
	DL-알라닌	감미가 있고, 합성청주에 사용한다.
	글리신	감미가 있고 합성청주, 초, 간장, 고추장에 사용
	타우린	오징어, 문어의 정미성분, 수산가공식품의 맛의 증진, 풍미 개선에 사용
	베타인	오징어, 문어의 정미성분, 수산가공식품의 맛의 증진, 풍미개선에 사용
	L-글루타민	특이한 단맛과 감칠맛이 있어서 조미료로 사용하고 강화제로 사용
	L-아스파라진	특이한 단맛과 감칠맛이 있어서 조미료로 사용하고 강화제로 사용
유기산류	L-주석산나트륨 DL-주석산나트륨	짠맛이 있고, 청량음료수, 합성청주 등에 사용
	구연산나트륨	청량한 짠맛이 있다.
	DL-사과산나트륨	식염 같은 짠맛이 있다. 식염 대용으로 사용한다.
	호박산 2나트륨	물에 가용하므로 보통식품에도 좋다. 신맛이 호박산보다 약하다. 산성식품에서 효과가 강하다.
	호박산	패류의 정미성분. 물에 난용, 특이한 강한 산맛이 있음, 특히 합성 청주에 적합
	젖산나트륨	합성 청주의 조미료 및 점주제로 사용

2.11. 산도조절제(acidulants)

식품의 신맛은 향기를 동반하는 경우가 많으며, 산도조절제는 식품을 가공, 조리할 때 식품에 적합한 산미를 붙이고, 미각에 청량감과 상쾌한 자극을 주어 소화액의 분비촉진으로 식욕을 증진시키는데 사용하는 첨가물이며, 산미료라고도 한다.

성분에는 무기산과 유기산이 있는데, 무기산은 일반적으로 떫은맛과 쓴맛을 가지고 있으나, 유기산은 단순하고 상쾌한 맛을 주며 과실류에도 느낄 수 있다.

그러므로 산도조절제는 옛부터 식품의 조리에 사용되어 왔으며, 그 중 대표적인 예는 술 등을 발효시켜서 얻는 식초이다.

현재 산미료로서 허용되어 있는 것은 〈표 12-13〉과 같으며 사용기준은 없다.

〈표 12-13〉 허용 산도조절제 및 주의사항

산미료명	참 고
DL-주석산나트륨 L-주석산나트륨	염미가 있고, 청량음료, 합성청주 등에 사용한다.
초산(acetic acid)	3~5%로 널리 사용한다.
구연산(결정·무수) (citric acid)	청량음료, 치즈, 젤리, 잼, 드롭스 등에 사용한다. 또 산화방지제의 synergtet로서 시용한다.
빙초산(glacial acetic acid)	피클, 케첩, 사과시럽, 치즈, 케이크, 콘시럽 등에 0.005~0.033% 사용한다.
구연산삼나트륨 (Trisodium Citrate)	청량한 염미가 있다.
DL-사과산나트륨	염미가 있어. 식염의 대용으로 사용한다.
호박산이나트륨	물에 가용이므로 보통 식품에도 좋다. 산미가 호박산보다 약하다. 산성식품에서 효과가 강하다.
호박산(succinic acid)	패류의 정미성분, 물에 난용 특이한 강산미가 있음, 합성청주에 적합
DL-사과산(DL-malic acid)	젤리, 과자의 산미료로 적당하며 마가린, 마요네즈에 산도조절제와 팽창제로 사용 된다.
젖산(lactic acid)	살균력이 있어 식품공업에 널리 사용한다.
주석산(tartaric)	청량음료, 젤리, 잼 등에 구연산, 젖산 등과 함께 사용한다.
푸말산(fuimaric acid)	분말주스, 김치, 합성주, 청량음료, 과일통조림 등에 사용한다.
푸말산일나트륨	청량감 있는 산미가 있고 조해성이 없고, 안정하므로 분말 청량음료에 사용
이타콘산(itaconic acid)	냄새는 없고 특히 산미가 있다. 커피 등 음료의 조미, PH 조정제. 금속 봉쇄제로 사용
글루콘산(gluconic acid)	냄새가 없거나 약간의 신맛이 있다. 샤벳. 젤리. 주류 등에 사용

2.12. 감미료(non-nutritive sweeteners)

당질을 제외한 감미를 가지고 있는 화학적 제품을 총칭하여 합성감미료라고 한다. 이는 영양가가 거의 없으며 많은 양을 섭취하면, 인체에 유해하므로 특별한 경우를 제외하고는 사용하지 않는 것이 좋다.

천연감미료인 설탕의 과잉섭취는 당뇨병, 심장질환, 비만, 충치 등을 유발하고 식품에서는 발효, 갈변현상 등으로 인한 품질저하의 문제가 많으므로 인공감미료의 사용이 증가추세에 있다.

설탕을 1로 했을 때 감미도는 사카린나트륨 500, 글리실리친산 이나트륨 200, D-소비톨 0.7, 아스파탐 180~200인데 용해성은 아스파탐을 제외하고 모두 물에 잘 녹는다.

현재 인공감미료로서 식품용으로 허용되어 있는 것은〈표 12-14〉와 같다.

1) 사카린나트륨(sodium saccharin)

흔히 사카린이라고 부르고 있는 것이 용성사카린, 즉 사카린나트륨이다. 화학적으로 2분자의 결정수를 함유하는 o-sulfobenzimide의 Na염으로 1879년 독일에서 우연히 발견되어 현재 인공감미료로서 가장 널리 이용되고 있다.

무색~백색의 결정 또는 백색의 결정성 분말로서 물에 대단히 잘 녹으며 그 감미는 설탕의 250~500배이다. 공기 중에서 서서히 풍화하여 결정수를 잃으며, 100℃에서 2시간 가열하여도 분해하지 않으므로 실제 조리할 때 산성상태에서 가열하지 않는 한 분해하지 않는다.

식빵, 이유식, 백설탕, 포도당, 물엿, 벌꿀, 알사탕류에는 사용이 금지되어 있다.

2) 글리실리진산 이나트륨(disodium glycyrrhizinate)

감초의 근경에서 추출한 감미성분인 글리실리친산(6~14% 함유)을 Na염으로 한 것이다. 감미도는 설탕의 200배 정도이고 된장, 간장에만 사용이 허가되어 있으며 대개 0.008~0.01% 정도 첨가한다. 입에 넣고 조금 있어야 감미가 느껴지는 것이 특징이다.

3) D-소비톨(D-sorbitol)

포도당의 환원에 의해 만들어지는 백색의 분말상 결정 또는 분말로서 물에 잘 녹고 청량한 감미를 가지고, 설탕의 70%의 단맛이 있다. 흡습성이 강하고 보수성, 보향성이 우수하며 과자류의 습윤 조정제, 과일 통조림의 비타민 C 산화방지제, 냉동품의 탄력과 선도 유지 등 용도가 대단히 넓다.

4) 아스파탐(aspartame)

아스파탐은 1964년 미국에서 우연히 합성되었다. 아스파탐은 L-aspartic acid와 L-phenylalanine으로부터 peptide 결합으로 만들어진 아미노산류 감미료로서 설탕의 약 200배의 감미가 있으며 여기에 부형제를 첨가하여 국내에서도 상품으로 생산하고 있다. 근래 수퍼 아스파탐을 개발하였는데, 이는 종래의 아스파탐보다 당도가 250배이고 아미노산을 원료로 만들었기 때문에 독성이 거의 없다.

미국의학협회에 의하면, 뇌의 이상으로 페닐알라신을 대사할 수 없는 유전적인 결함을 가진 사람 이외에는 안전하다고 한다.아스파탐은 식탁용 감미료, 인스턴트 커피, 분말청량음료, 탄산음료 등에 주로 사용된다.

〈표 12-14〉 허용감미료 및 사용기준

감미료명	사용기준	참고
사카린나트륨 (sodium saccharin)	1. 젓갈류, 절임류, 조림류 : 1.0g/kg 이하 2. 김치류 : 0.2g/kg 이하 3. 음료류(발효음료류, 인삼·홍삼음료, 다류 제외) : 0.2g/kg 이하(다만, 5배이상 희석하여 사용하는 것은 1.0g/kg 이하) 4. 어육가공품류 : 0.1g/kg 이하 5. 시리얼류 : 0.1g/kg 이하 6. 뻥튀기 : 0.5g/kg 이하 7. 특수의료용도등식품 : 0.2g/kg 이하 8. 체중조절용조제식품 : 0.3g/kg 이하 9. 건강기능식품 : 1.2g/kg 이하 10. 추잉껌 : 1.2g/kg 이하 11. 잼류 : 0.2g/kg 이하 12. 장류 : 0.2g/kg 이하 13. 소스 : 0.16g/kg 이하	•가열 조리 후 첨가 •소화효소 작용 억제 신장장애, 방광종양발생

	14. 토마토케첩 : 0.16g/kg 이하 15. 탁주 : 0.08g/kg 이하 16. 소주 : 0.08g/kg 이하 17. 과실주 : 0.08g/kg 이하 18. 기타 코코아가공품, 초콜릿류 : 0.5g/kg 이하 19. 빵류 : 0.17g/kg 이하 20. 과자 : 0.1g/kg 이하 21. 캔디류 : 0.5g/kg 이하 22. 빙과 : 0.1g/kg 이하 23. 아이스크림류 : 0.1g/kg 이하 24. 조미건어포 : 0.1g/kg 이하 25. 떡류 : 0.2g/kg 이하 26. 복합조미식품 : 1.5g/kg 이하 27. 마요네즈 : 0.16g/kg 이하 28. 과·채가공품 : 0.2g/kg 이하 29. 옥수수(삶거나 찐 것에 한함) : 0.2g/kg 이하 30. 당류가공품 : 0.3g/kg 이하	
글리실리친산이나트륨 (disodium glycyrrhizinate)	된장 및 간장 이외의 식품에는 사용금지	• 설탕의 200배감미
D-소비톨 (D-sorbitol) D-소비톨액 (D-sorbitol solution) D-자일로오스 (D-xylose) 자일리톨 (xylitol) 락티톨 (lactitol) 이소말트 (isomalt) 만니톨 (mannitol)		• 비타민C 안전 작용, 습윤 조정제 작용, 아민취제거
아스파탐 (aspartame)	1. 빵류, 과자, 빵류 제조용 믹스, 과자 제조용 믹스 : 5.0g/kg 이하 2. 시리얼류 : 1.0g/kg 이하 3. 특수의료용도등식품 : 1.0g/kg 이하 4. 체중조절용 조제식품 : 0.8g/kg 이하 5. 건강기능식품 : 5.5g/kg 이하	• pH 6 이상에서 분해
스테비올배당체 (steviol glycoside)	스테비올배당체는 설탕, 포도당, 물엿, 벌꿀류에 사용하여서는 아니 된다.	• 수크랄로스 320배 감미

수크랄로스 (sucralose)	1. 과자 : 1.8g/kg 이하 2. 추잉껌 : 2.6g/kg 이하 3. 잼류 : 0.4g/kg 이하 4. 음료류, 가공유, 발효유류 : 0.40g/kg 이하(다만, 희석하여 음용하는 제품에 있어서는 희석한 것으로서) 5. 설탕대체식품 : 12g/kg 이하 6. 시리얼류 : 1.0g/kg 이하 7. 특수의료용도등식품 : 0.4g/kg 이하 8. 체중조절용 조제식품 : 0.32g/kg 이하 9. 기타 식품 : 0.58g/kg 이하 10. 건강기능식품 : 1.25g/kg 이하	

2.13. 팽창제 (leavening agents, blowing agents, baking powders)

팽창제는 빵이나 과자 등을 제조할 때 첨가하면 가스를 발생시켜 제품을 부풀게 하여 연하고 맛이 좋고 소화가 잘 되기 쉬운 상태로 만드는 화학적 합성품을 말하는데, 가열 가공 때 사용하면 열에 의해 분해 되어 탄산가스나 암모니아가스가 발생되어 밀가루 반죽이 팽창된다. 팽창제에는 효모와 같은 천연품과 탄산염, 암모늄염 등과 같은 합성팽창제가 있다.

효모에 비하여 합성팽창제는 팽창력이 약하지만, 발효시간이 단축되기 때문에 널리 사용되고 있으며, 탄산수소나트륨을 비롯한 10여종이 단용 또는 혼용되고 있다.

단용되는 것으로는 탄산수소나트륨, 탄산수소암모늄, 탄산암모늄 등이 있는데, 이들은 가열에 의해서 분해 되어 탄산가스나 암모니아 가스를 발생함으로써 팽창작용을 하는 것이다. 그러나 탄산수소나트륨은 탄산가스가 발생한 다음에 알칼리성이 강한 탄산나트륨이 잔류하여 빵을 누렇게 하거나 맛을 나쁘게 하는 결점이 있다. 그러므로 산성물질 등을 병용하여 그 결점을 개선한 이른 바 합성팽창제가 사용되기에 이르렀다.

이와 같은 합성팽창제는 원료 성분이나 형태에 따라서 암모니아계 합성팽창제, 일제식(一濟式) 합성팽창제, 이제식(二濟式) 합성팽창제의 세 가지 종류가 있다. 이들의 사용기준은 〈표 12-15〉과 같으며 대상식품 및 사용기준은 없다.

〈표 12-15〉 허용 합성팽창제 및 사용기준

팽창제명	사용기준	참 고
황산알루미늄칼륨 (명반, 소명반)	산제	
황산알루미늄암모늄 (암모늄명반, 소암모늄명반)	산제, NH_3	
염화암모늄	NH_3	• 된장에 사용해서는 안된다. 과량사용은 부식성 염증 발생
L-주석산수소칼륨	산제	
DL-주석산수소칼륨	산제	
탄산수소나트륨	CO_2	• 이제식 합성팽창제와 산성물질이다.
탄산수소암모늄	CO_2, NH_3	• 일제식 팽창제
탄산암모늄	CO_2, NH_3	• 암모니아 팽창제
탄산마그네슘	CO_2	
산성피로인산나트륨	산제	
제일인산칼슘(결정·무수)	산제	
글루코노-δ(델타)-락톤	산제	

1) 암모니아계 합성팽창제

탄산암모늄, 탄산수소암모늄, 제2인산 암모늄, 염화암모늄, 암모늄명반, 소암모늄명반 등의 암모늄 염류를 주성분으로 하고, 여기에 탄산수소나트륨, 탄산마그네슘과 산성물질인 L 및 DL-주석산, L 및 DL-주석산수소칼륨, 소명반과 전분 등을 적당히 혼합한 것으로 백색이나 회백색의 분말 또는 분말덩어리이다.

열분해시 암모니아 가스를 발생하여 팽창작용을 나타내지만 후에 암모니아취가 잔류하여 불쾌감을 주므로 사용 후 수증기를 충분히 통과하거나 열을 가하여 가스를 뽑아내어야 하는 결점이 있고, 습기를 흡수하면 분해하므로 밀폐된 병이나 관에 보존하여야 한다. 주로 중급 이하의 빵이나 과자류에 이용된다.

2) 일제식(一濟式) 합성팽창제

알칼리성인 탄산염류나 탄산수소염류에 산성물질을 혼합한 것을 주제로 하고 이에 분산제로서 전분을 혼합하여 일제로 한 것이다. 백색이나 회백색의 분말 또는 분말덩어리이며, 물에 녹이면 탄산가스가 활발하게 발생한다.

산성성질로는 L 및 DL-주석산수소칼륨, 제1인산칼슘, 산성 피로인산 나트륨, 명반, 소명반, 글루코노-δ-락톤 등이 사용된다.

3) 이제식(二濟式) 합성팽창제

탄산염류 또는 탄산수소염류에 전분 등의 분산제를 혼합하여 일포로 하고, 달리 산성 물질을 일포로 하여 사용할 때 양쪽을 원료인 밀가루에 혼합하는 것으로 보존 중에 반응을 일으키지 않아서 효력의 저하를 막을 수 있다. 일제식 합성팽창제보다 오래 보존할 수 있는 것이 특징이지만 사용하는데 불편하다.

2.14. 영양강화제 (dietary supplements, enriched agents, nutrients)

식품은 일반적으로 식품의 종류, 조리법 등에 의하여 영양소가 결핍, 파괴되거나, 완전히 흡수되지 않으므로 식품에 여러 가지 영양소를 첨가하여 부족한 성분을 보충하여 식품의 영양을 강화시킨다.

영양강화제란 미량으로서 영양효과가 있고 식품의 영양강화를 위하여 첨가되는 물질(비타민, 무기질, 아미노산 등)을 말하며, 강화식품이란 식품 중의 영양성분을 보충 및 손실된 양만큼 첨가한 것을 말한다.

비타민이나 무기염은 단백질, 지방, 탄수화물 등의 영양소를 체내에서 완전히 에너지화하고 조직화하기 위하여 필요하며, 아미노산은 체조직의 구성에 없어서는 안 되는 물질이다.

이들은 보통 식품 중에 함유되어 있으나 조리, 제조, 가공 또는 보존 중에 파괴되기도 하고, 또 식품의 종류에 따라서는 함유되어 있지 않거나 부족한 것도 있으므로 이들 부족한 영양소나 원래 함유되어 있지 않은 영양소를 첨가하여 식품의 영양가를 높여 줄 필요가 있는 것이다.

영양강화제는 안정성과 식품에 악영향을 주어서는 안 되며 소량으로 효과가 많아야 한다. 영양강화제를 사용할 때는 식품의 풍미와 비타민 등의 활성에 이상이 없도록 하여야 한다. 그리고 〈영양 강화식품〉이라는 표시를 하여야 하며 제품 검사를 받아야 한다.

대상식품은 쌀, 보리, 소맥분, 면류, 빵, 장류, 버터, 마가린, 분유, 과자류, 청량음료 등이 있으며, 현재 사용되는 종류는 비타민류, 필수아미노산류, 철염류, 칼슘염류 및 기타로 나누어진다.

이들 중 칼슘제에 대해서는 사용 기준이 규정되어 있고, 또 모든 식품의 제조, 가공상 필요불가결한 경우와 영양의 목적으로 사용하는 경우 이외에는 사용할 수 없게 되어 있다. 사용량은 칼슘식품의 1%이하이며, 탄산칼슘만은 껌에 사용한 경우에 한하여 2% 이하로 규정되어 있다.

영양강화제 중에는 산화방지제(비타민 C, sodium L-ascorbate, 비타민 E), 두부 응고제(황산칼슘, 염화칼슘) 등 다른 용도로 사용되는 것도 있다.

2.15. 유화제(emulsifiers)

물과 기름 같이 서로 잘 혼합되지 않는 두 종류의 액체를 혼합할 때 분리되지 않고 분산시키는 기능을 갖는 물질을 유화제 또는 계면활성제라 한다. 유화란 어떤 액체를 불용성의 다른 액체 중에 미세한 입자로 분산시켜 분산입자를 강한 흡착막으로 쌓아서 입자의 병합을 막는 안전한 emulsion을 얻은 것이다.

식품공업상 유화제의 사용범위는 상당히 넓어서 어느 유화제를 사용하는 것이 가장 효과적인가는 식품의 종류에 따라 달라지므로 그 선택에는 중요한 검토가 필요하다.

유화제는 일반적으로 단용으로 사용하는 것보다 다른 것과 적절히 배합하여 친수성과 친유성을 알맞게 조정하며 상승효과를 얻는 경우가 많다. 그 예로서 아이스크림에서 자당 지방산 에스테르와 글리세린 지방산 에스테르의 혼합물을 사용하면 된다.

유화제는 또 유화 이외에도 기포, 소포 등의 작용이 있어서 제조공정의 합리화를 꾀하며, 제품의 용적을 크게 하고, 조직을 개량하여 전분의 노화를 방지하기도 한다.

현재 식품에 사용할 수 있는 지정품으로는 다음과 같은 것이 있다.

1) 글리세린지방산에스테르(glycerine fatty acid ester)

Mono-, di-, tri-glyceride의 3종이 있으나 monoglyceride가 유화제로 사용된다. 구성된 지방산의 탄소수와 포화도에 따라 백색~담황색의 분말, 박편이거나 또는 반유동성~점조한 액체로서 유취가 강한 것도 있다.

비스킷, 카라멜, 추잉껌, 초코렛, 마가린, 아이스크림 등의 유화목적에 사용되며 빵이나 케이크의 노화방지에 효과가 있고, 간장, 젖산균 음료의 소포제로도 사용된다.

2) 소르비탄지방산에스테르(sorbitan fatty acid ester)

백색~황갈색의 액체 또는 왁스상의 물질로서 결합하는 지방산의 종류 및 수에 따라서 여러 종류가 있다.

츄잉껌에 5~10%, 버터크림이나 빵크림에 0.4~0.6%, 비스킷, 쿠키, 크랙카에 4~7% 정도 사용하고 0.01~0.1% 농도에서 소포제로도 사용한다.

3) 자당지방산에스테르(sucrose fatty acid ester)

백색~담회색의 분말 또는 무색~미황색의 점조한 액체로서 냄새가 없거나 약간 특이한 냄새가 난다. 약간의 감미가 있으며 물에 녹기 어려우나 온수에 잘 녹는다. 시판품은 monoester, diester 및 자당의 혼합물로서 palmitate, stearate 및 그 혼한 ester가 주로 사용되며 식품유화제 중 가장 친수성이 크다.

주스, 분말주스에 정유의 1~10%, 초코렛에 0.1%, 양갱에 0.1~0.15%, 카스테라에 0.1% 정도 첨가한다.

4) 프로필렌글리콜지방산에스테르(propylene glycol fatty acid ester)

백색~담황갈색의 왁스상 덩어리 또는 점조한 액체로서 온수에 용해되고 기름, 알코올에 녹는다. 시판품은 monoester 및 diester에 따른 propylene glycol이 섞여 있으며 친유성이 가장 큰 유화제이다.

케이크, 마가린, 아이스크림, 쇼트닝 등에 사용되는데 단용보다 다른 유화제와 혼용하면 효과가 더 커진다.

5) 레시틴(lecithin)

천연물인 대두로부터 얻는 대표적인 유화제이며 주성분은 인지질(lecithin 약 24%, cephalin 약 25%, phosphoinositide 33%)이고 그 밖에 유지(30~40%), 유리지방산, 탄수화물 등도 존재하며, 대두레시틴(soybean iecithin)이라고도 부른다.

담황색~갈색의 투명 또는 반투명의 점조한 물질로서 약간 특이한 취기와 맛을 가진다. 에테르, 벤젠, 클로로포름에 잘 녹고 알코올에는 약간 녹으며 아세톤에는 잘 녹지 않는다. 물에는 녹지 않으나 팽윤하여 콜로이드 용액으로 된다.

용도는 마아가린, 빵, 아이스크림, 초코렛, 카라멜 등에 다른 유화제와 함께 사용된다.

6) 폴리소르베이트20(polysorbate 20)

소르비톨 라우린산 에스테르와 소르비톨 또는 그의 1~2탈수물 각 1몰에 대하여 약 20몰의 에틸렌옥사이드가 축합된 무수 소르비톨과의 혼합물로서 황색~적갈색의 액체이고 약간 특이한 냄새와 불쾌하고 약간 쓴맛이 있다.

2.16. 팽창제(texturizers, texture modifying agents)

식품 특히 햄, 소시지 등의 식육훈제품류에 사용하여 그 결착성을 높여서 씹을 때의 식감을 향상시키고 식품의 탄력성, 보수성 및 팽창성을 증대시켜서 조직을 개량함으로써 맛의 조화와 풍미의 향상을 가져오며 변질, 변색을 방지하게 하는 효과를 갖는 첨가물이 팽창제이다. 일명 결착제라고도 하는데 이러한 목적에 사용되는 것은 다음과 같은 것이 있다.

1) 인산염

- 제일인산나트륨(결정)(sodium phosphate monobasic)
- 제일인산나트륨(무수)(sodium phosphate monobasic anhydrous)
- 제이인산나트륨(결정)(sodium phosphate dibasic)
- 제이인산나트륨(무수)(sodium phosphate dibasic anhydrous)
- 제삼인산나트륨(결정)(sodium phosphate tribasic)
- 제삼인산나트륨(무수)(sodium phosphate tribasic anhydrous)
- 제삼인산칼륨(potassium phosphate tribasic)

2) 중합인산염 또는 축합인산염

① 피로인산염

- 피로인산나트륨(결정)(sodium pyrophosphate)
- 피로인산나트륨(무수)(sodium pyrophosphate anhydrous)

② 폴리인산염

- 폴리인산나트륨(sodium polyphosphate)
- 폴리인산칼륨(potassium polyhosphate)

③ 메타인산염

- 메타인산나트륨(sodium metaphosphate)
- 메타인산칼륨(potassium metaphosphate)

이들 인산염들은 단독으로 사용하는 것보다는 여러 종을 혼합하여 사용하는 것이 상승효과를 나타내서 좋은 결과를 얻을 수 있으므로, 식품에 따라 여러 가지 배합의 제제가 사용되고 있다. 이들은 사용기준이 없다.

2.17. 피막제 (glazing agents, coating agents, film formers, glazes)

과일이나 채소류를 채취한 후 그 선도를 장시간 유지시키기 위하여 표면에 피막을 만들어 호흡작용을 적당히 제한하고, 수분의 증발을 방지, 외상예방, 부패균의 침습을 어느 정도 방지하는 목적으로 장기간 보존하기 위하여 표면에 사용되는 것이 피막제인데 현재 허용되어 있는 것은 〈표 12-16〉와 다음과 같다.

〈표 12-16〉 허용 피막제 및 사용기준

피막제명	사용기준
몰포린 지방산염 (morpholine fatty acid salt)	과실 또는 과채류 표피에 피막제 이외의 용도에 사용하여서는 아니 된다.
초산비닐수지 (polyvinyl acetate)	껌 기초제 및 과실 또는 과채표피의 피막제 이외의 용도에 사용하여 서는 아니 된다.

몰포린지방산염으로는 왁스를 유화시켜 그 액을 사용하고, 초산비닐수지는 한천과 고무류와 물을 가하여 유제로 하고, 이 액에 과일이나 과채를 침적하거나 도포하고, 자연건조시킨다. 이는 과일과 과채류 표피면의 피막제 이외의 용도에는 사용할 수 없게 규정되어 있고, 초산비닐수지는 껌 기초제로 사용할 수 있다.

2.18. 껌 기초제(chewing gum bases)

껌 기초제는 껌에 적당한 점성과 탄력성을 갖게 하여 그 풍미를 유지하는데 중요한 구실을 하는 것으로, 원래는 천연수지인 치클이 사용되었으나 현재는 화학적 합성품인 합성고분자화합물이 많이 사용되며 기초제겸 피막제로는 초산비닐수지가 있다.

껌에는 기초제, 가소제, 감미제, 착향제, 착색제 등이 있는데, 기초제는 점성, 품미의 유지, 탄력성 등에 사용되며 가소제는 기초제의 성질을 개선하고, 특히 초산비닐수지의 견고성을 약화시켜 탄력을 가지게 하며 넓은 온도 범위 내에서 발휘하도록 한다. 설탕량이 많으면 좋은 제품을 만들 수 없으며, 현재 사용되는 것으로는 순수한 기초제와 피막제겸 기초제로서 3종이 있고, 기초제는 껌 외에 사용해서는 안 되며 사용량 제한은 없다.

2.19. 거품제거제(antifoaming agents)

식품제조 공정 중에서, 특히 발효공정이나 농축공정 등에서 많은 거품이 발생하여 지장을 주는 경우에, 이때 발포를 소멸 또는 억제하여 작업이 원활하게 진행되도록 하는데 사용되는 첨가물이 거품제거제이며, 규소 수지만이 허용되고 있다.

규소 수지는 회색의 반투명한 점조성 액체로 거의 무취이고, 양조공장이나 과즙, 잼, 엿 등의 농축 공정에 사용되며, 용기 내벽에 도포하거나, 유화시켜 산포한다. 생리적으로 불활성이고 독성도 낮다.

2.20. 안정제(solvents)

착색료, 향료, 보존료 등 식품첨가물을 식품에 첨가할 때, 잘 녹지 않으므로 용해시켜 식품에 균일하게 흡착시키기 위하여 사용하는 것을 안정제라고 한다. 일반적으로 사용되는 것은 물, 알코올 등이지만 그 밖의 것도 사용된다.

안정제는 독성이 약하고, 각종 첨가물을 잘 용해하며, 풍미에 영향을 주지 않는 것으로서 물과 잘 혼합되거나 유지에 잘 녹는 성질을 가진 물질이 좋다.

현재 허용되어 있는 안정제는 글리세린(glycerine)과 프로필렌 글리콜(propylene glycol)이며, 사용기준과 허용량은 〈표 12-17〉과 같다.

〈표 12-17〉 허용 안정제 및 사용기준

용제명	사용기준	허용량
프로필렌글리콜 (propylene glycol)	1. 만두 및 만두피	1.2% 이하
	2. 건과류 가공품	5% 이하
	3. 아이스크림	2.5% 이하
	4. 기타 식품	2% 이하

2.21. 추출용제(extracting agents)

추출용제는 일종의 용매로서 특히 천연식물 등에서 그 성분을 용해 유출하기 위해서 사용되는 것이다.

현재 지정되어 있는 것은 n-헥산($CH_3CH_2CH_2CH_2CH_2CH_3$) 뿐인데 이것은 식용유지를 제조할 때 유지를 추출하는데 사용되며, 그 이외의 목적에는 사용하여서는 안 되고 최종 제품의 완성 전에 제거하도록 규정되어 있다.

2.22. 이형제(release agents)

빵의 제조 과정에서 빵 반죽을 분할기에서 분할할 때나 구울 때 달라붙지 않게 하고 모양을 그대로 유지하게 하거나 비스킷 등의 제조 때, 콘베이어에서 쉽게 분리해내기 위하여 사용되는 것을 이형제라고 하며, 현재 유동 파라핀만이 허용되어 있다.

유동파라핀은 석유에서 얻어진 탄화수소류의 혼합물로서, 빵을 제조할 때만 사용하여야 하며, 빵 속의 최대잔존량은 0.1% 이하이어야 한다. 탄소수가 15~35정도이고 고도로 정제된 제품이므로 보존 중에 산화를 일으키기 쉽다. 또 과실류와 채소류의 표피의 피막제로서 사용하는 이외에는 사용할 수 없게 되어 있다.

2.23. 제조용제 및 기타(miscellaneous)

어느 특정한 목적에 사용되는 것이 아니고 식품의 제조 가공 공정이나 기타에서 널리 사용되는 것을 제조용제 및 기타로 일괄하였으며, 이들은 다음과 같은 것이 지정되어 있다.

1) 사용기준이 없는 것

- 염화마그네슘(magnesium chloride)
- 염화칼륨(potassium chloride)
- 인산(phosphoric acid)
- 초산나트륨(결정)(sodium acetate)
- 초산나트륨(무수)(soduium acetate anhydrous)
- 탄산나트륨(결정)(sodium carbonate)
- 탄산나트륨(무수)(sodium carbonate anhydrous)
- 제일인산암모늄(ammonium phosphate monobasic)
- 제일인산칼륨(potassium phosphate monobasic)
- 제이인산암모늄(ammonium phosphate dibasic)
- 제이인산칼륨(potassium phosphate dibasic)
- 제삼인산나트륨(결정)(sodium phosphate tribasic)
- 제삼인산칼륨(무수)(sodium phosphate tribasic anhydrous)
- 황산나트륨(sodium sulfate)
- 황산마그네슘(magnesium sulfate)
- 황산암모늄(ammonium sulfate)
- 탄산칼륨(무수)(potassium carbonate anhydrous)
- 활성탄(active carbon)

2) 사용기준이 있는 것

이들 중에서 두부 응고제로서의 용도도 갖고 있는 염화마그네슘을 비롯하여 황산마그네슘, 제일인산칼륨, 제이인산칼륨, 황산암모늄, 제일인산암모늄, 제이인산암모늄 등은 발효조성의 목적으로 사용되며 젖산, 인산 등은 pH 조정의 목적으로 사용되는 첨가물이다.

활성탄은 탈색, 탈취의 목적으로 양조 등의 식품 공업에서 흡착제로 이용되며 규조토, 백조토, 벤토나이트, 산성 백토, 탈크 등의 불용성 광물질이나 도소나이트로 알려져 있는 염기성 알루미늄 탄산나트륨도 흡착제 또는 여과보조제로 사용된다. 이 중 탤크만은 껌의 씹는 맛을 개선하기 위하여도 사용된다.

중국면에 끈기를 주고 쫄깃쫄깃한 맛이 나게 하기 위하여 사용되는 면류 첨가 알칼리제로는 탄산칼륨(무수), 탄산나트륨(무수, 결정), 탄산수소나트륨, 제이인산칼륨, 제삼인산나트륨 등과 결착제로도 사용되는 제이인산나트륨이나 제삼인산칼륨 등의 혼합물이 사용된다.

초산나트륨은 완충제로서 초산과 병행하여 그 신맛을 부드럽게 하는데 사용되고, 초산나트륨(무수)은 분말 식초가 원료가 된다.

염산, 황산, 수산은 전분을 가수분해하여 포도당을 제조하거나, 단백질은 가수분해하여 아미노산 간장을 제조하는데 사용되며, 수산화나트륨은 식품의 제조과정에서 중화제로 이용된다.

또 황산과 수산화나트륨은 식용색소의 과산화벤조일의 희석제로 사용되고, 이온 교환수지는 물의 연화에 사용된다.

피틴산(Phytic acid)은 식품의 변색과 변질 방지 및 해산물 통조림의 struvite의 방지 등 품질 개량의 목적으로 사용된다.

실리코알루민산나트륨은 인스턴트 커리 제조과정에서 응고 방지제로 이용된다.

〈표 12-18〉 식품제조용제 및 기타

피막제명	사용기준
· 이온 교환 수지(ion exchange resin) · 수산(oxalic acid) · 수산화나트륨feodium hydroxide)1 · 수산화나트륨(결정)(sodium hydroxide) · 염산(hydrochloric acid) · 황산(sulfuric acid)	최종 식품의 완성 전에 제거하여야 한다.

· 피틴산(phytic acid)	이유식 및 영양제에 사용해서는 안된다.
· 실리코알루민산나트륨(sodium aluminosilicate)	실리코알루민산나트륨은 아래의 식품에 한하여 사용해야 한다. 실리코알루민산나트륨의 사용량은 알루미늄으로서 1. 가공소금 : 1.0g/kg 이하 2. 기타음료 : 0.4g/kg 이하 3. 식물성크림 : 0.6g/kg 이하 4. 기타코코아가공품 : 0.5g/kg 이하 5. 복합조미식품 : 1.0g/kg 이하
· 규조토(diatomaceous earth) (소성품, 융제소성품 포함) · 백도토 (kaolin) · 벤토나이트 (bentonite) · 산성백토(acid earth) · 탤크 (talc) · 퍼라이트 (perlite)	식품의 제조 또는 가공상 여과보조제(여과, 탈색, 탈취, 정제 등) 목적에 한하여 사용하여야 한다. 사용 시 최종식품 완성 전에 제거하여야 하며 식품 중의 잔존량은 0.5%(규조토, 백도토, 벤토나이트, 산성백토, 탤크, 퍼라이트, 활성탄 등 다른 불용성광물성물질과 병용할 때 전 잔존량의 합계가 0.5%)이하 이어야한다.

참고 문헌

1. 국립수산물품질검사원. 복어의 올바른 이해 (2006)
2. 국립수의과학검역원. http://www.nvrqs.go.kr
3. 국제식품규격위원회(CODEX). http://codex.mohw.go.kr
4. 김종국 외. 영양사, 위생사를 위한 식품위생 관련법규, 보문각 (2006)
5. 문범수. 식품위생학, 신광출판사 (2003)
6. 미국CDC http://www.cdc.gov/ncidod/dvrd/revb/gastro/norovirus.htm
7. 박영현 외. 식품위생, 보문각 (2007)
8. 박종세, 김동술. 꼭 알아야 할 식품위생, 유림문화사 (1998)
9. 박현정, 송재철. 새롭게 쓴 식품 위생학, UUP (울산대학교 출판부) (2005)
10. 방병호 외. 식품위생학, 도서출판 진로 (2006)
11. 병원미생물검출정보 (IASR). 일본국립감염증연구소 감염증정보센터.
12. 보건복지부. http://www.mohw.go.kr
13. 보건복지부. 수인성전염병관리편람 (1999)
14. 보건복지부. 전염병관리정책세미나 (1999)
15. 相磯和嘉 외. 食品衛生學, 朝倉書店, 日本 (1963)
16. 송형익 외. 현대식품위생학, 지구문화사 (2005)
17. 식품의약품안전처. http://www.mfds.go.kr
18. 식품의약품안전처. 식중독예방 대국민홍보사이트, http://www.mfds.go.kr/fm/index.do
19. 식품의약품안전처. 식중독 유발 바이러스의 이해와 굴 중 노로바이러스 시험법 (2007)
20. 식품의약품안전처. 음식물 매개질환 예방 및 관리지침 (1998)
21. 심상국 외. 실무 식품 위생학, 진로연구사 (2004)

22. 심창환 외. 식품위생학, 문운당 (2006)
23. 양재명. 바이러스성 설사, 감염병발생정보 2000년 02월 CDMR.
24. 오원택. 최근 식품위생관리제도, 홍익기술출판 (1996)
25. 우세홍 외. 최신 식품위생학, 신광문화사 (2006)
26. 유영균 외. 식품위생학, 대학서림 (1995)
27. 이광배 외. 필수식품위생학, 신광출판사 (2002)
28. 이명헌. 식품위생, 보문각 (2006)
29. 이서래. 식품의 안전성 연구, 이화여자대학교 출판부 (1993)
30. 이서래, 신효선. 최신 식품화학, 신광출판사 (2004)
31. 이용성 외. 최신 공중보건학, 동화기술 (2004)
32. 이원식 외. 공중보건학, 동화기술 (2002)
33. 이주한. 식품화학, 형설출판사 (2000)
34. 일본 감염증 정보센터. 감염증발생동향 조사주보, IDSC, http://idsc.nih.go.jp
35. 일본후생방위성. 고령자간호시설에서의 감염대책 매뉴얼 (2005)
36. 林淳三, 北村光雄, 最新食品化學. 齒藥出版株式會社,日本 (1967)
37. 장동석 외. 자세히 쓴 식품 위생학, 정문각 (2006)
38. 장정옥 외. 최신 식품위생학, 보문각 (2005)
39. 장학길, 이영택. 식품가공학, 신광출판사 (2004)
40. 장희진. 식품공업의 품질관리와 신제품개발, 세진사 (1989)
41. 전세열 외. 식품위생학, 대학서림 (1993)
42. 정희곤 외. 식품위생학, 광문각 (2004)
43. 조정순 외. 식품 위생학, 보문각 (2005)
44. 조준형 외. 독성학 요론, 도서출판 MIP (2007)
45. 지영미. 바이러스성 식중독의 특성 및 예방법, 식품산업과 영양 11(3), 6~11 (2006)
46. 질병관리본부. 조류인플루엔자 인체감염 예방 및 관리지침 (2006)

47. 질병관리본부. 감염병 역학조사 보고서 (2006)
48. 질병관리본부. 질병관리백서 (2006)
49. 질병관리본부. 전염병 감시연보 (2006)
50. 질병관리본부. 전염병관리사업지침 (2007)
51. 질병관리본부. 전염병정보망, http://dis.cdc.go.kr
52. 질병관리본부. 조류인플루엔자 사이트, http://avian.cdc.go.kr
53. (주)SAFCO. GMP 관리규정집, (주)사프코 (2006)
54. 한국건강기능식품협회. 건강기능식품법, 한국건강기능식품협회 (2004)
55. 한국보건산업진흥원. GMP 품질관리인과정 연수교재, 한국보건산업진흥원 (2004)
56. 한국소비자보호원. 소비자상담 및 피해구제 접수현황, 한국소비자보호원 (2006)
57. 한국식품산업협회. 식품위생법, 한국식품산업협회 (2006)
58. Blackburn CW, McClure PJ. Foodborne parhogens. Hazard, risk analysis and control. CRC Press. (2002)
59. Cary JW et al. Microbial foodborne diseases. Technomic Publishing Co., Inc. (2000)
60. CDC. Surveillance for foodborne disease outbreaks. Morbidity and Mortality weekly report 45(SS-5) (1996)
61. Jay JM. Modern Food Microbiology. APAC Publishers. (2000)
62. Labbe RG. Clostridium perfringens. in Doyle M (ed) Foodborne Bacterial Pathogens. Marcel Dekker, New York, p 191 (1989)
63. Olson SJ et al. Surveillance for foodborne-disease outbreaks-United States. MMWR 49:1-62. (1993-1997)